装备科技译著出版基金

燃气涡轮排放

Gas Turbine Emissions

［美］Timothy C. Lieuwen　Vigor Yang　编

林志勇　林　伟　覃慧　译

国防工业出版社

·北京·

著作权合同登记　图字：军-2016-111 号

图书在版编目（CIP）数据

燃气涡轮排放／（美）蒂莫西·C.列文
(Timothy C. Lieuwen)，（美）维戈尔·杨
(Vigor Yang) 编；林志勇，林伟，覃慧译 . — 北京：
国防工业出版社，2022.7
书名原文：Gas Turbine Emissions
ISBN 978-7-118-12551-1

Ⅰ.①燃…　Ⅱ.①蒂…　②维…　③林…　④林…　⑤覃
…　Ⅲ.①燃气轮机　Ⅳ.①TK47

中国版本图书馆 CIP 数据核字（2022）第 121547 号

This is a Simplified-Chinese translation of the following title published by Cambridge University Press: Gas Turbine Emissions .
ISBN 9780521764056
©Cambridge University Press 2013
This Simplified-Chinese translation for the People's Republic of China (excluding Hong Kong, Macau and Taiwan) is published by arrangement with the Press Syndicate of the University of Cambridge, Cambridge, United Kingdom.
© Cambridge University Press and National Defense Industry Press 2022
This Simplified-Chinese translation is authorized for sale in the People's Republic of China (excluding Hong Kong, Macau and Taiwan) only. Unauthorized export of this Simplified-Chinese translation is a violation of the Copyright Act. No part of this publication may be reproduced or distributed by any means, or stored in a database or retrieval system, without the prior written permission of Cambridge University Press and National Defense Industry Press. Copies of this book sold without a Cambridge University Press sticker on the cover are unauthorized and illegal.

此版本仅限在中华人民共和国国境内（不包括香港、澳门特别行政区及台湾省）销售。本书封面贴有 Cambridge University Press 防伪标签，无标签者不得销售。
本书简体中文版由 Cambridge University Press 授予国防工业出版社独家出版发行。
版权所有，侵权必究。

※

国防工业出版社 出版发行
（北京市海淀区紫竹院南路 23 号　邮政编码 100048）
北京虎彩文化传播有限公司印刷
新华书店经售

*

开本 710×1000　1/16　印张 22½　字数 398 千字
2022 年 7 月第 1 版第 1 次印刷　印数 1—1100 册　定价 139.00 元

（本书如有印装错误，我社负责调换）

国防书店：（010）88540777	书店传真：（010）88540776
发行业务：（010）88540717	发行传真：（010）88540762

燃气涡轮排放

发展清洁、可持续的能源系统是当今时代的重大挑战之一。大多数预测表明，能源使用的主要途径仍将是基于燃烧来工作的能源转换系统。此外，无论是应用于飞机推进、发电还是机械驱动，燃气涡轮在未来几十年里仍然是一项非常重要的技术。本书是燃气涡轮排放的权威资料之一，汇集了与其相关的重要科学技术知识。本书分3部分：第1部分回顾在排放背景下燃气涡轮燃烧的主要问题，包括设计方法和限制因素；第2部分讨论与污染物形成、建模和预测相关的基本问题；第3部分介绍制造商和技术开发人员的研究案例，在开发不同类型的燃气涡轮时，污染物都应达到可接受水平，第3部分还强调了必须解决的系统级和实际应用中的相关问题。

Timothy C. Lieuwen 是佐治亚理工学院航空航天工程的教授兼战略能源研究所的执行主任。编著教材1部，编辑图书2部，著书7章，发表论文200余篇，获专利3项。他担任美国机械工程师学会（ASME）国际燃气涡轮协会燃烧和燃料委员会主席。同时，他也是美国航空航天研究所（AIAA）推进剂和燃烧技术委员会的成员，曾供职于AIAA吸气式推进技术委员会。他曾在国家研究委员会、能源部、美国宇航局、总会计办公室和国防部等多个主要小组和委员会任职。他还是AIAA航天航空进展系列的主编，曾先后担任《推进与动力杂志》《燃烧科学与技术》和《燃烧研究所学报》的副主编。此外，他作为美国机械工程师协会（ASME）的成员，曾获得AIAA劳伦斯·斯佩里奖和ASME西屋银奖，还包括ASME最佳论文奖、Sigma Xi青年教师奖和NSF职业奖等其他奖项。

VigorYang 是 William R. T. Oakes 的教授，佐治亚理工学院航空航天工程学院院长。在加入佐治亚理工学院之前，他是宾夕法尼亚州州立大学麦凯恩工程系主任。他的研究兴趣包括推进系统中的燃烧不稳定性、吸气式和火箭发动机中的化学燃料、高能材料的燃烧以及高压热力学和输运等方面。他指导了40多篇博士和硕士论文，是300多篇有关推进和燃烧领域技术的论文作者或合著者，并出版过10本关于火箭和吸气推进的综合性书籍。其曾获得宾夕法尼亚州州立工程学会（Penn State Engineering Society）的首要研究奖和AIAA颁发的多项出版物和技术奖，其中包括吸气式推进奖（2005年）、彭德雷航空航天文学奖（2008年）和推进剂与燃烧奖（2009年）。他是《AIAA推进与动力》杂志（2001）的主编，目前是《JANNAF推进与能源》杂志的主编（自2009年起）和剑桥航空航天系列的共同编辑。与此同时，他还是美国航空航天学会、美国机械工程师学会和英国皇家航空学会的会员。

序　言

　　划时代的波音707客机产生的烟迹是当时引起全世界关注的一个亮点，那是我第一次对喷气式发动机感兴趣。10年后，在环境问题日益严重的情况下，烟尘受到管制，美国联邦航空管理局取消了波音707超声速客机项目。早在20世纪60年代初，基于地面的燃气涡轮是一项非常小的业务，对环境的影响是微不足道的。自波音707客机出现以来的几十年里，燃气涡轮在人类社会中的作用急剧扩大，人们对其排放的关注度也快速增长。现在，发电燃气涡轮业务的发展已经超过了飞机发动机，其排放已经成为一个市场鉴别器。事实上，针对地面的燃气涡轮发动机的排放性能，有些人取得了大量财富，有些人则相反。在航空发动机方面，排放性能是当前发动机市场活动中的一个重要特征。

　　燃烧排放或许被认为是一个神秘的话题，当然，这很复杂。鉴于燃气涡轮在飞机推进和发电方面的主导地位，它对全社会也有非常重要的意义。有3个基本独立的复杂问题与燃气涡轮排放相关，即设计低排放燃烧室、预测排放物对人类健康和全球环境的影响以及制定均衡有效的政策和法规。本书会引起技术专家、商人、政策制定者和监管者这几个不同群体的兴趣，因为书里提到的问题对他们都很重要。

　　对于技术界而言，燃气涡轮在燃烧室中如何产生排放物及其与大气相互作用的问题一直是一个引人入胜且富有挑战性的课题。最近，对气候变化的关注增加了大气科学问题的复杂性，特别是对飞机发动机而言，从主要关注低空局部空气质量问题到对流层和平流层更复杂的相互作用问题。在过去的几十年里，工程设计师们通过实现燃烧室的低排放来应对环境的挑战，同时显著提高了其寿命和可靠性。然而，燃烧室工程有一个重要方面始终没有改变，即仍缺乏根据第一准则预测燃气涡轮排放量的相关技术，因此增加了产品开发成本，也提高了业务风险。

　　政策制定者和监管者不一定是其监管领域的技术专家，但他们也面临着有趣的挑战。这些挑战可以分为三大类，即技术、政治和外交。例如，技术问题包括目前还未受管制的排放物，如二氧化碳（CO_2）和非常小的颗粒物，以及在解决限制要求（如氮氧化物（NO_x）和（CO_2））方面时不确定性所起的作用。政治挑战比比皆是，包括如何最好地平衡环境保护与经济增长，以及如何平衡当地空气质量与全球气候变化等问题。燃气涡轮排放也成为一项重大的外交挑战。航空业是制造业和运营业中最国际化的行业，大多数发动机都装备了在几个不同国家设计制造的零件和主要子部分。飞机每天在不同国家起飞和降落数千次，因此这属于不止一个监管机构的管辖范围。国际民航组织（ICAO）的工作包括全球航空运输系统的统一，这对世界的有效运作至关重要。ICAO是联合国的一个分支机构，拥有189个会员国。让189个国家在任何问题上达成一致从来都不是一件容易或能迅速办到的事情。伴随着政治和经济影响，气候变化上升为一个重大的世界性问题，这只会增加国际规则制定的复杂性。

从技术和政策的角度来看，燃气涡轮燃烧室的排放带来了诱人的挑战。对商界来说，这种诱惑变成了恐惧。之所以出现这种差别，主要是由于监管和技术挑战的融合带来了业务的不确定性和风险，特别是经济处罚可能直接摧毁一家公司。合同通常规定，地面发动机的制造商对由于发动机出故障而没发出的电力负责；不符合当地空气质量标准的发动机将不能运行，同时可能会由于发动机价格问题而导致负债。飞机发动机制造商也面临类似的挑战，也就是说，在发动机达到排放要求之前，它得不到监管机构的认证，这样的发动机是不能合法用于运输的，因此比发动机贵10倍的飞机就不能交付。燃气涡轮的开发成本高达20亿美元，故需要长期的生产运行来分摊成本。由于产品的长期性，使之与排放法规相关的商业风险进一步加剧了。发动机的使用寿命通常为30年甚至更长，在这段时间内，排放法规通常会发生变化。检测严格程度的提高会降低发动机的剩余价值，影响销售，甚至禁止发动机在这些领域的使用。由于利益无法支撑高昂的开发成本，监管在一定程度上无法跨越政治边界进行协调，从而带来了额外的不确定性。所以，燃气涡轮排放的商业规划成为了挑战和问题。

这些困扰工程、监管和商业的重要问题都是难以解决的，但又是令人感兴趣的。本书第一次涵盖了有关技术和法规方面的燃气涡轮排放。世界上各领域的专家提供了各个章节，这些内容的广度和深度足以引起各个行业读者的兴趣。对于该领域的专家以及那些刚刚参与的人来说，这本书很有用且极具价值。

Alan H. Epstein

前　言

发展清洁、可持续的能源系统是当代最大的挑战之一。环境和能源安全问题，加上日益增长的能源需求，促使我们在降低能源产物、能源转化利用对环境造成危害的同时，提高能源利用率，令能源利用方式多样化，并优化其利用过程。特别是，我们正面临着气候变化、当地空气和水质、能源供给以及能源安全这4个互相影响的因素。全球变暖问题引发了关于降低碳排放的广泛讨论。与此同时，对能源安全和日益增长的能源供需的担忧促使我们考虑应用更广泛、更可靠的能源资源。此外，当地的空气质量问题正引起人们对其他污染物的关注，这些污染物会导致酸雨或光化学烟雾等问题，以及其他对于电厂运行和排放管理的影响。

未来几十年，基于燃烧的燃气涡轮将继续作为一种重要的能量转换设备，用于飞机推进、地面发电和机械驱动应用。目前，燃气涡轮是全球新发电能力的主要来源，也是吸气式飞行器的主要动力来源。在过去10年中，太阳能和风能等替代能源发电比例已显著增加。然而，大多数预测表明，即使在几十年后，这些替代能源提供的能量仍将很少。这些预测还表明，基于燃气涡轮的联合循环发电厂将继续占新增发电量的大部分。此外，作为间歇性可再生能源的补充，燃气涡轮将在稳定电网方面发挥越来越大的重要作用，其中电力的供需关系必须在每个瞬间都保持匹配。燃气涡轮主要排放包括CO_2和传统污染物（NO_x、一氧化碳（CO）、未燃烧的碳氢化合物（UHC）、颗粒物）等物质，显然也具有重大意义。

在航空部门，排放法规持续收紧。气候变化可能导致全社会开始对飞行器的碳排放征税，与水蒸气排放相关的云凝结问题也将成为一个研究领域。颗粒物和氮氧化物排放会显著影响当地空气质量，并且可以通过合适的燃烧室设计来控制其排放。然而为了提高燃油效率而改变发动机循环和压缩比这一举措，通常也会促进诸如氮氧化物等排放物的产生，因此，确保飞行器发动机的安全可靠性与低排放正成为一个日益重要的问题。

本书将与燃气涡轮排放有关的关键科学和技术知识汇编成一个单独的权威作品。全书共分为3部分。第1部分概述了与燃气涡轮燃烧有关的主要问题，包括在排放背景下组件和系统两级的设计方法和制约因素，还讨论了满足监管要求的方法，就需要考虑的包括成本、安全性和可靠性等燃气涡轮机运行的重要指标设计优化等的因素进行了讨论。第 2 部分讲述如何解决关于污染物的形成、表征、建模和预测的基本问题。这一部分主要是关于气溶胶烟尘前体、烟尘、NO_x 和 CO 的处理问题。此外，其中有一章涉及废气再循环程度很高的燃气涡轮排放，可将其废气用于提高石油回收率或封存在地质构造中。在这些情况下，与排放相关的问题是完全不同的。本书的第 3 部分展示了制造商和技术开发商的研究案例，强调应在排放污染物处于可接受水平的基础上来开发不同类型的燃气涡轮，用以解决系统级的和实际的问题。我们希望本书能为该领域的工作者们提供有价值的材料，为科学家研究燃气涡轮排放的各个方面以及技术开发人员将这一基础知识转化为产品奠定基础。

如果没有许多人的帮助，本书是不可能完成的。彼得·戈登（Peter Gordon）鼓励这个项目并一直支持我们。助手格伦达·邓肯（Glenda Duncan）在准备文本相关的众多任务中提供了很大帮助。我们非常感谢 Jong-Chan Kim 为确保插图质量而付出极大的努力。特别感谢 Dilip Sundaram 为本书编写索引。

目 录

第1部分 概述和关键问题

第1章 航空燃气涡轮燃烧：度量、约束和系统交互 ·············· 002
1.1 引言 ··· 002
1.2 飞机和发动机的要求概述及其与燃烧室要求的关系 ············ 002
1.3 燃烧室对发动机燃油消耗的影响 ································ 003
1.4 排放形成原理 ·· 004
1.5 推力调节范围和起动工况对燃烧室的影响 ····················· 006
    1.5.1 发动机的任务特点 ·· 006
    1.5.2 固定几何富燃-骤冷-贫燃（RQL）型燃烧器 ········· 007
    1.5.3 燃料分级燃烧室 ·· 012
    1.5.4 点火和发动机起动 ·· 013
1.6 涡轮和燃烧室部件的耐久性 ······································ 016
1.7 小结 ··· 021
参考文献 ··· 021

第2章 地面燃气涡轮燃烧：指标、约束以及系统相互作用 ········ 022
2.1 引言 ··· 022
2.2 航空发动机和地面燃气涡轮发动机的主要区别 ················ 023
    2.2.1 排放 ··· 024
    2.2.2 运行考虑 ·· 025
2.3 燃气涡轮与电网的相互作用 ······································ 026
2.4 发电厂需求、指标以及权衡考虑 ································ 027
    2.4.1 关于调峰发动机应用的权衡 ····························· 028
    2.4.2 组合循环电厂的权衡 ······································ 028
    2.4.3 关于电力革新应用的权衡 ································ 030
    2.4.4 关于热电联产的权衡 ······································ 030

- 2.4.5 区域能源的权衡 …… 032
- 2.4.6 IGCC 应用的权衡 …… 033
- 2.4.7 管道压缩机的权衡 …… 034
- 2.4.8 环境影响 …… 034
- 2.4.9 对水的影响 …… 039

2.5 发动机指标和权衡 …… 040
- 2.5.1 调节 …… 041
- 2.5.2 瞬态响应 …… 042
- 2.5.3 热效率 …… 043

2.6 燃烧室的具体指标和权衡 …… 046
- 2.6.1 可操作性和瞬态燃烧现象 …… 048
- 2.6.2 排放 …… 054

2.7 燃烧设计体系结构概述 …… 054
- 2.7.1 系统外表构型 …… 054
- 2.7.2 燃烧室布局 …… 056
- 2.7.3 燃料分级方法 …… 058

2.8 燃料 …… 061
- 2.8.1 液体燃料 …… 061
- 2.8.2 气体燃料 …… 064
- 2.8.3 注水 …… 073

2.9 小结 …… 074

参考文献 …… 074

第3章 全球飞机管制框架概述 …… 079

3.1 航空和工业发动机需求对比 …… 079
- 3.1.1 排放影响 …… 079
- 3.1.2 飞行过程 …… 081
- 3.1.3 工作的地域范围 …… 082
- 3.1.4 燃料 …… 082
- 3.1.5 重量和体积 …… 082

3.2 监管框架（规章制度） …… 083
- 3.2.1 联合国国际民航组织 …… 083
- 3.2.2 国家和地方的排放政策 …… 090

3.3 未来展望 ······ 091
参考文献 ······ 092

第4章 全球地面监管框架概览 ······ 093
4.1 区域和全球大气问题 ······ 093
4.2 燃气涡轮系统的空气污染和温室气体排放 ······ 095
4.3 一般性政策考虑 ······ 097
4.4 制定排放准则和标准 ······ 098
4.5 针对燃气涡轮空气污染的国际排放规则 ······ 100
  4.5.1 美国 ······ 100
  4.5.2 加拿大 ······ 103
  4.5.3 欧盟立法委员会 ······ 104
  4.5.4 欧洲温室气体政策 ······ 106
  4.5.5 其他国家和地区 ······ 108
4.6 环境评估——平衡综合环境和能源问题 ······ 109
4.7 生命周期分析——考虑燃料的完整循环 ······ 111
4.8 燃气涡轮能源系统的排放评价 ······ 112
4.9 小结 ······ 115
缩略语 ······ 116
参考文献 ······ 117

第2部分 基础与建模：生产与控制

第5章 颗粒物的形成 ······ 120
5.1 引言 ······ 120
  5.1.1 定义——烟尘、积炭和含碳物排放 ······ 120
  5.1.2 环境因素 ······ 121
  5.1.3 管控方法——当前和未来 ······ 121
  5.1.4 烟度的解读 ······ 124
  5.1.5 气体和颗粒取样 ······ 125
5.2 颗粒形成过程和氧化的基本原理 ······ 126
5.3 成核 ······ 129
5.4 表面生长 ······ 131

5.5 烟尘氧化 ·· 132
5.6 聚合与凝聚 ·· 135
5.7 相关现象 ·· 137
  5.7.1 形成时间尺度 ·· 137
  5.7.2 温度/压力影响 ·· 137
  5.7.3 烟尘老化 ··· 137
  5.7.4 辐射损耗的影响 ·· 138
  5.7.5 燃料（包括替代燃料）的影响 ······································ 139
  5.7.6 CO_2、H_2O、N_2 稀释效应 ······································ 141
  5.7.7 多环芳烃吸收 ·· 141
5.8 燃烧系统中的颗粒形成 ··· 142
  5.8.1 燃烧室设计对烟尘排放的影响 ······································ 142
致谢 ··· 143
参考文献 ··· 144

第6章 气体的气溶胶前体 ··· 151

6.1 引言 ·· 151
  6.1.1 气体前体排放物质 ·· 153
  6.1.2 对 SO_x 和 UHC 的现有规定 ······································· 154
  6.1.3 气体排放物在 A/C 内的排气：SO_x 和有机物的气体
     到颗粒的转换 ·· 156
  6.1.4 有机物形成和 HAP ··· 158
  6.1.5 环境问题和利益原因/未来可能的监管压力 ················· 161
6.2 硫的化合物：SO_2、SO_3、H_2SO_4 ··································· 163
  6.2.1 形成机制和时间尺度、涡轮化学和测定 S(Ⅵ) 的分数——
     不确定性和边界条件、温度/压力的影响 ····················· 163
  6.2.2 燃料（包括替代燃料）的影响 ······································ 163
6.3 有机物前体的形成 ··· 164
  6.3.1 UHC/HAP 的形成及氧化动力学 ·································· 164
  6.3.2 形成机制 ··· 165
  6.3.3 燃料（包括替代燃料的影响） ······································ 166
  6.3.4 大气化学和气候问题 ·· 166
6.4 总结和开放式问题 ··· 167

	6.4.1 总结	167
	6.4.2 开放式问题	167
参考文献		169

第 7 章　NO_x 和 CO 的生成及控制 … 172

7.1	引言	172
7.2	烃类（碳氢燃料）的氧化和 CO 的形成	173
7.3	氮氧化物的形成	179
	7.3.1 热力型 NO	181
	7.3.2 N_2O 路径	182
	7.3.3 快速型 NO	183
	7.3.4 NNH 路径	183
	7.3.5 燃料结合氮	184
7.4	污浊空气对燃料氧化的影响	186
7.5	NO_x 减排措施	188
	7.5.1 热脱硝工艺	189
	7.5.2 再燃	190
7.6	压力对 CO 和 NO_x 形成的影响	191
7.7	NO_2 的生成	196
7.8	小结	197
参考文献		198

第 8 章　富氧燃烧和废气再循环涡轮的排放 … 204

8.1	简介	204
8.2	碳捕捉排放要求	207
	8.2.1 废气再循环排放要求	207
	8.2.2 富氧燃烧的排放要求	208
8.3	废气再循环	210
	8.3.1 燃烧器的注意事项	210
	8.3.2 排放趋势和动力学	211
8.4	富氧燃烧	219
	8.4.1 燃烧室因素	219
	8.4.2 排放趋势和动力学	220

8.5　结束语 ··· 224
参考文献 ··· 225

第 3 部分　案例研究和具体技术：污染物趋势和关键驱动因素

第 9 章　部分预混和预混航空发动机燃烧室 ························· 232

9.1　引言 ··· 232
9.2　航空发动机预混和预蒸发燃烧研究成果 ······················ 233
　　9.2.1　NO_x 减排潜力、压力和滞留时间的影响 ············· 233
　　9.2.2　混合均匀性和预蒸发 ······································ 236
　　9.2.3　贫油稳定性 ·· 238
　　9.2.4　燃烧效率 ··· 239
　　9.2.5　自燃 ··· 239
　　9.2.6　回火 ··· 240
9.3　采用预混管的贫油预混预蒸发燃烧室研究进展 ············· 241
　　9.3.1　NASA 资助的预混燃烧室开发项目 ···················· 241
　　9.3.2　预混通道中的蒸发和掺混 ································ 249
9.4　部分预混燃烧室、贫油预混或贫油直接喷射器 ············· 254
　　9.4.1　NASA 的贫油直接喷射技术 ····························· 255
　　9.4.2　悬举火焰与悬举火焰引燃 ································ 257
　　9.4.3　采用内引燃器的部分预混燃烧室 ······················· 261
　　9.4.4　部分预混航空发动机燃烧室的可操作性问题 ········ 269
9.5　小结 ··· 275
参考文献 ··· 276

第 10 章　工业燃烧室：传统非预混干低排放燃烧室 ·············· 280

10.1　引言 ·· 280
10.2　火焰类型 ·· 283
　　10.2.1　燃料特性对燃烧技术的影响 ··························· 283
　　10.2.2　火焰特性 ··· 285
　　10.2.3　火焰稳定 ··· 286
　　10.2.4　释热与燃尽 ·· 288
10.3　NO 生成 ··· 292

  10.3.1 非预混火焰中的 NO 生成 ………………………………………… 293
  10.3.2 预混火焰中的 NO 生成 …………………………………………… 294
10.4 部分负荷和慢车下的分级运转 …………………………………………… 302
10.5 案例研究 ………………………………………………………………… 307
  10.5.1 非预混燃烧室 ……………………………………………………… 307
  10.5.2 天然气和液体燃料注水预混筒仓燃烧室 ………………………… 318
  10.5.3 天然气和注水或不注水运行的液体燃料预混环形燃烧室 …… 323
  10.5.4 预混环管燃烧室 …………………………………………………… 331
10.6 术语 ……………………………………………………………………… 341
参考文献 ………………………………………………………………………… 342

第 1 部分

概述和关键问题

第1章
航空燃气涡轮燃烧：度量、约束和系统交互

Randal G. McKinney, James B. Hoke

1.1 引　言

飞机燃气涡轮发动机是一种复杂的机械装置，它采用了许多工程学科中的先进技术，如空气动力学、材料学、燃烧学、机械设计和制造工程等。对于早期的燃气涡轮，燃烧室通常是最具挑战性的部分（Golley、Whittle 和 Gunston，1987）。尽管目前工业界设计燃烧室的能力已经大大提高，但其设计仍然是一个艰巨挑战。

本章将通过描述发动机特性和燃烧室最终要求之间的关系，来介绍燃烧室如何与发动机和飞行器的其余部分相关联。排放是发动机性能的一个主要特征，其严重依赖于燃烧室的设计，将在下文有更多详细的介绍。随着发动机推力的变化，燃烧室设计面临着一个主要挑战，那就是燃烧室必须适应更大范围的工作条件，本章也将介绍这部分内容。最后讨论燃烧室出口温度分布与涡轮部件耐久性的关系。

1.2　飞机和发动机的要求概述及其与燃烧室要求的关系

自 20 世纪 40 年代飞机的燃气涡轮发动机问世以来，已经用于多种不同尺寸的飞机。小型飞机如单引擎涡轮螺旋桨飞机，使用的发动机就是低轴马力发动机，它属于尺寸较小的发动机。商务机和小型客机使用的涡喷或涡扇发动机推力可达数千磅，通常每架飞机采用两台发动机。另一个极端情况就是采用四引擎的大飞机，每台涡扇发动机推力可高达 7×10^4 lb（1 lb ≈ 0.45 kg），以及一

些非常大的双引擎飞机，每台发动机的推力甚至达 10^5 lb 级别。这些大推力发动机的结构尺寸通常也非常大，风扇直径往往超过 100in（1in = 2.54cm）。在这些不同尺寸飞机的应用中，发动机系统对燃烧室都有一些共同的要求，如表 1.1 所列。

表 1.1 发动机系统级的要求和辅助燃烧室的特征

发动机需求	燃烧室特征
优化燃料消耗	高燃烧效率和低燃烧室压力损失
满足排放要求	最大限度地减少排放和烟尘
宽范围推力调节	在整个工作范围内燃烧稳定性好
地面和高空起动能力	易于点火和传播火焰
涡轮耐用性	燃烧室出口温度分布良好
大修和维修成本	能通过管控金属的温度和应力分布以满足所需的燃烧室寿命

如图 1.1 所示，这些性能需求是相互依赖的。经过多年的研发，在行业内产生了连贯的设计，同时改善了所有的需求。尽管排放是本书关注的重点，但因为其他需求都与排放限制密切相关，本书也将对其进行简要介绍。

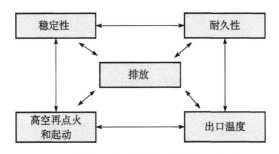

图 1.1 燃烧室各种性能要求的相互关联图

1.3 燃烧室对发动机燃油消耗的影响

燃气涡轮发动机是基于布雷顿循环的设备。一个理想的热力循环包含了等熵压缩、等压加热以及通过涡轮的等熵膨胀等过程。图 1.2 所示为该循环对发动机中压力和温度影响的简化示意图。在发动机的实际运行中，所有的循环过程都会产生一些性能损失，通常表现为燃烧室内总压的损失。燃烧系统由于流动扩张和转向、射流混合以及释热过程造成的瑞利损失（Lefebvre 和 Ballal, 2010）等，从而导致总压损失。然而，在大多数功率条件下，燃料化学能转化成热能的效率是非常高的,通常大于99.9%。98%~99.5%的较低水平通常被称为低功率水平,在一般情况下,对整体的燃油消耗而言,燃烧系统只起到较小的影响。

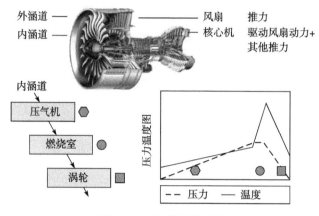

图1.2 各部件特性总结

1.4 排放形成原理

在发动机排放的污染物中,人们关注最多的是一氧化碳(CO)、未燃烧的碳氢化合物(UHC)、氧氮化合物(NO_x)和颗粒物质(PM)或烟。发动机在低功率运行时,燃烧室入口的压力和温度相对较低,煤油型燃料的反应速率较小。而液体燃料必须经历雾化、蒸发、燃烧过程,需要在足够高的温度条件下停留足够长的时间,才能从燃料转变为CO_2。如果流场中燃油蒸气没有充分反应就排出燃烧室或者部分反应生成低分子量组分时,就会产生UHC。如果一部分流场与冷空气流混合而使得反应混合物的温度过早降低,就会导致不完全反应或淬火反应并产生CO,详见第7章。

发动机在高功率条件下运行,较高的空气压强和温度将导致反应加快,其结果是CO和UHC的产生几乎为零。在温度升高后,NO_x和PM粒子的排放则更为普遍。NO_x可以通过多个反应过程产生,但主要途径是热NO_x,扩展的Zeldovich机理描述了这个过程,这将在第7章详细讨论。

$$O_2 = 2O$$
$$N_2 + O = NO + N$$
$$N + O_2 = NO + O$$
$$N + OH = NO + H$$

NO_x 生成速率与火焰温度呈指数关系,其峰值出现在恰当化学当量比附近。若要减少热 NO_x 的排放,可以通过控制混合物经过高温区域的时间,或者通过控制化学当量比来降低火焰的最高温度。其他 NO_x 的形成机制,如火焰区内 NO_x 的形成,也将在第 7 章中描述,但后者对于飞机发动机而言可以忽略不计。

当燃烧室的富燃区在高压和高温环境下流动时,就会形成较小的碳颗粒。这些碳颗粒产生于复杂的化学过程,并在燃烧室内经历多个过程,如表面生长、聚集和氧化,然后再离开燃烧室,这部分内容将在第 5 章中详细说明。这些颗粒穿过涡轮,以废气的形式排出发动机。当尾气中的颗粒浓度高到肉眼可见时,就被称为烟或积碳,这种情况在早期的燃气涡轮发动机中较为常见。近年来,这类排放更常用 PM 这一术语来描述。现代发动机的烟雾尾气单凭肉眼难以看见,但其中仍然含有大量非常微小的烟灰颗粒和气溶胶积碳的前身(见第 5 章)。近年来逐渐兴起了关于 PM 对健康和气候的影响研究,对其研究的关注重点是对 PM 生成过程的测量、模拟及理解。

图 1.3 给出了发动机不同推力和排放产物间的关系。图中,UHC 和 CO 排放水平在低功率条件下最高,并随推力的增加而迅速下降。相反,NO_x 和 PM 排放随发动机功率增大而增加,并通常在最大功率条件下达到最大排放。第 5 章和第 7 章将更详细地讨论这些排放物的形成过程。

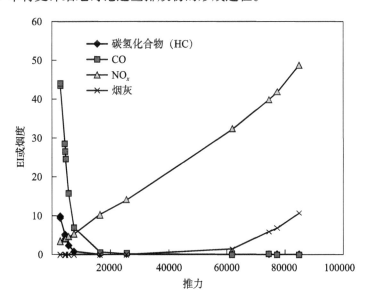

图 1.3 PW4084 排放产物与推力大小的关系

1.5 推力调节范围和起动工况对燃烧室的影响

用于飞行的燃气涡轮发动机必须提供一定的推力调节范围和推力响应以完成飞行任务，提供所需动力。飞行任务根据飞机的应用而有所不同。商用飞机和军用运输机也有相似的任务。军用战斗机和其他特种飞机可能具有不同的任务，因为它们的用途并不完全是两点之间运输有效载荷。商用飞机和军用飞机的设计要求也有很大不同，军用战斗机发动机的设计目标通常是获得每单位重量的最大推力，使飞机的机动性达到最佳。军用战斗机发动机在整个战斗包线内很宽的推力范围内飞行时，必须经历频繁快速的推力瞬变。通常情况下，商用飞机发动机的设计目标是获得单位推力的最佳燃油效率，要求它们在高空飞行时燃油效率达到最佳，而不必经历军用战斗机发动机的攻击性与频繁的推力瞬变。发动机燃烧室必须在全工况范围内稳定、有效地工作，并且当发动机在飞行中发生停车或熄火时必须能够可靠地再点火。

1.5.1 发动机的任务特点

一个典型商业发动机的任务包括地面起动、滑行、起飞、爬升到一定高度、巡航、减速至空中慢车，再下降、进近、着陆、反推和滑行停靠。燃烧室运行条件的极端情况决定了总体设计方法。燃烧室在整个运行范围和工作过程中，都必须满足性能、可操作性和排放指标的要求。为此，它必须在以下极端条件下工作。

（1）最小油气比。该情况发生在高功率减速至低功率过程中。飞行减速通常发生在从高空巡航下降的过程和接近油门动作的过程中。但也可能发生在紧急情况出现的时候。最小油气比通常是由推力减小速率决定的，因为发动机中控制空气流的机械响应时间比控制燃油流量的响应时间更长。在减速过程中濒临熄火的风险是最高的。

（2）最低工作温度和压力。这类情况发生在飞行过程中和地面待机状态。低压和低温条件下，燃料的蒸发和化学反应动力学变得缓慢，对燃烧效率影响较大。

（3）较高工作温度和压力。此类情况发生在起飞、爬升、反推和巡航条件下。这些情况将导致大量 NO_x 的形成和极高的内衬金属温度。

（4）点火条件。点火通常发生在地面上，但偶尔也发生在飞行中。在接近周围环境压力和温度条件下进行点火，尤其是要在高海拔和极冷条件下成功实现点火且使得火焰可靠传播并维持稳定，通常是极具挑战性的。在这种情况下，燃烧室入口的温度和压力都较低（温度为-40°F，压力在35000ft（1ft＝0.3048m）处是4psia（1psia＝6.89kPa））。

因此，燃烧室的设计必须在不影响稳定性和可靠点火的前提下满足低功率和高功率运行的性能、排放和耐久性的要求。这就需要燃料/空气的化学当量比适合组织燃烧，以满足所有运行条件下的要求。工业上常采用两种方法来实现对化学当量比的控制：第一种也是最常见的方法，是采用固定的几何形状，且无燃料分级，广泛应用于当前大多数的发动机。这类系统所有的燃料喷射器都能够在任何条件下工作；第二种方法通过燃料分级控制局部油气比。在此类系统中，并非所有的燃油喷射器都在低功率下运行，因此可以更主动地控制局部的油气比。

1.5.2 固定几何富燃-骤冷-贫燃（RQL）型燃烧器

形状固定的燃烧室自问世以来就被广泛应用于工业燃气涡轮行业。早期设计常在圆周排列多个罐筒。罐筒通过环形管道过渡到涡轮机（图1.4（a））。后来的设计则多采用环形几何结构以减小整体重量和长度（图1.4（b））。环形燃烧室的表面积比环管形燃烧室的表面积小，可以减少冷却系统的工作负荷，所有设计都采用多个喷油器以实现燃油雾化并与空气混合。实现良好的雾化和燃油空气混合是保证高效燃烧、低排放和涡轮内优良的均匀温度的关键。

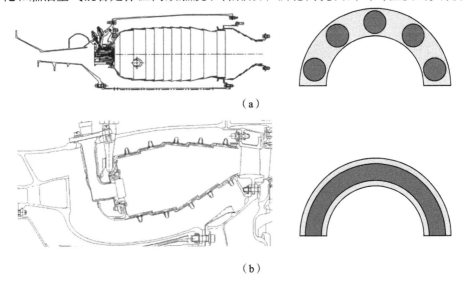

图1.4 两种燃烧室

(a) 环管形燃烧室（Pratt & Whitney JT8D-200）；(b) 富燃-骤冷-贫燃（RQL）环形燃烧室（IAE V2500）。

通常情况下，燃烧室前端（头部）注入燃料，并形成一个回流区，从而为燃烧过程提供稳定区域。这个过程会导致涡流破裂并形成回流区，是通过空气旋流器来实现的。稳定燃烧区使高温产物回流到入口面燃料喷雾处，从而提供一个持续的点火源，并且可以加速燃料液体的蒸发。当低进气温度不足以提供足够快的蒸发时，加速液滴蒸发对于低工况条件下的高效燃烧至关重要。如果在低工况条件下未能提供持续点火，燃料的汽化和反应时间就可能超过燃烧室火焰滞留时间，从而发生熄火。

为了同时达到低功率和高功率的性能要求，必须对固定几何形状的燃烧室流场分布进行设计。对于低功率慢车和高功率起飞两种情形，燃烧室入口条件存在显著差异。在低功率慢车运行时，进气道温度、压力和整体油气比相对较低，而高功率起飞时的情况则正好相反（图 1.5）。在很大程度上，工作温度和压力是发动机热力学循环变量的函数，因此燃烧室设计人员需考虑的最重要参数是油气比。由于空气是沿燃烧室长度分级进入，因此设计人员可以设定空气流量的分布以满足关键性能指标。同时，这将使油气比也沿燃烧室长度分布，并造成局部温度随发动机功率的变化而变化。高功率起飞与低功率减速慢车以及慢车工况之间的空燃比差异至关重要，因为它决定了燃烧室前端区域的局部油气比范围。对于大多数的现代燃气涡轮发动机而言，这种差异非常大，以至于在起飞阶段，燃烧室前端处于富燃工况（对于燃料射流，油空比大于 0.068）。因此，固定几何形状的燃烧室被称为富燃-骤冷-贫燃（RQL）设计。这是指在燃烧室前端为富燃燃烧，而在燃烧室下游区域将被额外加入的空气流稀释（骤冷），以在燃烧室出口处达到贫燃条件。RQL 类型燃烧室的设计既有优点又存在挑战，本章后面将对其进行说明。

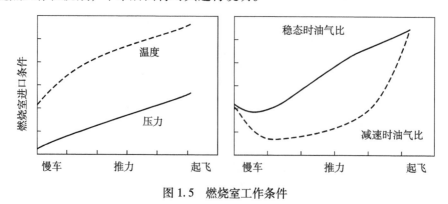

图 1.5 燃烧室工作条件

正如前面所说，发动机在低功率下运行的最大挑战就是燃烧效率和稳定性。慢车条件时，RQL 燃烧室前端的局部油气比设计应满足可产生温度较高的回流气体的需求（图1.6）。因此，为了获得更高的燃烧效率，局部油气比应该接近于恰当油气比（对于燃料射流，油气比约为0.068）。更高的燃烧效率能够最大限度地减少燃烧不充分的HC和CO的排放量，这些是慢车工况时的主要排放物。尽管由于燃烧室前端的高温增加了一些NO_x的排放量，但相对于高功率条件，慢车工况下这类排放量并不明显。对于慢车工况，通常设计为在适当的化学当量比范围内工作，这样可保证减速过程的稳定性，减速过程的燃料空气比最小。如果减速期间的最小油气比不超过慢车时油气比的1/3，则前端的局部空燃比保持在弱熄火极限以上，以避免熄火。油气比最小的减速极限由发动机控制机构确定，并且控制发动机瞬态的最大推力衰减率。

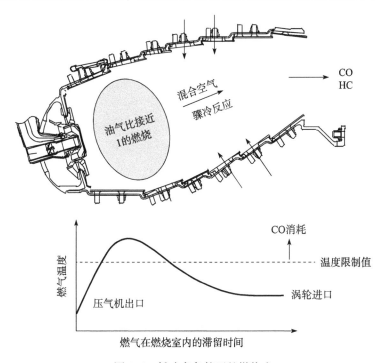

图1.6 低功率条件下的燃烧室

在发动机高功率运行时，主要的排放问题是NO_x和烟雾。RQL燃烧室在高功率条件下的轴向温度分布如图1.7所示。燃烧室前端是富燃区，因此火焰温度较低。富燃混合物穿过化学恰当比的燃料空气混合物，并过渡到燃烧室出口处的贫燃区域的过程中，气体温度的峰值位置表征了稀释或淬火区域。在燃烧室前端，富燃条件下燃烧生成了烟雾。前端形成的烟雾在高温、富氧骤冷区域被氧化。因此，必须正确理解NO_x的生成过程和氧化过程以设计前端气体流量的大小。高功率运行条件下，NO_x形成于燃烧室前端和骤冷区域。NO_x的生成率是气体温度的指数函数,但也取决于在当地温度下的滞留时间。最高生成率出现在骤冷区域,因为峰值温度出现在该区域。然而,由于气流混合速率高,因此骤冷区域的峰值温度的滞留时间相对较短。相比之下,前端生成的NO_x是不可忽略的,由于回流作用,该区域峰值温度的滞留时间相对较长。前端冷却空气与富燃气体混合物相互作用时会导致NO_x的产生。

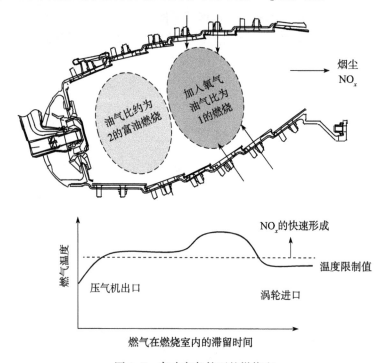

图 1.7 高功率条件下的燃烧室

最近的研究表明,在不影响燃烧室的稳定性和低功率性能情况下,大幅减小滞留时间和NO_x的生成是可以实现的。使用能产生均匀分散在空气流中小液滴的喷油器,可快速与空气喷注混合并能缩短停留时间。这些先进的 RQL 燃烧室设计(图 1.8)表明,与早期环形燃烧室相比,NO_x减少了 50%以上。它们长度也更短、体积更小,从而进一步缩短滞留时间。缩短的燃烧室质量更轻,需要气膜冷却的燃烧室表面积也减少了。改进的冷却方案已经布置实施,以尽量减少NO_x的排放和进入涡轮的温度不均匀性。

总地来说,RQL 燃烧室已经被证明具有优良的应用历程。因为它不需要复杂的控制机构来调节喷油嘴的燃油量,而且具有非常好的可靠性。它还自带良好的化学计量稳定性,因为控制NO_x的目的,前端空气流动被设定为最小量。如果在高功率和低功率运行条件下的燃料空气比范围相差很大,则用于控

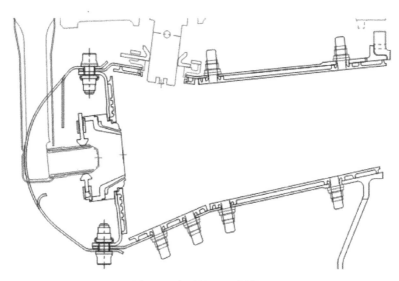

图 1.8 先进的 RQL 燃烧室

制烟雾所需的空气流量可能会比减速期间维持火焰稳定所需的空气流量更大。在这种情况下，必须提高最小瞬态燃料空气比，以保障飞行安全可靠。反之，提高最低燃料空气比限制值会增加发动机减速所需的时间，并可能造成紧急情况下的安全风险。如果减速时间不能满足修正后的最小燃料空气比，就必须采取其他手段来确保其稳定性。例如，通过提供更多燃料或将减少气流的喷油器组成一簇，以保证在最差的减速期间，该区域的油气比维持在弱熄火水平之上，防止出现熄火现象。

对于 RQL 设计而言，最关键的挑战是烟雾和壁面的耐久性。正如前面所述，喷射器中燃料和气流的均匀混合可减少烟雾的产生。当燃料喷射器内的化学当量比总体为富燃时，喷射器内燃料-空气分布的均匀性变得至关重要。在混合不均匀的燃油喷射器中，其燃料空气比变化范围很大，有的区域贫燃，有的区域则是极度富燃。后者会在燃烧室中产生大量烟雾。这是因为在最富燃的区域有足够的滞留时间，从而导致大量的烟雾生成。由于前端设计需回流以实现稳定燃烧，在这些回流区域也可能产生烟雾。因此，混合和回流过程对于烟雾控制是极其重要的。

壁面的耐久性也面临着富燃混合气体和化学恰当比的气体燃烧的挑战。由于现代燃气涡轮通常在高温高压下工作，燃气峰值温度可超过 4200°F。为了满足耐久性寿命要求，燃烧室内壁的实际温度极限值应小于 2000°F。因此，必须对壁面进行冷却以防止其失效。几乎所有的航空发动机燃烧室的热端都采用了气膜冷却。气膜冷却在内壁面形成一层空气薄膜，可防止高温气体对流换热。然而，当前端的富燃气体与冷却气相互作用时，气膜将作为氧化剂高温燃烧。因此，冷却空气的存在增加了燃烧室前端 NO_x 的生成。在燃烧室后部，冷却空气不容易径向混合，从而降低了壁面附近的气体温度。这就导致中游气流的温度较高。中游的峰值温度也增加了燃烧室出口的最大温度条状分布。后部的冷却气流也会影响到进入涡轮的气流温度分布的均匀性。因此，需要减少整个燃烧室的冷却。经过改良的缸套设计提高了传热效率、降低了排放量，并增加了涡轮部件的使用寿命。关于缸套冷却设计的发展历程将在下一节讨论。

1.5.3 燃料分级燃烧室

在讨论了 RQL 方法之后，接下来考虑燃料分级燃烧室，它们在商用飞机上的应用非常有限。第一代分级燃烧设计出现在 20 世纪 90 年代，其最新的设计将用于未来的发动机中。燃料分级燃烧室的总体设计方法是通过在多个位置布置燃油喷射器来控制燃烧的化学当量比。而固定几何 RQL 燃烧室是使燃料和空气尽可能均匀地在燃烧室前端喷入，分级燃烧室则特意设置了多个空气流和燃料流的区域，目的是在高功率运行时实现贫燃燃烧以减少 NO_x 的生成。贫燃条件下，燃烧可使燃气温度保持较低水平，几乎消除了 RQL 设计中由于化学当量比条件而形成的局部最高温度。

与 RQL 设计相比，避免富燃燃烧和化学适当比燃烧，带来了两个直接的好处：首先是贫燃燃烧火焰产生的烟雾排放量非常少，这意味着燃料分级燃烧有利于减少碳颗粒排放，未来需进一步研究确定这两类燃烧室排放的全部颗粒的特性（见第 5 章）；其次是分级贫燃燃烧室用于内壁冷却的气膜冷却空气需求更少了。由于贫油燃烧产生的烟雾更少，所以火光亮度更低，因此内壁的辐射热负荷将减少。另外，由于局部峰值气体温度更低，对流热负荷也降低。这些因素都可减少内壁冷却空气的流量。这些冷却空气反过来可用于排放控制或改善燃烧室出口温度分布的均匀性。

在燃料分级燃烧室中，大量的空气流在喷射点附近与燃料混合，所以在高功率运行条件下所有的燃料喷孔都可实现贫燃工况。由于从高功率运行到低功率时，燃料空气比下降，低功率下，大量的空气流和贫燃条件对其运行的稳定性提出了挑战。为了降低其风险，一部分燃油喷射器在低功率时被关闭，这有利于控制慢车条件下燃烧的化学当量比，以确保达到较高的燃烧效率。在低功率下工作的区域称为先导区，高功率下的燃油喷射区域被称为主区。分级燃烧室设计的一个难点是，如何实现从低功率下的先导区工作到高功率下的所有燃料喷射器工作之间的转换。转换过程通常在中等功率条件下完成，如近进阶段推力，此时燃料空气比、压强和温度都不如巡航、爬升和起飞等阶段高。因此，在较低温度和压力下，主级的局部燃料空气比或许不利于有效燃烧。因此，可能需要更复杂的分级系统，其中主级燃料喷射器根据不同的全局燃料空气比来打开，以便保持较高的燃烧效率。这些燃料空气比被称为分级点，最初的设计被用于燃料空气比失效水平较低的发动机，这些设计采用两个燃料级和一个分级点。一些最新设计被应用于燃料空气比失效水平更高的发动机，为了维持分级效率，可能需要不止一个燃料分级点。

分级燃烧也会影响发动机从慢车到较高功率运行的加速时间。主要有以下两个原因，第一个是前面所提到的分段点附近的燃烧效率。较低的燃烧效率将导致热释放量减少以及加速度更小。第二个原因是向主喷油器输送燃料需要潜在的时间延迟。因为燃油输送需要一些时间来填充燃油管和燃油喷射器，若要实现燃烧释热和发动机加速，就会产生一个时间延迟。因此，有必要保持主级燃料系统尽可能填充满，这样在阀门打开瞬间就可以迅速实现加速。然而，这样整个主级燃料系统就有可能发生燃料焦化。燃料焦化是指燃料在没有空气的情况下受热发生热解反应，从而在燃料系统内部通道中形成硬的含碳化合物。这种化合物能够阻止或减少进入到主级燃烧室的燃料流量。焦化最常见于燃料喷射器内，因为它们长期暴露在扩压器内的高温环境下。在极端情况下，焦化可以通过限制燃油流量从而限制推力。大多数现代发动机在慢车状态时其空气温度一般接近或高于燃料发生显著焦化的温度（400°F）。这种空气与含有固定燃料的主级燃料喷射器相连。为了防止燃料焦化，必须结合冷却和隔热手段以防止燃料接触到高于焦化临界温度的壁面。有些设计采用先导燃油来冷却主级燃料喷射器。也有些其他的设计，其中包括利用空气压力将燃料从最易结焦的区域吹走。

燃料分级燃烧室的设计者面临的最后一个挑战是燃烧不稳定性。燃烧不稳定性是指热释放量存在时间波动。这种波动可能归因于几个不同机制，最典型的是在流动中激发的流动本身的流体力学不稳定性或燃料油气比的振荡。在极端情况下，燃烧不稳定可能会损坏部件，进而导致发动机损坏和故障。所有燃烧室都存在不稳定的风险，但分级贫油的燃烧室更为明显。目前尚不清楚这种趋势是与热释放分布差异所导致的声学驱动差异有关，还是与燃烧室改进为贫油燃烧阶段运行时的声学阻尼的变化有关（Lieuwen 和 Yang，2005）。

1.5.4 点火和发动机起动

燃气涡轮的燃烧室需要在地面或飞行中进行点火。在飞行中点火的情况较少，因为它一般只在发动机出现意外停车时才使用。燃烧室应在燃料进入后立即点火并提供有效燃烧，以使发动机加速至慢车功率。延迟点火会导致燃烧室中过多的燃油积聚，增大点火的压力脉冲。压力脉冲的增加可能会导致压气机失速，从而阻止发动机加速到慢车状态。在地面上或低速飞行条件下，发动机转子采用起动机转动，并向燃烧室提供用于点火燃烧的气流。在高速飞行条件下，冲压气流使转子进入一个被称为"风车"的转动过程。点火能量通常由一个火花点火器提供，在典型的环形燃烧室内至少要布置两个点火器，以便发生故障时有备份。火花放电产生足够引发燃烧反应的等离子体，随后点燃的反应物必须被输送到反应能够稳定的区域，并传播到燃烧器中的其他燃料喷射器区域。在慢车和减速条件下提供火焰稳定性的这一相同特性取决于次慢车时的起动操作。由于转子做功并不明显，点火时的压力通常接近于外界环境压力。然而，当飞行速度较高时，由于惯性效应，总压通常略高于环境压力。点火时的温度取决于发动机的热状态。对于地面上的首次起动，温度通常只略高于环境温度。空中再点火时的温度取决于发动机已停车的时间。对于停车后不足1min的快速再点火尝试而言，此时燃烧室进口气流温度可能大于200℉。如果发动机关闭或者"风车"超过30min甚至更长时间，此时燃烧室进口气流温度接近外界环境温度。

大多数商用飞机都必须同时满足地面和高空的起动要求。地面起动要求包括一系列环境温度和机场海拔。典型的环境温度要求是-40~120℉。机场海拔要求范围一般是从海平面到8000ft之间。空中再点火要求通常用飞行包线表示（图1.9）。还有一个高速风车包线和一个低速起动器辅助包线。飞机起动所需

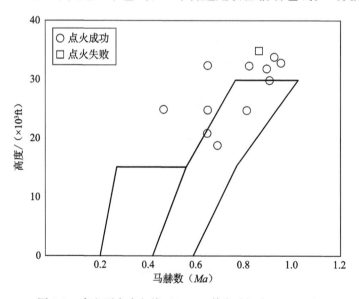

图1.9　高空再点火包线（B777，其发动机为PW4084）

的最大高度取决于飞机本身,商业客机要求具备的高空再点火能力的高度通常至少是 25000~30000ft。公务机往往需要 35000ft 的点火高度,因为它们的巡航高度更高。

在最高海拔和极端寒冷的环境下,燃烧室可能极难达到点火条件。发动机风车运转直至冷却时的典型压力低于 5psia,温度低于 0°F。在这些条件下,燃料雾化和液滴汽化过程很难发生。低温和低压也会减缓化学反应动力学过程,导致火焰不能稳定并传播。因此,燃烧室的设计应提供 3 个关键点以便能够顺利点火;即良好的燃料喷射、良好的气流速度以及合适的火花点火位置。

微小的燃料液滴对于点火所需蒸气的形成至关重要。采用的燃料喷射器通常有两种,即压力雾化喷嘴和空气雾化喷嘴(图 1.10)。前者利用高压推动燃料通过一个小孔以产生喷雾,也可以使燃料在经过小孔之前发生旋转以提供生成锥形喷雾所需的角动量。空气雾化喷嘴利用气流的能量产生喷雾。燃料通常被传输到两旋转气流之间的圆柱形表面。由于内侧气流的旋转作用,导致圆柱形表面产生了一层燃料薄膜。当这层薄膜到达圆柱体顶端时,两股气流之间的剪切力将使燃料薄膜雾化成燃料喷雾。空气雾化喷嘴的性能随空气压降的减小而降低,因此当气流量较小且不足以使燃油雾化时,就不能采用这种喷嘴。这可能出现在以下两种情况中:在气流速度非常低时采用风车点火或者起动转矩不足限制了转子速度。通常情况下,采用空气雾化的燃料喷射系统会在点火器

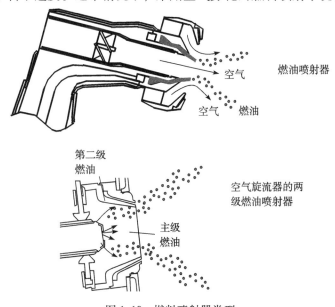

图 1.10 燃料喷射器类型

位置附近配备压力雾化喷嘴。这类结合了压力雾化和气动雾化特性的喷射器被称为混合喷射器型或复式喷射器。在点火器位置增加燃油流量则有助于实现点火。这种额外的不均匀燃料由上游阀门供给,通常只在低功率运行时配置,用于传输燃料的管路必须设计成能够实现预期的燃料分配效果。

点火的成功也需要在火花塞和稳定区附近有合适的气流速度,因为大多数燃烧室是涡流稳定的,可以利用回流将点燃的火花芯输送至稳定区。然而,即使是一个设计合理的稳定区域,其点火性能或许也很差。这个问题可能源于两个因素。第一个因素是局部速度太高以至于不能维持火花周围的稳定燃烧反应,这导致反应中心的对流热损失超过反应所释放的热量,从而中止了燃烧反应。当稳定区的体积和横截面积不足以容纳所有气流时,就会出现这种情况。因此,必须确保当地气流速度不超过点火条件下火焰的传播速度。另一个因素是点火器放置不当。如果点火器被放置在远离回流区的流动方向上,反应核有可能被直接带出燃烧室后端。点火器也必须放置在一个由燃料喷雾提供的足以实现点火所需油气比的地方,因为此时的气流量较小,点火条件下的全局燃料空气比通常相对较高,但局部的油气比变化范围较大。因此,火花点火器往往是放置在回流区的下游边缘,这样它不仅可以接收到来自锥形喷雾的大量燃料空气混合物,还能提供有助于维持稳定的回流。

1.6 涡轮和燃烧室部件的耐久性

燃烧室对涡轮的耐久性有重要的影响,进而影响发动机性能。燃烧室出口温度分布会影响用于防护涡轮叶片和轮盘所需的冷却气体的流量,这些冷却的气流量反过来又通过分流进气气流来降低其做功,从而使发动机的性能降低。如果采用动量较低的薄膜将冷却气引至涡轮叶片上,也将产生混合损失。航空发动机需要对燃烧室进行气膜冷却;否则其金属壁面会暴露于高温燃烧过程中。燃烧室自身的冷却不会影响发动机的性能,因为它是在涡轮的上游。然而,燃烧室的冷却会使用于控制排放和高温掺混的总气流量减少。因此,需尽可能减少冷却气体流量的使用。

前面已经提到,燃烧室出口温度分布对涡轮所需的冷却空气流量有很大的影响,进而影响发动机性能。燃烧室出口温度的质量通常由径向平均温度和最高温度分布幅值来描述,分别被称为径向温升比和温度分布比。它们通常被表示为无量纲参数形式,即

$$径向温升比 = \frac{(T_{ra}-T_e)}{(T_e-T_i)}$$

式中：T_{ra} 为给定径向位置上的平均温度；T_i 为燃烧室入口温度；T_e 为质量平均出口温度。温度分布比表示为

$$温度分布比 = \frac{(T_{str} - T_e)}{(T_e - T_i)}$$

式中：T_{str} 为燃烧室出口面上的最高温度；通常称为峰值温度。径向温升比是关于涡轮进口截面上径向位置的函数。最大温度分布比只出现在燃烧室排气中的某一个空间位置上（图1.11）。通常这个位置是随机的，与发动机结构部件有关，对于不同的发动机，其位置可能不同。然而，温度分布比的径向分布也是涡轮设计者所感兴趣的。涡轮静子部件（静子叶片和外部机匣）受局部气体温度的影响，而转子叶片主要受径向平均温度分布影响，因为后者转速太快，以至于金属材料的温度不足以对局部温度作出响应。因此，静子部件的冷却通常被用于防止最高温度的出现，尽管它只发生在一个地方。了解温度分布比的径向分布是很有用的，这样可以在可能出现最高峰值温度的核心区域分配更多的冷却气流，而由于受燃烧室冷却的影响，壁面附近平均温度较低，在壁面附近可以减少冷却气流的分配。

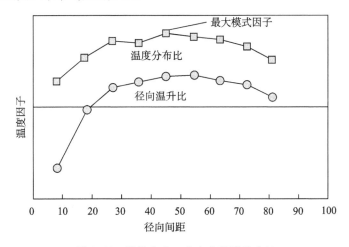

图1.11 燃烧室出口分布和温度分布比

为了获得目标的径向温度分布和低温温度分布比，设计人员必须对燃烧室内燃料和空气的混合过程进行控制。为了得到最低的温度分布比，设计人员必须在燃烧室前端将所有的空气与燃料进行预混，这样才能在燃烧室出口产生一个平滑、均匀的温度分布。然而，考虑到燃烧室内壁冷却要求、径向分布的要求和可操作性，这种方法对于航空发动机并不实用。在实际的航空发动机设计中，冷却空气注入燃烧室的方式是在燃烧室壁面附近形成一层保护膜，它一般

不易与燃烧室的其他气流和燃料预混。因此,壁面冷却对于控制温度分布比的作用不大,但它可使内外壁面附近的径向平均温度分布有效降低。那些没有用于壁面冷却的气流则被用于控制径向分布形态和温度分布比。在 RQL 设计中,非冷却气流经由燃烧室前端下游的空气喷嘴注入内壁面。在燃料分级设计中,大部分气流在燃烧室前端被并入燃油喷射的旋流器中。因此,对于不同类型的发动机,为了获得均匀的排气温度所采用的混合过程大不相同。在旋流器混合过程中,经常利用多股气流形成的剪切层来促进混合,燃料被喷注到气流中分散开并与空气混合。燃料喷注通常有射流、薄膜或压力喷射等方式。旋转气流可以是同向旋转或者反向旋转,设计人员已经成功地应用了这两种方法。反向旋转气流的混合率最高,但如果两股气流流量不等则会导致旋流度较低。这些原则适用于 RQL 和贫油燃烧的分级设计,因为这两种设计方法都要求喷油器和旋流器混合良好。

射流混合情况取决于喷孔的排列、大小以及影响射流的上游条件。射流穿透深度 Y 与射流直径 d_j 和动量比 J 的平方根成比例,即

$$Y \sim d_j \sqrt{J}$$

动量比 J 由下式表示,即

$$J = \frac{(\rho_j U_j^2)}{(\rho_g U_g^2)}$$

式中;U_j 和 U_g 分别为射流和横流速度。上述具体表达式与管道几何形状和喷孔布局有关(Lefebvre 和 Ballal,2010)。

射流穿透度可由其尺寸大小、压力损失和上游流量来控制。上游气体的有效混合对射流空间间距也有要求,射流空间间距应能确保其在给定的燃烧室长度内完成混合。因此,射流的布局和大小对于气流的空间传输至关重要,决定着气流能否被准确传输至需要利用它们来掺混温度峰值和提供目标径向平均温度的那些关键区域中。

分级贫油燃烧室可能只使用空气射流来控制温度径向分布的形状,因为在高功率条件下,贫油良好混合的前端在高功率下提供优良的温度分布比。由于它们的穿透度有限,一排在燃烧室尾部的小孔能够有效地冷却径向分布的内部部分。在低功耗条件下,分级贫燃燃烧室的均匀性往往更差,因为此工况下处于工作状态的燃油喷射器数量将大大减少。RQL 燃烧室更要依靠射流混合来完成径向分布和温度分布比目标。研究人员已经进行了大量的实验研究,以确定管道内流动混合所需的最优射流布局。Holdeman 研究发现最优的布局为

$$H = \left(\frac{p}{h}\right)\sqrt{J}$$

式中：p 为孔距；h 为管道高度；H 为特征参数（Holdeman，1993）。对于管道上布置没有相对孔的情形，H 的最优值为5（根据图1.12的情况）。尽管该结果是从一均匀轴向横流得到的，但常可用作一个出色的优化初始布局。真实燃烧室内的上游流动为旋流，可采用计算流体力学分析来优化布局设计。要确定最大的温度分布比，则需要进行台架试验，因为计算流体力学（CFD）计算通常只能覆盖一个燃油喷射器部分，不能提供随机效果的计算。

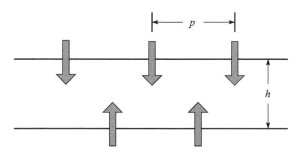

图 1.12　管道中的射流混合

燃烧施加在壁面上的热负荷有两种：一是火焰对表面的辐射；二是与冷却薄膜接触的热气体的对流效应。在燃烧室的某些区域内，对流负荷会导致薄膜温度高于金属温度。辐射通量由下式给出，即

$$q_r = 0.5(1+\varepsilon_w)(\varepsilon_g T_g^4 - \alpha_g T_w^4)$$

式中：ε_w 为壁面的辐射率；ε_g 为气体的辐射率；α_g 为在壁面温度 T_w 时的气体吸收率；T_g 为辐射气体的温度。气体的发射率取决于火焰亮度和气体温度，后者又由燃烧的化学当量比决定。富燃燃烧会产生明亮的烟雾。因此，一个RQL燃烧室其前端的辐射热负荷比分级贫燃燃烧室大，后者产生很少的烟雾。一个RQL燃烧室中部会出现峰值气体温度，此处的化学当量比由富燃转换为贫燃，该区域内气体的发射率也比分级贫燃燃烧室的更高。

内壁面上的对流热负荷取决于当地气体的温度、速度及其与冷却气膜的相互作用。气膜的有效性对于维持金属处于一个可接受的温度范围内至关重要，因为薄膜温度是直接决定热通量的一个关键因素，有

$$q_c = h(T_{film} - T_{metal})$$

式中：q_c 为对流热通量；h 为对流换热系数；T_{film} 为气膜温度；T_{metal} 为内壁表面金属温度。气膜温度依赖于当地气体温度和气膜的有效性。气膜的有效性取决于气膜的性质（槽流、离散孔等）和冷却流与主流的动量比。该动量比称为吹气参数。在主流动量较低且吹风参数较高的区域，冷却膜效率将下降，这种情况最常见于燃烧室的前端。值得注意的是等效薄膜效率，由于RQL设

计可达到比分级贫燃燃烧室更高的峰值温度，因而其气膜温度将更高。

外侧壁面的冷却因设计的不同而存在很大变化（图 1.13）。外壁冷却是很重要的，因为它起到平衡热端热通量的作用。如果背面冷却效率很高，则壁面可承受更高的热端热通量。最初的衬套采用的是简易百叶窗结构，衬套热端分布有许多槽状薄膜，而外壁上的热传递非常少。百叶窗的长度由能够保持气膜效率的距离所决定。百叶窗结构后来逐渐发展，考虑了更为有效的背面冷却，并应用于窗体端口。所有的连续环形百叶窗衬套最终都因为热疲劳裂纹而失效了。裂纹是由于整个环箍上较高的热应力所致。随着工作温度增加，衬套开裂问题将更为严重，因而需要更为有效的衬垫设计。这就导致了陶瓷壁面（浮动壁）燃烧室的出现，其冷却结构由面板瓷砖经机械连接而成。该冷却承载结构基本上可以完全消除在之前的设计中引起疲劳裂纹的环向应力。陶瓷壁面上有多个散热片结构，以增加背壁的对流换热。气膜冷却空气首先流经这些散热片，以提供高效的换热水平。近来的设计采用气膜冷却孔来增加衬垫冷端的传热速率。

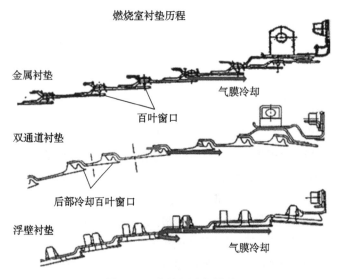

图 1.13 内壁面冷却设计

RQL 设计通常需要比分级贫燃型燃烧室设计更高的冷却流量。然而，这种差异只有在有碍于其他目标实现的条件下才比较明显。冷却空气一般停留在燃烧室内壁附近，这导致了出口温度曲线在靠近壁面的地方更低，而在出口平面中间区域的峰值更高。这对于增强涡轮部件耐用性是有利的，因为它减少了涡轮盘和密封圈的热负荷。对于任一类燃烧室设计而言，利用现代的壁面冷却技术，冷却流量的分配都不会限制平均温度分布和温度分布比目标的实现。然而，冷却确实会对排放和燃烧稳定性产生很大影响。

当进气温度最低时，冷却对低功率排放的影响最为显著。当温度和油气比都很低时，壁面气膜冷却将会稀释壁面附近的燃烧过程，导致未燃碳氢化合物和 CO 生成。这种情况主要发生在燃烧室前端，在那里旋流和回流都与冷却气膜有接触。这类影响在 RQL 和分级贫燃燃烧的两种设计中都会发生。这种燃烧稀释作用可能会对火焰的稳定性造成破坏，特别是在燃烧热释放的能量不足以维持连续点火的极端情况下。在高功率运行条件下，冷却可能导致 RQL 燃烧室前端形成 NO_x。当前端富燃气体与气膜冷却气体发生作用时就会形成 NO_x。并且，在两者发生相互作用的区域将出现化学当量比的燃烧温度和最大的 NO_x 生成率。在分级贫燃燃烧室中，冷却空气并不会增大 NO_x 的生成，因为燃料空气混合物已经比化学当量比燃烧更为贫燃，并且冷却还将使燃烧温度降低。

未来的航空发动机循环需要提高热效率和推进效率，以满足更为严格的燃料燃烧目标和 CO_2 排放问题。目前的循环在冷却和材料温度之间存在明显偏差，使得可以在允许的空气流量范围内实现有效的冷却。随着循环温度的增加，为了满足所有的燃烧室指标，需要采用更先进的壁面冷却技术或耐高温材料以保持较低的冷却气流量。

1.7 小　结

对设计者而言，燃气涡轮的燃烧室仍然是一个有趣且复杂的挑战，要在低成本、低重量、低排放以及高安全性和可靠性等诸多需求下合理权衡是极为困难的。为了更好地理解这些问题，本章中介绍的许多话题将在本书后续章节中更深入地讨论。

参考文献

Golley, J., Whittle, F., and Gunston, B. (1987). *Whittle: The True Story*, Smithsonian Institution Press, Washington, DC.

Holdeman, J. D. (1993). "Mixing of Multiple Jets with a Confined Subsonic Crossflow." *Progress in Energy and Combustion Science* **19** no. 1: 31–70.

Lefebvre, A. H., and Ballal, D. R. (2010). *Gas Turbine Combustion: Alternative Fuels and Emissions*, CRC Press, Boca Raton FL.

Lieuwen, T., and Yang, V. (2005). "Combustion Instabilities in Gas Turbine Engines: Operational Experience, Fundamental Mechanisms and Modeling." *Progress in Astronautics and Aeronautics* **210** American Institute of Aeronautics and Astronautics.

第2章
地面燃气涡轮燃烧：
指标、约束以及系统相互作用

VincentMcDonell, Manfred Klein

2.1 引　言

　　未来世界对能源资源的需求必然越发严峻，高人口密度国家（如印度和中国）正在迅速建设能源型基础设施，发达国家的能源需求也在不断增长或革新。尽管面临着再循环发动机和燃料电池等新技术的竞争，但燃气涡轮在发电产业中依旧发挥着重要的作用，在可预见的未来，它仍将是市场的重要组成部分。燃气涡轮相关替代技术在一定级别能源的使用上可与其相竞争，但对高于5MW的发电量需求，燃气涡轮仍是最具吸引力的选择，因为其设备价格、运营和维护成本都相对较低。因此，燃气涡轮的应用更加取决于其各种清洁燃料的产量，同时也涉及相应的高效率系统配置策略。最终的结果将会是市场仍需要大量燃气涡轮。

　　第1章讨论了航空燃气涡轮发动机的驱动因素及相关考虑。虽然大多数讨论一般都适用于燃气涡轮，但地面燃气涡轮还有其他不同的指标、约束和比燃烧系统更为广泛的整体系统相互作用。这些燃气涡轮的功率从几十千瓦到几百兆瓦不等，其应用横跨发电、动力机械等多个领域（如 Soares，2008）。在发电应用中，燃气涡轮的机轴直接或通过变速箱与发电机相连（"直接驱动"）。对于动力机械的应用，燃气涡轮为机械装置提供动力，如压气机或泵（"机械驱动"）。在发电应用中，燃气涡轮经常与其他设备组合使用，形成"组合循环"系统。例如，将燃气涡轮发电机与基础设施组合，用于收集尾气余热以产生蒸汽来驱动蒸汽轮机。

本章介绍地面燃气涡轮系统的一些关键问题，首先总结地面发动机与航空发动机之间的主要区别。然后讨论不同系统和组件之间的相互作用，从整个电网，到发电厂，再到发动机和燃烧室。其中，燃烧室和发动机与电网的相互作用是地面发电厂的一个特有现象，它对燃气涡轮的工作过程具有重大的影响。

接下来，将用一节篇幅提供电厂对地面发电设备的要求，说明燃气涡轮作为整个电厂的一部分，其在不同类型的循环和应用中需要进行的权衡考虑。例如，先进的中央电厂设计将燃气涡轮与一体化燃气联合循环（IGCC）耦合在一起，这种配置也可设计用于分离CO_2。对于这类情况，燃气涡轮的性能仅仅是电厂整体运行需要考虑的众多因素之一。

随后讨论了发动机运行与燃烧系统之间的基本平衡关系。在某些发电应用中，满足负载需求的能力非常重要。在这种情况下，燃气涡轮可能需要在一定的输出功率范围内工作，因此必须考虑其在适中负荷下的最佳运行状态。对于许多小型的发电应用，当地法规可能会禁止向电网输回电力。对于该种情形，如果用户端电表显示的电能消耗小于燃气涡轮的产电量，则必须减少涡轮的输出。在某些其他的应用中，燃气涡轮基本的运行策略可能要求每天尽可能持续工作24h。以上就是中央电站的发电情况，以使其满负荷运行的整体效率最高。在另一些应用中，燃气涡轮可能用于"协调"功率以满足当地的用电高峰。电厂之所以采用燃气涡轮来满足用电高峰时期，是因为它们能够快速起动。在这种情况下，燃气涡轮在一年内往往要经历上百次的起动/停止循环，这种地面燃气涡轮与航空发动机存在明显的相似性，因为其工作循环看起来更像一个推进型燃气涡轮。普遍的是，许多成功的峰值协调型燃气涡轮往往是源自航空发动机的燃气涡轮（航改型发动机），因为它们的设计中具备快速起动和停止的能力，并且具有相对较高的热力循环效率。因此，在开发和优化燃气涡轮系统时，必须考虑到这些不同应用的工作需求。

最后，针对各种不同类型燃料，介绍了燃烧系统的一般性约束条件和设计构型。

2.2 航空发动机和地面燃气涡轮发动机的主要区别

燃气涡轮发动机对先进燃烧技术的需求是由许多因素决定的，包括市场的需求、监管压力、性能和可靠性。这些因素的相对重要性对于地面燃气涡轮发动机和航空发动机而言并不相同。尽管监管压力和相关的排放要求是决定发电燃气涡轮的主要驱动因素，但对于航空发动机而言，排放仅是"第二考虑因素"，因为其可操作性和安全性要求相对来说更为重要。这些驱动因素和约束条件将在本节中讨论。

2.2.1 排放

在监管压力方面，涉及污染物标准的立法将继续给燃气涡轮行业带来挑战。尽管发动机后处理已能提供符合污染物标准的排放水平（如颗粒物、CO、NO_x），但仍有许多地区，特别是那些空气质量差的地区，对发动机的运行制定了更为严格的排放限制（2.4.8.1节将详细说明）。通常要优先考虑避免燃烧系统中污染物的形成，而不是依靠发动机的事后清洁，这样可以避免清洁设备所需的额外资金和维护成本。因此，低 NO_x 燃烧系统作为一种可尽量减少地面臭氧的有效手段，受到研究人员的普遍关注。尽管当前全球各国在这一点上的做法并不相同，但随着人们关于污染物对空气质量和生活质量影响的认识的逐渐提高，几乎所有地区都将有可能提高污染物减排的优先级。为此，那些来自如世界银行等的资源都有排放的要求，因此即使是在寻求援助的发展中国家，排放也是一个驱动因素。除了监管压力外，那些可以提供最低排放系统的原始设备制造商（OEM），将在监管严格的市场上占据优势，同时树立环境友好（即"绿色"）的良好形象。在某些地区，将污染物排放降低到规定范围的能力，可以直接转化为排放信用收益。目前 NO_x、SO_x 和 CO_2 的几个交易市场的存在，已被证实能够成功地帮助减少区域性污染物排放水平。

尽管在燃气涡轮中采用先进燃烧技术的主要动机是减少 NO_x 的排放量，但同样对当前燃气涡轮的排放问题进行总结概括也是有益的。表2.1总结了当前飞机和发电型燃气涡轮排放的驱动因素。

表2.1 燃气涡轮发动机主要的排放驱动因素

组分	航空发动机		发电厂	
	着陆/起飞	巡航	蒸馏	气体
Soot	×	☒	×	
HC（VOC, ROG, NMHC）	×		×	×
CO	×		×	×
NO_x（NO, NO_2）	☒	☒	☒	☒
SO_x（SO_2, SO_3 及硫酸盐）		☒	×	
CO_2	☒	☒	☒	☒
H_2O	×	☒	×	×

注：×—关键问题。
☒—高优先级问题。

2.2.2 运行考虑

将航空发动机和地面燃气涡轮的运行进行比较，可以揭示一些影响燃烧系统要求的关键差异。最明显的区别在于重量的限制。航空发动机必须实现较高的推重比，而地面燃气涡轮的重量限制却是次要的。因此，地面燃气涡轮的总体布局和架构具有更大的灵活性。

这就可以考虑循环的强化像再热、热回收或者中间冷却（如 Kharchenko，1998）等措施。这些循环强化措施会影响燃烧系统所需的条件。比如，回热作用将导致燃烧室入口温度升高，以及相对适中的增压比。对于再热过程，燃烧室的热燃气局部膨胀之后可能需要额外添加燃料，利用一个二级燃烧室供给高温、氧化的气流。这些循环对于燃烧的影响将在 2.5.3 节进一步讨论。这些循环的结果使其传热、反应动力学、污染物化学和材料问题都将发生显著改变，因而必须仔细考虑。尽管存在诸多挑战，但商业的发展促使上述所有循环的改进措施已被成功实现。例如，Alstom 的 GT 24 和 GT 26 再热连续燃烧系统，GE LMS-100 中间冷却型工业发动机，Solar Mercury 50 回热型发动机。

地面系统也允许采用加水（如在入口喷入水雾或采用湿空气涡轮（HAT）循环）的方法，作为实现更高的整体效率或功率增加的手段（Kharchenko，1998；Kavanagh 和 Parks，2009a、2009b）。在这类系统中，气流中水分含量过高会导致需要考虑燃烧系统方面的额外因素，因为加入的稀释剂会影响反应动力学和污染物的形成。Hitachi 和 Pratt & Whitney 开发并实现了循环中加入水的一些实例。Pratt 的工作中涉及对 FT4000 涡轮的改造（EPRI，1993 年以及正在进行的与美国能源部的合作）。Hitachi 已经开展了几个演示验证项目，包括 4MW 的试点电厂（如 Higuchi 等，2008；Araki 等，2012）。在这些实例中，水在 NO_x 形成的化学过程中的作用备受关注。关于这些循环过程及其如何影响燃烧条件的进一步讨论将在 2.5.3 节中给出，而水对系统的影响则将在 2.4.9 节讨论。

另外，航空发动机基本上是采用单一燃料，而地面燃气涡轮系统则必须能处理各种类型和成分的燃料。自 20 世纪 70 年代以来，天然气应用逐渐受到关注，以至在其后的 20~30 年内，燃气涡轮发电厂得以大量涌现，人们关注的方向逐渐从燃料灵活性转移到了市场适应性和政治力度上。人们希望利用可再生能源，如垃圾填埋场和废水处理产生的燃料，来实现减少碳排放的愿望，这为燃气涡轮的应用提供了一个新的机会。对于更大的生产规模，人们希望利用各种原料的气化产物作为燃料，进而推动高氢含量燃料的燃气涡轮发展。在21 世纪初，利用与煤的气化有关的高氢含量燃料的涡轮燃烧技术发展迅速，使可靠的、低排放的氢燃料燃气涡轮有了极大的改进。关于这些燃料的运行实现的讨论分散在书中各处，2.8节对一些感兴趣的燃料进行了概述。

2.3　燃气涡轮与电网的相互作用

发电所采用地面涡轮与电网之间的相互作用是一个关键因素。电的储存很不方便，因此，它的产量必须与它的使用量保持严格一致。用电需求的突然改变必须快速得到满足，而燃气涡轮具有快速调节负载的能力，可以为电网满足这样的用电需求变化提供有力的支持。另外，对世界上大部分地区而言，燃气涡轮是基本负荷发电的重要方式。在这种情况下，供电方在定义需求时一般起着决定性的作用，因为他们可以支配和操控发电设备或者对"电网"的电力输送或燃料输运进行控制。由于能源和经济的重要性，供电方通常要受到高度的管控以确保付费用户的公平使用，以及确保建立这样的一个环境，即电力的供应能够减少重新发电或改进相关基础设施所需的重大投资带来的经济风险，并且能够获取可观的投资回报。显然，在大多数情况下，供电业务是遵守制度且极其保守的。在这样的背景下，燃气涡轮所起的作用及其与电网的相互作用发展得相对较快。

在任何情况下，无论是大规模还是小规模发电厂，燃气涡轮与当地电网的互联都是至关重要的。一般来说，燃气涡轮必须与其他发电方式（如水力发电、燃煤锅炉/蒸汽涡轮发电、核电等）协调工作。因此，燃气涡轮的运行需要与电网中的功率需求相协调，以维持电网频率，这就要求发动机必须能够在小到几秒的时间内对50%的负载变化作出响应（如Walsh和Fletcher，2004）。

对于大规模、普通负荷的运行条件，燃气涡轮可能是能够提供可调功率的最佳方式。换言之，燃气涡轮的自身设计和运作，应使其能够适应功率输出的变化。因此，燃气涡轮是一种宝贵的"可调度"资源，能够满足电网运营商期待的短期负荷功率需求。当然，对于那些要求最大限度地提高效率的配置（如当与其他循环如蒸汽轮机相结合或与煤气炉相结合时），一般可以通过牺牲瞬态响应的灵活性来达成目的。当工作在要求速度同步的情形（如自由功率涡轮以固定速度驱动发电机）时，如果需要增加一个阶跃载荷，动力涡轮的速度就会开始降低。这就要求控制系统增加燃油流量以产生额外的燃气涡轮功率，直到产生的电功率和载荷输出平衡。如果电网负荷因为并网设备故障而突然下降，这可能影响发动机运行，导致其作用于发电机的瞬时转矩比正常的全负荷转矩大几倍，这种负荷突然下降的情况对于燃烧室的稳定性也是一大挑战。

随着可再生能源系统即太阳能和风能的不断增加,可调度的电功率的需求也在大幅增加。由于太阳能和风力发电的间歇特性,运营商应具备能够储备资源并稳定电网的能力。由于这一要求,燃气涡轮和其他高效可调度发电装置的作用在不久的将来可能会大大增强。

在某些情况下,小型燃气涡轮可使一个地区成为一个"孤岛",使其不再需要从电网中获电。对于"远程电力"应用或者"微电网"应用情形,发电厂的作用将更具局域性。然而,大规模电网必然着重考虑安全性问题,重要的是要保持具备将来自发电机的负荷与来自电网的负荷进行隔离的能力。这导致供电方与小型发电机使用者之间存在诸多争议,因为前者更为关注安全性和电网损失控制,后者为了使国家电网支持当地发电系统将面临着潜在的"回馈"或备用费用。这场争论极为复杂,极具区域相关性。一般来说,终端用户不希望面对这种复杂的局面,这就为第三方商家提供了机会,通过与终端用户签订诸如电力购买协议(PPA)等机制,他们代替终端用户承担了争辩的责任。在这种情况下,第三方一边与最终用户签订合同让其支付使用的电费,一边处理如稳定燃料价格、设备采购、互联协议、办理许可、价格谈判等事务。通常,税收抵免、退税、可再生能源或 GHG 信贷等激励措施在确定此类项目的经济可行性方面发挥着重要作用。

智能电网是指允许逐渐增加的间歇性电力接入的电网,如逐步增加的可再生电力或局域发电方式,无论是供电方拥有的、消费者拥有和经营的还是第三方拥有和经营的发电方式,目前受到了极大的关注。显然,供应商希望参与这一新的能源模式,并与监管机构和代理中介一起改进电网的性质以减轻相关的潜在问题。

2.4 发电厂需求、指标以及权衡考虑

本节讨论各设备与整个发电厂之间的各种相互作用。固定式燃气涡轮能源系统有好几种配置方式,可供大多数工业和商业部门选用。通过简单系统、组合循环系统或者采用不同燃料源的热电联产系统,人们通常可以获得机械动力、电力和利用排放物余热获得热能。

发电厂的排放可以大致分为空气污染物排放和有毒物排放,它们会影响区域健康、生态系统以及全球气候变化。另外,气体排放必须考虑水和能源安全之间的平衡。污染防治和系统的高效节能是解决国际"清洁能源"实施的经济和环境可持续性的关键。关于温室气体和气候变化的争论使得我们要重新看待这些问题。一个部门如果要寻求建立环境最佳可用技术(BAT)的管理实践

和技术，则需要对几个相互关联的环境问题进行平衡性评估。与其他系统一样，燃气涡轮能源设施也必须使得空气、噪声、水和土地等问题都能得到适当的解决。制定决策要考虑的关键因素包括以下几个。

①主要利益相关者的整体环境目标是什么？
②所谓的"最好"是针对一个问题还是几个问题而言？
③与指标相对应的性能判断标准是什么？
④评估或许可是针对单个设备还是整个设施？
⑤是基于性能标准还是技术选择规范来确定需求？
⑥系统的整体效率、安全性和可靠性在决策中是如何考虑的？

对于热能系统的目标可能是以一种平衡或全面的方式来尽可能多地解决关键的环境影响问题。在同一个系统中，来自相同燃料的标准污染物、CO_2 和空气有毒物质的排放几乎是同时发生的。在防止 GHG 排放时，通常可以发现其他空气污染因素也同时得到改善，这就大大增加了温室气体减排的价值。此外，NO_x 和 CO_2 排放量的增加方向往往相反，并且当处于效率和功率要求的高温高压条件时会产生更多的热 NO_x。在对某些类型 NO_x 进行控制时可能会产生一些重要的间接影响，导致需要根据燃气涡轮具体应用有关的各种制约因素进行权衡。

2.4.1　关于调峰发动机应用的权衡

航改型发动机的快速响应能力使其成为调峰应用的良好选择。然而，由于其实施空气和燃料控制方法的空间有限，这种紧凑的高压燃烧室在贫油预混干式低 NO_x（DLN）设计中可能面临许多困难与挑战。与小型发动机的环形燃烧室内较高 NO_x 排放率相比，组合循环发电厂中大型燃气涡轮的 DLN 燃烧室内具有较低的 NO_x 排放率。然而，这类航改型燃气涡轮发动机允许有较高的 NO_x 排放水平，因为将它们应用于热电联产系统时可以利用其排气中的热能输出实现高的热功比和较少的温室气体（GHG）排放，从而达到更高的工作效率。对于 DLN 的设计，许多具体因素的权衡是困难的，如更高效的高压比、NO_x 与 CO 的排放差异（进一步的讨论见 2.5.3 节）、瞬态工作时的引气损失以及寒冷天气下的更多可用功率。

2.4.2　组合循环电厂的权衡

燃气涡轮组合循环（GTCC）由作为 1/3 "原动机"的燃气涡轮（约提供 2/3 功率）和作为辅助的蒸汽涡轮（约提供 1/3 功率）组成，能够产出比两者独立工作时更为有效的电力或机械动力。图 2.1 列举了一个典型的组合循环电

第 2 章 地面燃气涡轮燃烧：指标、约束以及系统相互作用

厂布局和组件。然而，位于"绿地"区域内的大型冷凝用 GTCC 电厂在环保意义上可能无法与热电联产抗衡，因为它们往往无法将大部分其他可用的低品级热能转化为水或空气冷凝器中的能量。这些电厂的运营大多会受到与电价结构相关的经济因素以及经常波动的燃料价格的影响，并且技术、政策和市场力量之间存在极为复杂的关系。运营时间缩短经常会导致电费价格上涨，因为供电方总是力图恢复这些"闲置资产"的成本。

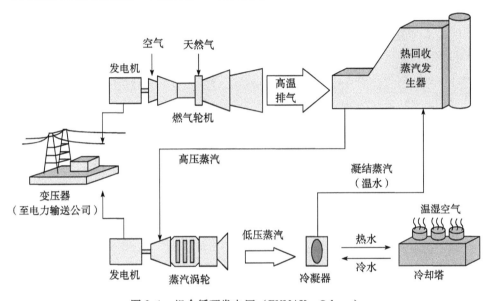

图 2.1 组合循环发电厂（ENMAX，Calgary）

如前面所述，对于大型组合循环系统，蒸汽冷凝器成为一个环境问题的原因包括能量损失大、对当地水源产生热污染、高温蒸汽污染以及噪声影响等，因为大约有一半的热能通过烟囱、冷凝器和废气排放到环境中。大型燃气涡轮系统可以很快地建好，并消耗大量经由天然气传输设施输送的燃料。如果远程选址建造大规模组合循环，将导致需要更多的电力传输线路，会造成更多的电容器能量损失，以及增加天然气燃料供应和定价的不确定性。

出于规模经济性考虑，主张超低 NO_x 限制的环境政策往往更青睐大型组合循环，这导致发动机机身制造商们带来了令人印象深刻的燃烧技术进步。同时，较小型系统开发的低排放系统因为只有相对较小的短期经济效益，使得更为高效的分布式系统难以实施。此外，大型 GTCC 装置尽管拥有先进的低排放燃烧系统，有时也必须配备后端选择性催化还原（SCR）系统，以满足超低 NO_x 排放水平的要求，这也将导致系统的细颗粒物排放和 N_2O 温室气体排放增加，以及氨泄漏、热回收系统效率的下降，详细的讨论可参考 2.4.8.2 节所

述。这些潜在的影响，加上工厂设备循环复杂和减排效果差，因而在应用这种技术时需要慎重对待。

2.4.3 关于电力革新应用的权衡

老化燃煤设施的革新和固体燃料气化是大型燃气涡轮系统的最重要机遇。在全球范围内安装的多用途锅炉和蒸汽轮机大多是在1975年之前建造的，其中许多设备组件需要在未来的几十年内进行大修、升级或退役。电力行业排放的绝大部分温室气体和其他污染物都是来自这些使用锅炉和蒸汽轮机的通过燃煤和燃油发电的电厂。这一机遇提供了另一重要的能源选择方案，可以在现有的火力发电设施基础上大大减少全球空气污染以及有毒物质和温室气体的排放量（图2.2）。

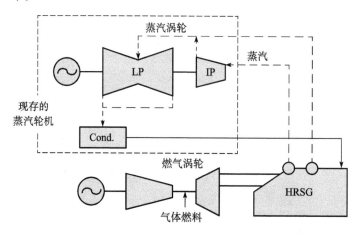

图2.2 改造后的燃气涡轮/余热锅炉系统

大型燃气涡轮组合循环具有减排和提高效率的优点，使得可以在某些发电机组中使用天然气，并利用燃气涡轮作为热回收蒸汽发生器（HRSG）来代替陈旧的锅炉，并可以保留现有的蒸汽轮机。目前已有各种可行的动力革新技术，它们可在维持大部分现有蒸汽系统和辅助设备不变的基础上，部分或全部的现场整合使用气体燃料。这些强化改造涉及发电厂向高效燃气涡轮联合循环的转换，以淘汰陈旧机组并大大减少总排放量。煤的气化为组合循环动力革新提供了另一种可能的形式，这将在2.4.6节讨论，在这种情况下，需要考虑采用其他的燃烧系统。

2.4.4 关于热电联产的权衡

热电联产或组合式热电联产（CHP）是指，在同一个过程从相同的燃料

第2章 地面燃气涡轮燃烧：指标、约束以及系统相互作用

来源同时生产电能和热能。图 2.3 说明了这一概念。一般来说，传统锅炉发电系统产出的所有能量的 40%～60% 都在冷凝器和排气烟囱中作为废热损失掉了。利用热电联产概念，发电过程中产生的热能可以回收，并用于工业过程或市政区域能源。值得注意的是，1882 年在纽约建造的世界上第一个商业发电厂就是一个热电联产设施，它不仅生产工业蒸汽，其副产电能还可用于当地街道照明（Pearl St, NY, T. Edison）。中小型燃气涡轮（和其他设备）非常适合用于当地能量所需的热负荷，但其 NO_x 的排放量可能会比大型发动机高些。

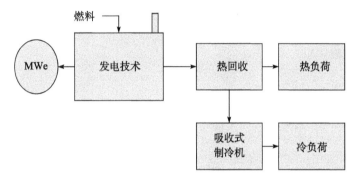

图 2.3 热电联产

发电厂大小和位置是匹配热、电输出的关键要素。CHP 是具备节能、更少空气污染和减少 GHG 等优点的最重要的一种热能技术概念。废热用于吸收式制冷同时也有助于减少传统的对臭氧层有害的制冷剂（如氯氟烃（CFC）等）的使用，还可以通过冷却进气来增加热天的燃气涡轮功率。利用现场产生的热能和电能，可消除本地电力中断的影响和减少传输损耗，从而实现能源的安全性和过程的可靠性。

与组合循环电厂相似，CHP 系统可以采用余热锅炉回收大量热能，并通过管道燃烧器提高蒸汽和电力生产的灵活性。管道燃烧器可以降低 HRSG 的排烟温度，从而提高系统热效率。然而，HRSG 中的管道燃烧器可能会在燃烧器入口处产生额外的 NO_x，主要取决于该处的空气条件，这又说明了另一种低排放燃烧技术，该技术的低排放策略可以在污染物防治中发挥作用。因此，从排放量的绝对质量产率来看，较高的污染物生成率和整体效率之间需要权衡。

如何对各种不同能源的能值等价性和价值进行量化是热电联产产业面临的一大挑战，特别是低品质能源往往被浪费掉。根据能量的不同用途，电能的价值一般最高，而暖气或热水的价值可能最低。对于两种基本的能量形式，热与功（H∶P）之比是关乎系统效率的一个设计标准。图 2.4 列举了 3 个具有不

同热电比（H∶E）、系统效率以及由冷凝器、烟囱和辅助设备引起的系统能量损失。因此，对 CHP 的有效使用极大地依赖于其具体的应用。

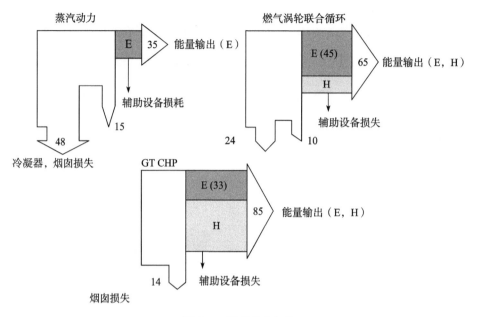

图 2.4 循环效率权衡

在燃烧系统的影响方面，CHP 一般不会存在很大问题，只有一种例外，即在应用 CHP 时可以有效地使用替代燃料的情形。因此，在设计这类系统时燃料替换能力是需要考虑的一个重要因素。

2.4.5 区域能源的权衡

区域能源系统（DES）利用从工业过程中收集的热能，通过一个管道网络将蒸汽和热水或冷水分配到各个建筑物。区域能源系统是 CHP 较好的候选系统，因为它们可布置在电力负载端，提供低质量的热能需求，并且通常使用需求端附近的清洁燃料。低温热能输出增加了热电联产系统的效率，而区域能源系统载荷高峰能够满足峰值电力需求。

在这方面，CHP 系统被推崇成"公用事业的核心"，其以"生态工业园"的概念使用各种类型的原料和废物来提供能源服务，如电力、蒸汽、热水或冷水。经改进的可靠且经济的小型燃气涡轮机组（即干式低 NO_x 排放水平适中）的选择范围对于为建筑物创建额外的分布式 CHP 和 DES 的应用极具价值。进而，造纸厂和油矿设施可以利用这些概念，把废物（焦油、沥青、废木）转化为能源服务（图 2.9）。

因此，与 CHP 的应用一样，可替代燃料的发现对后续燃烧系统的影响导致了许多机遇的出现。

2.4.6 IGCC 应用的权衡

整体气化联合循环（IGCC）一词用于描述一种"清洁煤炭技术"设施，该设施可减少燃煤发电产生的大部分气体的排放。气化技术通过将煤、沥青、石油焦等固体燃料转化为合成气燃料以实现更清洁的燃烧。固体燃料被输送到气化炉中，然后经受高温高压和低氧的条件，通过燃烧一部分煤来制造合成气。合成气是 H_2 和 CO 的混合物，其能量值约为天然气能量值的 1/4。然后合成气在先进高效的燃气和蒸汽轮机联合循环中燃烧。水煤气转换化学反应将允许在合理的压力下分离 CO_2，碳被"输送"走，氢则被处理或燃烧。图 2.5 展示了这个过程。

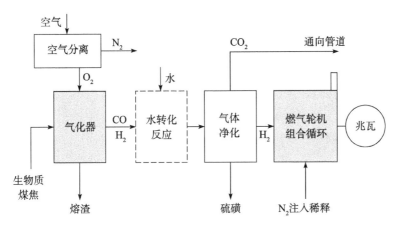

图 2.5 整体气化联合循环（IGCC）系统

与之前的研究情况一样，IGCC 由于需要在高氢含量的燃料上运行，因此可能会影响燃烧系统。氢燃料燃烧了由于易出现回火现象而带来了许多挑战（Richards 等，2001；Lieuwen 等，2008；Lieuwen 等，2010），需要额外的燃烧研究来验证这些系统对于各种输入原料的潜力和可靠性。气化作为固体燃料的主要解决方案，在电力、油矿和炼油行业都非常重要。NO_x 排放的允许水平必须设置得足够高，以保证有效的碳捕获系统在富氢燃料上安全运行。用于 H_2 或合成气燃烧的燃气涡轮 NO_x 减排将同时结合 N_2、蒸汽的注入和稀释过程。若采用耗费巨大的基于合成气"水煤气转换"的高压 CO_2 捕集技术，系统可靠性至关重要。合成气燃烧的具体挑战包括以下几个（Lieuwen 等，2010）。

①回火、自燃和爆炸极限，火焰检测。

②燃烧动力学与振动。

③可使燃烧器能够在一系列燃料下运行的能力，包括纯 H_2，CO/H_2 合成气体，用于起动的甲烷，并考虑添加稀释气体。

④操作灵活性，不受瞬态环境影响。

当化学物质和 CO_2 的捕获、输送和储存相结合时，气化系统将提高能源效率、减少空气污染和温室气体排放。在煤炭和油矿较多的地区，可以结合区域能源计划开发输送 CO_2 的管道。

2.4.7 管道压缩机的权衡

天然气管道行业（和海上平台应用）也是燃气涡轮的大型用户，尤其是在采用离心式气体压缩机的大直径、高流量系统上。它们采用航空发动机和工业发动机的综合衍生设备，前者由于易于拆卸和维护而越来越受欢迎。DLN 燃烧技术的发展已经得出大量的空气污染解决方案，有时还会采用注水来防止 NO_x 生成。燃气涡轮中不可靠的燃烧可能会导致电站或机组出现故障，造成停产、设备的停止与起动、甲烷排放增加、排气噪声等问题。海上平台的安全不会受到威胁，但需要不断的最佳操作实践来将这些能源系统的总体 GHG 排放量降至最低，并保持较高的系统可靠性以防止事故发生。

对于高压输气管道行业，CH_4 泄漏一直是一个重要的"全燃料循环"的问题。CH_4 排放的全球升温潜能值（GWP）是 CO_2 的 21 倍，是管道行业的一个重要考虑因素。尽管 CH_4 排放量很小，且平均只有天然气产量的 1.5% 和约 1000km 长的传输系统，但高 GWP 依旧是很严峻的问题。一个普遍的结论是，可以通过查找电站的最大 2~3 个泄漏源以减少 CH_4 的排放量，这些泄漏源通常与未安装好的安全阀排气口或不必要的电站排污有关。因此，压缩机部件的可靠性是非常重要的，这意味着需要强大的燃烧系统（Moore 等，2009）。CH_4 测量、量化、成分计数和库存现在也成为重要的任务。

这些应用的另一个挑战是对热量的需求有限。因此，燃气涡轮的发电效率至关重要。这样燃烧系统就可能受到更高的燃烧温度或与循环增强相关的影响所影响。此外，蒸汽轮机或有机朗肯循环（ORC）技术等基本循环可采用余热回收技术（图 2.6）。

2.4.8 环境影响

空气污染物通过产生烟雾、酸雨和一些毒性残留物影响当地人口、野生动物和生态系统的健康。在受影响严重的地区，污染物减排通常是燃烧技术进步的强大推动力。

第2章 地面燃气涡轮燃烧：指标、约束以及系统相互作用

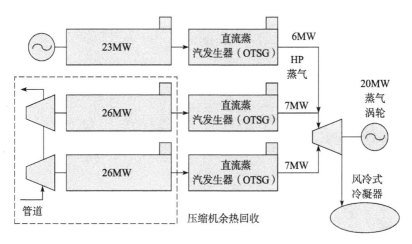

图2.6 热回收管道压缩

2.4.8.1 最佳可用控制技术考虑

污染物排放（如 NO_x）最佳可用控制技术（BACT）的定义可能与其他环境问题（如 GHG 排放）的最佳做法不一致。最佳做法和 BACT 可能针对不同的应用而差异很大，并且会因需要缓解的目标和环境问题以及鼓励预防和保护的程度不同而有很大差异。在确定一套清洁能源时，任何能源或燃烧系统产生的空气污染和 GHG 排放都不能单独出现，而必须作为一个系统一起出现。

如图2.7所示，排放量为 220~300kg/MW 时，燃烧天然气的燃气涡轮热电联产和 CHP 比现有的燃煤蒸汽机组减少了 60%~75% 的 GHG 排放量。这是改用低碳燃料（如天然气）和热效率提高（在 50%~80% 范围内）的结果。如果能够捕获和储存 CO_2，煤气化中使用的燃气涡轮装置也可以显著降低排放。木材废料和其他生物燃料也有相当好的整体排放特性。

有效考虑 GHG 和效率问题不仅需要燃烧和烟囱设计的基础知识，还需要有主要燃气涡轮发动机部件的设计和操作、各种机组类型的"人口统计"以及相关设备和特定的工业装置应用。各种目标的最佳控制技术可基于以下几个方面。

①系统能量效率。
②NO_x 和 GHG 的污染防治。
③间接影响（PM、氨、有毒物质等）。
④良好燃烧实践的平衡。
⑤干式低 NO_x 燃烧技术。
⑥蒸汽和注水替代方案。

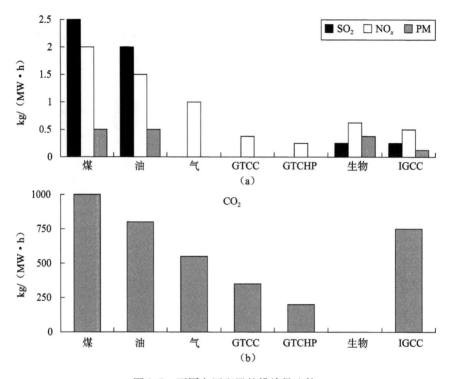

图2.7 不同电厂配置的排放量比较

⑦理解瞬态工况。

⑧热电联产机组容量的热负荷。

⑨固体衍生燃料的气化潜力。

⑩排放监测报告。

各种清洁能源部门的系统特性和技术选择将决定如何实现燃气涡轮能源系统中的压缩、燃烧、涡轮输出和热回收与优化低标准空气污染物、温室气体和空气毒物之间的平衡。当在同一分析中考虑多个变量时,成本效益评估对于评估替代选择和权衡是很重要的。当这一切完成后,BACT的概念,如热电联产、区域能源、气化、防止CH_4泄漏、吸收式制冷和废弃燃料将变得与燃气涡轮的各种NO_x减少技术一样重要。为了避免混淆,确保在讨论"排放"时,始终明确在这种情况下考虑哪种类型是很有用的,如温室气体、空气污染、含氯氟烃或微量有毒物质,还应考虑对当地噪声、蒸汽流、水和土地使用的相关影响。

2.4.8.2 大气污染防治技术

燃气涡轮中污染物形成的细节在第7章中讨论。本节提供了一些关于缓解

第2章 地面燃气涡轮燃烧：指标、约束以及系统相互作用

污染物问题的方法讨论以及对整个燃气涡轮设备的影响。

早期减少 NO_x 排放依赖于向燃烧室区域注水来降低循环装置的火焰温度。水与燃料的质量比范围可达 1~1.2，为 1 的比例时可减少 70%~80% 的 NO_x。超过 1.1 的比例，CO 排放量会大幅增加。但注水可能降低机械效率，并导致燃烧系统中出现气流脉动和材料腐蚀现象，因此必须频繁检查并监控设备。在干式低 NO_x 燃烧商业化应用之前，蒸汽喷射通常用于 CHP 和联合循环。蒸汽注入燃烧室将增加质量流量，产生 20% 的功率输出增益，热耗率提高 10%。对于给定的 NO_x 减少量，蒸汽燃料质量比水喷射大 50%，但蒸汽对部件的损坏影响不太严重。缺点是增加了对水管理的需求，如 2.4.9 节所述。

选择性催化还原（SCR）是一种后端净化系统，在该系统中，热回收蒸汽发生器（HRSG）中的废气流中被喷入 NH_3，并通过催化剂载体送至 HRSG 中。在 300~400℃ 的温度范围内，催化剂存在时氨与废气中的 NO_x 反应，生成 N_2 和 H_2O。SCR 系统需要 HRSG 将 500~600℃ 的废气降低到所需的反应温度范围。虽然在稳态联合循环应用中燃气涡轮是可行的，但是循环操作在保持氨泄漏方面可能存在一定挑战。SCR 通常在水或蒸汽注入系统之后使用，目的是将排放量从 $(30~40)\times10^{-6}$ 体积水平降低到 $(5~10)\times10^{-6}$ 体积。尽管 SCR 能有效去除 NO_x，但也可能导致其他问题，举例如下。

①氨从未反应的 NH_3 中分离（电厂循环运行期间反应较少）。
②需要运输和处理有害的氨。
③HRSG 内部的额外压降（流道的限制、额外的长度）。
④微量硫作为排放细颗粒变成硫酸氢铵（ABS），还会污染和腐蚀后端低温的 HRSG 管。
⑤HRSG 的排气温度较高（低效率）促进氨的反应。
⑥催化系统可能会产生 N_2O（另一个强大的 GHG）排放。

另外，也可以通过修改 DLN 燃烧系统的燃烧过程，重新分配燃烧室内的气流和燃料混合物，以尽量减少局部火焰温度过高的情况，来减少 NO_x 排放。关于这种方法的优点和缺点的更多细节将在 2.6.1 节中讨论。但简单地说，在进入燃烧区之前，燃料将与压缩机排出的空气混合，以实现均匀的混合。当混合和燃烧同时进行时，这种"贫油预混"可以阻止混合物在燃烧室中达到合适化学计量比。燃料空气比必须保持在非常低的水平，以维持较低的燃烧温度，从而减少 NO_x 的生成。但在非设计工况下，必须严格控制燃料空气比，以防止燃烧室内的压力振荡、回火和可能出现的井喷燃烧。图 2.8 说明了减少 NO_x 的贫油预混系统。其他的例子见 2.7.2 节和第 10 章。DLN 系统几乎没有附带的环境影响。

燃烧系统的工业设计框架
- 低增压比（10~16）
- 设计简单，机械空间较大
- 前期成功的积累

用于航空的改进系统
- 高增压比（15~35）
- 体积较小，更加复杂
- 提高了可靠性，但挑战依然存在

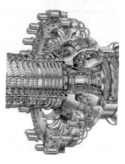

图 2.8　干式低氮燃烧系统（通用电气）

然而，人们普遍发现，强制降低 NO_x 水平会增加燃烧室的可操作性问题，如声学不稳定性和燃烧井喷的现象，并降低系统的可靠性和操作灵活性。这将在 2.6.1.4 节讨论。

燃烧室设计很大程度上受 CO 排放处理方式的影响，尤其是在非设计、瞬态和寒冷环境条件下。这体现出 CO 排放的重要性，其排放水平通常设定为与 NO_x 排放相同的百万分率水平。然而，CO 的排放对人体健康的危害较小，其在一两天内就会氧化成 CO_2。如果不强调 CO 排放对于 NO_x 生成和燃烧室的可操作性的影响，可以在一定程度上缓解与 DLN 系统相关的一些可操作性和成本问题。

细颗粒物排放量（PM10 和 PM2.5）是一个重要的健康问题，在一些监管措施中得到了越来越多的关注。这些排放来自液体燃料的燃烧、基于氨的 SCR NO_x 控制的使用，或者少量来自未加工的天然气或一些含有乙烷、丙烷和丁烷的液化天然气（LNG）。燃气涡轮排放的细颗粒物已被讨论过（根据美国欧洲 AP42，大约 0.07 lb/MW·h）。由于测量物较少时缺乏精度，加上进入空气中存在非常小的空气尘埃和挥发性有机化合物，其中很大一部分绕过燃烧系统进行冷却，导致对这些进行研究比较困难。因此，理解空气过滤系统对排放的贡献（或可能的减少）时，仍有许多未解决的问题。

2.4.8.3　整体系统效率和温室气体排放

自 1970 年以来，关于气候变化问题的讨论一直在进行，自 1992 年里约气候变化和生物多样性会议以来，温室气体排放已成为环境评估的一个重要方面。虽然仍存在争议，但许多国际"清洁能源"采用的能源选择，已最大限度地减少 GHG，但由于经济原因，对能源依旧会是同样的选择。因此，减少空气和水污染可以提高能源效率和安全性。GHG 的大部分排放与高空污染有相同来源，这同时也强调了能源和环境设计的系统方法。图 2.9 给出了一个同时考虑燃料和整体结构的例子。

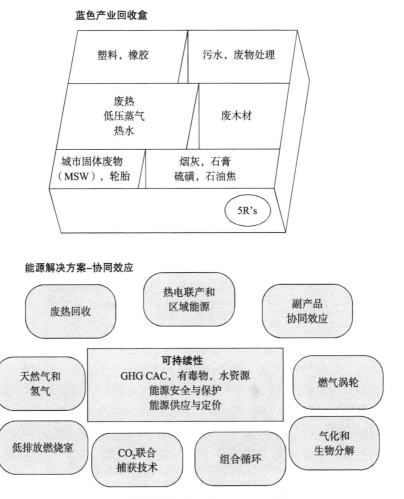

图 2.9　集成能源解决方案相关的考虑因素

2.4.9　对水的影响

对当地利益相关者来说，水的影响可能比空气排放更重要。大型蒸汽系统的冷凝器损失会影响湖泊或河流的水质，有时相关的蒸汽气流是一个可见的问题。冷凝式汽轮机的影响较小，因为它们的尺寸比基于布雷顿循环的燃气涡轮小。这些冷凝器可以是水冷式表面冷凝器、风冷式风扇冷凝器，也可以是有湿空气的混合系统。使用河水或湖水的水面冷凝器可以是一次性装置，并排放到当地水体中，规定通常限制回流出口的温度上升 8~12℃，以保护水中生态系统。高温对鱼类和其他水生生物是致命的，即使适度的温度增加也会损害敏感的微生物的繁殖和生长，刺激藻类的生长，降低溶解氧气的能力，这对水生生物也是有害的。

有时蒸发冷却塔被用于大型锅炉蒸汽设备的散热器（而不是河水）。这些过程将废热转移到环境空气中，通常伴随着大量的蒸汽气流。风扇式冷凝器是另一种形式的冷凝系统，常用于燃气涡轮工厂和水资源短缺的地方。虽然水的影响较小，但由于风扇的功耗，其循环效率会降低。当表面积受限或风扇运行不足以冷却蒸汽时，湿空气表面冷凝器也很常见。低速风扇噪声（可通过声学消除）或冬季热流产生的喷水会对风扇冷凝器造成不利的影响。

然而，冷凝的主要影响是较低级的热量大量损失。大型联合循环依赖于以高质量电力的形式获取所有的能量值，但这样将导致低级别的热量会被排放到环境中。蒸汽轮机需要这个冷凝器把蒸汽变成水送回锅炉。因此，一个 500MW 的联合循环电厂（效率为 50%，使用 1000MW 的燃料输入）可以产生 450MW 的理论热能，其中 300~400MW 热能经过冷凝器。这种能量可用于区域能源应用，为附近市区的大型建筑提供冬季热量（或夏季制冷）。

如 2.4.8.2 节所述，在简单的循环应用中，如峰值电负荷或附近的管道压缩，也可以注水来控制 NO_x 的生成。在这种应用中，清洁水是必不可少的，以防止发动机内部出现任何杂质或固体颗粒。很明显，运营成本与水的运输、处理和处置，改进的燃烧室、涡轮和控制系统部件，增加发动机维护，以及燃油罚款相关。在水资源获取和处理成本较高的偏远地区，可能会导致更高的成本。注入的蒸汽也需要大量的水处理。在某些环境空气温度条件下，燃气涡轮发动机可能被"愚弄"而自认为空气处于国际标准化组织（ISO）条件下，致使更多的质量流量或更冷/更热的空气被送到涡轮入口。用汽化水滴对进气口进行雾化以获得"较冷"的空气可以有效提高性能。水滴也可以注入空气过滤器和压气机入口，以提供冷却效果和更多质量流量的"湿压缩"循环功率。在 2.5.3 节讨论了其中一些系统要求。

2.5 发动机指标和权衡

如上所述，在第 10 章中指出燃气涡轮发动机有广泛的应用。通常情况下，在考虑具体应用时必须进行权衡。一般来说，主要需考虑灵活性、效率和排放。

2.5.1 调节

调节是指发动机在一系列运行条件下，保持其合理性能水平的能力。一般而言，总的燃料空气比随着负荷的降低而降低。为了说明这一点，图 2.10 给出小型燃气涡轮发动机的相对燃料和气流以及相关的燃料空气比。如图中所示，如果经优化后的系统可在满负荷下以最小燃料空气比运行（如最低反应温度），则系统的负荷不能进一步降低，因为它将导致燃烧达到贫油排放极限。为了解决这一问题，贫油预混燃烧系统通常是分级的，具有多个燃料喷射点，这些燃料喷射点可以按顺序地并行操作，以保障每个点达到定制的局部燃料空气比，同时允许发动机的总燃料空气比根据需要变化，以实现预期的调节。

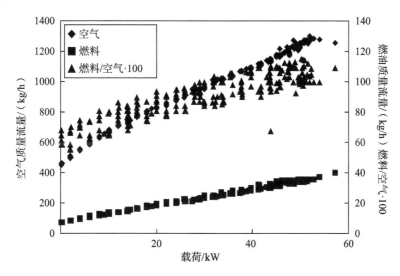

图 2.10　压力比为 3.5∶1 的燃气涡轮发动机的总空气和燃料流量示例

关键是要确保建立局部的燃料空气比，以保证发动机的可操作性。为了在排放的背景下说明这一点，图 2.11 比较了分级如何允许燃烧系统保持在贫油燃烧状态（对于每个燃料喷射点是局部的），而传统的非分级燃烧的发动机必须在较宽的当量比范围内燃烧，并且必须避免在部分负荷范围内有利于产生高 NO_x 排放的条件下运行。

也就是说，不同燃烧室是如何运行的有很大不同。这将在 2.7.3 节进行更详细的讨论。

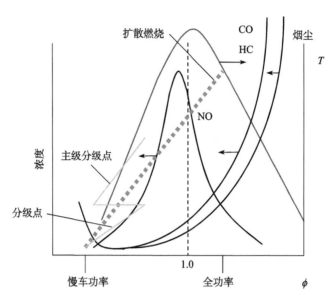

图 2.11 分级燃烧策略和传统燃烧策略的比较——传统策略的慢车和全功率点

2.5.2 瞬态响应

与燃气涡轮相关的瞬态响应越来越重要，由于间歇性可再生能源（如太阳能和风能）的大量采用，均衡电网负载变得越来越具有挑战性。如前面所述，具有快速瞬态响应的燃气涡轮能够很好地适应电网的能量水平和需求水平。因此，大多数主要发动机原始设备制造商一直在开发响应越来越快的产品，包括那些为联合循环运行配置的产品。一般来说，运行设备被视为只能基本负荷运行（Balling，2010）。

这些瞬态现象会直接影响燃烧系统的要求。有人可能会说，这些发动机类似于航空发动机，根据设计它们的负载将会增加。从本质上说，最严重的问题与用电井喷有关，用电高峰的突然下降可能会导致用电曲线过度倾斜（如 Walsh 和 Fletcher，2004）。但是，由于今天大多数低排放系统依赖于非常贫油的运行，与航空发动机相比，它们的排放裕度更小。加上燃油的灵活性要求，地面发动机瞬态响应的影响与可操作性相比非常显著。

为了抵消间歇性发电来源，加上对发电瞬态响应的需求增加，厂商对部分负荷或起动时的排放水平给予了更多的关注。监管机构逐渐认识到，在燃气涡轮瞬态运行期间，排放可能会升高。因此"峰值"的运行受到了密切关注，因为发动机在满负荷稳定状态下运行的实际时间可能是发动机实际运行总时间的一小部分。

发动机开发商的应对措施是建立联合循环电厂,在保持低排放和良好的部分负荷效率的同时,能够快速增加发电能力(如通用电气 FlexEfficiency 50 联合循环电厂、Alstom 下一代 KA2x/GT2x 产品)。因此,图 2.12 所示的主要概念上的"分工"将发生变化,这将影响这些设备的市场份额。

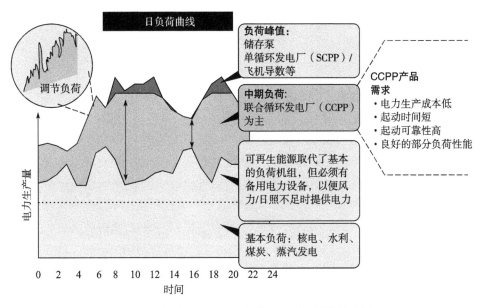

图 2.12　间歇可再生能源的代表和燃气涡轮的作用
（空气净化和联合循环电厂）（Balling，2010）

2.5.3　热效率

燃气涡轮发动机的效率仍然是一个重要的驱动因素。随着基于产出的气体排放标准的采用,以及温室气体排放的需要,整机循环效率变得越来越重要。一般来说,燃气涡轮的热机基础需要增加做功的温度和降低排气的温度。这一效率指标推动了涡轮火焰温度的稳步上升。火焰温度是工业燃气涡轮从 D 级和 E 级发展到 G 级、H 级和 J 级的循环演变过程。J 级发动机的燃烧温度为 1600℃。为了在涡轮入口处达到这一温度,燃烧室本身很少或没有冷却。同时,1600℃足以产生热 NO_x。这说明,在实现高效率与保持低 NO_x 排放之间需要权衡。在这种情况下,所使用的循环是所谓的简单循环,因为它本质上是布雷顿循环。图 2.13 显示了这个循环的示意图。在这个循环中,压缩比基本上与燃烧室入口温度和压力直接相关。因此,更高的热效率与更高的 NO_x 排放潜力直接相关。

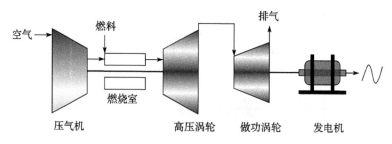

图 2.13 简单循环

或者,可以考虑在没有极端压缩比的情况下使用其他循环来提高效率,如小型发动机的一个相对常见的循环是回热循环。值得注意的例子包括 Solar Turbines Mercury 50 和大多数"微型燃气涡轮",其回热循环如图 2.14 所示。在这种情况下,来自布雷顿循环的一些废热通过换热器(气体-气体热交换器)部分回收,并用于预热进入燃烧室的空气。这需要较少的燃料燃烧来达到相同的涡轮入口温度。这也导致与简单循环发动机相比,燃烧室入口温度相对较高。因此,由于存在预混器停留时间等的限制,可能需要对其进行重新设计。

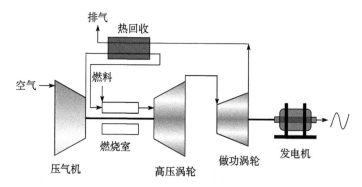

图 2.14 回热循环

另一个在发展方面也取得成功的是中间冷却回收循环(ICR)。这种循环的例子可以在船用发动机中找到,如劳斯莱斯 WR-21。但一些其他公司仅利用了中间冷却元件(如通用电气 LMS-100、通用电气 LM6000 SPRINT)。在 SPRINT 的情况下,水也在中间冷却器阶段喷射到空气中,以提高整体效率。其总体布局如图 2.15 所示,中间冷却增加了低压压缩阶段后的空气密度,从而减少高压压缩阶段的工作,有效地提高循环效率。与组合压缩级相比,添加水喷雾后,涡轮的总质量增加,因此在消耗相同燃油量的情况下,输出功增加。在这种情况下,循环的变化再次影响燃烧室的入口条件。在 SPRINT 发动机中使用水可能会影响 NO_x 的化学性质。相对于单独的回热循环，中间冷却器本身可以调节温度。

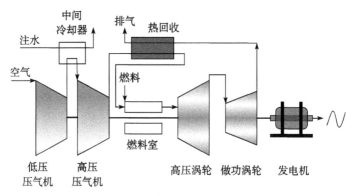

图 2.15 中间冷却/回热循环

为了说明给定涡轮进口温度下这些循环的关系，图 2.16 给出了不同循环类型下，总体理论效率随比功率的关系。ICR 的优点是显而易见的，因为类似的设备尺寸下（即比功率）可以实现更高的整体效率。

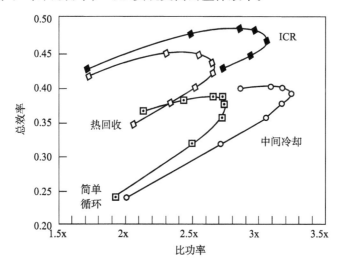

图 2.16 给定涡轮进气温度下理想效率与比功率的关系

进一步的循环调整包括加水。如上所述，中间冷却循环的一种实施方式使用水来增加功率输出，并且可能有助于减少 NO_x 的形成。其他例子如图 2.17 和图 2.18 所示。在图 2.17 中，显示了湿空气涡轮运行的例子。相对于其他循环，它显然更复杂，但具有潜在的更高的整体效率。如 2.2.2 节所述，日立公司已经实施了几个示范项目，包括一个 4MW 的试验电厂（如

Higuchi 等，2008；Araki 等，2012）。在这些例子中特别注意到水在 NO_x 化学中的作用。

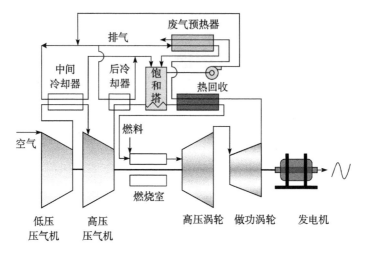

图 2.17 湿空气涡轮循环

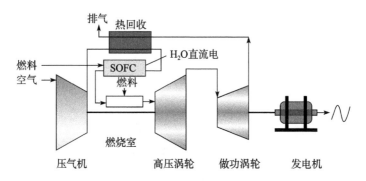

图 2.18 燃料电池/燃气轮机混合循环

循环概念的最后改变如图 2.18 所示。在这种情况下，燃烧室被高温燃料电池（如固体氧化物燃料电池（SOFC））取代，直接产生直流电。在燃料电池的排气中剩余的焓值可以进行额外的涡轮工作，有效地使多余废热变成电力。燃料电池是一种热化学过程，基本上不产生污染物。然而，为了适应起动和潜在的瞬态模式，燃烧室通常贯穿于整个过程中。

2.6 燃烧室的具体指标和权衡

可操作性和排放是贫油燃烧的主要挑战。由于排放是推动贫油燃烧使用的主要驱动因素，因此存在的挑战包括在保持稳定性的同时实现低排放，避免自燃和回火，以及实现足够的调节以覆盖发动机运行所需的条件范围。除了本书的内容外，读者还可以参考这个主题的其他最近的讨论（Richards 等，2001；Lieuwen 等，2008）。虽然贫燃策略已经发展成为减少排放的主要方法，但是很明显，在富燃料条件下和贫燃条件下都可以实现低温燃烧（以及低 NO_x 形成率），第 7 章对此进行了详细概述。事实上，采用富燃以缓解可操作性问题（如稳定性极限、振荡）的能力已经发展成为航空发动机的主要燃烧策略，如第 1 章所述。此外，考虑到燃料使用的灵活性，以及 NO 形成途径、燃料结合氮的途径，可以采用富燃的方法来克制这些现象。但是对于在当前燃料空间的地面燃气涡轮，贫油燃烧方法已经发展成为当前最先进的方法（McDonell，2008）。

图 2.19 以典型的燃烧室"稳定回路"为背景，说明了对于给定的入口压力和温度下贫油燃烧相关的挑战，通过燃烧室的给定质量流量的燃料空气比可以增加到或减少到燃烧室不能维持反应的程度。燃料空气比的极限可以在化学计量的富油端和贫油端找到，此时反应将不再稳定。反应不再持续的条件如图 2.19 中的"静态稳定性极限"所示。该回路可以随温度、燃料成分和压力的变化而变化。图 2.19 也说明了回火的存在，可能出现燃料喷射器/预混器的速度变低问题。

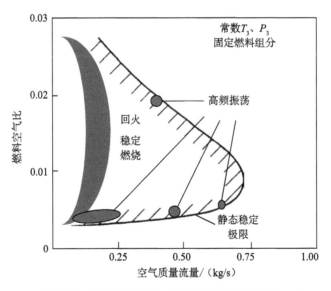

图 2.19 固定入口温度和压力下燃气涡轮燃烧室可操作性问题说明（改自 Lieuwen 等，2008）

最后，图中的离散点是沿着静态稳定极限的，对应于存在燃烧振荡问题的运行条件。这些可操作性问题将在第 3 章讨论。

2.6.1 可操作性和瞬态燃烧现象

在燃烧室的操作水平下,可操作性可能会受到井喷、回火、自燃和动态燃烧的严重影响。本节总结了燃烧室可操作性的关键问题。

2.6.1.1 井喷

井喷是指火焰脱离和熄灭的动态过程。一般来说,井喷被认为是与物理过程和动力学过程相关的时间尺度之间的作用。时标的比例是 Dämkohler 数。当物理时间尺度(如停留时间)低于动力学时间尺度(如反应时间)时,燃烧容易发生井喷。通常,物理时间尺度由燃烧系统的设计决定。涡流强度和火焰稳定器尺寸等参数决定了燃烧区内的时间尺度。另外,动力学时间尺度受温度、压力和燃料成分的强烈影响。因此,改变负载或燃料会显著影响反应时间,从而影响 Dämkohler 数。

这种直觉上吸引人的井喷触发机制导致了对其几十年的工作研究,这些研究从本质上验证了这一概念(DeZubay,1950;Zukoski 和 Marble,1955;Wright,1959;Ballal 和 Lefebvre,1979;Leonard 和 Mellor,1983;Rizk 和 Lefebvre,1986;Chaudhuri 等,2010)。Shanbhogue 和他的同事 2010 年对这项工作进行了大量总结,基本上得出了结论,他们的描述有效地总结了各种井喷行为。然而,这种很大程度上是一维的概念模型,可能无法完全捕捉到整个过程的细节。事实上,局部行为可能表明任何时间都存在井喷,这可能是可用数据分散的原因。当燃料成分发生剧烈变化或进气条件超出大量实验研究的条件时,可能需要对井喷的概念进行改进。进一步瞬态响应要求的影响可能也需要这方面的新思维。

2.6.1.2 回火

回火是一种主要与燃烧系统相关的现象,该燃烧系统依赖于燃料和空气在进入燃烧室之前的预混合。正如 Lieuwen 和他的同事 2008 年总结的那样,回火被分为至少 4 种不同类型的行为,包括回火进入核心流、沿边界逆燃、与燃烧诱发的涡流破坏相关的回火以及与燃烧动力学相关的回火。

对于核心的回火,最简单的设计规则要求流场,不得有较强的局部速度偏差,并且流速必须大大高于湍流火焰速度。在利用湍流火焰速度数据时,重要的是要认识到湍流火焰速度存在多种定义,每种定义适用于不同的问题(Cheng,2010)。对于回火,局部气流速度可能是最相关的。在最初用于计算湍流火焰速度的方程中,有那些由 Dämkholer(1947)从理论上发展出来的方程,即

$$S_T = S_L + u'$$

其中

$$u' = 脉动速度分量$$

Lenze（1988）及 Bradley（1992）提出了湍流火焰速度的其他理论表达式，即

$$S_T = S_L + 5.3 u' \sqrt{S_L} \ (\text{Liu 和 Lenze}, 1988)$$

$$\frac{S_T}{S_L} = 1.52 \frac{u'}{S_L} \ (\text{Bradley}, 1992)$$

Littlejohn 及其同事（2008）利用氢燃料低旋流燃烧器中的测量速度，得出了关于 $S_{T,LD}$ 的其他结果，即

$$\frac{S_T}{S_L} = 1 + 3.15 \frac{u'}{S_L}$$

这些表达式尝试建立一个可用于各种混合物和火焰几何形状的方程，但是，如前面所述，这些方程和实验数据之间存在差异。图 2.20 使用这些不同的表达式说明了估算湍流火焰速度的敏感性。

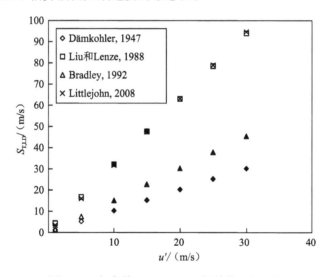

图 2.20　与常数 $S_L = 0.34 \text{m/s}$ 相关的文献总结

为了说明所使用的湍流火焰速度定义的重要性，图 2.21 给出了基于整体消耗率与局部置换率下所测量湍流火焰的速度。Kido 及其同事（2002）的测量数据被视为 $S_{T,GD}$ 测量的代表，因为它在湍流火焰速度讨论中经常被引用。图中所示的两个实验都是在大气条件下进行的（$T = 298\text{K}$，p 为 1 个大气压）。图中湍流火焰速度的主要差异取决于所使用的定义。

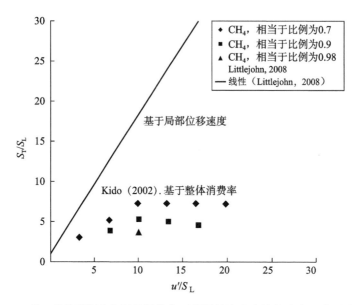

图 2.21 基于整体消耗率与局部量换率下所测量湍流火焰的速度（使用火花点火在火焰中心收集的数据在图中用符号（S_T）标识（Kido 等，2002），使用低旋流燃烧室相关数据用（S_T）标识（约翰等，2008））

总之，核心气流中的回火取决于湍流火焰速度，由于对它的定义不同而又充满了挑战。对于燃气涡轮的应用，基于局部气流速度的定义似乎是最合适的，但是即使这样差异也是明显的，并且压力、温度和燃料混合物的作用是不清楚的。但总的趋势是，更稀薄的条件导致更低的临界温度，更高的氢含量导致临界温度的增加，入口气流速度的增加导致临界温度的增加，并且稀释剂的添加对临界温度没有显著的影响。

在燃气涡轮燃烧中，火焰沿燃烧室壁面传播是另一个关键的回火机制。在壁面附近，边界层中的低速和湍流促进了火焰向上游传播。由于燃烧室壁面存在热损失，这些效应与火焰的骤冷效果相作用。由于层流中的回火极限与壁面的速度梯度明显相关，临界速度梯度的概念（Lewis 和 Von Elbe，1943）已被广泛采用，并且是层流火焰速度和热扩散率的函数 α，有

$$g_f \propto \frac{S_L}{\alpha}$$

该方程可以评估燃料对边界层回火的影响，并表明层流火焰速度对防止回火所需的临界速度梯度有很大影响。该方程意味着氢气的速度梯度大约是天然气的 10 倍。这个方程是基于接近的气流和后缘的火焰之间的解耦所建立的。

然而，如 Eichler 及其同事（2012）所得，流场实际上受到火焰对气体膨胀的强烈影响。对该过程的不同看法可能导致一种改进的标示方法，用于预测压力、温度和燃料成分对边界层回火的作用。

湍流边界层的临界壁面梯度是否高于层流边界层的临界壁面梯度取决于层流子层的熄火距离的长度（Wohl，1952；Schäfer 等，2001）。尽管没有现成的关于湍流边界层中火焰传播的概述，但有迹象表明，适当的气动燃烧室设计产生的速度梯度远远大于避免天然气发生回火所需的速度梯度。不过对于氢含量高的燃料不能得出同样的结论。根据层流情况的结论，可能需要 10 倍大的梯度。因此，边界层回火是研究者的一个主要关注领域。在目前的系统中，空气可以在边界层中使用，以防止产生可能引起回火的条件。然而，在含有氢合成气的临界壁面区，如何实现沿壁面添加少量空气不会导致所需的稀释混合物超过贫燃极限依旧是一个难题。即使对其稀释，壁面附近的层流火焰速度可能比未稀释的天然气高得多。因此，保持边界层尽可能稀薄是合成气燃烧室的基本设计准则，更重要的是，必须避免混合区的局部分离。尤其关键的是靠近燃烧室出口的扩张段，因为气流分离现象有可能导致壁边界层的厚度快速增加。

对于旋流火焰，火焰的存在会改变旋涡破裂现象，从而导致出现回火。这种现象已经在许多著作中进行了总结（如 Krner 等，2003；Fritz 等，2004；Kiesewetter 等，2007；Konle 和 Sattelmayer，2010），他们提出了几个相关性，可以用来估计涡流诱导击穿现象的出现。在这种情况下，燃料的相对质量和热扩散率是燃料的主要特点，它们可能在燃烧引起的击穿回火中起重要作用，这导致在考虑燃料灵活性时需要额外的付出。

总之，喷管空气动力学的一个主要设计标准是喷管中的轴向速度必须尽可能高且均匀，并且没有强尾流。旋流器下游的恒定或略微锥形加速气流通道的设计提供了优选的解决方案。一旦在燃气涡轮运行中发生意外事件，如压气机喘振和燃烧室质量流突然中断，且火焰已经通过下游的高速区域，则气流的强烈加速会导致火焰稳定在燃料喷射器上游附近。因此，有必要采用稀薄的边界层和小心使用边界层中的空气来避免沿边界层回火现象。

2.6.1.3 自动点火

像回火一样，自动点火主要是某种程度预混合系统的问题。对于可能用作主燃料或备用燃料的液体燃料来说，尤其是在采用贫油燃料预混合的情况下，会有更加多的问题。通常，凝结的油或润滑油会引发着火现象。因为蒸馏液体燃料是非常复杂的，所以很难确定一个合适的动力学机制用于延迟点火。目前已经研究了其中的一些相关性，如以下关于喷气发动机 A 的相关性（Guin 等，1998），即

$$\tau = 0.508 e^{\left(\frac{3377}{T}\right)} P^{-0.9}$$

如前所述,所有设计者都必须知道温度和压力,因为它们是热力循环的函数。该表达式表明,在30bar(1bar=0.1MPa)和700K的入口温度下,点火延迟时间约为3ms。这是典型的预混器停留时间,并与液体燃料点火延迟所做的其他研究结果一致(Lefebvre等,1986)。

对于气体燃料,却存在很强的燃料成分依赖性。相对于气体燃料,燃气涡轮的自动点火应用实践表明点火延迟并不是一个主要问题。这一点已经由Beerer和McDonell(2008)进行了总结,如表2.2所列(Petersen等,2007)。有趣的是,点火延迟时间的完整动力学估计与其他测量中观察到的存在显著差别。这一观察导致了人们花费了相当大的努力来解释原因(如,Chaos等,2010),特别是氢,可以在点火的初期产生不均匀性。因此,流体动力效应的影响在这些系统中可能很重要。

表2.2 目前商用发动机及其燃烧室入口压力和温度的列表以及在特定入口条件下纯H_2、CH_4、C_2H_6和C_3H_8的点火延迟时间的估值

发动机型号	压力/atm	入口温度/K	CH_4点火延迟时间/ms	C_2H_6点火延迟时间/ms	C_3H_8点火延迟时间/ms	H_2点火延迟时间/ms
GE 9H*	23	705	2036	6213	2421	85
Solar Taurus 65	15	670	6205	33277	11264	153
Solar Taurus 90	12.3	644	13232	112220	33876	221
Solar Mercury 50**	9.9	880	346	123	82	59
GE LM 6000	35	798	289	251	134	35
Siemens V-94.3A*	17.7	665	5835	34082	11293	141
Siemens V-94.2*	12	600	38988	786278	191174	336
Capstone C60**	4.2	833	1477	859	506	140
Alstom G24/26 EV Burner*	30	815	264	188	105	35
Alstom G24/26 SEV Burner***	15	1300	1.65	0.07	0.104	0.003

注:*—入口为理想气体等熵压缩。

**—回热式发动机循环。

***—二次加热燃烧室估算。

根据Beerer等(2011)的相关性计算所得烷烃的延迟时间τ。

根据Peschke和Spadaccini(1985)的相关性计算的H_2的延迟时间τ。

1atm=101325Pa

2.6.1.4 燃烧动力学

燃烧不稳定性是由不稳定放热和声波之间的相互作用,从而驱动燃烧室中

的周期性振荡（Lieuwen 和 Yang，2005）。在某些运行条件下，这些振荡可能达到破坏性水平，并有效地限制了系统的连续运行。当非定常压力和热释放振荡同相位存在时（Rayleigh，1945），这些不稳定性可能发生，并导致热释放扰动将能量转化为声能。

燃烧室中会出现放热振荡，这是因为燃烧室系统对外界扰动的固有敏感性，包括燃料输送系统、火焰本身和固有的流体力学不稳定性。为了说明这一点，考虑预混系统中特别重要的两种机制，即燃料空气比振荡和涡流脱落（Ducruix 等，2005；Zinn 和 Lieuwen，2005）。由于燃油和空气流量对扰动的敏感性，燃油空气比会出现振荡。例如，燃油喷射点处的压力波动会引起燃油孔两侧的振荡压降，从而调节燃油供应速率。同样，速度振荡会导致与燃料混合的气流速度振荡。

类似地，燃烧室中的分离剪切层和其他流体动力学不稳定流动特征对扰动很敏感。例如，剪切层是不稳定的，并且在没有声波强迫的情况下卷成紧密集中的涡流区域。在声学存在的情况下，这些集中的涡流为通道频率与声波频率相结合的产物，可以成对形成大尺度涡结构。这种大规模的涡流会使火焰扭曲，并导致其热量释放的振荡。图 2.22 显示了一幅羟基激光诱导荧光图（OH PLIF）图像，它显示了由声学激发的涡流产生的火焰的卷曲。

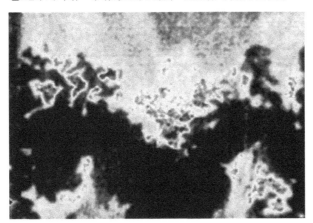

图 2.22　激光切割的旋流火焰显示旋涡结构造成的火焰扭曲
（从底部到顶部）（图片由 T. Lieuwen 提供）

虽然读者可以参考其他地方的详细资料（Lieuwen 和 Yang，2005），但总结一些影响不稳定性发生条件的关键因素是有用的。简而言之，这些条件受燃烧室的自然声学（依次由其大小和平均声速控制）和放热分布的影响。因此，火焰的长度及其稳定位置对不稳定边界有很大的影响。反过来，这些项目受到燃料空气比制约，因为它对火焰速度和火焰长度、环境温度、燃料成分和火焰稳定方法都有影响。为了说明这种情况，考虑图2.23，它展示出了这些要点。图2.23（a）显示了与燃料空气比或燃烧室压力和温度变化相关的火焰位置变化。图2.23（b）显示了不同几何形状（在这种情况下，不同的中心体）的影响，通过将火焰稳定点从剪切层改变到涡流破坏区的前驻点，导致火焰位置的改变。

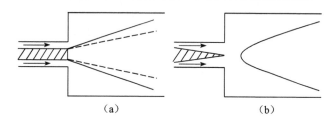

图2.23 不稳定条件要点展示（图片由T. Lieuwen提供）示意图
(a) 显示两种不同长度的火焰与燃料空气比或空气温度的变化有关；
(b) 不同的中心体几何形状导致不同的火焰稳定点（如 (a) 所示）。

2.6.2 排放

第7章描述了NO_x和CO形成和排放的详细内容。对于大多数先进的燃气涡轮系统，NO_x和CO往往相互权衡。NO_x通常在高温下形成，这有利于促进CO的氧化，越来越凸显微粒排放的重要性，这将在第5章和第6章中详细讨论。虽然微粒不是采用天然气燃烧的先进燃气涡轮的焦点，但地方法规正在重新审视这一问题。例如，为了安全起见，用于天然气添加的硫化物可能是天然气燃气涡轮产生微粒的来源。因此，微粒可能是一个与燃料规格有关的问题，而不是与任何类型的燃烧行为有关。燃烧特性可能是液体燃料应用的一个因素，虽然在液体燃料中可能产生碳质颗粒。证据还表明，高级碳氢化合物的燃烧可能会产生其他物质，如醛类。

2.7 燃烧设计体系结构概述

根据循环类型、应用和一般要求不同，燃烧系统的整体构型可能会有很大差异。总地来说，与航空发动机的要求相比，地面应用的燃烧系统的紧凑性并不是那么重要。这里对其仅作一些概述，但第10章讲述了有关特定示例的更多细节。

2.7.1 系统外表构型

大型工业发动机通常有"重型"和"气动型"两种外壳（图2.24）。重型外壳是专门为发电而建造的,而气动型外壳是由航空发动机改进发展而来的。一般来说,气动改进型更紧凑,并且具有相对较高的普通循环效率(由于在航空发动机中使用了更高的压比设计)。因此,对于调峰机组或电厂而言,它们在联合循环或废热回收上都没有经济意义和实际意义,采用空气净化器是很好的选择(图 2.25)。

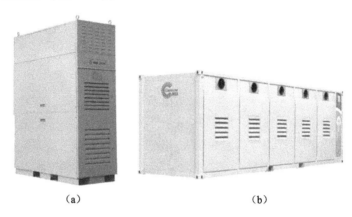

图 2.24　Capstone 涡轮发电公司的发动机外壳(由 Capstone 涡轮发电公司提供)
(a) 65kW 低排放 CHP 机匣;(b) 1000kW 机匣。

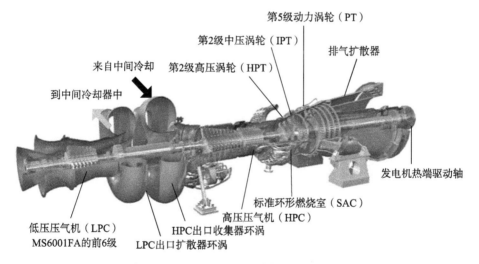

图 2.25　通用电气 LMS-100 100MW 中间冷却型气动发动机(Reale,2004)

对于地面动力系统,发动机在某种程度上是根据其动力输出来分类的。在最小规模(如微型涡轮机为 25~400kW)下,发动机外壳被优化为"即插即用"。在这种情况下,所有组件可以集成到一个单独的组件中,该组件需要将燃料连接到该单元里（在集成的热电联产单元的情况下，可能还有水），并且将该单元的功率输出连接到一个合适的电接入区。从这个意义上说，如果场地准备得当，从设备送达到发电的时间可能只需1~2h。

2.7.2 燃烧室布局

具体的燃烧室结构分为以下几类。

①管形燃烧室。

②环管形燃烧室。

③环形燃烧室。

第一大类是"管形"燃烧室，如前面所述，这些系统本质上是准轴对称布局，燃油喷射在中心线上，如图2.26所示的例子。这种"筒仓"式的结构非常便于维护，因为燃烧室很容易接近。它还方便于调整燃烧系统，以适应不同的燃料类型和改变尺寸等。在这种情况下，燃烧系统的轴对称性质相对于克服燃烧问题来说是更有吸引力的，因为需要解决的"领域"相对紧凑。燃烧系统与主射流和稀释射流的任何相互作用都具有圆周性质——允许良好的渗透与所有气体的混合。然而，这种特殊方法的一个困难是需要将来自燃烧室的燃气路径"转换"成环形以供给涡轮。为了实现这一点，需要图2.26（b）所示的涡环。解决涡环的传热问题是一项挑战。

(a) (b)

图2.26 GE-10的布局和滚轮（燃气涡轮短期课程，2002）
(a) 总体布局；(b) 涡环。

环管形燃烧室的例子如图2.27（a）所示。图中一系列"圆管"位于轴的周围。在这种情况下，圆管之间的交叉火管有利于点火过程。如图2.27（b）所示，每个圆管的燃气被"转换"成环形流，然后冲击涡轮定子叶片。在这种结构中，单个圆管的对称性以及潜在的有益混合得以保持，但是涡旋组件的复杂性难以消除。

第 2 章 地面燃气涡轮燃烧：指标、约束以及系统相互作用

(a)　　　　　　　　　　(b)

图 2.27　Allison501 环管形设计（由 Rolls-Royce 提供）
(a) 燃烧室布局；(b) 燃烧室和过渡段。

在通用电气公司（GE）、西门子公司和其他公司制造的许多大型发动机中，也可以找到其他环管形燃烧室的例子。其中一些具有"筒仓"方法所提供的最佳可维护性，以及管形系统具备的其他属性。从本质上来说，是通过将圆管从轴上"倾斜"出来，便可以方便地接近。注意在图 2.28 中 GE 9H 显示的偏离发动机中心线的燃烧室组件"环"的"倾斜"设计。

图 2.28　GE 9H 燃气涡轮发动机

环形燃烧室如图 2.29 和图 2.30 所示。在这种情况下，喷油器仍然位于内壁"圆顶"的顶部，但可将燃油和空气送入一个共同的燃烧室。这将为燃烧室系统减少了相当多的材料使用量，这种设计是具有吸引力的，这也是环形结构在航空发动机中普遍存在的一个原因。然而，环形系统会造成单个喷射器火焰可以相互作用，也会引入横向模式的声学相互作用，这也可能导致对环形燃烧测试的挑战。对于环管形系统，人们可以合理地期望使用单个环管进行的测试可以说明在发动机中发生了什么。在环形设计中，有时这可能仍然无法捕捉到整体行为，特别是声学方面的情况。因此，在改进设计或使燃烧室适应燃料类型、循环改造的变化时，可能存在额外的风险。鉴于此，新构型的发动机可

以设计环管形燃烧室。如西门子，其早期的先进环形燃烧室发动机以及更新的环管形燃烧室如图 2.31 所示。

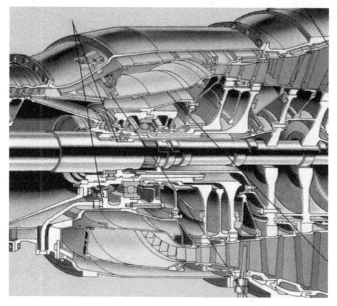

图 2.29　Rolls-Royce Allison 501 环形燃烧器（由 Rolls-Royce 提供）

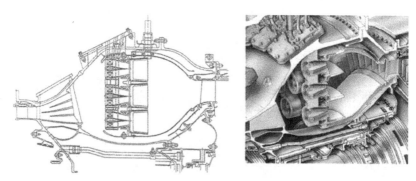

图 2.30　GE LM 6000 燃烧室（由 GE 能源和西门子提供）

2.7.3　燃料分级方法

如 2.5.1 节所述，使用贫油燃烧方法来实现低排放通常需要对燃料分级。在某些情况下，可以在单个喷射器内完成分级。这可以通过"先导"和"主"燃油回路的组合来实现。先导回路可用于实现靠近喷射器下游区域的富油燃烧。图 2.32 显示出了先导式的喷射器，其中来自先导回路的少量燃料（约占总燃料的 5%）可用于显著延长反应的放热极限。

第2章 地面燃气涡轮燃烧：指标、约束以及系统相互作用

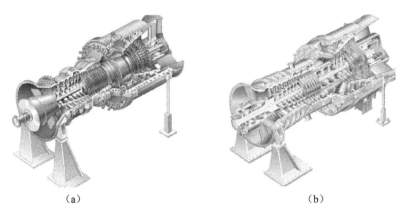

图2.31 西门子框架引擎架构（由GE能源和西门子提供）
(a) VX4.3A（环形）；(b) SGT-8000H（管形）。

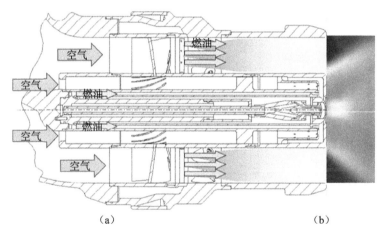

图2.32 单个喷射器的分级示例（由Solar Turbines合作公司提供）
(a) 引射器截面；(b) 反应结构面。

除了在单个喷射器上分级外，还可以对整个燃烧器进行分级。这种方法在当前先进的贫油预混燃烧系统中普遍存在。如图2.30所示，GE LM6000可以允许整个燃烧室在基本上无限数量的分级模式分阶段开启和关闭。这可以用来帮助克服由于负载、燃料成分、环境条件等引起的变化。分级燃烧给整个燃烧系统增加了额外的复杂性，因为燃烧区和低温的未燃烧区之间的相互作用会导致熄火现象，这可能影响贫油燃烧的稳定性和排放。因此，在不影响整体可操作性的情况下，实现燃烧目标需要格外小心。

涉及多个喷射器的其他分级方案包括GE DLN 1号（图2.33）方案中使用的轴向分级。在这种配置中，6个主喷嘴和1个副喷嘴的组合可以在一定的负

载范围内运行，以通过进一步混合来使反应温度和热量最小化。

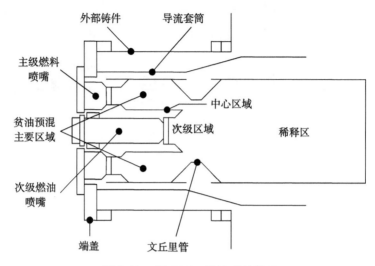

图 2.33　GE DLN 1 燃油喷射截面

另一个例子是图 2.34 所示的最高 60kW 的微型涡轮发动机燃烧室，它根

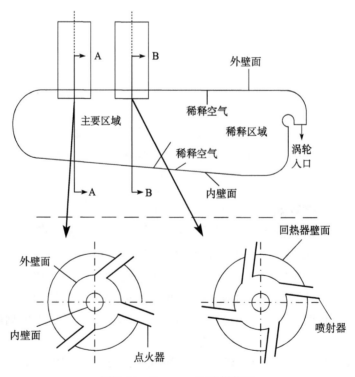

图 2.34　Capstone C-60 燃烧室

第 2 章 地面燃气涡轮燃烧：指标、约束以及系统相互作用

据负载分为 2~6 个喷射器提供燃料。10.4 节讨论了实践中使用的分级燃烧的更多细节。

2.8 燃　料

地面燃气涡轮的燃料变化很大。传统上，燃气涡轮在燃料方面是"杂食的"。然而，随着低排放要求的出现，燃气涡轮对燃料类型越来越敏感。例如，可以发现使用几乎纯氢运行的燃气涡轮的许多例子（如石油运行），但由于是通过火焰的扩散燃烧模式，其排放物中 NO_x 相对较高。

2.8.1 液体燃料

一般来说，提炼原油（无论是液化石油还是可再生油）的成本往往有利于它们在航空等"高端"应用中的使用。然而，直到 20 世纪 70 年代，液体燃料才被广泛用于固定发电。随着越来越严格的排放法规的出台，以及天然气作为一种极具吸引力的"清洁燃料"，并且认识到液体燃料是由于其具有高比能而仅对运输应用具有固有的吸引力，所以液体燃料在固定式燃气涡轮中的使用已经显著减少。

然而，根据地区的不同，液体燃料的成本可能为固定式燃气涡轮的使用提供优势。此外，即使对于气体燃料系统，也可以将节省气体燃料成本用于支付其他应用的操作员费用。在这些特殊情况下，如果燃气涡轮可以使用备用燃料运行，那么操作者可以将其继续运行发电，并且仍可以从"可中断"的燃气费中获益。因此，虽然液体燃料通常不是首选燃料，但常用于固定的系统中。

对于固定的发电设备，使用的主要液体燃料是从石油等化石燃料提炼的馏分燃料。利用提炼的化石燃料生产燃料是一个复杂的过程，其结果是燃料可能具有广泛的单个成分。这些燃料还含有微量但很重要的物质，如硫等污染物、水、胶质和金属化合物等。这些物质特别是颗粒物会对燃烧室和燃料系统中使用的材料以及污染物排放产生重大影响（Rocca 等，2003）。

如前所述，更高价值的液体主要用于运输应用。这些液体包括汽油。然而，轻馏分油和柴油是地面燃气涡轮中常用的燃料。此外，还可以考虑各种原油、重馏分和混合残余燃料，否则这些可能会被"浪费"，但这些可以用于燃气涡轮。较重的原油可能需要加热才能使液体均匀流动，但燃气涡轮可以处理，尽管排放水平可能会提高。在世界上原油储量丰富的地区，低成本石油的获得使其在燃气涡轮中的应用极具吸引力。这种情况在中东地区尤为普遍。例如，在沙特阿拉伯的利雅得，依靠原油运行的联合循环发电厂生产了上千兆瓦

的电力（Bunz 等，1984）。

最普遍的燃料是 2 号柴油（DF2），这是一种挥发性相对较低的液体，也用于运输行业。因为其挥发性的原因，所以可广泛使用。它通常用于远程发电（即在缺乏天然气基础设施的地区），也可用于天然气短缺时的备用电力。柴油作为蒸馏产物，是一种相对复杂的燃料。图 2.35 所示为典型 DF2 的质谱仪分析图。每个波峰代表一个特定的分子。图中存在不同碳氢化合物类别（如芳烃和烷烃）的组合。因此，这种燃料的燃烧可能很难描述。

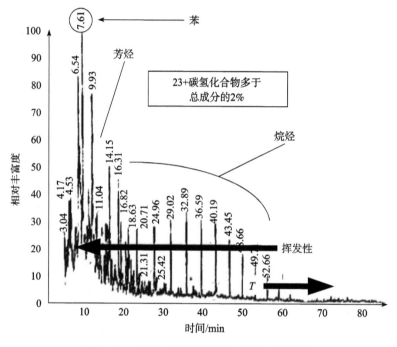

图 2.35　典型 2 号柴油的气相色谱-质谱分析

在 20 世纪 70 年代和 21 世纪初，对可持续石油供应的担忧导致了替代燃料领域的大量研究。早期的工作是研究沥青砂和页岩油。此外，还研究了用水煤替代石油的想法，并在演示使用这种燃料的燃气涡轮方面取得了进展。在某些情况下，来自沥青砂等来源的重油导致了通过重油的乳化以改变其基础燃料来提高其利用率方法的发展。通过采用水乳化重油，其流动性得到改善，并且水也可以缓和 NO_x 的形成。这些发展导致了这些工艺的商业化，如奥里油，其中的沥青（焦油的一种重残留物）和水混合制成类似轻质馏分的液体燃料。近年来，从可再生资源建立液体燃料的愿望已经导致在生物燃料领域进行了大量工作。由于对可持续的高能量密度燃料需求的重要性，航空部门在这方面做

第2章 地面燃气涡轮燃烧：指标、约束以及系统相互作用

出了很大努力。然而，在发电方面，生物燃料的使用也受到了关注（Demirbas，2007；Knothe，2010；Nigam 和 Singh，2011），特别是从各种石油原料中提取燃料。

与石油分馏处的燃料相比，生物柴油具有更简单的分子结构（比较图 2.36 和图 2.35）。此外，其物理性质往往与 DF2 不同（尤其是黏度）。表 2.3 总结了大豆基生物柴油、乙醇和 DF2 的一些关键物理特性。

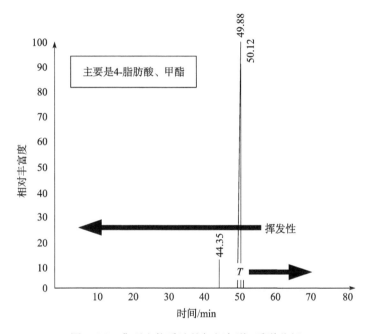

图 2.36 典型生物质油的气相色谱-质谱分析

表 2.3 燃料物理性质的比较

指标	B99	E100	DF2
分子质量/(g/mol)	291.6	46.07	198.0
μ/(kg/(m·s))	0.0057	0.0014	0.0020
σ/(kg/s^2)	0.031	0.022	0.027
ρ/(kg/m^3)	878	779	807
L/(J/kg)	215243	855000	254000
LHV/(MJ/kg)	37.4	26.8	42.3

注：来源于 Bolszo 和 McDonell，2009

总之，固定式燃气涡轮使用液体燃料仍然是气体燃料的重要替代品，特别是在世界上拥有丰富的原油储量、没有天然气基础设施以及面临天然气短缺的地区。Lefebvre 和 Ballal（2010）提供了更多关于燃气涡轮液体燃料的信息。

2.8.2 气体燃料

2.8.2.1 化石燃料衍生的天然气

（1）**管道天然气**。"标准"管道天然气会有固有的变化，这取决于它在哪里被提取以及天然气管道设施的历史。气体研究所在定义美国标准管道气体的可变性方面做了大量的工作，这些工作被认为是典型可变化的一个指标（Liss 等，1992）。表 2.4 总结了这种变化。因为较高分子量的碳氢化合物具有显著较低的自燃温度，所以它们会导致贫油预混燃烧系统或催化燃烧系统的燃料混合区域的自燃（Richards 等，2001；Lieuwen 等，2008）。此外，液滴会在局部产生高浓度的高级碳氢化物。

表 2.4 美国天然气燃料成分的浓度

	平均值	最小值*	最大值*	第 10%	第 90%
CH_4/mol%	93.9	74.5	98.1	89.6	96.5
C_2H_6/mol%	3.2	0.5	13.3	1.5	4.8
C_3H_8/mol%	0.7	0	2.6	0.2	1.2
C4+/mol%	0.4	0	2.1	0.1	0.6
CO_2+N_2/mol%	2.6	0	10	1	4.3
热值/(MJ/m^3)	38.46	36.14	41.97	37.48	39.03
热值/(Btu/scf)	1033	970	1127	1006	1048
相对密度	0.598	0.563	0.698	0.576	0.623
沃泊数/(MJ/m^3)	49.79	44.76	52.85	49.59	50.55
沃泊数/(Btu/scf)	1336	1201	1418	1331	1357
空燃比/质量	16.4	13.7	17.1	15.9	16.8
空燃比/体积	9.7	9.1	10.6	9.4	9.9
分子质量/(g/mol)	17.3	16.4	20.2	16.7	18
临界压比	13.8	12.5	14.2	13.4	14
CH_4 值	90	73.1	96.2	84.9	93.5
可燃下限值/体积/%	5	4.56	5.25	4.84	5.07
氢碳化	3.92	3.68	3.97	3.82	3.95

注：* 没有峰值。
来源：Liss 等（1992）

不同浓度的高级碳氢化合物的第2个含义是组分对火焰位置和稳定性的影响。在这种情况下，高级碳氢化合物的动力学反应速率明显不同于（高于）CH_4的动力学反应速率，导致火焰速度的变化，并因此导致火焰位置的变化。

目前还不清楚整个美国和世界的天然气成分会有多大程度的差异。显然，这取决于区域的天然气生产、液化天然气进口、含页岩天然气或基础设施的变化。然而，在描述燃料变化时，这些结果仍然可能是非常相关的。

表2.4中未包括的一种极端情况是"调峰"，即在电力需求高峰时，将C_3H_8-空气混合物注入管道，以保持"天然气"的能量通过量。这种做法类似于电力的调峰，出于经济和可靠性考虑，本地发电站可以联机以抵消高消耗或有限的电力供应，如图2.37所示。在气体燃料调峰的情况下，管道天然气的C_3H_8含量可能超过20%（Liss等，1992）。这种做法最常见于天然气的大量使用受到限制的地区，如美国东北部的寒冷冬季。随着分布式发电系统的出现和对能源可靠性需求的增加，引入备用燃料的概念变得更加重要，并且很可能有助于未来燃料使用的性质。在一些地区，特别是加利福尼亚的南海岸航空盆地，备用燃料的法规要求使用合成柴油。然而，许多发电设备（尤其是较小的输出设备）不具备在正常燃料（如天然气）和备用燃料（"双燃料能力"）下"无缝"运行的能力。当然，即使在备用发电中使用柴油也被认为具有潜在的重大空气质量影响（Ryan等，2002），尽管一些研究表明，这种影响可能比环保局（EPA）最初预计的要小50%。无论如何，从双燃料易操作性和减少污染物排放两个方面考虑，采用C_3H_8等替代备用燃料似乎是一个很好的策略。

最后，值得注意的是，管道天然气也可能含有CO_2和N_2，这会影响贫油预混气体中火焰在燃烧系统中的位置（CO_2还会影响催化燃烧系统中催化剂的行为）。如果存在CO_2，它可以通过高热容量和$CO+OH \rightarrow CO_2+H$的反应改变氢自由基来影响燃烧过程。

天然气也会含有一些水分，尽管通常在输送时它几乎是完全干燥的。在一定的水平下，水可能不会有什么影响，然而，科学家可以探索是否可以建立一种令人满意的方法来引入水分。

与天然气相关的另一个因素是硫含量。美国拥有大量的天然气储量，但是，"甜"的气体迅速被耗尽，为未来留下了越来越多的"酸"的含硫天然气。如今，酸性天然气，即那些含有硫化氢或其他有机硫化合物的天然气，被提取出来，并用空气或无硫气体稀释，以保持气体中所需的低硫含量。在不久的将来，脱硫将变得必要，这意味着所有天然气将限制最大允许硫含量。目前还不清楚这些最大含量在未来会是多少，但今天，根据天然气输送合同，目前

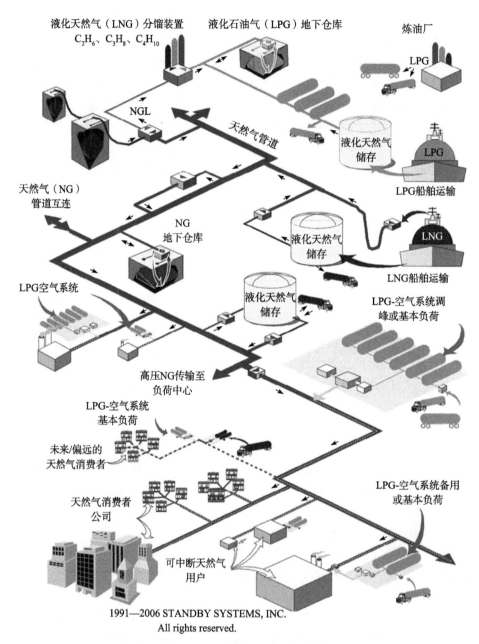

图 2.37 北美天然气能源网：天然气和液化石油气（Standby Systems 公司）

的含量水平在每 100ft³ 10～20 粒之间（0.22～0.45g/m³）。当然，为了安全起见，含硫化合物将作为气味剂添加到天然气中。

（2）**非常规天然气**。除了传统来源的天然气成分发生变化外，从所谓非常规来源获得的天然气的使用也在增加。如今，国家天然气系统的最大贡献者是从煤层中获取的天然气。这种"煤层气"实际上可以通过在开采前对煤层进行预处理而获得纯CH_4。这种在采矿开始前清除CH_4的方法被认为是矿山安全的重要组成部分，因为它减少了采矿作业中释放的CH_4量。

CH_4也可以从采矿区或坍塌的屋顶瓦砾堆中提取（通常被空气稀释）。类似的CH_4和空气混合物可以在采矿作业中从煤层中提取。在这种类型的开采中，气体通过水平钻井工作面前方的煤层钻孔排出。后两种气体通常由CH_4和空气混合而成。如果需要，这些气流中CH_4的浓度可以控制在接近90%的水平。此类气体通常满足管道天然气的最低热值，并且通常完全符合所有污染物水平要求。然而，这些气体将空气添加到管道中的天然混合物中，如果与其他含硫化合物的天然气混合，就可能导致形成硫基酸性气体或冷凝酸（液体）。

"页岩气"也成为天然气的潜在来源。这些开采方法的可行性已经导致天然气储量的显著增加。页岩气主要成分是CH_4，但很明显，其中可能存在大量C_2H_6储量（在某些情况下接近20%）（George 和 Bowles，2011），使用页岩气的一个尚未完全理解的潜在不利方面是新的开采方法（"水力压裂"）需要大量用水，并需要注入包括苯在内的多种化学物质来压裂页岩以释放气体。这种水或化学品使用的环境很可能会影响页岩气的整体可行性。

(3) **高液化天然气 LNG 进口**。如前所述，用进口液化天然气补充天然气供应的方案（图2.37）已经引起了天然气储量有限地区的注意。这促使人们做出重大努力来评估此类情况对各种燃烧装置的影响（NGC+公司，2005）。正如全球资源研究所报告的（Liss 等，1992；Liss 和 Rue，2005），大量液化天然气在进口情况下的预期成分变化将比任何天然气的预期 C3+ 含量更高。确切的数值范围取决于液化天然气的来源。如表2.5所列，预计 C3+ 值的数量可能超过美国传统管道天然气（表2.4）的最大水平50%以上。

2.8.2.2 化石燃料相关的气体

(1) **伴生天然气**。与石油开采相关的衍生气通常通过气体逸出作用得到，气体一般由碳氢化合物组成，类似于天然气中的碳氢化合物。一般来说，这些气体比典型的天然气含有更多的高级碳氢化合物。这些"伴生气"（即与石油开采相关的气体）可以提供一个用作燃料的机会。相比之下，从气井中以气体形式获得的气体称为非衍生气。如表2.5所列，相关气体可能与液化天然气情况中发现的气体相似。在实践中，伴随的气体可能被燃烧或排放，这导致除了潜在燃料的浪费之外的大量 GHG 排放。在北美，衍生气约占潜在天然气资源的25%（Rojey 等，1994）。

表 2.5 世界各地不同来源的燃料成分

	CH_4/mol%	C_2H_6/mol%	C_3H_8/mol%	C4+/mol%	低热值（LHV）/(Btu/scf)	高热值（HHV）/(Btu/scf)	沃泊指数
美国的典型值	95.7	3.2	0.7	0.4	949	1052	1379
著名 GT 经验值	89.6	S	1.5	0.9	1006	1112	1412
文莱	89.76	4.75	3.2	2.29	1036	1144	1429
特立尼达	96.14	3.4	0.39	0.07	940	1041	1374
阿尔及利亚	87.83	8.61	1.18	0.32	991	1099	1405
印尼	90.18	6.41	2.38	1.03	1010		1279
尼日利亚	90.53	5.05	2.95	1.47	1017		1283
液化天然气来源卡塔尔	89.27	7.07	2.5	1.16	1018	1126	1419
阿拉伯联合酋长国	85.96	12.57	1.33	0.14	1020	1127	1420
马来西亚	87.64	6.88	3.98	1.5	1045	1155	1434
澳大利亚	86.41	9.04	3.6	0.95	1036	1145	1429
阿曼	86.61	8.31	3.32	1.76	1051	1161	1438

注：资料来源于西门子西屋电力公司

（2）**炼厂气**。燃料的再利用会导致废气的产生，这些废气可能被用来发电。这些气体的成分不同于液化天然气类型的燃料，因为它们含有大量的 H_2。这些气体的典型组成示例见表 2.6（Rao 等，1996）。在有燃料回收利用业务的地区，此类气体和利用它们生产能源的策略已经在实施，尽管通常是受监管机构的推动。如果能够利用先进的燃烧技术，当前使用这种气体的系统的相对排放性能可能会得到改善。

表 2.6 炼油厂废气成分

成分	体积分数（干基）
H_2	25.7
CO	1.5
CH_4	37.4
N_2	2.9
C_2	27.5
C_3	2.9
C_4	1.7
C_5	0.4
LHV（Btu/ft^3）	984

2.8.2.3 焦炉煤气

炼钢会从焦炭副产品中产生废气。除了 H_2 含量比 CH_4 含量更高（约 55%/约 25%）外，这些气体在成分上与炼油厂废气相似（Tillman 和 Harding，2004）。

2.8.2.4 可再生 CH_4 基燃料

(1) 垃圾填埋气体。 当填埋场封场时，垃圾填埋气体（LFG）随着城市固体废物（MSW）的有机部分分解而产生[①]。一般来说，垃圾填埋气体不受控制，产生垃圾填埋气体的预期时间可能为 50~100 年。然而，可利用的填埋气体生产量只能持续 10~15 年。生物反应器是一种受控的填埋场，其通过将水和其他营养源被添加到垃圾中以增加填埋气体的产生速率。

垃圾填埋中的有机部分，包括纸和纸板、家庭垃圾和食物垃圾，通过厌氧生化反应分解。填埋气体的成分随着废物的特性、填埋时间、天气条件和其他变量而变化。一般来说，填埋气体含有 50% 的 CH_4、45% 的 CO_2 和其他微量气体，如 N_2、O_2、H_2S 和水蒸气（Tillman 和 Harding，2004）。然而，气体成分随有机材料的性质和时间而变化。事实上，CH_4 含量在 35%~65% 时间变化是很常见的（Tillman 和 Harding，2004）。此外，尽管封盖过程需要消除空气，但泄漏会导致氮和氧含量分别高达 20% 和 2.5%。污染物也是填埋场的一个重要问题，含硫化合物的含量范围在 1700×10^{-6} 内可忽略不计，而硅氧烷等其他化合物的含量可能很高。近年来，将填埋气体转化为能量的尝试需要不同程度的气体净化，以防止对关键发电设备部件的损坏。

当填埋气体被排放时，温室气体的影响是严重的，因为 CH_4 是一种比 CO_2 更强的温室效应物种。然而，将 LFG 转化为电力会产生 CO_2，还可能产生污染物。虽然利用这种"废弃燃料"发电的好处显而易见，但监管压力要求大幅降低标准排放。

(2) 废水处理。 如同在垃圾填埋场，废水流中的有机物含有潜在的燃料价值[②]。而在垃圾填埋场，CH_4 是由物质的缓慢衰变产生的，这种衰变可以通过使用"消化"策略来加速。本质上，这些过程可以加速有机物质的分解和 CH_4 气体的产生。最常见的是使用厌氧（即"没有空气"——但实际上是"尽可能没有氧气"分解（AD），这是一种生物过程，其中可生物降解的有机物被细菌分解成沼气，沼气由 CH_4、CO_2 和其他微量气体组成。沼气可以产生

[①] 源自加州能源委员会：http://www.energy.ca.gov/research/renewable/biomass/landfill/index.html.

[②] 源自加州能源委员会：http://www.energy.ca.gov/research/renewable/biomass/anaerobic_digestion/index.html.

热能和电能。其他重要因素，如温度、水分和营养成分以及酸碱度，也对分解的成功与否至关重要。就温度而言，可以使用嗜温型分解（30~40℃）或嗜热型分解（50~60℃）。一般来说，较低温度下的分解更常见，但温度过高具有减少反应时间的优势，这相当于分解器体积的减少，且水分含量大于85%时更适用于分解。

由于分解过程的性质，来自这些系统的燃气成分变化远小于来自垃圾填埋场的，并且倾向于具有更高的 CH_4 含量。

分解技术在世界范围内发展良好，总计安装了5.3~6.3GW。传统、小型、以农场为基础的分解器已经在中国、印度和其他地方使用了几个世纪。这种类型和规模的分解器数量估计超过600万个。欧盟（EU）公司是分解技术发展的世界领导者。

（3）**其他应用。** 也可以考虑将废物流中的有机物（如来自餐馆或个人住宅的食物垃圾）混合在厌氧分解器中。这将极大地增加可用的原料，从而最大限度地提高替代燃料的产量。同样地，材料也可能被填埋，但是沼气池产气量的提高缩短了废物转化为燃料的时间。

2.8.2.5　合成气

近年来，清洁利用国内丰富的煤炭资源进行低排放能源生产的战略受到了关注。相关例子包括整体气化联合循环（IGCC）系统。在这些情况下，加工原燃料可以产生气态高氢含量的燃料，可直接用于燃气涡轮发动机（Stiegel 和 Ramezan，2006）。

除了纯氢、合成气外，还可以获得主要由 H_2 和 CO 组成的混合物。根据地层不同，合成气的其他名称包括发生炉煤气、城镇煤气、蓝水煤气和煤气。合成气最早出现于20世纪早期，用于生产 CH_4、合成氨、Fischer-Tropsch 合成气和油的加氢甲酰化（Wender，1996）。

H_2 和合成气可以通过重整、氧化、气化和热解等工艺手段从任何 H_2 原料中制造。当研究合成气成分时，主要关注的是 H_2 与 CO 之比，这取决于生产方法和所用的原料。CH_4 的蒸气重整产生的合成气具有大约 3:1 的 H_2-CO 之比，而来自气化煤的合成气的组成具有大约 1:1 的比例（Spath 和 Dayton，2003）。

合成气的广泛应用包括用于合成其他化学物质或燃料，以及直接用作燃料。合成气的主要商业用途包括制造 H_2、甲醇（特别是用于合成甲基叔丁基醚（MTBE）以及合成 Fischer-Tropsch 液体燃料和烯烃的加氢甲酰化（氧代）反应，其中 H_2 的主要用途相似。在燃气涡轮燃烧室中直接使用 H_2 和合成气作为燃料，也作为一种清洁可行的能源得到了认可。在车辆中的应用也是如此。虽然氢的广泛使用回避了基础设施要求的问题，但氢或高氢含量燃料广泛可用的情况正受到关注，并且具有减少污染物影响的巨大潜力（Stephens-Romero 等，2009）。如果在交通领域获得立足点，则它很可能成为使用这些燃料发电的跳板。

合成气可以从多种来源获得。首先，天然气是一个很大的来源。任何使用 CH_4 作为原燃料的生产都会产生作为中间产物的合成气，而合成气的生产是唯一一种将 CH_4 分解为 H_2 和 CO 的反应，并且其中含有少量有害的 CO_2（Notari，1991）。

煤或石油焦的气化是另一种合成气来源。焦化技术通过加工被称为石油焦或石油焦的重油和超重油来生产固体碳质材料（Trommer 等，2005）。随着世界范围内原油使用的增加，这种副产品的增加是不可避免的，这带来了另一个涉及其处理的问题，合成气成分是原始煤成分和气化方法的函数。

生物质也可以通过热解或气化转化为合成气（Ni 等，2006）。像煤一样，生物质可以有很大范围的成分变化。气化和热解过程详见图 2.38。

在直接气化的过程中，使用氧化气化剂将原料部分氧化，并且通过反应维持温度。间接气化涉及使用无氧气化剂，并且需要外部能源来维持反应温度。热解是间接气化的一种特殊类型，其中气化剂要么是惰性气体，要么完全不存在于反应中（Hauserman，1994）。

成分的考虑。由于用于获得合成气的原料和加工方法众多，所得气体的组成也会有所不同。合成气的组成不仅因原料（生物质、石油焦、煤等）而异，也因实际原料的成分不同而在各组分中也不同。例如，燃烧合成气的燃气涡轮的成功使用已经得到证明，并且每个设施都根据煤的供给来使用特定的燃料成分。一些合成气设施已经使用氢成分大于90%的燃料运行，尽管它们还没有尝试实施低排放的先进燃烧技术。如表2.7所列，通用电气能源公司的 IGCC 项目包括以多种成分运行的电厂。如表中所示，除了 H_2 和 CO 外，合成气中还可能存在许多其他成分，包括 CO_2、N_2 和 H_2O 等稀释剂。类似地，由生物质产生的合成气强烈依赖于其类型和组成，对应于另一个组成浓度范围。

由于合成气的成分随着产量的不同变化很大，因此消除了确定一个阵列的概念，该阵列涵盖了项目所有可能的组成范围。相反，燃料成分是由未来可能的情况决定的，这些情况涉及使用高氢含量燃料等。除了纯氢外，还为以下每种情况选择了一种代表性的组分：

- 工艺和提炼气；
- 大型 IGCC 发电厂（>50MW）；
- 小型 IGCC 发电厂（<50MW）；

- 氮稀释法降低 NO_x。

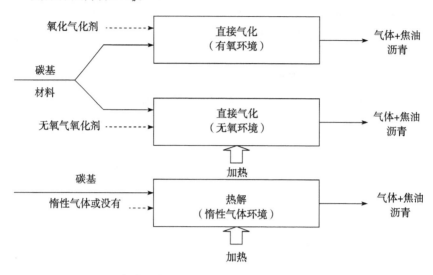

图 2.38 气化和热解过程的图（改自 Belgiorna 等，2003）

表 2.7 通用电气 IGCC 电厂合成气最低和最高浓度

成分	最小值/%	最大值/%
H_2	8.6	61.9
CO	22.3	55.4
CO_2	1.6	30.0
CH_4	0.1	8.2%
N_2+Ar_2	0.2	49.3
H_2O	0	39.8

注：来源于 Jones 和 Shilling，2003

　　表 2.8 显示了由不同气化方法产生的代表性合成气的干成分组成。纯 H_2 即代表脱离碳的情况，尽管很明显 90%的碳去除可能是一个合理的上限（意味着燃料将是 90%的氢和平衡的 CH_4）。工艺气体和提炼废气的混合反映了其对小规模燃烧系统的兴趣，而气化煤/石油焦则代表了目前 IGCC 的中央电厂方案。对于这些更大规模的应用，预计将使用空气分离装置（ASU），因此，气化炉将供应氧气，而不是空气。在较小的规模用户下，空气分离装置可能不具有成本效益，因此用空气气化的可能性更大。最后，稀释燃料的典型代表是用氮气稀释的合成气，这是燃烧系统的当前做法。

表 2.8 干燥、清洁的成分（基于物体体积）

来源	H_2	CO	CH_4	CO_2	N_2	LHV/(Btu/ft^3)	沃泊指数
纯 H_2	100	0	0	0	0	265	1006
气化煤/石油焦（含氧）	37	46	1	14	2	247	289
生物质（鼓风）	17	17	5	13	48	142	152
N_2 稀释	23	31	1	10	35	165	183

因此，虽然次要物质的不同浓度范围决定了它代表哪种特定燃料，但是从实验效率的观点来看，将所有这 3 种物质视为同一基础燃料的组成变化可能是合理的。

2.8.2.6 总结

总之，表 2.9 给出了燃气涡轮中使用的气体燃料典型成分变化的一般特征。

表 2.9 典型燃料中物种的体积百分比

来源	H_2	CO	CH_4	CO_2	N_2	C_2	C_3
高 H_2 含量	90~100	0~10					
工艺和炼厂气	25~55	0~10	30~65	0~5		0~25	0~25
气化煤/石油焦（含氧）	35~40	45~50	0~1	10~15	0~2		
气化生物质（鼓风）和气化，含 N_2	15~25	15~35	0~5	5~15	30~50		
填埋和分解气体			35~65	35~55	0~20		
LNG			86~97		0~3	2~11	0~2
页岩气			82~97	0~3		0~14	0~1
伴生气			75~95			5~25	

2.8.3 注水

为了减少 NO_x 的形成，也可以引入水。如 2.5.3 节所述，水可以注入到工作流体中。然而，它也可以被引入燃烧室。如第 10 章所示，将水回路并入气体系统设计中以使用备用燃料的做法会导致相当复杂的燃料喷射系统。在液体燃料的情况下，单回路也可用于水和乳液形式的液体。在大多数情况下，如 2.4.9 节所述，水的使用会带来额外的影响。

2.9 小　结

用于发电的燃气涡轮发动机代表着一个庞大的已安装的基础设施，并且将在满足未来能源需求方面发挥重要作用。用于发电的燃气涡轮发动机的驱动因素与航空发动机有很大的不同，对这些系统的环境影响的调节通常会推动技术进步。用于发电的燃气涡轮发动机可以配置在在各种设计和应用的总体系统中，通常也需要进行权衡。天然气燃料燃气涡轮发动机技术的进步已导致标准污染物排放量的显著减少，对气候变化的日益关注已促使这些系统达到了令人称赞的效率，并已最大限度地减少温室气体的大量排放。发电燃气涡轮的前景包括进一步提高燃料灵活性和提供快速动态响应的需求。将这些未来需求与污染物排放的进一步减少相结合，同时保持或提高可操作性，将需要进一步了解燃烧系统特性和一般燃烧的过程。对更高效率的需求将导致循环内更高的温度和压力，从而进一步挑战燃气涡轮的操作性和燃料使用的灵活性。简而言之，虽然燃气涡轮的燃烧技术已经有了很大的发展，但是在操作灵活性方面依旧有许多改进的空间。

参考文献

Araki, H., Koganezawa, T., Myouren, C., Higuchi, S., Takahashi, T., and Eta, T. (2012). "Experimental and Analytical Study on the Operation Characteristics of the AHAT System." *J. Engr Gas Turbine and Power* **134**(5): 051701–1: 8.

Ballal, D. R., and Lefebvre, A. H. (1979). "Weak Extinction Limits of Turbulent Flowing Mixtures." *ASME J. Engineering for Gas Turbines and Power* **101**: 343.

Balling, L. (2010). "Fast-cycling and Starting Combined Cycle Power Plants to Backup Fluctuating Renewable Power." Industrial Fuels and Power August 27.

Beerer, D. J., and McDonell, V. G. (2008). "Autoignition of Hydrogen and Air inside a Continuous Flow Reactor with Applications to Lean Premixed Combustion." *Journal of Engineering for Gas Turbines and Power* **130**: 051507–1.

Beerer, D. J., McDonell, V. G., Samuelsen, G. S., and Angello, L. (2011). "An Experimental Ignition Delay Study of Alkane Mixtures in Turbulent Flows at Elevated Pressure and Intermediate Temperatures." *Journal of Engineering for Gas Turbines and Power* **133**: 101503–1–11.

Belgiorno, V. et al. (2003). "Energy from Gasification of Solid Wastes." *Waste Management* **23**: 1–15.

Bolszo, C. D., and McDonell, V. G. (2009). "Evaluation of Plain-Jet Air Blast Atomization and Evaporation of Alternative Fuels in a Small Gas Turbine Engine Application." *Atomization and Sprays* **19**(8): 771–85.

Bradley, D. (1992). "How Fast Can We Burn?" *Symposium (International) on Combustion* **24**(1): 247–62.

Bunz, W. J., Ziady, G. N., and Von E. Doring, H. (1984). "Crude Oil Burning Experience in MS5001P Gas Turbines." *Journal of Engineering for Gas Turbines and Power* **106**(4): 812–19.

Chaos, M., Burke, M. P., Ju, Y., and Dryer, F. L. (2010). "Syngas Chemical Kinetics and Reaction Mechanisms," chapter 2 in *Synthesis Gas Combustion: Fundamentals and Applications*, Lieuwen, T., Yang, V., and Yetter, R. eds., Taylor & Francis, Boca Raton, FL.

Cheng, R. (2010). "Turbulent Combustion Properties of Premixed Syngas," chapter 5 in *Synthesis Gas Combustion: Fundamentals and Applications*, Lieuwen, T., Yang, V., and Yetter, R. eds., Taylor & Francis, Boca Raton, FL.

Chaudhuri, S., Kosta, S., Renfro, M. W., and Cetegen, B. M. (2010). "Blowoff Dynamics of Bluff Body Stabilized Turbulent Premixed Flames." *Combustion and Flame* **157**: 790–802.

Collot, A. G. (2006). "Matching Gasification Technologies to Coal Properties." *International Journal of Coal Geology* **65**: 191–212.

Dämkholer, G. (1947). "Influence of Turbulence on the Velocity of Flame in Gas Mixtures." *Z. Elektrochem* **46**: 601–26 (1950). English translation, NACA-TM-I 112.

Demirbas, A. (2007). "Progress and Recent Trends in Biofuels." *Progress in Energy and Combustion Science* **33**(1): 1–17.

DeZubay, E. A. (1950). "Characteristics of Disk-controlled Flames." *Aero Digest*, **54**(6): 102–4.

Ducruix, S., Schuller, T., Durox, D., and Candel, S. (2005). "Combustion Instability Mechanisms in Premixed Combustors," in *Combustion Instabilities in Gas Turbine Engines*, Lieuwen, T. and Yang, V. eds., AIAA Press., pp 179–212.

Eichler, C., Baumgartner, G., and Sattelmayer, T. (2012). "Experimental Investigation of Turbulent Boundary Layer Flashback Limits for Premixed Hydrogen-air Confined in Ducts." *Journal of Engineering for Gas Turbines and Power* **134**: 011502–1–8.

EPRI (1993). A Feasibility and Assessment Study for FT4000 Humid Air Turbine (HAT), Report TR-102156.

Fritz, J., Kröner, M., and Sattelmayer, T. (2004). "Flashback in a Swirl Burner with Cylindrical Premixing Zone." *Journal of Engineering for Gas Turbines and Power* **126**: 267–83.

George, D.L., and Bowles, E.B. (2011). "Shale Gas Measurement and Associated Issues," *Pipeline and Gas Journal* **238**: 7.

Guin, C. (1998). "Characterization of Autoignition and Flashback in Premixed Injection Systems." AVT Symposium on Gas Turbine Engine Combustion, Emissions, and Alternative Fuels, Lisbon.

Hauserman, W. B. (1994)."High-Yield Hydrogen Production by Catalytic Gasification of Coal or Biomass." *International Journal of Hydrogen Energy* **19**: 413–19.

Higuchi, S., Koganezawa, T., Horiuchi, Y., Araki, H., Shibata, T., and Marushima, S. (2008). "Test Results from the Advanced Humid Air Turbine System Pilot Plant: Part 1 – Overall Performance." TurboEXPO.

Jones, R. M., and Shilling, N. Z. (2003). "IGCC Gas Turbines for Refinery Applications." GE Power Systems Report GER-4219, 05/03.

Kavanagh, R. M., and Parks, G. T. (2009a). "A Systematic Comparison and Multi-Objective Optimization of Humid Power Cycles – Part I: Thermodynamics." *Journal of Engineering for Gas Turbines and Power* **131**(4): 041701.

 (2009b)."A Systematic Comparison and Multi-Objective Optimization of Humid Power Cycles – Part II: Economics." *Journal of Engineering for Gas Turbines and Power* **131**(4): 041702.

Kharchenko, N. V. (1998). *Advanced Energy Systems*, Taylor & Francis, Washington DC.

Kido, H., Nakahara, M., Hashimoto, J., and Barat, D. (2002). "Turbulent Burning Velocities of Two-Component Fuel Mixtures of Methane, Propane and Hydrogen." *JSME International Journal Series B* **45**(2): 355–62.

Kiesewetter, F., Konle, M., and Sattelmayer, T. (2007). "Analysis of Combustion Induced Vortex Breakdown Driven Flame Flashback in a Premixed Burner with Cylindrical Mixing Zone." *Journal of Engineering for Gas Turbines and Power* **129**: 929–36.

Knothe, G. (2010). "Biodiesel and Renewable Diesel: A Comparison." *Progress in Energy and Combustion Science* **36**(3): 364–73.

Konle, M., and Sattelmayer, T. (2010). "Time Scale Model for the Prediction of the Onset of Flame Flashback Driven by Combustion Induced Vortex Breakdown." *Journal of Engineering for Gas Turbines and Power* **132**: 041503.

Kröner, M., Fritz, J., and Sattelmayer, T. (2003). "Flashback Limits for Combustion Induced Vortex Breakdown in a Swirl Burner." *Journal of Engineering for Gas Turbines and Power* **125**: 693–700.

Lefebvre, A. H., and Ballal, D. (2010). *Gas Turbine Combustion*, 3rd Edition, CRC Press, Boca Raton, FL.

Lefebvre, A. H., Freeman, W., and Cowell, L. (1986). "Spontaneous Ignition Delay Characteristics of Hydrocarbon Fuel/Air Mixtures." *NASA Contractor Report 175064*.

Leonard, P. A., and Mellor, A. M. (1983). "Correlation of Lean Blowoff of Gas Turbine Combustors using Alternative Fuels." *Journal of. Energy* **7**(6): 729–32.

Lewis, B., and Von Elbe, G. (1943). "Stability and Structure of Burner Flames." *Journal of Chemical Physics* **11**: 75–98.

(1987). *Combustion, Flames and Explosions of Gases*, 3rd Edition, Academic, New York.

Li, S. C., and Williams, F. A. (2002). "Reaction Mechanism for Methane Ignition." *Journal of Engineering for Gas Turbines and Power* **124**: 471–80.

Lieuwen, T. C., and Yang, V., eds. (2005). "Combustion Instabilities in Gas Turbine Engines: Operational Experience, Fundamental Mechanisms, and Modeling." *Progress in Astronautics and Aeronautics*, **210**, AIAA, Virginia.

Lieuwen, T. C., McDonell, V., Petersen, E., and Dantavicca, D. (2008). "Fuel Flexibility Influences on Premixed Combustor Blowout, Flashback, Autoignition, and Stability." *Journal of Engineering for Gas Turbines and Power* **130**(January): 011506–1 – 011506–10.

Lieuwen, T. C., Yang, V., and Yetter, R., eds. (2010). *Synthesis Gas Combustion: Fundamentals and Applications*, CRC Press, FL.

Liss, W. E., and Rue, D. (2005). "Natural Gas Composition and Fuel Quality." Information Report from the Gas Technology Institute.

Liss, W. E., Thrasher, W. H., Steinmetz, G. F., Chowdiah, P., and Attari, A. (1992). "Variability of Natural Gas Composition in Select Major Metropolitan Areas of the United States." GRI Report 92/0123.

Littlejohn, D., Cheng, R. K., Noble, D. R., and Lieuwen, T. C. (2010). "Laboratory Investigations of Low-Swirl Injectors Operating With Syngases." *Journal of Engineering for Gas Turbines and Power* **132**(1): 011502–011508.

Liu, Y. and Lenze, B. (1992). "Investigation of Flame Generated Turbulence in Premixed Flames and Low and High Burning Velocities." *Experimental Thermal and Fluid Science* **5**(3): 410–15.

McDonell, V. (2008). "Lean Combustion in Gas Turbines," in *Lean Combustion – Technology and Control*, Dunn-Rankin, D. ed., Academic Press, San Diego, pp. 121–160.

Moore, J. J., Kurz, R., Garcia-Hernandez, A., and Brun, K. (2009). "Experimental Evaluation of the Transient Behavior of a Compressor Station During Emergency Shutdowns." Paper GT2009–59064, TurboEXPO 2009, Orlando, FL, June.

NGC+ (2005). White Paper on Natural Gas Interchangeability and Non-Combustion End Use.

Ni, M. et al. (2006). "An Overview of Hydrogen Production From Biomass." *Fuel Processing Technology* **87**: 461–72.

Nigam, P. S., and Singh, A. (2011). "Production of Liquid Biofuels from Renewable Sources." *Progress in Energy and Combustion Science*, **37**(1): 52–68.

Notari, B. (1991). "C-1 Chemistry, A Critical Review." *Catalytic Science and Technology* **1**: 55–76.

Peschke, W. T., and Spadaccini, L. J. (1985). "Determination of Autoignition and Flame Speed Characteristics of Coal Gases Having Medium Heating Values." Final Report for AP-4291 Research Project 2357–1, November.

Petersen, E. L., Kalitan, D. M., Barrett, A. B., Reehal, S. C., Mertens, J. D., Beerer, D. J., Hack, R. L., and McDonell, V. G. (2007). "New Syngas/Air Ignition Data at Lower Temperature and Elevated Pressure and Comparison to Current Kinetics Models." *Combustion and Flame* **149**(1–2): 244–7.

Rayleigh, J. S. W. (1945). *The Theory of Sound*, Vol. 2, Dover: New York.

Reale, M. J. (2004). "New High Efficiency Simple Cycle Gas Turbine – GE's LMS100™." GER-4222A, June.

Rao, A. D., Francuz, D. J., and West, E. W. (1996). "Refinery Gas Waste Heat Energy Conversion Optimization in Gas Turbines." IJPGC Conference, pp. 473–83.

Richards, G. A., McMillian, M. M., Gemmen, R. S., Rogers, W. A., and Cully, S. R. (2001). "Issues for Low-Emission, Fuel-Flexible Power System." *Progress in Energy and Combustion Science*. **27**: 141–69.

Rizk, N. K., and Lefebvre, A. H. (1986). "Relationship between Flame Stability and Drag of Bluff-body Flameholders." *Journal of Propulsion and Power* **2**(4): 361.

Rocca, E., Steinmetz, P. and Moliere, M. (2003). "Revisiting the Inhibition of Vanadium-Induced Hot Corrosion in Gas Turbines." *Journal of Engineering for Gas Turbines and Power* **125**: 664.

Rojey, A., Jaffret, C., Cornot-Gandolphe, S., Durand, B, Jullian, S., and Valais, M. (1994). *Natural Gas Production, Processing*, Transport, Imprimerie Nouvelle, Paris.

Rukes, B. and Taud, R. (2004). Status and Perspectives of Fossil Fuel Power Generation, *Energy* **29**: 1853–74.

Ryan, N. E., Larsen, K. M., and Black, P. C. (2002). "Smaller, Closer, Dirtier, Diesel Backup Generators in California." Environmental Defense Fund Report.

Schäfer, O., Koch, R., and Wittig, S. (2001). "Flashback in Lean Prevaporized Premixed Combustion: Non-swirling Turbulent Pipe Flow Study." ASME Paper 2001-GT-0053.

Schelkin, K. I. (1943). "On Combustion in Turbulent Flow." *Zh. Tekh. Fiz* **13**: 520–30.

Shanbhogue, S. J., Husain, S., and Lieuwen, T. C. (2010). "Lean Blowoff of Bluff Body Stabilized Flames: Scaling and Dynamics." *Progress in Energy and Combustion Science* **35**: 98–120.

Singer, B. C. (2007). "Natural Gas Variability in California: Environmental Impacts and Device Performance – Literature Review and Evaluation for Residential Appliances." Report CEC-500–2006–110, February.

Soares, C. (2008). *Gas Turbines, A Handbook of Air, Land, and Sea Applications*, Elsevier, London.

Standby Systems, Inc. (2001–6). Propane Peak Shaving...an Overview.

Spath, P. L., and Dayton, D. C. (2003). "Preliminary Screening – Technical and Economic Assessment of Synthesis Gas to Fuels and Chemicals with Emphasis on the Potential for Biomass-Derived Syngas." National Renewable Energy Laboratory.

Stephens-Romero, S., Carreras-Sospedra, M., Brouwer, J., Dabdub, D., and Samuelsen, S. (2009). "Determining Air Quality and Greenhouse Gas Impacts of Hydrogen Infrastructure and Fuel Cell Vehicles, *Environmental Science and Technology*." online November 5.

Stiegel, G. J., and Ramezan, M. (2006). "Hydrogen from Coal Gasification: An Economical Pathway to a Sustainable Energy Future." *International Journal of Coal Geology* **65**: 173–90.

Tillman, D. A. and Harding, N. S. (2004). *Fuel of Opportunity: Characteristics and Uses in Combustion Systems*, Elsevier, Oxford.

Trommer, D. et al. (2005). "Hydrogen Production by Steam-Gasification of Petroleum Coke Using Concentrated Solar Power – I. Thermodynamic and Kinetic Analyses." *International Journal of Hydrogen Energy* **30**: 605–18.

Walsh, P. P., and Fletcher, P. (2004). *Gas Turbine Performance*, 2nd Edition, Blackwell Publishing, Oxford.

Wender, I. (1996). "Reactions of Synthesis Gas." *Fuel Processing Technology* **48**: 189–297.

Wohl, K. (1952) "Quenching, Flash-Back, Blow-Off Theory and Experiment." 4th Symposium (Int.) on Combustion, pp. 69–89.

Wright, F. H. (1959). "Bluff-body Stabilization: Blockage Effects." *Combustion and Flame* **3**: 319–37.

Zinn, B. T., and Lieuwen T. C. (2005). "Combustion Instabilities: Basic Concepts," in *Combustion Instabilities in Gas Turbine Engines*. AIAA Press.

Zou, J. H. et al. (2007). "Modeling Reaction Kinetics of Petroleum Coke Gasification with CO_2." *Chemical Engineering and Processing* **46**: 630–6.

Zukoski, E. E. and Marble, F. E. (1955). "The Role of Wake Transition in the Process of Flame Stabilization on Bluff Bodies." AGARD Combustion Research and Reviews, p. 167.

第3章
全球飞机管制框架概述

Willard Dodds

无论是在空中、地面还是在海上,燃气涡轮发动机都必须提供安全可靠的运行、高效率环保的排放。然而,针对每一种应用专门设计的发动机却有着不同的环境影响和运行限制,从而影响着合理应用的技术范围以及能够选择的排放管制框架类别,后者应最适于规范发动机设计、品质和性能。

3.1 航空和工业发动机需求对比

航空发动机和地面发动机有许多相似之处。事实上,从航空发动机(航改型发动机)衍生出来的工业发动机在工业服务中得到了广泛的应用。然而,通过应用某些技术,工业发动机的最低排放水平比最初的航空发动机至少降低了一个量级。这些减排是通过多种方式实现的。

①与采用喷雾燃料相比,燃烧室采用天然气燃料能够减少近50%的NO_x排放量,因为后者的绝热火焰温度更低。

②喷水或使用干式低排放燃烧技术可使剩余的NO_x减少约90%。

③利用催化废气净化技术又可使余留的排放物减少约90%。

在许多不同因素的驱动下不同排放技术得到应用,这些因素包括当地的排放影响、运行地理范围、燃料替代品、重量和体积限制以及瞬态运行要求。

3.1.1 排放影响

当航空和工业发动机中的燃料燃烧时,燃料中碳和氢的氧化过程会排放大量的CO_2和H_2O,少量的硫氧化产生硫氧化物(SO_x)。此外,排放物中还含有一些微量成分,包括燃烧室内高温下形成的氮氧化物(NO_x)、CO和燃料不完全燃烧导致的未燃碳氢化合物，以及在一系列不同机理下产生的固体颗粒物（PM）。

（1）发动机排气中的 SO_x 排放主要以气态 SO_2 的形式出现，但有小部分的燃料硫（估计占 3.3%）（Wayson 等，2009）是以挥发性颗粒物形式的重硫组分被排放出来。

（2）NO_x 排放物主要由 NO 和 NO_2 组成。在慢车工况下，NO_x 排放物中的 NO 和 NO_2 大约各占一半，而在高功率情况下，NO_x 中 90% 是 NO。

（3）未燃碳氢化合物中包含从大分子燃料到非常轻的碳氢化合物在内的多种碳氢化合物，同时也包含几种被列为有害空气污染物（HAP）的组分，因为它们有毒或者致癌（如 Spicer 等和 Herndon 等的文献中所述）。

（4）颗粒物包括非挥发性的烟尘（构成可见烟尘的小碳质颗粒）、挥发性碳氢化合物以及 SO_x，它们在发动机排气羽流与环境空气混合冷却过程中凝结。

在低海拔区域（通常为从海平面上升至约 3000ft 的大气边界层内），飞机排放物对当地空气质量的影响与其他地面排放源对空气质量的影响大致相同。研究者们对低海拔飞机发动机排放的影响进行了详细研究（Ratliff 等，2009）。尾气中的某些组分对空气有直接影响，而其他组分则参与了形成污染物的化学反应：

（1）发动机尾气中的"初级"颗粒物、CO、SO_2、碳氢化合物被列为有害空气污染物。

（2）在局部范围内，发动机尾气中的 NO_2 或由 NO（通常与臭氧一起）氧化形成的 NO_2 可能导致跑道附近的 NO_2 水平升高。

（3）对于整体区域，来自于飞机和工业发动机等不同来源的 NO_x 和未燃碳氢化合物发生反应形成臭氧。

（4）对于更大的地域范围，NO 和 SO_x 与其他化合物（如氨）发生反应，生成"次生"颗粒物。

由于排放物对于健康存在潜在影响，针对如臭氧、颗粒物、CO、NO_2 和 SO_2 等污染物，联合国世界卫生组织和多个国家都制定了相关的环境空气质量标准（NAAQS）。在美国，EPA 负责确定潜在的健康影响，并为那些可能对公众健康有害的污染物设定环境空气质量标准（http://www.epa.gov/air/criteria.html）。

飞机发动机排放有其特殊性，因为在燃烧过程中形成的 NO_x、SO_x、CO_2 和水的总排放量中，约有 90% 排放在 3000~4000ft 的高空。这些高海拔排放物目前还没有受到管制，但它们可能会对广大地域的空气质量造成潜在的重大影响，还可能影响气候变化。

Barren 及其同事（2010）开展的一个全球大气模拟研究表明，在高海拔爬升和巡航条件下排放的 NO_x 对健康的影响可能是低海拔排放影响的数倍。研究表明，在高海拔排放的 NO_x 大部分被下沉气流输送至地平面，从而参与臭氧和次生颗粒物的形成。

就气候变化而言，最重要的温室气体就是 CO_2，并且 CO_2 对气候变化的影响与它的排放高度无关。然而，根据政府间气候变化专门委员会（1999）的数据，飞机在爬升和巡航过程中排放的 NO_x 会影响气候，它一方面增加臭氧从而导致升温，另一方面减少 CH_4 导致降温。臭氧、CH_4 和 CO_2 对气候影响的相对大小很难比较，因为这 3 种气体在大气中的生存期差异很大。臭氧引起的变暖仅持续几个月，而 CH_4 的减少可持续约 10 年。在不同纬度地区，航行的影响也各不相同。由于大部分的航行发生在北半球，大部分的臭氧也是在北半球形成，但由于臭氧的生存期很短，在它能够迁移到南半球之前就已经消失了，所以大部分的增温效应发生在北半球。另外，由于 CH_4 的长寿命，它的冷却效应可均布于南北半球。

由 NO_x 引起的臭氧和 CH_4 变化对气候的影响程度与 CO_2 的影响程度相当，但两者是相互抵消的，因此综合影响效果仍然是不确定的。

3.1.2 飞行过程

航空飞行首要的要求是安全。在地面或海上，发动机故障可能只是造成不便和昂贵的费用，但在 35000ft 的高空，飞机发动机故障就可能是一场灾难。正如在第 1 章中所述，安全方面的考虑决定了飞机发动机的燃烧室必须设计为：

①提供均匀的出口温度以确保涡轮工作安全持久；

②有足够的燃油系统耐用性，避免任何可能的燃油泄漏从而导致火灾；

③在较宽的高度和速度范围内，在快速加速、减速和稳态工作条件下均能稳定工作；

④点火并提供足够的热量，以便在地面和 300000ft 以下的高度起动时加速引擎。

国家或地区监管机构，如美国联邦航空局（FAA）、欧洲航空安全局（EASA）和其他国家的民航机构（CAA）执行安全法规。这些机构为发动机和飞机签发适航证书，证明它们符合所有适航要求。

从燃烧室设计的角度来看，要使设计的燃烧室满足航空高空起动和快速瞬变响应需求，则其点火和稳定性设计要求比地面发动机严格得多。此外，飞行工况要能扩展至低功耗工况。对于短程飞行，发动机近一半的工作时间都将耗费在进场着陆（约为额定推力的 30%）和滑行或者降落等要求其输出低于发动机额定推力 10% 的低耗工况。在这些低功耗工况，飞机发动机燃烧室必须设计为在这些低功率条件下的低 CO 和 HC 排放。

3.1.3　工作的地域范围

根据当地空气质量问题的严重程度，当地政府可能对固定式地面发动机的排放规范做出调整。比如，在存在严重空气质量问题的地区，利用废气处理设备（如选择性催化还原设备）来减少固定源的排放可能是比较划算的。然而，在其他一些空气质量较好的地区，废气处理所需的成本及其对发动机效率的影响（由于气体处理系统的压力损失）可能超过其在减少排放方面的效益。对于一架可在多地飞入机场的飞机，将所服务机场的成本效益平均化是有意义的。由于飞机是在国际间飞行，因而在国际基础上考虑其成本效益才更为合理。

3.1.4　燃料

飞机发动机通常只使用高品质、性质变化范围相对较窄的液体喷雾燃料。工业发动机需求的燃油范围很宽，从低热值气体燃料到重油不等，但对于要求低排放的大部分工业发动机来说，天然气是其首选燃料。从降低 NO_x 排放角度来看，使用天然气是非常有益的。对于常规的航改型燃烧室，单纯将喷雾燃料替换为天然气，NO_x 排放量减少了近一半，主要是由于天然气具有较低的绝热火焰温度。对于先进的低排放贫燃预混燃烧室设计而言，采用天然气的优势在于：无需考虑蒸发过程；燃料具有很高的热稳定性，因此可以很方便地采用多点喷射系统而不必担心燃料结焦；并且天然气的点火延迟时间比喷雾燃料的点火延迟时间长一个数量级，所以燃料预混时间更长。

3.1.5　重量和体积

航改发动机（为满足工业要求而改装的飞机发动机）的使用经验表明，只需对飞机发动机燃烧室的燃料喷注器做较小的修改便能够满足基本工业应用所需的各种液体和气态燃料。然而，正如在第 1 章中所述，飞机发动机有严格的重量和体积约束，制约了减排技术的应用。额外增加任何重量都需要减少等量的有效载荷。

例如，喷水技术在传统的燃气涡轮燃烧室应用中已被证实是一种行之有效的 NO_x 减排技术。将等量的水和燃料从工业发动机的燃油喷射器喷入燃烧室可以使 NO_x 的排放减少一个数量级，降低涡轮机所承受的燃烧室排放产物的温度,并且增大质量流率进而增大功率。不幸的是,这种技术很难适用于飞机发动机,因为它必须额外携带大量的水。

催化废气净化是另一项可以显著减少排放的有效技术。选择性催化还原(SCR)系统可以减少 NO_x、CO 和未燃的碳氢化合物,但其配套的工业系统比航改型发动机本身更大、更重,因此不适合在飞机上使用。

贫燃预混燃烧室在工业发动机上的应用已超过 15 年(Leonard 和 Stegmaier,1994),但在飞机发动机上的应用刚刚起步。要能在飞机上使用这种技术有以下几个问题必须解决(Foust 等,2012)。

(1) 贫燃火焰的稳定极限相对较窄,因此需要采用燃料分级技术。开发的控制系统应能可靠地处理因要满足高空再点火和快速瞬态工作需求而额外增加的复杂性。

(2) 在贫预混燃烧室中,燃烧动力学(压力波动)更可能发生。需要发展被动和主动控制技术,以使在工业发动机内的燃烧动力学能够适用于航空应用。

(3) 航空应用具有更宽的工作范围,并且需要低功耗运行。已被开发的具有"引导"特性的燃烧室就是专门设计来扩展低功耗能力的。

(4) 为了使贫燃火焰完全燃烧,略微增加燃烧室容积通常是必需的。为了适应新的飞机发动机,在不影响发动机长度和对重量影响较小的情况下,已配置了一些短的预混燃烧室。

(5) 关于航空发动机在无自燃喷雾燃料的预蒸发和预混合方面存在的挑战最近才被提及。

对于陆基或海基发动机,利用中间冷却、回热循环或蒸汽循环余热利用等过程可以有效提高其热效率,因而可以设计具有较低燃烧室工作温度的高效率发动机。而对于一个采用简单循环的飞机发动机,需要在高的发动机压比与涡轮机入口温度之间协调。在传统技术下,这两个特征都将增大 NO_x 排放,并且使其更难以采用贫燃预混技术。

3.2 监管框架(规章制度)

3.2.1 联合国国际民航组织

航空业是一个国际性的产业,每一架飞机都有可能跨越国界。因此,人们很早就认识到,最有效的途径就是建立一个国际性的机构来处理诸多的航空纠纷。国际民用航空组织(ICAO)是一个联合国(UN)组织,根据 1944 年的国际民用航空公约（《芝加哥公约》）而建立。ICAO 的首要任务之一就是为发动机和飞机适航性设定恰当的标准。《ICAO 附件 8》是其出版的一本书，在其中介绍了该领域的国际标准。通过参与 ICAO，联合国成员国大多采纳这些标准作为本国的适航权威。

3.2.1.1 ICAO 航空环境保护委员会

20 世纪 60—70 年代，环境问题日益受到关注，其证明就是 1970 年 EPA 的成立和 1971 年《ICAO 附件 16，卷一》中关于飞机噪声标准的最初定义。由于其制定国际适航和噪声标准的背景，国际民航组织自然也担负制定国际排放标准的责任。ICAO 成立了飞机发动机排放委员会，初步的飞机发动机排放标准就是 1981 年 6 月推出的《ICAO 附件 16，卷二》。1983 年，ICAO 飞机发动机排放委员会（CAEE）和飞机噪声委员会（CAN）合并成立了航空环境保护委员会（CAEP），负责处理所有的航空环境问题。

ICAO 标准规定了飞机发动机在低海拔的排放规范。它针对 NO_x、未燃碳氢化合物和 CO 等气态排放物，可见烟尘排放以及燃料排泄等制定了相应的排放限制。标准适用于推力大于 6000lb（1lb≈0.45kg）的飞机发动机。ICAO 还定期修改更为严格的 NO_x 标准，并在《ICAO 附件 16，卷二》的现行版本中公布。

3.2.1.2 ICAO 排放标准

目前的 ICAO 排放标准是根据 ICAO 着陆起飞（LTO 循环）周期制定的：地面测试旨在模拟飞机在低于跑道上空 3000ft 高空内工作的情形，示意图如图 3.1 所示。此周期包括 4 个飞行阶段：

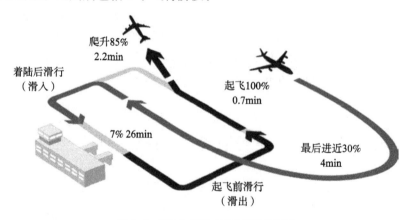

图 3.1　ICAO 着陆起飞周期示意图

① 地面滑行-空转：以 7%额定推力运行 26min。

②起飞：以100%额定推力运行0.7min。
③爬升：以85%额定推力运行2.2min。
④近进：以30%额定推力运行4min。

额定推力（F_∞）是指海平面、标准日条件、无前向空气速度时的最大额定推力。

气体（CO、HC、NO_x）排放标准是以整个LTO周期中每种组分的总排放量（D_P，单位为g）除以额定推力（F_∞，单位为kN）来说明发动机尺寸。排放量测量是在发动机测试过程中完成的，而发动机测试是适航认证过程的一部分。在适航认证过程中，在国家适航当局（如美国联邦航空局（FAA）或欧洲航空安全局（EASA））的监督下，会进行一系列的测试和分析，以证实该发动机满足所有的适航性安全需求以及环境可接受的排放和噪声条件。

在排放认证试验期间，一个有代表性的发动机需要运行在4种不同的推力水平下，分别对应LTO循环指定的飞行阶段。在每一个推力水平，利用《ICAO附件16，卷二》中规定的采样、气体分析、烟度测量等方法，测量得到燃料流量和CO、HC、NO_x以及烟尘的排放量。烟尘的测量是使一定标准体积的发动机尾气穿过白色滤纸。产生烟尘的多少以烟度表示，可从滤纸反射率的变化分析得到。

对于气体排放物，在每一个水平推力下测得的排放量表示为每千克燃料中CO、HC（如CH_4）或者NO_x（如NO_2）的克数。对于每种组分，在每个飞行阶段产生的排放量按下式计算，即

$$生成的质量 = 模式持续时间 \times 燃料流量 \times 排放指数$$

然后将每个模式下的排放量相加，计算得到每种组分的D_P。每个飞行模式下排放物的详情可见ICAO数据库或者数据表的报道（欧洲航空安全局，http://easa.europa.eu/environment/edb/aircraft-engine-emissions.php，2012）。图3.2所示为ICAO数据表示例。

ICAO排放标准规定了CO、HC和NO_x的D_P/F_∞的最大值。对于烟尘，本标准规定了在任何工作状态下的最大烟度极限。第一个标准在1981年制定，并于第二、第四、第六和第八届CAEP会议更新（分别被称为CAEP/2、CAEP/4、CAEP/6和CAEP/8）。适用于额定推力大于26.7kN（6000lb）的亚声速飞机发动机的标准由《ICAO附件16，卷二》第2章的几段正式定义，但对其普遍引用是在定义这些标准的CAEP会议上（也称其为"CAEP/2标准"）。小型亚音速发动机的标准尚未制定，因为小发动机对航空总排放量的贡献很小，并且低排放技术更难在小尺度内实现，加之以往的分析表明，在小发动机上实施减排技术并不经济。表3.1中汇总了亚声速发动机的

相关标准。

ICAO ENGINE EXHAUST EMISSIONS DATA BANK
SUBSONIC ENGINES

ENGINE IDENTIFICATION: CFM56-7B24/3　　　BYPASS RATIO: 5.3
UNIQUE ID NUMBER:　　　　　　　　　　　　PRESSURE RATIO (π_{oo}): 25.6
COMBUSTOR: Tech Insertion
ENGINE TYPE: TF　　　　　　　　　　　　　RATED OUTPUT (F_{oo}) (kN): 107.6

REGULATORY DATA

CHARACTERISTIC VALUE:	HC	CO	NOx	SMOKE NUMBER
D_p/F_{oo} (g/kN) or SN	4.09	58.8	39.3	13.3
AS % OF ORIGINAL LIMIT	20.9%	49.8%	43.1%	57.2%
AS % OF CAEP/2 LIMIT (NOx)	20.9%	49.8%	53.9%	57.2%
AS % OF CAEP/4 LIMIT (NOx)	20.9%	49.8%	65.5%	57.2%

Mark with an 'x' against appropriate statements:

DATA STATUS
　　　　PRE-REGULATION
　x　　 CERTIFICATION
　　　　REVISED (give detail in REMARKS)

TEST ENGINE STATUS
　x　　 NEWLY MANUFACTURED ENGINES
　　　　DEDICATED ENGINES TO PRODUCTION STANDARD
　　　　OTHER (give detail in REMARKS)

EMISSIONS STATUS
　x　　 DATA CORRECTED TO REFERENCE
　　　　(ANNEX 16 VOLUME II)

CURRENT ENGINE STATUS
(IN PRODUCTION, IN SERVICE UNLESS OTHERWISE NOTED)
　　OUT OF PRODUCTION　(DATE:　dd-mmm-yy　)
　　OUT OF SERVICE　　　(DATE:　dd-mmm-yy　)

MEASURED DATA

MODE	POWER SETTING (%F_{oo})	TIME minutes	FUEL FLOW kg/s	EMISSIONS INDICES (g/kg) HC	CO	NOx	SMOKE NUMBER
TAKE-OFF	100	0.7	1.086	0.02	0.18	18.93	12.1
CLIMB OUT	85	2.2	0.895	0.03	0.15	15.60	8.7
APPROACH	30	4.0	0.308	0.06	3.68	8.60	2.1
IDLE	7	26.0	0.103	2.30	34.71	4.09	2.1
LTO TOTAL FUEL (kg) or EMISSIONS (g)			398	377	5854	3995	
NUMBER OF ENGINES				3	3	3	3
NUMBER OF TESTS				7	7	7	7
AVERAGE D_p/F_{oo} (g/kN) or AVERAGE SN (MAX)				3.51	54.38	37.11	12.1
SIGMA (D_p/F_{oo} in g/kN, or SN)				0.45	2.8	1.2	3.4
RANGE (D_p/F_{oo} in g/kN, or SN)				3.01 to 3.88	51.2 to 56.4	36.1 o 38.5	8.3 to 14.7

ACCESSORY LOADS
　　POWER EXTRACTION　　0　(kW)　　　　　　　AT　All　POWER SETTINGS
　　STAGE BLEED　　　　　0　% CORE FLOW　　　AT　All　POWER SETTINGS

ATMOSPHERIC CONDITIONS

BAROMETER (kPa)	97.6 to 98.5
TEMPERATURE (K)	277 to 293
ABS HUMIDITY (kg/kg)	0.00150 to 0.00628

FUEL

SPEC	JET A
H/C	1.92 to 1.93
AROM (%)	16.2 to 17.5

MANUFACTURER:　　　　CFM International
TEST ORGANIZATION:　 GE Aviation
TEST LOCATION:　　　　PTO, Ohio, USA
TEST DATES:　　FROM　29-Sep-05　　TO　23-Mar-06

REMARKS
　1. Ref. GE REPORT CR-2097/3 Rev. 1
　2. Engine S/N 874-026/01, 778-024/01B, and 892-769/01
　3. Includes models CFM56-7B24/3 and -7B24/3B1
　4.
　5.
　6.
　7.
　8.

图 3.2　ICAO 排放数据表示例

表 3.1 ICAO/CAEP 排放标准总结

标准	适用性		发动机特性		排放限值			
	认证	生产	EPR	F_{oo}/kN	烟尘烟度/SN	CO/(g/kN)	HC/(g/kN)	NO_x/(g/kN)
CAEP/1*	1986	1986	All	>26.7	$83.6 \cdot (F_{oo})^{-0.274}$	118	19.6	40+2*EPR
CAEP/2	1996	2000	All	>26.7	"	"	"	32+1.6·EPR
CAEP/4	2004	2013	30~62.5	>89.0	"	"	"	7+2·EPR 19+1.6·EPR42.71+1.4286·EPR-0.4013·F_{oo}+0.00642·EPR·F_{oo}37.527+1.6·EPR-0.2087·F_{oo}32+1.6·EPR
"	"	"	<30	>89.0	"	"	"	
"	"	"	30~62.5	26.7~89.0	"	"	"	
"	"	"	<30	26.7~89.0	"	"	"	
"	"	"	>62.5	>26.7	"	"	"	
CAEP/6	2008	2013	30~82.6	>89.0	"	"	"	−1.04+2·EPR16.72+1.4080·EPR 46.1600+1.4286·EPR−0.5303·F_{oo}+0.00642·EPR·F_{oo}38.5486+1.6823·EPR−0.2453·F_{oo}−00308·EPR·F_{oo}32+1.6·EPR
"	"	"	<30	>89.0	"	"	"	
"	"	"	30~82.6	26.7~89.0	"	"	"	
"	"	"	<30	26.7~89.0	"	"	"	
"	"	"	>82.6	>26.7	"	"	"	
CAEP/8	2014	2018	30~104.7	>89.0	"	"	"	−9.88+2·EPR7.88+1.4080·EPR41.9435+1.505·EPR−0.5823·F_{oo}+0.005562·EPR·F_{oo}40.052+1.5681·EPR−0.3615·F_{oo}−0.0018·EPR·F_{oo}32+1.6·EPR
"	"	"	<30	>89.0	"	"	"	
"	"	"	30~104.7	26.7~89.0	"	"	"	
"	"	"	<30	26.7~89.0	"	"	"	
"	"	"		>104.7	>26.7	"	"	"	

注：EPR——发动机压比；
F_{oo}——海平面静态条件下的额定推力；
*为飞机发动机排放委员会第二次会议（CAEE/2）

每个标准规定了每种组分的最高允许水平，并规定了两个适用日期。第一个日期是所有新设计发动机在进行适航认证过程必须满足该标准的时间。第二个日期被称为停产日期，是该标准成为对所有新制造发动机要求的时间。一旦发动机开始服役，它就无需再满足任何后续更新的排放标准。

多年来，NO_x 一直是提高排放标准的主要目标。CO 和 HC 的排放限制自从在最初的标准中被规定后，在随后的多次修订中没有变化。NO_x 标准已经降低至 1/4，以使压比为 30 的发动机的最大排放量减少 50%。如图 3.3 所示，

NO_x 的排放极限（图中所示为推力大于 89kN（20000lb）的发动机）是发动机压比的函数。CAEP 已经认识到，随着新材料和冷却技术被引入到新发动机中，通过增加发动机压力来提高发动机的热力学效率已成为可能。效率的提高有助于降低燃油消耗和相应的 CO_2 排放。燃烧室内的温度随着发动机压比的增加而增大，从而使燃烧效率更高以及减少 CO 和 HC 排放。然而，随着 CO_2、CO、HC 排放量的减少，NO_x 排放量也随之增加，因为当燃烧室内压力和温度较高时 NO_x 的生成速率更大。

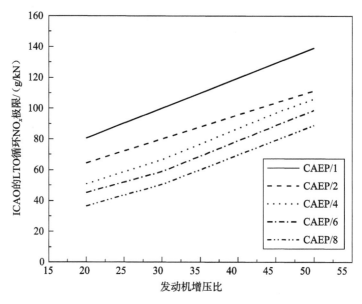

图 3.3　ICAO/CAEP 对于 89kN 推力以上发动机的 NO_x 排放极限

对烟度的限制是为了避免可见的喷气发动机排气羽流。羽流中的烟尘颗粒会遮挡光线，羽流的能见度取决于羽流中烟尘粒子的浓度和光线穿过羽流的光程长度。烟度是羽流中粒子浓度的一种量度。因此，对于某个固定的烟度，能见度将是羽流大小的函数，而羽流大小反过来又与发动机的大小或推力有关。有了这些关系，就可以将最大烟度设置为发动机推力的函数，以确保在一个典型的视角范围内羽流不可见。图 3.4 展示了烟度极限是发动机额定推力的函数关系图。

LTO 周期中定义的推力水平和模态时间是为了模拟 20 世纪 70 年代老式喷气飞机的工况，并不一定能代表现今的发动机及其工作条件。今天的飞机通常起飞推力更低（取决于跑道长度、海拔和环境温度）、性能更高，因而它们比 70 年代的同类飞机爬升更快，但是 LTO 周期仍被保留下来作为飞机相对性能

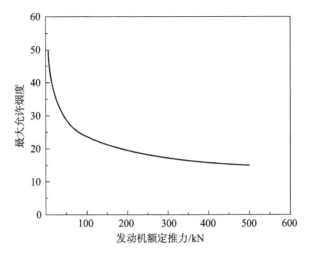

图 3.4 ICAO/CAEP 烟尘极限

的一种度量。目前已经开发了一些方法，以利用认证数据来估计实际工作状态下的排放量（国际通用的"飞机排放量计算程序"（SAE），SAE AIR 5715，2009 年 7 月 7 日），并且已被集成到一些分析工具中，如 FAA 航空环境设计工具（AEDT）。

3.2.1.3 新兴的排放问题

在排放领域，CAEP 多年来一直关注着低海拔 NO_x 排放。然而，关注的焦点逐渐扩大到更高优先级的 CO_2 排放和颗粒物排放，以及相对较小程度的高海拔排放。

为响应对全球气候变化的重视，在 2010 年的第八次会议上，CAEP 发起了一个旨在制订飞机 CO_2 排放标准的计划。该计划的目标是为 2013 年的 CAEP/9 会议及时制定指标、认证方法和排放限值。

CAEP 还与 SAE E-31 飞机尾气排放测量委员会合作，计划在 2013 年前制定出未来非挥发性 PM 排放标准的认证程序，将测量 PM 排放物的质量和颗粒尺寸。

CAEP 研究表明，对于目前的飞机燃烧室设计，为满足更严格的 LTO NO_x 排放标准而进行的修改在高空提供了等效的减排量，因而为高海拔爬升和巡航单独制定排放标准的需求并不是很强烈。然而，类似于工业干式低排放燃烧室等先进燃烧室概念的应用可能会改变低海拔和高海拔排放之间的关系，并且可能使巡航排放得到优化。鉴于高空 NO_x 排放对于气候和健康的潜在危害性，CAEP 正在重新研究在爬升和巡航条件下减少 NO_x 排放的方法。

3.2.2 国家和地方的排放政策

3.2.2.1 各国对于 CAEP 排放标准的接受度

ICAO 制定了飞机发动机的排放标准，但各成员国必须将该标准列入其国家法规后才可执行。该过程在某些国家并不容易实现，并且在地方上可能存在延迟实施。例如，在历史上，美国的飞机发动机排放标准最初由 EPA 制定，被列为联邦法规第 40 目第 87 部的第 1 章（环境保护局，飞机和飞机发动机的空气污染控制）。美国联邦航空局随后根据联邦法规第 14 目第 34 部的要求来执行上述标准。这意味着，一旦国际民航组织制定并发布了 CAEP 标准，EPA 通常会准备并发布一个提议标准，经历一个审查期后，再发布最终的标准。然后美国联邦航空局 FAA 需要修改发动机排放认证规定。这一过程的结果就是，美国的排放要求并不总是与世界上其他国家的一致。例如：

（1）在最初的 ICAO 排放标准制定之后，美国 EPA 只采用了 HC 和烟度要求，因而其 CO 和 NO_x 标准与其他全套采用 ICAO 标准的国家的相应要求不一致。

（2）对于 CAEP/4 标准，CAEP 在 1999 年 11 月发布该标准时希望其在 2004 年 1 月开始生效。经过美国的程序，FAA 的第 34 部最终在 2009 年 4 月完成修订。

然而，尽管各地的具体要求各不相同，但发动机在世界各地运行，所以对制造商的要求则是要满足目前所有的 CAEP 标准。

3.2.2.2 美国国家环境保护条例（NEPA）

ICAO 排放标准只适用于民用航空飞机发动机。军用发动机不包含在内，机身制造商、机场和空中交通管制供应商也无需遵守这些标准。然而，根据美国的国家环境保护条例，美国联邦机构有责任考查他们所提出的行为和行为方式对环境的可能影响，以期减少或抵消这些行为对环境的影响。NEPA 要求必须为军用项目（如以新机型代替老机型）提供环境影响报告书（EIS），并且因为新的发动机通常在更高的发动机压比下工作，且能产生更大的推力，也鼓励在新的军用发动机上使用低排放的燃烧室设计以降低环境影响。同样地，民用机场拟增大机场吞吐量的扩建工程也要求准备一份环境影响报告书。对于上述情况，也可以选择采用别的方式来减少设备总的排放量，如提高设备工作效率或者减少其他排放源，如制热设备、发电厂设施、道路交通、地面配套设备等的排放量。

3.2.2.3 欧洲 NO_x 起降费

由国际民航组织数据库公布的考虑了 NO_x 和 HC 排放的起降费用，于 1997

年在瑞典和瑞士首次实行。最初，使用两套不同的系统将每个飞机发动机构型按照其排放水平分成几个收费类别。排放量越高的飞机起降费越高。这样收费对于促进低排放燃烧室的应用具有一定作用，但使用两种不同的系统也给制造商带来一些混乱。

2000 年底，欧洲民航会议（ECAC）成立了一个小组，负责与排放有关的着陆费用调查小组（ERLIG）。基于 ERLIG 的工作，《ECAC 关于飞机 NO_x 排放分类方案的意见 27-4》在 2003 年得以发布。该意见的基本原则是，对于所有满足 ICAO HC 标准的飞机，其费用应该与 ICAO 数据库中对应的 NO_x 排放量成正比。这一原则认为，环境影响与排放量成正比，因此，飞机应按其对环境造成的影响收取相应的费用。

目前，瑞士、瑞典和其他几个欧洲国家的机场都征收机场排放费。

3.2.2.4 欧盟排放交易计划（ETS）

作为一种旨在减少温室气体排放的激励手段，欧盟 ETS 的 CO_2 排放配额交易开始于 2005 年 1 月。航空业从 2012 年开始被纳入 ETS。目前，ETS 主要关注的是 CO_2 排放。然而，考虑到高空非 CO_2 排放物的特殊影响，有提议要求飞机为 NO_x 排放支付额外费用。目前，针对高海拔区域 NO_x 排放的具体行动尚处于保留状态，这有待于人们更为科学地理解 NO_x 时气候的影响。

3.3 未来展望

航空只产生影响空气质量和气候的总排放量的百分之几，但其影响预计将扩大：当前的航空排放率相对较高，因为受重量和体积的限制，许多可用的减排技术无法应用在实际的飞机上。

绝对排放量预计会增加，因为预测的交通增长可能会超过减排技术带来的改进。

目前，排放标准中没有考虑巡航排放，但随着科学界对高海拔排放所带来影响的认识更为深入，巡航排放可能会受到更多关注。

ICAO 已经对 CO_2 和非挥发性颗粒物的排放制定了相关标准，目前正在对巡航高度排放的 NO_x 的影响开展积极的研究。炭黑颗粒物的排放对气候的影响，特别是对北极冰层融化的影响，是 FAA 合作伙伴卓越环境中心（FAA PARTNER Environmental Center of Excellence）的一个新的研究领域。

基于上述行动，可以预见在接下来的 10 年里，人们将继续努力加深对航空排放影响的理解，制定出越来越严格的排放标准，以及不断发展或改进切实有效的减排技术。

参考文献

Barrett, S. R. H., Britter, R. E., and Waitz, I. A. (2010). "Global Mortality Attributable to Aircraft Cruise Emissions." *Environmental Science and Technology* 44: 7736–42.

Foust, M. J., Thomsen, D., Stickles, R., Cooper, C., and Dodds, W. (2012). "Development of the GE Aviation Low Emissions TAPS Combustor for Next Generation Aircraft Engines." AIAA Paper 2012–0936.

Herndon, S. C., Wood, E. C., Northway, M. J., Miake-Lye, R., Thornhill, L., Beyersdorf, A., Anderson, B. E. et al. (2009). "Aircraft Hydrocarbon Emissions at Oakland International Airport." *Environmental Science and Technology* 43: 1730–6.

Intergovernmental Panel on Climate Change. (1999). *Aviation and the Global Atmosphere*, Cambridge University Press, Cambridge, UK.

Leonard, G., and Stegmaier, J. (1994). "Development of an Aeroderivative Gas Turbine Dry Low Emissions Combustion System." *Journal of Engineering for Gas Turbines and Power* 116: 542–6.

Ratliff, G., Sequeira, C., Waitz, I. A., Ohsfeldt, M., Thrasher, T., Graham, M., Thompson, T. (2009). "Aircraft Impacts on Local and Regional Air Quality in the United States." Report No. PARTNER-COE-2009–002, PARTNER.

Spicer, C. W., Holdren, M. W., Riggin, R. M., and Lyon, T. F. (1994). "Chemical-Composition and Photochemical Reactivity of Exhaust from Aircraft Turbine-Engines." *Annales Geophysicae Atmospheres Hydrospheres and Space Sciences* 12(10–11): 944–55.

Wayson, R. L., Fleming, G. G., and Iovinelli, R. (2009). "Methodology to Estimate Particulate Matter Emissions from Certified Commercial Aircraft Engines." *Journal of the Air and Waste Management Association*. 59: 91–100, January.

第4章
全球地面监管框架概览

Manfred Klein

污染防治和系统高效节能是实施国家"清洁能源"和能源安全计划、实现高成本效益可持续发展长期解决方案的关键要素。减少空气污染、温室气体排放和废水排泄对于地方城镇和各省市区域都具有重要作用,因而有必要在适当权衡评测的基础上通过采取一定程度的监管监督措施来处理这些问题。为应对其中的一些挑战,在过去的10年中已经制定了燃气涡轮的国际排放标准和监管政策。

燃气涡轮热电联产与具有高效循环工况和可靠的干式低NO_x燃烧的地区性发电厂,可以为清洁能源生产提供重要的环境条件改善。到目前为止,温室气体排放和系统能源效率并没有在大多数环境许可中得到密切研究。污染防治规划和环境评估可能需要更为全面的策略,在经济和环境实施方面做到平衡,以便考虑如何选用各种可再生能源和清洁能源(包括各种基于燃气涡轮的应用)。

4.1 区域和全球大气问题

我们对于大气问题的区域和国际关注很大程度上取决于我们生产和使用能源——电能、机械能以及各种类型的制热和制冷能源的方式。这些问题的产生既源自于传统的空气污染对健康的影响,又与人类温室气体排放对全球气候变化的影响有关。几十年来,人们已经认识到,燃料燃烧产生的酸性气体会导致空气污染,微粒和微量元素对人类健康和生态系统也产生了重大影响。这正是欧洲、北美其他各国发起各种污染抵制活动的主要动机,如酸雨计划和各种烟雾减排举措。NO_x、SO_2和细颗粒物是由燃气涡轮发动机内的燃油燃烧形成的,而采用天然气燃料的燃气涡轮主要排放NO_x和CO。这些类型的排放物通常会对区域空气质量产生综合性影响，它们构成了许多重要国际倡议的基础，如图 4.1 所示。

空气排放物
（烟雾，酸雨，气候变化，有毒物）

温室气体	**空气污染**
· CO_2	· SO_2
· CH_4	· NO_2
· N_2O	· VOC（挥发性有机物）
· SF_6 等	· CO
臭氧层空洞	· PM
CFC（氟氯烃）	· Hg 和重金属
	· NH_3

图 4.1　各种空气排放物

除了空气污染外，气候变化的争论还引发了人们对未来 CO_2、CH_4 和 N_2O 排放量增加的担忧，这些排放将导致大气浓度持续上升。早期会议包括 1988 年在加拿大多伦多举行的政府间气候变化专门委员会（IPCC）、1992 年在巴西举行的全球气候变化和生物多样性里约地球首脑会议专门为应对这一问题而召开，并为 1997 年《京都议定书》协议的制定以及其后几个最近的国际活动（哥本哈根、坎昆、德班和迪拜会议）奠定了基础。现在世界上许多科学家一致认为，不仅全球平均气温将会升高，还可能会面临随之而来的不可预测的恶劣气候和天气事件。近期数据显示，风暴的频率可能会增强，并且科学家正在研究温室气体与冰层融化、海平面上升、洪涝和干旱以及厄尔尼诺现象之间是否存在某种关联（IPCC，1992）。

空气污染状况和气候问题的一个关键区别在于，对传统污染物的清理，有望在一定的时间内完成。然而，累积的温室气体和气候变化问题很可能无法在合理的时间内取得明显改善。与能源相关的工业活动是这些温室气体排放（以及各种空气污染物）的一个重要来源，因此，可能有必要采用新的能源和原材料节约方式，包括生产各种形式的清洁能源等（美国国家科学院，2009；美国国务院，2010）。

空气中的有毒物质是各种工业过程和燃料产生的另一类重要排放物。Hg 是一种主要的无机微量元素，当其浓度高于自然产生的浓度时，则必须对其调控。其他重金属，如 V、Cr、Ni、Cd 也存在于煤和石油燃料系统的排放物中。这些元素可在空气和供水中积聚，对人类和野生动物的健康和神经系统造成危害。由某些燃气涡轮系统产生的有机物，如氨（NH_3）和甲醛（HCHO）等，是广泛存在的持久性有机污染物（联合国欧洲经济委员会（VNECE），1979），也会危害健康。在各种电动制冷系统中使用的氯氟烃（CFC）与平流层臭氧消耗有关，而其替代品，含氢氯氟烃（HFC），也是一种强温室气体。尽管上述所有微量元素的含量非常少，但通常与那些标准空气污染物和 CO_2 排放来自相同的能源系统。

清洁和可持续的供水以及总体完整的淡水和咸水资源，对所有社区的健康和经济都非常重要。能源工业经常使用大量的水进行厂内冷却，以使低压蒸汽冷却为锅炉或余热锅炉所需的温水。这些冷凝器会失去大量能量，使得热量排放到河流，导致水温升高。这会损害敏感生物的生长和繁殖，刺激藻类生长，降低溶解氧水平，也会对鱼类和其他水生生物有害。当然，也可以选用风冷冷凝设备，其不良影响可能包括存在可见的蒸汽羽流、一些残余颗粒物排放和一些低速风扇噪声（国际金融公司（IFC）世界银行，2007）。

4.2 燃气涡轮系统的空气污染和温室气体排放

下面总结了燃烧液体燃料（如轻馏分油或煤油、天然气或煤气化合成气）的燃气涡轮中的各种空气污染物（CAC）排放标准。

①NO_x：氮氧化物，如 NO 和 NO_2，地面臭氧、烟尘和酸雨的前体；形成于高温高压燃烧以及液体燃料含有的 N_2。

②CO：一氧化碳，不完全燃烧、不恰当的燃烧室冷空气量以及燃料混合不当产生的一种气体。

③UHC：因燃烧不完全而余留的未燃碳氢化合物，是一种微量排放指标。

④PM：颗粒物和烟尘，大部分来自于液体燃料的不完全燃烧过程或者高富燃的燃料-空气混合物，微量可能产生于含杂质的气体燃料和采用选择性催化还原 SCR 控制的工况，或者从入口进气带入。

⑤SO_2：二氧化硫，来自于液体燃料（为 0.2%~0.5%）或天然气（$(4\sim6)\times10^{-6}$）中含有的硫，可能有硫醇气味。

⑥NH_3：在选择性催化反应系统中利用 NH_3 来进行后端 NO_x 还原。

通过提高燃烧温度和空气压缩比来提高功率和热效率以降低 NO_x（不是指温室气体 N_2O）的排放已成为一种趋势。正如在 2.2 节和 2.4 节所述，NO_x 是由空气中所含有的大量氮在高温（1800~2000K）下氧化产生的，而吸气式发动机为保证足够功率则必须吸入空气。还有一些 NO_x 是由蒸馏油等液体燃料产生的，这些燃料具有较高的局部火焰温度，并且夹带有一些氮化合物。因此，针对特定的燃料，燃烧系统必须优化设计其燃烧温度（即最大限度地提

高其 CO_2 排放量），以尽量减少这些空气污染物和杂质。

在燃烧室大多工作范围内，随着 NO_x 排放量的下降，CO 排放量将上升。这是开发低排放燃烧系统以实现全功率运行、高可靠性、温室气体低排放和良好热效率的难题之一。干式低 NO_x（DLN）排放燃烧系统可以很容易将 NO_x 排放从 $3 \sim 4 kg/MW \cdot hr$（$(150 \sim 300) \times 10^{-6}$）降低到约 $0.5 kg/MW \cdot hr$（$(20 \sim 30) \times 10^{-6}$），而且大型燃气涡轮发动机能够减排更多。采用 DLN 燃烧和高效设备可以比现有采用煤或石油的蒸汽系统减少 90%~95% 的空气污染（图 2.7）。需要指出的是，这类具有干式低 NO_x 燃烧技术的现代高效设备几乎不会引起严重的空气污染问题。

由于现实中需要对燃烧与系统设计之间进行"权衡"考虑，因而很难同时对空气中的有毒物质、标准空气污染物和温室气体进行严格、超低标准的限制。当要求 NO_x 排放水平非常低时，可能会导致空气中有毒物质的增加，以及工厂规模增大、效率降低。一个常见的问题是，在全负荷或者部分负荷 DLN 燃烧中，是否需要将 CO 排放量控制到与 NO_x 相当的浓度水平。工业烟囱中排出的 CO 通常不及 NO_x 排放严重，如果要求在短期偏离设计条件下来大大降低 CO 排放水平，这会极大地影响 DLN 燃烧室的整体设计及其运行可靠性（Klein，1999）。

与前面列出的产生空气污染物的能源系统完全相同，有用的能源是通过将碳转化为 CO_2 而产生的。CO_2 是最常见的温室气体，虽然通常不被视为污染物，但它对气候变化有着严重的环境影响。在评估诸如燃料燃烧选择等问题时，将 NO_x、SO_2、CO_2、CH_4、Hg、NH_3 和颗粒物的减排一并考虑可能更为合适，因为它们同时发生在同一个给定的系统中，相互关联密切。在一个没有 CO_2 的系统中，是不可能产生空气污染的。

CO_2 排放率由燃料的碳含量和系统的总效率决定。在高效设备中采用含氢量高的燃料，如天然气和合成气，是热能系统减少温室气体排放的最佳途径。利用本节稍后列出的原因，在给定总放热率或效率（单位为 $GJ/MW \cdot hr$）条件下，就可以很容易地估算和比较各种化石燃料电厂的 CO_2 排放率。热电联产系统的放热率最高，在 $4 \sim 6 GJ/MW \cdot hr$ 范围。将典型的 CO_2 因子（单位为 kg/GJ）乘以净放热率（单位为 $GJ/MW \cdot hr$），就得到系统的 CO_2 排放率（单位为 $kg/(GW \cdot h)$），如图 4.2 所示。

由于氢含量高，天然气综合系统的 CO_2 排放率可达 $220 \sim 360 kg/MW \cdot hr$。这意味着对比目前的煤炭技术，温室气体的净排放量减少了 60%~80%，其中 NO_x、SO_x 和 PM（N、S、颗粒物和 Hg）的排放量减少了 90%~95%。现场热电联产还具有重要的局部协同效益，如能源过程的可靠性、较少的电力传输损耗以及吸收式制冷减少 CFC 等。

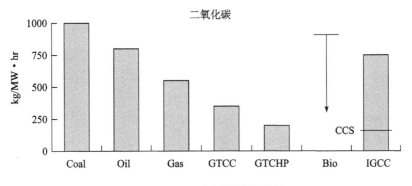

图 4.2 不同类型发电厂的 CO_2 排放量比较

从图 2.7 中还可以看出,当在一体化煤气化联合循环(IGCC)中采用碳捕获技术时,废弃木材能量和固态燃料气化都具有非常低的 CO_2 排放水平,以及很低的空气污染物排放。尽管碳捕获技术可能成为一种普遍的 CO_2 管理方法,但增加使用热电联产系统,可能是一个总体上更具成本效益的高效防污染的概念。采用灵活多样的燃料、固体材料转化为合成气和 H_2 燃料,采用 CO_2 捕获技术以及费托法从煤中制液体燃料,将在能源安全应用中发挥重要作用,并使北美、亚洲和欧洲的经济和环境受益。

CH_4 排放也是天然气行业中产生的重要温室气体,根据所影响时间的尺度假设,其全球变暖潜在威胁约是 CO_2 的 21 倍。可用于减少从燃气涡轮压缩机站泄漏和 CH_4 排出的措施包括压缩机干气密封、CH_4 监测调查、气体输送装置以及采用可靠的不会爆裂的压缩机站管道。废热回收设备以及可靠的燃气涡轮和管道系统是上述策略的重要组成部分。N_2O 是一种较次要的微量气体(全球变暖潜能(GWP)= 310),通常是低温燃烧或者催化化学反应的产物。特别要注意的是,N_2O 也是一种温室气体,但它与形成烟雾的 NO_x 属于不同的排放类型,这在某些文献和法规中有时会被混淆。

4.3 一般性政策考虑

能源和燃料的选择可能不得不更多地考虑其总排放特征,及其对水质、环境（如噪声和能见度等）的影响。排放权交易计划、法律计划、出版物和书籍中往往将上述这些问题的可能解决方案描述成单独的概念。

长期以来，国际上一直有关于燃气涡轮能源设备安装的政策和法规，主要基于直接的 NO_x 和 CO 排放。可以限制某个特定部件的最低 NO_x 和 CO 排放率，或者对整个工厂给定一个总排放限制。对于后一种情况，需要综合考虑燃料选择、温室气体（GHG）总排放以及系统设计效率等方面，在警戒线内优化整个电厂配置。通过制定明确且全面的多种污染物、基于产出的排放政策，可以提供一个案例来完整解决包括燃气涡轮在内的诸多燃烧系统的上述问题。至于那些采纳了排放法规的环境评估，可以选择调查这些目标之间的联系，从而为国家政策的建立提供依据。

"清洁能源"一词的关键要素主要涉及 4 个宽泛的专题，即人类健康、气候变化、能源安全/可靠性以及其他环境问题（如对土地利用和水的影响）。排放预防是影响人们做出高成本效益选择的一个长期关键因素，通常比采用后端控制来清除现有排放物的方法更为有效。技术和政策法规都可以增强上述排放预防的机会，尤其是当存在一个明确而且平衡考虑了各方因素的办法，从而可达成总体目标时，这些总体目标也包括能源可靠性和安全性因素（美国环保署，2006）。

4.4 制定排放准则和标准

大多数国际能源与环境报告显示，各类基于燃气涡轮的设备，无论是采用天然气还是采用煤和石油焦化的合成气体燃料，都可以实现非常可观的温室气体减排、提高能源安全和降低空气污染（IEA，2009）。而往往更高压力比的更高效的部件则很难达到特别低的 NO_x 和 CO 排放浓度标准，尤其是在瞬态和循环工作条件下。本书的目的是研究空气排放规律，探寻是否存在一个不同以往的、更为平衡的排放标准，能够增强发动机可靠性，提高系统效率，加大排放防治效率，从而使清洁能源设备实现更广泛应用。

空气污染测量是在体积浓度基础上进行的，利用连续或周期性采样设备获取样本，并以各组分体积含量的百万分之几（ppmv 或 ppm）的形式表示。因此，相关法规通常规定了污染组分的 ppm 取值范围，在某些情况下可能给出的是重量/体积分数，如 mg/m^3，如表 4.1 所列。这可能是因为健康问题通常与环境浓度或者受体排放有关。有时，相关法规也可能规定的是每单位热输入产生的污染物质量，如 1lbs/MMBTU（1lbs/MMBTU = 4.3×10^{-10} kg/J）、g/GJ 或 ng/J。

表 4.1 各种排放的标准

2005 年国际排放标准举例（气体燃料，适用于大于 10MWe 的燃气涡轮发动机部件）	
美国	$(2\sim42)\times10^{-6}$
英国	$60mg/m^3$
德国	$75mg/m^3$
法国	$50mg/m^3$
日本	$(15\sim75)\times10^{-6}$
加拿大	$140g/GJ_{out}$ *
欧盟	$50\sim75mg/m^3$ *
世界银行	$125mg/m^3$
澳大利亚	$70mg/m^3$

注：* —鼓励使用热电联产设施

根据所测尾气中燃料和氧的含量，可以将 NO_x 排放标准从一种形式转换为另一种形式。燃气涡轮烟道处的排放浓度通常可修正为 15% 的 O_2，但由于发动机效率的不同，测得的 O_2 水平可能稍有不同（13%~16%）。尽管可以通过定义标准氧含量来限制过量空气，但一些基于燃烧源的浓度和环境浓度的规则鼓励使用空气流或提高烟囱高度来稀释排放物。通常，可以通过将一个"x"ppm 的排放率乘以 2 来估算其 mg/m^3 排放率（即 25×10^{-6} 约等于 $50mg/m^3$）。如果要转换成以燃料为基准的标准，则需要更多的燃料和空气流信息。

虽然采用基于浓度的方法比较简单，但会导致人们对排放产生误解，认为其只与燃烧源、发动机和排气烟道有关，而不会认识到实际整个能源发电厂都应该寻求得到环境的许可。根据这些标准，环境对于节能的作用很小，因为没有直接考虑发电厂的产出和系统效率。由于寄生功率损耗（parasitic power losses）常被忽略，而且通常在分析中并不考虑电厂的效率目标，所以一般也鼓励采用后端控制。节能显然能预防污染，因此余热回收和热电联产（CHP）可以被明确认定为一种排放预防技术。

有人可能会问，为什么燃气涡轮的设计和规范采用基于 NO_x 浓度的标准，而往复式发动机与汽车使用基于输出的标准，如 $g/(kW \cdot h)$ 或 g/mile。航空部门对特定着陆和起飞周期内的飞机采用"每 1000kg 推力中有 $1kgNO_x$"的标准，这是一种实际系统的计算方法。从当前的气候变化风险和清洁能源形势来看，可能需要采用一种全新的方式，来重新考虑能源系统和排放预防，以及对其烟道和过程排放物（以及尾气携带能量）的收集、捕获和利用。传统的排放标准和评估方法不考虑 CO_2 排放，正如 2.4 节和 4.6 节所述，它是放热过程的必然产物。需要权衡和折中许多方面，包括对水的影响、能源效率和噪声问题，它们可能导致综合解决方案或与其他目标不一致。

一个以能量输出为基础的标准，如 kg/(MW·h)，使电厂设计师和运营者能够利用所有可获得的系统效率，减少燃料消耗和寄生损失，或者通过增加输出来抵消其他的排放（Bird 等，2002）。基于输出的标准一般允许以下几方面措施。

①如果燃烧室的机械设计不是受到含量的约束，而是与功率、燃料消耗率和质量流量有关，那么在部分负荷或者环境条件改变时，发动机工作将更加稳定、可靠。

②掌握发动机比功率（单位为 kW/空气质量），以及热压缩空气如何在发动机中发挥效力。

③可以避免低效的排放控制措施，如增大稀释度、压缩机排气以及其他的燃料/空气管理措施。如果通过降低功率设置能减少实际的 NO_x 产量，就不必再采用上述这些技术了。

④如果将基于输出的排放标准应用到整个发电厂而不是单个部件，则系统设计将变得更为灵活和可靠，设计师可以对整个电厂的功效率和热效率进行优化，同时最大限度地减少电厂的总排放。这一点对于热电联产系统尤其具有吸引力。

⑤在进行排放权交易时，以有形的单位计量，比如"每兆瓦时能量输出多少千克污染物质"，有助于弄清和比较各种非技术性的利益相关者对于环境的真实影响。

⑥协助推动工业废热回收、废热发电，以及朝着实现 80%~90% 的能量系统效率形成区域能源为核心的能源和环境解决方案（美国能源部能量效率与可再生能源办公室，2009）。

4.5 针对燃气涡轮空气污染的国际排放规则

对于燃气涡轮排放国际政策的总体调查显示，对比在过去 50 年中对于空气污染的处理，以及自 1992 年里约会议以来关于气候变化和温室气体减排目标的处理，它们在方法上既有相似性又略有差异。

4.5.1 美国

美国早期能源和环境政策以 1977 年的《清洁空气法修正案》和 1978 年的

《工业燃料使用法》为中心。后者提出时正值两次国际石油危机期间,因而它不鼓励使用昂贵的天然气来发电。燃气涡轮的首个《新资源性能标准(NSPS)》于1979年发布。关注的首要污染物只是NO_x,NSPS未对CO或UHC排放制定规范,因为在基础负荷条件下这两者的排放水平非常低。NSPS中有一条著名的条款,即采用热率修正以鼓励高效率燃气涡轮的设计与运行。此时,针对各种污染物的区域性标准采用的是所谓的"达标区"和"非达标区"标准,这就导致了后续《污染显著恶化(PSD)预防计划》的出台。

最佳可行技术(BAT)和最佳可用控制技术(BACT)的评估和排放标准由国家法规、新资源审查和PSD确定。1987年,美国环保局制订了一个用于确定BACT的"自顶而下"的方法,成为缩减许可的燃气涡轮NO_x排放水平的一项要求,它要求的排放水平远低于现有NSPS的水平(经过放热率修正,气体为75×10^{-6})。采用蒸汽/水注入技术,其好处是可降低NO_x含量,但大量蒸汽或水带来的CO排放又成为另一个关注焦点。之后出现的在某些大型燃气涡轮部件中使用的干式低NO_x燃烧技术是一大进步,它与另一种内插选择催化反应(SCR)排放控制技术都可以实现非常低的NO_x排放,而无需加注蒸汽或水。

1990年的《清洁空气法修正案》增加了新的排放控制条目,不仅仅针对NO_x排放,而且对某些臭氧非达标地区的CO和挥发性有机物排放进行了规范。在某些情况下,在加利福尼亚和美国东北部臭氧运输区域等非达标区域,关于NO_x和CO的最低可实现排放率(LAER)的规定已经成为该地区州监管实践的主导。在有州实施计划的公用事业部门,NO_x和SO_2排放交易和补偿系统也发挥了作用。随着最大可用控制技术(MACT)政策的实施(Schorr,1999),有害污染物也成为一个关注焦点。

关于这些排放标准是否适用于新的燃气涡轮发电厂存在很多争论,部分原因在于美国的最佳可用控制技术(BACT)政策,该政策朝着超低NO_x排放水平方向发展,而没有考虑温室气体和整个系统的效率。美国EPA和州监管机构通常使用基于浓度的标准(15%氧浓度中含有的百万分之一体积的(ppmv)排放组分),并加上州内每日、每月或每年的排放上限和排放补偿规定。BACT政策包括蒸汽/水加注、干式低NO_x燃烧技术和内插选择催化反应后端排放控制。当LAER在某些地区占主导地位时,往往需要采用这些带有DLN和SCR的超低NO_x控制解决方案,同时还要对NH_3的逸泄排放进行限制。在过去20年里,超过250000MW的独立燃气涡轮、组合循环机组以及热电联产设施被安装,年负荷系数、系统效率和NO_x控制可低至2ppmv。大多数燃气管路的涡轮发动机已经被限定在$(15 \sim 42) \times 10^{-6}$范围内,具体数据取决于各州的规定。

与此同时,几十年来,美国科学院、美国国家航空航天局、美国EPA和其他组织一直在研究气候变化状况和大气中 CO_2 的含量。虽然具体的关于气候变化和温室气体的争论最近几年才出现,但美国的几个地区在过去几年中已经公开批准了几种温室气体限制、总量监管和交易计划,或者碳定价机制。当前对于国家能源效率的关注度呈持续上升趋势,与此同时,能源安全和外交政策(美国国家科学院,2009;美国国务院,2010)也是非常重要的课题。

在 2000 年,美国 EPA 发出了关于征集组合循环涡轮机 NO_x 控制的 BACT 选择的意见要求。随后,经过多年的磋商,美国 EPA 在 2006 年 7 月发布了一项新的国家 NSPS 法规,该规范适用于管道压缩机、公用组合循环和工业废热发电厂的燃气涡轮排放(图 4.3,美国 EPA,2006,KKKK 分部)。关键要素包括以下几个。

①新法规还将在某些较高的 NO_x 水平下,选择使用 ppm 标准或者新的基于输出的 lb/MWh 标准,以鼓励提高能源系统效率。

②管道上超过 10MW 的大型机械驱动的燃气涡轮发动机将只能满足 100×10^{-6} 的 NO_x 或者 5.5lb/MWh,而那些排放为 150×10^{-6} 或者为 8.7lb/MWh 的小型机组和北极应用则基本上不受控制。

③对于小型装置和煤气化系统,根据 EPA 第 Dd 子部分煤炭系统排放法进行了豁免(美国 EPA 40 CFR Part 60)。

④新规则不仅使用连续测量,还允许采用灵活多样的检测方法来对那些用于预测排放监控的重要参数进行测量。

⑤燃气发电厂采用有毒的 NH_3 来进行 SCR 控制的方法受到质疑,因为其存在健康和安全威胁。

燃气轮机机组尺寸,热输入		ppm	lb/(MW·h)
< 50MMBTU/h			
	(电力,3.5MWe)	42	2.3
	(机械动力,3.5MWe)	100	5.5
50~850MMBTU/h	(3.5~100MW)	25	0.55
大于850MMBTU/h	(>110MW)	15	0.43
位于北极内的机组,海上			
<30MW		150	8.7
>30MW		96	4.7
(新机组,天然气燃料)		(EPA OAR 2004-0490)	

图 4.3 摘录自美国环保局关于燃气涡轮机的新法规(KKKK 分部,2006)

虽然自20世纪80年代开始美国就开展了相关的研究，但温室气体减排对于美国监管系统来说依然是一个相对较新的话题。根据美国气候变化和温室气体排放政策的发展历程，有许多相关规定还不能完全纳入州和区域的评估政策。然而它们确实为燃气涡轮的国家监管理念带来了显著的变化，即应用相对清洁的能源。美国EPA的这项新法规适用于2005年之后建成的发电机组，但在各州和地方的实施可能会受到法律挑战的阻碍，因为它存在降低NO_x许可水平的缺陷，因此还需要建立一套更加平衡的可持续发展能源系统。

美国的温室气体排放量在1990年为6100Mt，而到2010年几乎达到了7000Mt，其中80%是CO_2，其中超过25%的CO_2来自煤碳发电行业。尽管围绕能源效率（即能源之星）、天然气动力改建、建立IGCC示范电站、降低车辆燃料消耗等方面很多国家已经制订了计划，但是更全面的清洁能源和能源安全议案才刚开始提呈美国国会审议（EIA，2010）。

4.5.2 加拿大

加拿大环境部长理事会（CCME烟雾管理计划的一部分）于1992年公布了加拿大固定式燃气涡轮装置的排放法规，其目的是提高系统效率和采用合理的污染防治技术，最终实现NO_x的大幅减排。通常认为，提高能源效率对于尽量减排CO_2很重要，同样重要的还有系统的工作可靠性和成本效益。

在1991年经过全国协商，提出了一套以能量输出为基础的指南，并将NO_x水平与整体的电厂效率直接关联。这被认为是燃气涡轮领域的第一个法规标准，是有助于建立污染预防、改进燃烧和提高整个系统热电联产效率的最佳可用技术。该指南以功率和热的能量输出为基础，将NO_x排放水平表示为每10^{10}J能量输出的克数（即g/GJ_{out}）。该指南允许那些效率更高的发动机和系统排气中含有更高ppm的NO_x浓度，以便利用热回收补偿形式促进系统效率的持续提高（图4.4）。

对于液体和气体燃料，该指南是对每个选定尺寸类别、在一定效率下建立的对应额度指标。对于功率大于20MW的大型设备，**功率输出补偿**为140g/GJ_{out}，是指排放的NO_x质量与功率输出的千兆焦数的比值（3.6GJ=MW·h输出）。对于采用天然气的大型设备来说，该补偿条件要求其作为单循环满负荷工作时的NO_x排放上限为27~33ppmv，作为组合循环电厂应用时的满负荷NO_x排放上限为37~42ppmv。为了鼓励热电联产应用，允许通过实现40g/GJ的热回收补偿来获得更高的排放水平。功率在3~20MW范围的机组其额度指标要高出约70%（240g/GJ）。对于超大燃气涡轮设备的下限附加条款目前正在考虑中。这些基于产出的标准可以很方便地将吨位产率更简单地转换为经济和成本效益数据，以及用于排放交易用途（CCME，1992）。

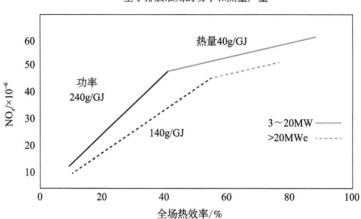

图 4.4 适用于地面固定燃气涡轮的国家排放指南（CCME, 1992）

制定该指南的目的是促进燃气涡轮的高效应用，同时提供一个合理可行的低 NO_x 和 CO 排放水平。一般认为，没有必要建立一个全国性的超低 NO_x 排放标准，这将需要进行 SCR 后端清理并且还存在诸多随之而来的困难。将 CO 限制在 $50×10^{-6}$ 是为了确保良好的燃烧和可靠的运行。需要对新发电厂测量其 NO_x 排放量和其他污染物，以记录其相对于排放目标的性能，测量方法可以是进行连续排放检测或是采用效能比较方法，比如蒸汽/注水流速测量法或针对特定发动机基于某种经验数据可建立预测功能的排放检测系统（Klein, 1999）。

在气候变化问题上，自 1990 年以来加拿大的温室气体排放量增加了 25%，到 2008 年达到了年均 750Mt 的水平。为确保温室气体减排和综合环境测量与美国相关政策一致，联邦政府承诺到 2020 年实现温室气体减排 17%。承诺包括燃料转换为可再生能源和低碳能源、提高工业和商业能源效率、发展碳捕获和储存技术，以及提高运输效率等。大量燃煤发电机组被关闭或者用作备用，新近安装的 15000MW 燃气轮机系统可实现年均约 30Mt 的温室气体减排，到 2010 年将年温室气体排放量降至 700Mt 级（以及每年约 $20×10^4 t$ 的空气污染减少量）。

4.5.3 欧盟立法委员会

自 20 世纪 70 年代中期以来，欧洲国家已经制定了几套空气监管政策。自 1996 年开始，各个欧盟国家对各种综合考虑多种空气污染问题（只考虑了酸性气体、有毒气体、水和土壤质量）的不同政策进行了讨论，形成了《综合污染预防和控制指令》（IPPC）。《大型燃烧设备指令》（LCPD）于2001年正式生效，2005年修订后的LCPD指令有一些改进，2007年它与其他几个指令合并为一个文件，其中还包括用于大气污染物的强化"BAT参考"的文件（即BREF）。然而，工业界和政府仍在就欧洲各国的各种评估策略进行大量辩论，以及争议这些评估在具体应用于温室气体、系统效率、碳捕获和气化解决方案时，到底应该做到哪种程度。对于工业排放新指令的进一步修改目前正提交欧洲委员会审查（IPPC，2008）。

大多数欧盟国家仍然有各自的燃气涡轮排放政策，如表4.2所列。欧洲传统上习惯采用基于浓度的标准（每立方米多少毫克）或基于燃料输入的水平（克/每输入GJ燃料）。值得注意的是，尺寸范围则通常采用MW热输入的形式表示。此前，各国对于管道设备的排放许可范围大约在$100\sim200mg/m^3$。

表4.2 欧洲国家燃气涡轮空气污染排放标准（2005）

国家	大小范围	NO_x (mg/Nm^3) 气体燃料	NO_x (mg/Nm^3) 液体燃料	CO (mg/Nm^3) 气体燃料	CO (mg/Nm^3) 液体燃料
澳大利亚	<50MWth	150	200	100	100
	>50MWth	150	200	100	100
比利时	<100MWth	350	350	100	100
	>100MWth	300	300	100	100
芬兰	150~300MWth		176	没有限制	
	>50MWth	70	70	没有限制	
法国	2~20MWth	150	200	100	100
	20~100MWth	100	150	100	100
德国	<100MWe	150	200	100	100
	>100MWe	100	150	100	100
意大利	<8MWth	150	100	100	100
	8~15MWth	100		80	100
荷兰	15~50MWth	80		60	100
	>50MWth	60		50	100
西班牙	所有尺寸	618	618	680	680
瑞典	<500MWth	35		没有限制	
	>500MWth	58		没有限制	
英国	<50MWth	105	140	100	
	>50MWth	60	125	100	

注：改编自L. Witherspoon的《太阳能涡轮机》（个人通信，2005年5月）

LCPD 收紧了大型燃烧电厂的最低排放限值，并对 20~50MW 热输入的燃烧电厂规定了安装环境检查、许可证发放以及执行情况报告的最低条款。如果以《大型燃烧设备 2007 指令》为规范，则任何燃料的限额都应以超过 50MW 热输入量的电厂（15~20MW 输出）为基础。这样就可以对大多数工业电厂的 SO_2、NO_x 和 PM 排放设定限额，并将现有设备和新设施的交易补偿许可权与 20MWth 以上发电厂的排放交易结合起来。

对于任一个燃气电厂，NO_x 排放量设置在 $50mg/m^3$ 的水平，或约 25×10^{-6}。对于天然气管道压缩机和热电联产设施，NO_x 排放限值为 $75mg/m^3$（37×10^{-6}）。

天然气燃料：

①$50mg/m^3$（简单设备）或 $75mg/m^3$（热电联产效率达 75%时）；

②联合循环：（50/35）×效率；

③机械传动装置：$75mg/m^3$。

液体和其他气体燃料：$120mg/m^3$。

热电联产效率补偿是一种渐进的激励措施，它通过稍微增大 NO_x 排放量来平衡较低的系统 CO_2 排放率。2004 年，欧盟发布了一项热电联产指令（欧联，2004），并于 2011 年推出了一项新提议的能效指令（COM 2011 0370）。

4.5.4 欧洲温室气体政策

当前，在许多国家需要同时缴纳空气污染物和温室气体排放税的情况下，关于欧盟成员国要如何在其许可权中采纳 BREF 指南以及欧盟温室气体排放交易和提议的 NO_x/SO_2 排放交易系统将如何纳入国家政策的话题一直在讨论中。对这些相关的环境问题进行综合权衡可以提供这样一个机会，即制定出更为明晰的清洁能源和能源安全规范，同时尽可能简单地实现各种平衡。对于像欧盟 15 国和欧盟 27 国这种具有特殊的经济或环境特点的国家，其排放政策仍然存在一些灵活性。

欧盟的 CO_2 排放交易计划（ETS）将涉及各电力和工业领域约 12000 个碳密集型设施，来购买和出售欧盟温室气体排放总量约 40%的排放许可权。该计划始于 2005 年，是整个《京都议定书》承诺的国家分配计划的一部分，并将力争到 2020 年实现欧洲的温室气体排放量总体上减少约 30%。其他政策将包括 CO_2 的货币估值、补偿权拍卖、碳捕获和储存设施的信贷等。对 CCS 的研究将来自于"零排放化石燃料技术平台（2007）"和"新 CCS 指令（2009）"，它们得到了欧洲涡轮网（ETN）的支持。个别欧洲国家也在结合

ETS 系统开发他们自己的温室气体排放计划,下面对其中一些计划进行了概述(联合国气候变化框架公约(UNFCC),附件 1 国家,2010)。

4.5.4.1 英国

近年来,英国实现了温室气体排放量的大幅减少,其 CO_2 排放量从 1990 年的年均约 780Mt 下降到 2009 年的年均约 570Mt,减少了近 26%。这主要是由于该国将煤基发电转换为采用天然气和可再生能源发电,以及从某种程度来说最近几年来经济活动的收缩所致。该国还设立了温室气体减排的中期目标,即到 2020 年实现减排 34%,到 2050 年减排 80%。该国在 2008 年通过了《气候变化法案》,成为世界上第一个制定具体低碳政策的国家。

4.5.4.2 瑞典

瑞典和其他斯堪的纳维亚(北欧)国家一样,很早就开始关注气候变化问题,该国从 20 世纪 80 年代开始处理温室气体减排,并于 1991 年制定了一个适度的碳税政策。在 2009 年气候法案中提出了能源效率和可再生能源政策,通过该政策的实施,到 2020 年实现 40% 的减排目标。根据该法案,某些以燃料为基础的能源系统需要被同时征收碳和空气污染税。该国同时也制定了专门的政策来激励风力发电、热电联产以及那些使用生物质燃料和适量天然气的区域性能源。

4.5.4.3 德国

虽然德国一直以来都严重依赖燃煤发电,但它也一直是温室气体和空气污染减排政策的领导者。温室气体排放量已从 1200t/年减少到略低于 1000t/年。根据其综合能源和气候项目,近期目标是到 2020 年实现温室气体减排 20%,其 30% 的减排目标即年均 270Mt 的减排量目前仍在讨论中。通过引入碳捕获技术、热电联产以及其他更清洁电力资源,该国拟实现 2020 年热能系统年均减排 100Mt 的目标,这些热能系统中也包括燃气涡轮发动机系统。德国在 2006 年取消了用于发电的天然气系统的征税。

4.5.4.4 法国

法国的排放政策主要是基于 2004 年的气候计划以及 2007 年和 2010 年的格雷内尔环境论坛而建立。由于对核能和水力发电的高度依赖,法国能源相关的排放量是相当低的,约占全国总排放量年均 530Mt 的 13%,比 1990 年的排放水平略有下降。除了与交通运输、核能效率和可再生能源有关的各种政策外,目前还提出了一个碳税政策正在讨论中。

4.5.4.5 意大利

意大利的"白色证书"系统是一个跨部门的倡议,旨在促进所有能源终端使用部门在 2020 年之前提高能源效率,包括使用热电联产和一些联合循环机组。"绿色证书"系统则旨在吸引更多的可再生能源,以减少温室气体排放。近年来,该国的温室气体排放略有增加,从1990年的年均516Mt上升到了目前的年均约550Mt水平。

4.5.5 其他国家和地区

4.5.5.1 日本

尽管石油和天然气等大多数燃料都是进口的,但日本有多种能源选择,包括化石燃料、核能和一些水力发电。核电形势现在变得非常不确定。虽然该国一直有非常严格的空气污染法规,但其温室气体排放量已从1990年的1200Mt上升到2008年的近1400Mt。一些缓解政策目前正在讨论中,值得注意的是,第一座煤气化厂已于2010年在纳科索(Nakoso)建成。在燃气涡轮NO_x排放方面,其1992年的法规中要求在人口密集地区的排放限制约为$30×10^{-6}$,而在其他地区为$42×10^{-6}$。新的更严格的法规通常遵循美国的BACT政策,要求采用超低DLN设计或后端SCR系统。

4.5.5.2 澳大利亚

澳大利亚环境保护局的指导声明(2000年5月)论述了燃气涡轮NO_x的排放,并根据1985年制定的国家指南推荐使用DLN燃烧系统。功率超过10MW的燃气机组限制在$34×10^{-6}$,功率低于10MW的石油和天然气机组限制在$44×10^{-6}$。最近发布的《2002年环境保护作业(清洁空气)规范》,限制燃气机组和馏分油燃料机组的NO_x排放分别为$25×10^{-6}$和$45×10^{-6}$(西澳大利亚州,2000)。

4.5.5.3 世界银行集团

1998年,世界银行发布了包括燃气涡轮发电厂在内的各种热能系统的排放指南。该文件涵盖了设计和操作的各个方面,包括空气污染、温室气体排放和替代能源系统,以及其他固体、液体和噪声环境问题。《世界银行集团环境、健康和安全(EHS)指南》中的《污染预防和控制手册》包括了与燃烧过程相关的环境评估信息,以使设计的燃烧过程能够为电气、机械动力、蒸汽或热能应用提供超过50MW的总额定热输入能力。对于燃气涡轮机组,天然气和柴油的最大的NO_x排放水平分别设定为$125mg/Nm^3$和$165mg/Nm^3$(6号燃油是$300mg/Nm^3$)。

该文件指出,某些措施,如选择燃料和使用提高能源转换效率的措施,将减少各种包括CO_2在内的单位能量产出的空气污染物的排放(世界银行,1998)。对能量产出过程效率的优化取决于防止、减少和控制空气排放的可取措施，包括以下几点。

（1）选择采用最佳的发电技术以及通过选择合适的燃料来平衡环境效益和经济效益，也就是说，采用高能效的系统，比如，在燃气涡轮联合循环系统中使用天然气和燃油机组，而在燃煤机组中采用超临界、超超临界或者一体化煤气化联合循环（IGCC）技术。

（2）考虑使用热电联产（CHP或热电联产）设施。通过利用废热，热电联产设施可以达到70%~90%的热效率，而传统火电厂的热效率仅32%~45%。

2007年，世界银行国际金融公司更新了该政策，为工业部门发布了一个名为"环境、健康和安全（EHS）通用指南"的新文件。（世界银行国际金融公司，表1.1.2，2007）。表4.3中总结了燃气涡轮NO_x排放的新法规。

表4.3 环境空气排放

GT单位	应用	气态燃料/10^{-6}	液态燃料/10^{-6}
3~15MWth	电力	42	96
3~15MWth	机械动力	100	150
15~50MWth	所有	25	74
>50MWth	所有	25	74~146

注：数据来源于自世界银行国际金融组织2007年出台的新法规

4.6 环境评估——平衡综合环境和能源问题

环境评估通常以一种全面而平衡的方式，将所有与环境影响相关的问题都考虑在内，从而为各部门提供最佳的管理措施。各种目标之间的协同作用涉及污染预防、节能、长期规划的替代方案，以及系统效率等概念。能源项目设计和公共政策的诸方面需要在各种问题之间寻求平衡，这些问题中有时可能存在相互冲突的参数，如2.4.8节所述。减少空气污染、温室气体、有毒气体、对水的影响和噪声，对于当地和地区都很重要，因而需要在政策取舍间对能源的可靠性和安全性进行恰当评估（图4.5）。

本节旨在对这些设施做环境评估和生命周期分析过程所涉及的一些选择和权衡因素进行总结，包括以下问题。

（1）这些发电厂到底有多清洁，它们的基本问题是什么？与其他环境问题如温室气体、有毒物质和水的影响相比较，低NO_x排放有多重要？

（2）节能是否应成为环境监管策略中更为完整的组成部分？是否有必要将电厂效率和系统可靠性的考虑纳入到许可权法规中——废热利用可以与可再

生能源一样处理吗？

（3）基于后端控制的超低 NO_x 浓度减排方法能否优先于更全面的污染预防方法？

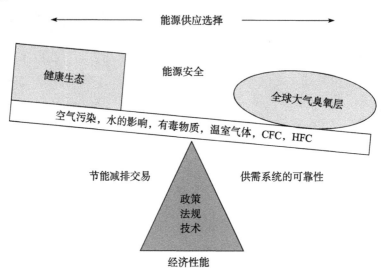

图 4.5 几个重要目标之间的平衡

许多考虑温室气体减排和保障能源安全的环境问题解决方案都是从经济意义出发，而不论其对于人为气候变化是否具有某种程度的改良——曾经称这类方案为"无悔"措施。不同环境评估考虑的最佳可用技术将有很大的不同，这取决于目标和需要缓解的环境问题，以及在何种程度上预防和保护是鼓励的而不会受到控制和削弱。关于这些话题的讨论可以提高对清洁能源构成的清晰认识，图 4.6 中概述了其中某些方面的内容。

什么是更清洁的能源选择？

降低空气污染、温室气体排放、有毒气体和对水的影响。
- 充分节能和高效。
- 小型可再生能源，生物质燃料。
- 高效天然气系统（GTCHP，GTCC）。
- 大型水电和核电设施。
- 煤炭与石油气化系统，钨/碳捕获。
- 废物能源和材料回收。

图 4.6 各种类型的清洁能源方案

基于系统的方法可使看似复杂的工业和社会能源基础设施、交通、水和废物管理系统整合在一起。在"自然的一步"和"自然资本"方法中反映出来的工业生态学原理认为，所有这些系统是相互关联的，通过某些行为可能会获得成本效益的协同解决方案。这将优化内部能源和材料流动，以更大程度地减少天然气的进口，节约用水，减少废物并支持 CO_2 回收（图2.9）。在多联产中，过程可能会被强化并与循环蒸汽流耦合，而能量质量可以作为一个综合系统进行评估。所有的损失都可以被测量、循环使用或者在可能的情况下使用温度和压力恢复作为能量输入。

4.7 生命周期分析——考虑燃料的完整循环

对能源项目如电力、天然气生产、油砂、气化和热电联产系统的环境评估（EA），应该能够在综合考虑整个燃料周期的基础上，重点放在运行中对各种可选能源进行比较。虽然大多数空气污染都源于燃烧位置和排气烟道，但也有一个上游因素决定着能源技术和燃料的选择。空气污染物和温室气体排放产生于其能源或燃料的生产和传输，以及工厂运行过程。这通常被称为完整燃料周期分析，并经常与集成的资源规划、产品生命周期分析和外部因素分析一起，作为一种经济影响分析的工具：燃油输送；燃料生产；燃料加工；终端燃烧应用。

由于排放在整个循环过程中存在相互作用和制衡，有几个原因决定了环境评估人员必须了解空气污染和温室气体排放的完整燃料生命周期。以下几点与天然气工业有关。

①在温室气体排放问题变得受重视之前，人们普遍接受燃料中立性原则，因而是在燃料的源头针对个别燃料量身定制排放法规。随着排放上限和新的国际贸易机制的建立，燃料的选择和转换现在已成为减少温室气体排放的更突出的解决方案。

②煤和石油的燃烧源排放量非常高，因此，上游排放的额外贡献并不会在分析中造成很大偏差。然而，天然气和生物燃料设施的源排放要低得多，因此，上游的温室气体和健康排放可能对分析天然气的影响具有重要意义。

③大多数用于热电联产的新型天然气系统、区域能源，燃气涡轮动力系统、往复式发动机、燃料电池和混合动力系统，以及气化和油砂等能源选项，都将成为可持续解决方案的组成部分。这些行业的增长，采用了更为可持续的氢燃料，可以在考虑燃料生产和输送过程对 CH_4、NO_x 和 SO_2 的适度影响的同时实现平衡。

④CH_4是大气中增长最快的温室气体，它与天然气、页岩气、煤层气之间

的关系非常重要。将来海上和北极地区储存的大量天然气水合物也可能可用。必须避免将其排放到大气中,在对排放进行量化时也势必要将其考虑在内。

⑤以氢为基础的天然气燃料可补充从固体气化、燃料废弃物或垃圾填埋场捕获得到的其他气态燃料。当将所有的排放和影响结合起来考虑时,对宝贵的天然气的合理利用也可为其他氢气燃料的利用提供借鉴。

在过去20年中,对DLN燃烧的污染预防改进和对燃气涡轮余热的回收利用取得了极大的成功,可能是其他主要行业所无法比拟的。鉴于高排放能源的现有混合结构,生态系统可能无法感知发动机的一个 $(25\sim40)\times10^{-6}$ 的中级 NO_x 排放与那些被迫进一步限制到个位数级别的 $(2\sim9)\times10^{-6}$ 排放水平之间的差异。尤其是在DLN燃烧之后还要进行 NH_3 和选择性催化还原(SCR)后端控制的情况下,后者成本高且边缘效益低。有很多具有不同程度环境概况和效益的例子可以说明这一点。

①NO_x 和 CO_2 排放的增长"方向"往往相反。小型燃烧器可以在高效热电联产的应用中允许较高的 NO_x 水平,具有较高的热功率比和较低的温室气体剖面。

②后端控制(SCR)通常被证明不如污染防治措施更具有成本效益,因为它们往往会导致其他附带的对空气、水或安全的影响,还可能造成效率损失和增加温室气体。

③不可靠的DLN燃烧可能引起管道系统压折,导致出现故障停机和起动以及机站爆裂。

④对于气化产物,富氢燃料在高压燃烧时具有火焰传播速度大、自点火和回火等特性,通常采用 N_2 或蒸汽将其稀释,以减少 NO_x 的排放。因为这本身就是一个非常清洁和完整的煤合成气能源解决方案,因而不需要再提一个非常低的 NO_x 排放要求,而且这可能导致不可操作性和安全性问题,或者需要额外的后端SCR系统。

4.8 燃气涡轮能源系统的排放评价

许多年前,技术选择是根据每吨 NO_x 和/或PM排放的成本进行评估的。现如今,类似的选择完全是建立在每吨 CO_2 的成本上。经济可行性分析经常忽视了最佳清洁热能解决方案(如分布式热电联产电厂、燃气涡轮改造以及煤炭气化系统等)与中央煤电或新建的格林菲尔德(Greenfeld)联合循环发电相比的一些切实的长期效益。因此,要面临的一大挑战就是如何评估任何可能的制约因素,以确定集成解决方案在中长期环境绩效方面的价值。对于每吨排放物的总成本分析，需要考虑所有可能范围内的利益，使得从项目或设计的可选方案中能够明晰未来可能承受的财务风险。

对复杂的大型能源项目进行环境评估，需要具备明确且简单易用的标准，并利用所选方法的基本信息和相关污染物排放因子，对完整燃料循环周期内的排放进行评估。无论是在过去还是最近，尽管详细的假设条件和计算方法有所不同，关于此话题已经做了很多工作。然而，有许多结果都在±20%范围内，因而可以很容易地有效利用这些结果得到长期规划的合理近似。当无法获得详细的具体信息时，简单性和80/20规则在评估选择时非常重要。对于成本的保守估计远远比对有关问题的忽视（即认为它们的价值为零）要好得多。那些经过长期稳健的经济/财物分析的较高美元/MW成本系统的项目设计，需要考虑能源供应和多种环境因素，相应的好处包括以下内容。

①避开了更换老化设备、工业和商业锅炉的成本。
②预防了所有温室气体、有毒物质和CAC空气排放和冷却水影响。
③长输电线路及输电-配电（Transmission和Distribution，T&D）损失。
④氯氟烃（Chlorofluorocarbons，CFC）制冷机即将淘汰的成本。
⑤区域能量循环保证了能源安全性。
⑥两台或多台机组现场发电确保了过程的可靠性。

在不增加区域酸雨、烟雾和空气中有毒物质排放的同时减少冷却水使用量的情况下，货币量化对温室气体的影响这种做法很常见。清洁燃料的热电联产、可再生能源和废热发电对于上述所有方面的减排都有好处，部分资本和运营成本可以分摊到每一减排项目上，以展示多污染物的成本效益。以下是能源或环境选择的两个典型例子，其中就它们的单项减排价值与热电联产进行了比较，并根据总损失成本估算结果对SCR和DLN两种空气污染控制方法的优缺点进行了评估。

(1) 以热电联产代替单独能源生产。一个小型能源系统，比如一个1MWe、效率为70%的高效燃气热电联产电厂，其热电功率比约为1，可以为一栋建筑物或一个小型工业过程提供每年7000h的用电、加热和制冷（图4.7）。关于前期成本，热电联产可能需要额外花费20美元/(MW·h)或140000美元/年，但这可以减少或防止大量空气污染物的排放，将成本合理分配给各单项排放，即

①酸性气体（SO_2、NO_x、PM）：2000美元/t。
②温室气体：20美元/t。
③空气中有毒物和氯氟烃（CFC）防治：1000美元/kg。
④冷却水的影响：0.1美元/m^3。

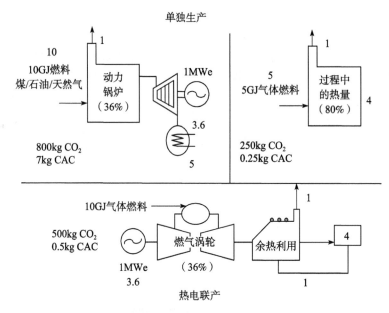

图 4.7 单独生产系统和热电联产系统所生成的热能和电力的比较

考虑一个简单案例，客户需要 1MWe 电能和 1MW 热能（约 4GJ）。如果采用能量单独生产方式，需要在锅炉中燃烧 10GJ 的混合燃料以使发电机组产生 3.6GJ 的电力，另外还需购买 5GJ 的天然气燃料来产生 4GJ 的蒸汽热，能量损失等于 7GJ。如果采用热电联产，则需要更多的资本成本和天然气燃料，但可少购买 1MWe 电力。在热电联产的情况下，空气污染和 CO_2 排放总量将分别减少 90% 和 50%，每天可减排 0.16tCAC 和 $13tCO_2$。

这些减排的日均总价值为 580（=320+260）美元（如果有排放交易或其他经济动机来推动实现节约）。如果年负荷系数为 80%，每年就可获利 170000 美元，这显著提高了热电联产系统的总"回报"值。此外，热电联产在避免使用 CFC 制冷以及过程和电网可靠性方面的评估可能也价值几千美元。因此，就净收入经济性对比而言，热电联产系统的回报价值远远高于单独购买电和天然气。问题的关键在于可少购买的那部分电力的性质或概况到底如何。

（2）干式低 NO_x 减排和选择性催化还原减排。在 DLN 燃气涡轮系统之后采用 SCR 系统进行额外的 NO_x 控制是一个常见的权衡考虑。当额外产生 NH_3、PM 和温室气体时，可根据氨基 SCR 系统带来的间接排放和安全性来判断略低的 NO_x 减排，图 4.8 给出了一个简单案列（一个 300MW 的联合循环，200MW·h/年）。如果所有的排放损害都可以一种简单的方式来衡量其对环境和健康的影响，就可以计算出总的环境成本，从而为设计评估和未来的财务风险评估提供参考。

在每一种情况下对各种污染物和温室气体进行总体计算,结果表明,选择"无 SCR 的 DLN"的环境影响成本更低。

排放估值:300 MWe GTCC电厂

2TW·h	有SCR系统 t/年	1000美元/年	没有SCR的DLN t/年	1000美元/年
NO_x	100	200	400	800
$NH_3·k$ ($5×10^{-6}$)	50	250	0	0
PM2.5	50	250	0	0
$N_2O×310$	10000	200	0	0
CO_2	727000	14540	720000	14400
		15440美元		15200美元

空气污染@2000美元/t或5000美元/t　　温室气体@20美元/t

图 4.8　DLN 燃烧和 SCR 控制的评估比较

这种综合分配方法可用于规划目的,但它对于"哪些排放是可以避免的"这个假设以及"要取代哪种混合能量"比较敏感。该方法允许利益相关者对任何可能包括在项目目标内的重要问题进行明确处理和权衡。将所有问题合在一起进行估值有助于为这些可选方案确定一个共同的标准,有时甚至不涉及每个问题的实际货币金额。

4.9　小　结

今天,现代燃气涡轮厂的设计取代了老化的煤炭和重油发电,意味着区域空气污染物总量显著减少了 90%～99%,CO_2 和冷却水排放也减少了。综合考虑节能和所有类型的可再生能源,使用清洁的氢燃料、热电联产和固体燃料气化燃料,以及考虑 CO_2 捕获和存储的燃气涡轮机行业,至少在未来 50 年内是一个合理的可持续解决方案。

对某些环境问题(如 NO_x)最佳可用技术的定义可能与其他环境问题的最佳做法并不一致。应用不同,其最佳做法和最佳可用技术可能不同。根据要达成的目标和要减轻的环境问题的不同,以及防治和保护方法受到鼓励的程度,而不是采用后端控制和稀释的程度,最佳做法和最佳可用技术可能会存在很大差异。各部门的系统特点和技术选择将决定在高效率燃气涡轮能源系统的压缩、燃烧、涡轮输出和热回收中,如何平衡低标准空气污染物、温室气体和有毒气体才是最优的。以下内容摘录自美国国家科学院(NAS):

市场需求在很大程度上指引了当前美国能源系统的发展。但迄今为止,实现可持续能源供应和使用所必需的变化被低估,如燃烧化石燃料的环境成本和对进口燃料的依赖。未来能源选择的决策需要借助技术方案评估,这些技术方案涉及科学、技术、经济、社会和政治等方面的诸多复杂考虑。关于美国能源前景的一个关键信息在于,采用一套现有的和新兴的技术有可能推动国家朝一个更安全、可持续的能源系统方向发展(美国国家科学院和国家工程院,2009)。

基于输出的新排放标准可以把系统效率考虑进去,使电厂设计者尽可能减少燃料消耗和寄生损失,或者通过增加输出来抵消其他排放。环境评估和工厂排放许可权分配,应该以对所有排放影响的预防和控制为基础,同时以实现系统效率、成本效益、能源安全、过程可靠性的持续提高,以及降低温室气体排放和最小化水消耗的影响为目标。

缩略语

BACT	最佳可用控制技术
BREF	BAT 参考文件
CO	一氧化碳
CFC	氯氟烃
CAC	空气污染物
CCS	碳捕获与储存
CCME	加拿大环境部长理事会
CHP	热电联产(系统)
DLN	干式低 NO_x
EIA	能源信息管理局(美国)
EPA	环保局(美国)
EU	欧盟
ETS	碳排放交易计划
ETN	欧洲涡轮机网络
EHS	环境、健康和安全
GJ	千兆焦,10 亿焦

GHG	温室气体
GT	燃气涡轮
GWP	全球变暖潜能
HRSG	热回收蒸汽发生器
HFC	氢氟碳化合物
IPCC	政府间气候变化专门委员会
LAER	最低可得排放率
MACT	最大可用控制技术
IGCC	一体化煤气化联合循环
LCPD	大型燃烧设备指令
IPPC	综合污染预防和控制
NASA	（美国）国家航空航天局
NO_x	氮氧化物
NSPS	新资源性能标准
NH_3	氨
ppm	百万分之一（$\times 10^{-6}$）
PM	颗粒物
SCR	选择催化反应
T&D	输电与配电
UHC	未燃碳氢化合物
UNECE	联合国欧洲经济委员会
UNFCC	联合国气候变化框架公约

参考文献

Bird, J., DePooter, K., and Klein, M. (2002). "Investigations into the Reporting of Gas Turbine Emissions." National Research Council of Canada, March.

Canadian Council of Ministers of Environment (CCME). (1992)."National Emission Guidelines for Stationary Combustion Turbines". Canadian Council of Ministers of Environment, CCME-EPC/AITG-49E, December (ccme.ca/assets/pdf/pn_1072).

Energy Information Association (EIA). (2010).EIA Annual Energy Outlook 2010. U.S. Energy Information Administration, DOE/EIA-0383(2010) April.

European Commission. (2006)."Integrated Pollution Prevention and Control Reference Document on Best Available Techniques for Large Combustion Plants." July.

European Parliament. (2001).Directive 2001/80/EC. The European Parliament and the Council of 23 October 2001, on the limitation of emissions of certain pollutants into the air from large combustion plants. (GT units, pgs. 21–23) OJ L 309, 27.11.2001.

European Turbine Network (ETN). (2010)."EU Emissions Policies across the Member States." September.

European Union (2004). Directive 2004/8/EC of the European Parliament and the Council of 11 February 21. Official Journal of the European Union.

IFC World Bank. (2007). "Environmental, Health, and Safety Guidelines General EHS Guidelines: Environmental Air Emissions and Ambient Air Quality" Section 1.0 Environmental, April 30. http://www.ifc.org/ifcext/sustainability.nsf/Content/EHSGuidelines.

Intergovernmental Panel on Climate Change (IPCC). (1992). "Climate Change 1992, Supplementary Report to the IPCC Scientific Assessment." Report prepared for IPCC by Working Group I.

(2008). The IPPC Directive, Summary of Directive 2008/1/EC concerning integrated pollution prevention and control www.ec.europa.eu/environment/air/pollutants/stationary/ippc/summary.htm.

International Energy Agency (IEA). (2009). Power Generation, chapter 6 in *World Energy Outlook 2009*.

Klein, M. "Environmental Benefits of High Efficiency, Low Emission Gas Turbine Facilities." Paper for CEA Conference, Toronto, April.

(1999). "The Need for Standards to Promote High Efficiency, Low Emission Gas Turbine Plants." ASME/IGTI Paper 99-GT-405, Indianapolis, June.

National Academy of Sciences and National Academy of Engineering. (2009). "America's Energy Future" – (sites.nationalacademies.org).

Office of Energy Efficiency and Renewable Energy (EERE). (2009)."Combined Heat and Power – A Vision for the Future." U.S. Department of Energy, August, pg. 18.

Schorr, M. et al. (1999). "Gas Turbine NO_x Emissions-Approaching Zero – Is it Worth the Price." GE Electric Power Systems, NY, Paper GER 4172.

Solar Turbines "Tool Box – Unit Converter." (http://mysolar.cat.com/cda/layout?m=43042&x=7).

UNECE. (1979). "The 1979 Convention on Long-Range Transboundary Air Pollution on Heavy Metals."

United Nations Framework Convention on Climate Change. (UNFCC). (2010). Annex I, National Communications, Annex 1 Countries, January 1. http://unfccc.int/national_reports/annex_I_natcom/submitted_natcom/items/4903.php.

U.S. Department of State. (2010). *U.S. Climate Action Report 2010*, U.S. Department of State, Global Publishing Services, Washington, DC, June.

U.S. EPA. (2006). U.S. EPA Clean Energy Environment Guide to Action, Section 5.3: Output-Based Environmental Regulations to Support Clean Energy Supply, April.

(2006). "Standards of Performance for Stationary Gas Turbines." U.S. EPA Code of Federal Regulations, 40 CFR Part 60, docket EPA OAR-2004–0490, pgs 38482–506, July.

40 CFR Part 60 – Subpart Da – Standards of Performance for Electric Utility Steam Generating Units.

Western Australia. (2000). Guidance for the Assessment of Environmental Factors Western Australia; Guidance Statement for Emissions of Oxides of Nitrogen from Gas Turbines, May.

The World Bank. (1998). Pollution Prevention and Abatement Handbook, WORLD BANK GROUP, Thermal Power: Guidelines for New Plants, July.

第 2 部分

基础与建模：生产与控制

第5章
颗粒物的形成

Meredith B. Colket III

5.1 引 言

5.1.1 定义——烟尘、积炭和含碳物排放

燃气涡轮发动机排气中的含碳物质学术上通常称为积炭排放物、非挥发性颗粒或烟尘,这些排放物通常由10~80nm的单个粒子组成,这些粒子可能聚合成更大尺寸的复杂分形链结构。图5.1显示了在80%功率下运行的燃烧室在不同放大倍数下的一系列由透射电子显微镜分析得到的显微照片。

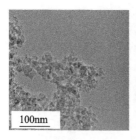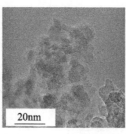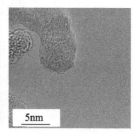

图5.1 飞机发动机排放物中积炭颗粒在不同放大倍数下的显微照片(Anderson等,2011)

尽管挥发性物质可能会凝结在积炭颗粒上,但这些碳质积炭颗粒应和挥发性颗粒区分开来(见第6章)。特别对于某些积炭颗粒可以作为稠合多环芳烃(PAH)的载体,具有致癌性。关于这部分的内容详见本书的第6章。最近的研究结果表明,这些积炭颗粒的形态可能会随着运行功率甚至燃料的成分而变化(Anderson等,2011)。

据粗略估计，飞机每年在全世界范围内向大气排放约 2500 万磅含碳颗粒物，而且（挥发性和含碳）颗粒物的总排放量较高。事实上，美国所有的颗粒物排放及其在周围环境中的具体含量都受到美国 EPA 针对当地环境颗粒物水平制定的新 PM2.5 标准的约束。由于飞机排放对环境颗粒物水平的影响可能越来越大，当地民众反对机场扩建的态度越来越强烈。历史上，只使用了根据经验制定的的烟度来管理商用和军用飞机的排放指标，但尚不够准确。在过去的 5~10 年里，这些经验信息不足以准确测定当地的排放水平。出于对环境中 PM2.5 微粒含量增加的担忧，NASA 开始资助各式各样的发动机颗粒排放物（Wey 等，2006、2007；Anderson 等，2011）的研究，以及对探针、取样管的效果和易挥发性颗粒的影响等研究。这些会在第 6 章详细讨论。

5.1.2 环境因素

由于近期研究表明，短期接触当地环境中的细颗粒物（PM）与急性不良健康反应存在相关性（Dockery 等，1993；Bachmann 等，1996；Wolff，1996；Kumfer 和 Kennedy，2009），所以人们开始逐渐关注环境中大气颗粒物 PM 带来的相关问题。这些研究带来了相当多的好处，比如美国 EPA 于 1997 年设定的把直径小于 2.5μm 的颗粒物（PM2.5）的含量纳入国家环境空气新的质量标准，也是基于这些研究的基础。不符合这一标准的地区已经制订了当地的实施方案（SIP）以控制大气颗粒物含量。这些方案包括限制飞机航班时刻表控制飞行路线来间接控制飞机排放物等。相比之下，欧洲 PM2.5 标准是由欧洲环境空气质量与清洁空气的新指标来定义的。指标中规定了 2015 年环境大气中每立方米的 PM2.5 的上限值为 25mg（Priemus 和 Schutte-Postma，2009）。

除了影响人体健康外，政府气候变化专门委员会（Penner 等，1999 年）提出含碳颗粒物还可能是影响气候变暖等环境问题的一个因素，这些颗粒物在大气中吸收太阳辐射并显著提高了北极区冰川的吸收特性。

5.1.3 管控方法——当前和未来

国际民航组织（ICAO）用第 3 章描述的一个标准着陆起飞周期（LTOC）制定了飞机的排放法规。最初的排放限制值是根据排放尾流的可见度制定的，并且和健康问题无任何定量关联。因此，商用飞机的烟尘排放是通过限制排放物中的最大烟度（SN）进行管控，根据烟尘的目视可见度，由经验值 0~100 来表示。在 20 世纪 70 年代积炭/烟尘排放限制值提出的时候，实际上很难找到其与影响人体健康和环境的关联。此外，对于颗粒物排放的控制以及与发动机其他要求的权衡，普遍缺乏了解。

对于给定的发动机，其最大允许的 SN 值取决于发动机排气出口直径大小（参见第 3 章）。它本质上是限制飞机可见排放物的一种控制标准，也就是在飞机处于最大积炭排量情况下，当从出口尾流上看时，眼睛几乎观察不到烟尘。一般来说，这种情况发生在飞机起飞阶段。为了限制可见烟尘排放量，大直径发动机必须满足较低 SN 限制值（小于 10），相对而言，小发动机和辅助动力单元（APU）限制值相对宽松（如大于 25）。因此从积炭/烟尘角度看，实质上大发动机每磅燃料的燃烧更加清洁。

由于采用上述方法管控烟尘排放，所以沿着尾流长度方向还是能够明显地看到积炭排放物。比如：20 世纪 50 年代遗留的军用发动机（如 B52 上的 TF-33）就是很有代表性的例子，它们会产生大量不可控的排放物（图 5.2）。

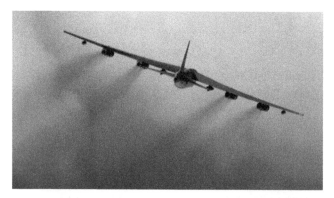

图 5.2　传统（大约 20 世纪 60 年代）起飞时不受控制的发动机沿排气长度方向的可见烟尘排放（图片来自 WilliamE. Harrison）

烟度（SN）是根据 SAE/ARP1179c 测得的，标准积炭评估试验是在排放气体的 Whatman#4 滤纸区域中取样约 $0.023 \mathrm{lbm/in}^2$，基于滤纸的污染程度来进行评估。报告中 SN 的范围为 0～100（图 5.3），这种测量方法的精度通常在 ±3 内。

这种诊断法提供的仅仅是积炭颗粒物的经验信息。因此，科学家开展了一系列与 SN 数据相关的研究来定量分析积炭排放，这些内容会在后续部分展开讨论。

技术问题必须和国际上关心的不同问题同步进行权衡和考虑。没有一种测量方法能够真正达到理想的精度，由于小颗粒在取样管壁面上会快速散布损失，从而减少了颗粒的数量和质量（Liscinsky 和 Hollick，2010），这将严重影响取样管的精度。与此同时，从目前实施的柴油机排放物标准（EURO 5 in 2009 和 EURO 6 for 2014）来看，美国倾向于以质量为基础的测量标准，而欧

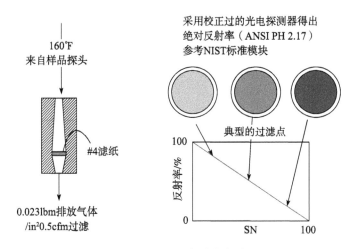

图 5.3 SAE/ARP 1179c 提出的烟尘测量方法

洲更关注以数量为基础的测量标准。以质量为基础的测量方法,当平均颗粒尺寸超过 30nm 时,因为在壁面损耗的颗粒尺寸越小质量也越小,所以该方法相对误差更小。但实际上,以数量为基础的测量方法很可能是与健康影响有关的更好的衡量标准。

使用微分(电)迁移率分析(DMA)可以获得亚微米级(空气动力学尺寸)的颗粒分布情况以及颗粒物浓度。扫描迁移率粒度仪(SMPS)的静电分离器或分类器(图 5.4)通常与凝结核计数器(CNC)耦合在一起。静电分离器是一种标准的气溶胶特性仪器,它根据以当量气动直径为基础的电迁移率来分离颗粒。当颗粒按尺寸大小分离后,相应的尺寸大小分布也被确定。通过假定积炭质量密度为 1.8g/mL 且颗粒为球形,总颗粒质量就可以通过颗粒大小分布数据估算出来。

再者,利用多角度吸收光度法(MAAP)也可以估算积炭质量。这项技术主要用以监测积炭沉积在滤纸上的光学特性,以推断积炭的质量。有关方法和取样问题的更多讨论见 Marsh 及其同事(2010)的研究。

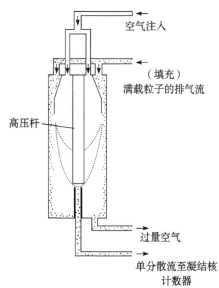

图 5.4 静电分离器示意图

5.1.4 烟度的解读

正如先前所述，商用燃气涡轮发动机的烟尘排放物是通过烟度来管控的。发动机排气数据库（ICAO，1995）中提供了发动机与排放相关的历史数据，但这些数据文件却不能直接拿来估计所有的发动机或者车队积炭的总排放量，因为制造商仅仅需要报告在不同功率点所测得的烟度最大值即可，却没有给出达到最大值对应的工况点。最大烟尘水平值不一定总发生在起飞阶段，并且这些数据也没有提供所有工作条件的排放情况。进一步说，烟度是一个与烟尘排放物相关的经验值，而不是一种烟尘质量或排放量的定量检测。但近期的研究就需要一些附加的信息来估计机场及周边的总排放量（Wayson 等，2009）。因此，发动机制造商开始提供一些这样的数据以供研究，进一步讲就是需要定量地理解这些烟尘的值。

许多研究已经开始尝试在经验参数 SN 和烟尘基本特性之间确定一种联系。先前的研究（Champagne，1971；Eckerle 和 Rosfjord，1987；Hurley，1993）已经表明了烟度与烟尘质量排放总量的关系。尽管做了许多的研究，但烟尘质量和烟度之间的关系尚未最终确定。图 5.5 呈现的一组曲线是 20 世纪 70 年代和 80 年代初研究得到的两者关系。

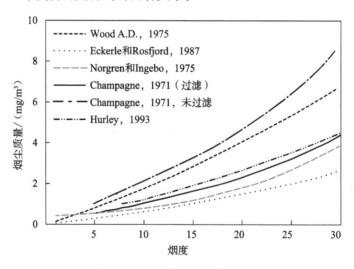

图 5.5　烟尘质量和烟度的关系一

这组曲线有一个实质上的问题。如果已有发动机的 SN 记录数据，且需要计算烟尘排放质量，则图 5.5 中烟度的不确定性导致预测质量排放量的不确定性因子会高达 3 左右。

研究人员推测图 5.5 中部分不确定性可能是由颗粒大小的变化造成的,使用从 UTRC 的燃烧室采集到的实验数据会发现,SN 和基本颗粒大小之间未证实有实质关系（Colket 等,2003）。烟尘质量并没有直接测量,而是通过制造商为扫描电迁移率粒径谱仪（SMPS）设计的软件算法计算得到。这一算法的前提假设是:被 SMPS 检测的颗粒是密度为 1.8g/mL 的基本球形颗粒。虽然单个基本颗粒的假设并不与先前的烟尘颗粒排放物的理解相一致,但 Colket 和他的同事们收集的数据支持这一论点,他们认为至少一些颗粒在过滤器上取样和收样的过程中发生了凝聚。因此,从当前航空发动机研究的角度看,对于一阶变量来说,这种单个颗粒排放物的假设是可靠的。图 5.6 呈现了更多的最新结果,这些新数据的分散性仅轻微减少了图 5.5 中的不确定性。此外,在图 5.6 中也包含了 Stouffer 个人用搅拌好的反应堆进行实验得到的最新研究数据（代顿大学研究所,2001）。图中 Colker 于 2003 年研究得到的关系曲线值得参考,因为这和 Wayson 及其同事们在 2009 年得到的研究结果相符合。

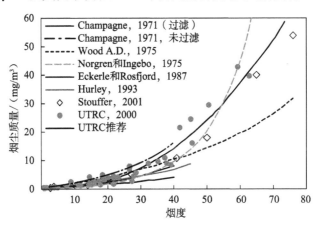

图 5.6 烟尘质量和烟度的关系二

SN 和质量之间的关系可较准确地表述如下。

若 $m(\text{mg/m}^3)<2.5$,则 $SN=-1.8743 \cdot m^2+12.117 \cdot m$。

若 $m(\text{mg/m}^3)>2.5$,则 $SN=12.513 \cdot m^{0.4313}$。

同样也可表示为

若 $SN<18.7$,则 $m=3.232 \cdot (1-(1-SN/19.58)^{1/2})$。

若 $SN>18.7$,则 $m=0.002751 \cdot SN^{2.319}$。

5.1.5 气体和颗粒取样

当对烟尘颗粒取样时,调查人员需要考虑一系列颗粒损失机理。比如,典型气体取样系统中，大部分（大于90%）直径小于10nm的颗粒会由于壁面扩散而损耗。幸运的是，这种损耗并不会对烟尘总质量产生较大影响，但是会影响颗粒总数量。对气溶胶（悬浮在气体中的固体或液体颗粒）的一般研究超出了本章的范围，感兴趣的读者可参看相关文献的介绍（Hinds，1982；Willeke 和 Baron，1993）。与探针和取样管中的颗粒损失相关的物理应用可在 Lisinsky 和 Hollick（2010）的研究中找到。

图 5.7 反映了由于扩散、热迁移、静电导致的颗粒线损失问题，图中描绘了飞机排放物测量系统在一般工作条件时取样管直径和不同尺寸大小颗粒对传输效率的影响情况。这张图说明：①小颗粒（小于30nm）在取样管壁面的扩散损失最终导致管线的重大损失；②如果对取样条件（流动速率、几何尺寸、压力等）进行仔细评估并记录，则颗粒物损失就可以合理估计。

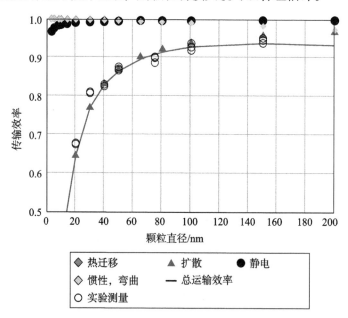

图 5.7 模拟计算和实验得到的颗粒传输效率比较

5.2 颗粒形成过程和氧化的基本原理

烟尘的形成过程和氧化机理是复杂的，需要超过50年的科学调查来慢慢了解这一控制现象。每5~10年就有一篇优秀的评论文章记录了对其关键过程理解所取得的缓慢进展（Palmer 和 Cullis，1965；Wagner，1979；Haynes 和 Wagner，1981；Glassman，1988；Kennedy，1997；Wang，2011）。起初，对烟尘颗粒最好的理解来源于实验室对火焰简单流动领域的研究，这一研究需要收集包含烟尘颗粒以及衍生气体在形成过程中不同阶段的计数浓度和颗粒尺寸大小分布信息的样品（Wang，2011；McKinnon 和 Howard，1992）。图 5.8 是烟尘颗粒的形成过程：颗粒成核，与气相分子反应使得初始质量增加（即表面生长）；通过分子与分子之间的相互碰撞凝集；通过热解作用减少颗粒质量，从而导致凝结材料发生脱氢以及结构重组；氧化作用。

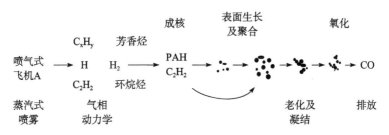

图 5.8　烟尘形成的物理过程

多环芳烃（PAH）的形成过程是从最小的，2~3 个芳香环组成到较大的物质，最后组成 4 个或更多的芳香环，这一过程与积炭形成过程密不可分。PAH 是形成初始烟尘颗粒（烟尘成核）过程中的反应物，同时也是烟尘表面增长的反应物。烟尘的组成是多环芳烃，烟尘燃烧过程中最大的 PAH 分子与最小的烟尘颗粒之间有比较大的的区别，需要对烟尘核心的结构和化学性质进一步加深理解才能弄清两者的区别。Violi 及其同事（2002、2004）已经尝试对颗粒的形成过程进行建模，Wang（2011）在对初始阶段的各种提议进行分析，尽管研究领域备受关注，但这一问题仍未解决。

尽管获得了 20 年前的证据（D'Anna 等，1994；Dobbins 和 Subramaniasivam，1994），但相关团体对"初始烟尘颗粒更像液体而不是含碳的固体物质"这一认识比较缓慢。这种像液体的颗粒或纳米有机颗粒（NOCs）密度为 1.2g/mL（而成熟的烟尘颗粒为 1.8g/mL），需在火焰的高温下经历脱氢和碳化作用。2007 年，根据最新的证据和逻辑判断，研究团体通过有关碳颗粒的会议讨论（Bockhorn 等，2009）对上述看法达成了广泛共识。

这里呈现了一幅简易连续的烟尘形成过程图。以燃料（氧化）热解为起点，形成第一个芳香环结构，随后形成 PAH。

在整个过程中，气相物质与颗粒形成/氧化过程之间存在紧密联系。在 PAH 形成过程中存在一个关键的反应物——C_2H_2。烟尘颗粒的表面增长过程涉及乙炔和 PAH，而在烟尘氧化过程中主要的反应物是 OH 和 O_2。在大多数的燃烧系统中，OH 基团在氧化过程中发挥主要作用。

富燃燃烧产生的活性物质导致芳香族物质（如苯、萘、菲、芘等）和乙炔的形成。芳香族物质促进初始阶段发生，乙炔则是增长过程的关键组分。PAH对表面增长过程也发挥着重要的作用（Benish等，1996）。初始阶段通常发生在反应前，而表面增长过程则发生在火焰后缘（富燃）气体中。温度是主要的变量：在低温条件下（小于1500K），环快速形成的过程中并非得到能量的快速补给；在高温条件下（大于1900K），环结构会出现热力学不稳定的状况，从而增长减缓。燃料的氢碳比和总当量比一样重要，因为这个参数反映的是在增长过程中可利用的碳数量以及当地温度的情况。

2000年，Appel和他的同事们提出初始阶段发生在芳香结构二聚形成平面结构的时候。强有力的证据表明初始的颗粒可以称为液滴（见Bockhorn等的讨论）。液滴颗粒随后经历碳化过程（Dobbins，1996）并释放氢，此时颗粒密度降低。由于表面增长和聚合的共同作用，火焰下游区域的颗粒物质量和尺寸将增加。这里需要说明颗粒与颗粒之间存在相互作用。一种情况是在初始阶段，两个颗粒中至少有一个是液态的，随后两者碰撞结合为单个粒子，此时这个球形颗粒的表面积要比两个分离后颗粒的表面积小。第二种碰撞发生在两个近乎固体的颗粒之间，此时总表面积变化很小，并产生一个二元（或聚集）结构，随后与其他颗粒继续发生碰撞，产生图5.1所示的巨大团块。2005年，Balthasar和Frenklach根据固体与固体之间的反应以及表面增长过程又提出了一系列能够生成球形颗粒的假说。不管怎样，与气溶胶动力学相关的物理过程对于定义总表面积、颗粒生长和氧化以及火焰中存在或排放的烟尘质量至关重要。

火焰的特征时间尺度和相关的热量释放过程要比烟尘增长过程快得多。烟尘形成过程发生在预混火焰的下游区域或非预混火焰燃料充足的一边。实际中，火焰、湍流和空气的相互混合，改变了反应条件。因此，相比于在燃烧室内同时发生的所有过程，前面所讲的那一系列过程都可以看作理想状况下发生的。

考虑了实际火焰的情况后将会大大增加对烟尘形成和氧化过程的定量建模难度。这是因为其中涉及了复杂的物理和化学过程，对燃烧的计算建模是其中的最大挑战之一。第一，烟尘的形成过程尚未了解透彻，而模型确实提供了在大气压下燃烧纯燃料的简单实验室模型的定量预测，但实验的精确度只局限在限定的条件下。而通常条件下，现有的模型很难对大范围的实验条件下的火焰趋势进行预测。第二，这些粒子的表面生长和氧化速率取决于对粒子活性表面积的准确认识（Woods和Haynes，1994；Appel等，2000），而这又取决于粒子自身的形成、老化和碰撞的过程。第三，实际燃烧室中烟尘在形成过程和氧化过程中产生的总排放物有所不同，但是我们对这两个过程却并不了解。例如，在全功率状态下，飞机出口烟尘排放物含量比主要区域的含量低 2~3 个数量级（Hurley，1993；Brundish 等，2003），当燃烧室燃料充裕时，燃料中 10%或者更多的碳将会暂时性地转换为烟尘。最后，伴随着烟尘形成和氧化过程的时间尺度与热量释放的时间尺度的不同，湍流和其他参与反应的流动混合在一起使得模拟过程变得复杂。通常在数据与模型匹配过程中要进行"调谐"，在不同燃烧条件下描述烟尘排放物时会出现许多不一样的地方。因此，这也就不难解释为什么作者在呈现模拟结果时仅与实验值相差 1~2 个数量级了（Brocklehurst 等，1997；Tolpadi 等，1997）。对于实验室的火焰，Appel、Bockhorn 和 Frenklach（2000）提出的模型是可以利用的，但即使是这种简化的火焰，在进行定量对比时，仍需要考虑经验参数或者关键速率参数的变化（Marchal 等，2009；Zhang 等，2009）。

本书后续部分将会对气相化学能、烟尘成核、生长和氧化过程以及气溶胶过程进行更具体的说明，并对传统的建模方法进行重点介绍。

5.3 成 核

参与烟尘成核和烟尘生长阶段的芳香环可由低分子量碳氢化合物环结形成，这些碳氢化合物由环烷烃脱氢产生，或是由原生燃料直接提供。目前认为，对于许多低分子量碳氢化合物燃烧来说，主要步骤是由丙炔基（C_3H_3）重组或由 $C_3H_3+C_3H_4$（Colket 和 Seery，1984；Wu 和 Kern，1987）通过复杂的重组形成苯或苯自由基（Miller 和 Melius，1992；Melius 等，1993；Miller 和 Klippenstein，2001、2003）。因此，导致 C_3H_3 和 C_3H_4 形成的过程可能是环和烟灰形成的瓶颈，能够定量预测这些物质是对实验室火焰定量建模的先决条件。值得注意的是，虽然这些过程的速率系数甚至都用二次因式来表达（Miller 和 Klippenstein，2003），但不确定性依然存在于主导产生和分解这些关键物质的化学过程中。由 C_2H_2 添加至 n-C_4H_5 或 n-C_4H_3 的其他反应过程也可能会（Frenklach 等，1985；Colket，1986；Glassman，1988）涉及环戊二烯基部分的反应（Marinov 等，1998）。有关 C_4H_3 或 C_4H_5 自由基和位于碳链末端自由基多样组合的重要性问题已经被多次提出，因为这些同分异构体不遵循热力学性质，并且最近的实验数据也已经证明了这些问题（Hansen 等，2006）。因此，i-C_4H_5 或 i-C_4H_3 很有可能在成环过程中比现有显示的模型发挥了更重要的作用（后一种物质的自由基位于中间碳原子上，而不是末端碳原子）。

因为很少有相关模拟的定量证明，所以多环芳香烃形成过程的建模更具挑战性。Frenklach 及其同事于 1985 年最先提出的反应途径（图 5.9）为

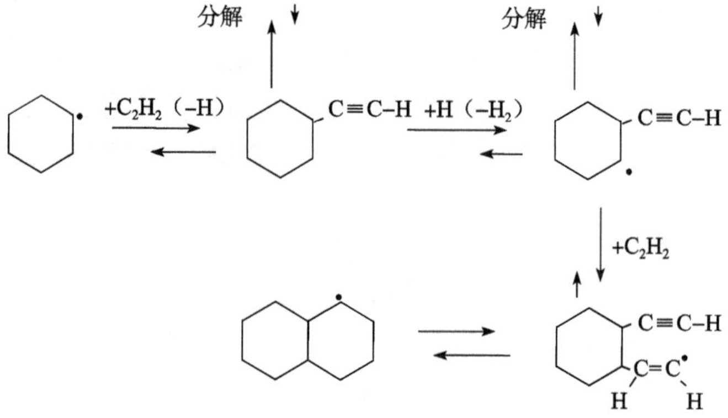

图 5.9 双环芳香烃形成的反应通道（Frenklach 等，1985）

$$H+C_6H_6(苯)\Leftrightarrow C_6H_5(苯基)+H$$
$$C_6H_5+C_2H_2\Leftrightarrow C_6H_5CHCH\Leftrightarrow C_6H_5C_2H(苯乙炔)+H$$
$$C_6H_5C_2H+H\Leftrightarrow C_6H_4C_2H+H_2$$
$$C_6H_4C_2H+C_2H_2\Leftrightarrow C_6H_4(CHCH)C_2H\Leftrightarrow C_{10}H_7(萘乙烯)$$

菲、蒽、芘和其他大的多环芳香烃的形成都有类似的反应。其他几个反应途径，包括甲苯/苯甲基和茚/茚基（Colket 和 Seery，1994）或环戊二烯/环戊二烯基二聚（Marinov 等，1998），都已经被证实。此外，像 $C_6H_5CCH_2$ 这样的物质会参与以下反应，即

$$H+C_6H_6(苯)\Leftrightarrow C_6H_5(苯基)+H$$
$$C_6H_5+C_2H_2\Leftrightarrow C_6H_5CHCH\Leftrightarrow C_6H_5CCH_2$$
$$C_6H_5CCH_2+C_2H_2=C_6H_5C(CHCH)CH_2=>C_9H_6CH_2(亚甲基茚)+H$$
$$C_9H_6CH_2=>C_{10}H_8(萘)$$

这些步骤类似于那些在第一个芳香烃形成过程中自由基位于中间碳原子上的情况。

Smooke 及其同事在 2005 年提出了成核过程的另一种模型。Smooke 在预测一个大型多环芳香烃结构的形成过程中对中间产物使用了一系列稳态假设。

对于模拟烟尘产物的任何计算方法来说，大量的燃料碳转化为烟尘，考虑到气态物质到烟尘的转换，源项中必须包括气相物质方程中的特定项。同样地，由于烟尘的形成，一个焓项也应该被添加到气相能量方程中去。

目前最现实或最实用的成核模型是 Frenklach 和 Wang 在 1990 年提出的芘-芘二聚模型。产物生成速率为

$$C_{14}H_{10}+C_{14}H_{10}=烟尘$$

$$\frac{\mathrm{d}m}{\mathrm{d}t}=2MW_{C_{14}H_{10}}k[C_{14}H_{10}]^2$$

式中：速率常数 k 由碰撞理论计算得到。

5.4 表面生长

预混火焰中，在乙炔浓度范围内，表面生长为第一级（Harris 和 Weiner，1983）。这项发现导致许多模型的创建都是基于乙炔（Fairweather 等，1985；Frenklach 和 Wang，1990；Colket 和 Hall，1994）。Colket 和 Hall 基于 1983 年 Harris 和 Weiner 的预混火焰数据，在对无预混火焰的数值仿真中创建了一个表面生长模型。目前应用最广泛的表面生长模型是 Frenklach 和 Wang 于 1990 年发展，被 Appel、Bockhorn 和 Frenklach 在 2000 年论证的模型。它被称为 HACA 模型（表 5.1）。

表 5.1　Appel 及其同事（2000）使用的 HACA 表面生长机理

	反应机理	$\lg A_f$	n	E_{for}
S1.	$H+C_{soot}-H \Leftrightarrow C_{soot}\cdot+H_2$	13.62	—	13
S2.	$OH+C_{soot}-H \Leftrightarrow C_{soot}\cdot+H_2O$	10.00	0.734	1.43
S3.	$H+C_{soot}\cdot => C_{soot}-H$	13.30	—	—
S4.	$C_2H_2+C_{soot}\cdot => C_{soot}\cdot+H$	7.90	1.56	3.8
S5.	$O_2+C_{soot}\cdot =>2CO+$产品	12.34	—	7.5
S6.	$OH+C_{soot}-H=>CO+$产品	反应概率=0.13		

Arrhenius 公式认为：$k=AT^n\exp(E/RT)$，式中，指前因子 A 的单位由 cm^3、mol 和 s 组成，活化能 E 的单位是 kcal/mol。在表 5.1 的反应方程式中，只有前两个反应被认为是可逆的。

Appel 及其同事认为，整体表面生长速率取决于可用于表面生长的表面积分数，用 α 来表示。他们提出以下公式，即

$$\alpha=\tanh\left(\frac{a}{\log\mu_1}+b\right)$$

式中：μ_1 为颗粒第一次分散的时间；a 和 b 是由每个试验单独确定的合适参数。Zhang 等（2009）使用了 Xu 等（1998）依据温度给出的值，即 $\alpha=0.004\exp(10800/T)$，同时也指出并不存在对所有实验都适用的 α 值。

Colket 和 Hall 提出了另一种反应序列，如表 5.2 所列。在这个反应模式里，

氧化反应被单独列了出来。该反应序列中烟尘质量增长的净速率（g/s/cm²）可以通过假设中间产物的稳态标准来计算，即

$$\frac{dm}{dt}=2m_c\frac{(k_1[H]+k_{-2})(k_4k_5[C_2H_2]-k_3(k_{-4}+k_5))\chi}{(k_{-1}[H_2]+k_2[H]+k_3)(k_{-4}+k_5)+k_4k_5[C_2H_2]}$$

式中：m_c 为一个碳原子的质量；χ 为 C_{soot}-H 的表面密度（约 $2.310^{15} cm^{-2}$，依据 Frenklach 等（1985）），该修正速率表达式（CH）由 Xu 及其同事在 1997 年给出。Xu 及其同事在 1997、1998 年表示该表达式描述了层流富燃预混火焰后缘区域的表面生长速率，以及 Frenklach 和 Wang 所给出的生长速率。

表 5.2　Colket 和 Hall（1994）提出的 Franklech 和 Wang 烟尘生长机理修正模型

	反应机理	$\lg A_f$	E_{for}	$\lg A_r$	E_{rev}
1.	$H+C_{soot}-H \Leftrightarrow C_{soot} \cdot +H_2$	14.40	12	11.6	7
2.	$H+C_{soot} \cdot \Leftrightarrow C_{soot}-H$	14.34	—	17.3	109
3.	$C_{soot} \cdot \Leftrightarrow 产物+C_2H_2$	14.48	62	—	—
4.	$C_2H_2+C_{soot} \cdot \Leftrightarrow C(s)CHC'H$	12.30	4	13.7	38
5.	$C_{soot}-CHC'H \Leftrightarrow C_{soot}+H$	10.70	—	—	—

CH 表达式给出的烟尘生长速率没有使用粒子的老化方程，该方程中随着粒子时间的增加而降低了生长速率。相反，反应 3 中引入了可逆性。因此，在烟尘颗粒消逝的时间不能用来计算瞬态老化效应，这种情况下可以优先选用 CH 机理。

尽管各种火焰的建模都取得了成功，现在普遍认为 PAH（多环芳烃）的添加（或冷凝）也会影响总的烟尘质量，特别是在生长的早期阶段（Benish 等，1996；Bockhorn 等，2009）。

5.5　烟尘氧化

原则上，烟尘可以被包括 O_2、OH、O、CO_2 和 H_2O 在内的许多氧化性物质氧化。这些氧化物质的反应可以表示为

$$O+C(s) = >CO+O$$
$$OH+C(s) = >CO+H$$
$$O+C(s) = >CO$$
$$CO_2+C(s) = >2CO$$

$$H_2O+C(s)=>CO+H_2$$

烟尘氧化过程发生在富燃条件（当 O_2 和 O 原子的浓度水平可以忽略不计）向贫燃条件转换的时候。确切地说，当燃油与空气的当量比降低至低于 1.5 左右时氧化过程才会发生。在这种条件下，OH 的氧化开始发生。在轻微富燃或只是化学计量上的富燃情况下，O_2 分子和 O 原子浓度都可以忽略不计。像 CO_2 和 H_2O 这种热力学性质比较稳定的物质，它们的氧化过程是缓慢的，因为它们每反应 1mol，吸收热量分别为 41kcal 和 36kcal。OH 的氧化作用在实验室火焰的贫燃区也起着主导作用，这一结果和预期有点偏差，因为 OH 的平衡值表明这个过程太微弱了，不足以主导 O_2 的氧化。但在这些区域中，超平衡 OH 浓度是平衡水平下的 10 倍，导致 OH 在烟尘氧化中占据了主要地位，这种情况一直持续到大气环境压力下火焰的后缘区（Fenimore 和 Jones，1967；Mulcahy 和 Young，1975；Neoh 等，1980、1984；Smooke 等，1999；Xu 等，2003）。在高压燃气涡轮发动机里，超平衡水平会更快地松弛到平衡状态，因此进气温度和火焰温度也要高些，导致 OH 浓度依然很高，然而高温下 O_2 的氧化速率因为有限的扩散而受到了限制。因此，OH 的氧化过程也在燃气涡轮燃烧室里占据主导地位。不同过程的速率在过去的 15 年里已经被重新检测过了许多遍（Von Gersum 和 Roth，1990；Roth 等，1991；Xu 等，2003），并且 30 多年前的数值早已被验证（Nagleand-Strickl 和-Constable，1962；Neoh 等，1980、1984）。A. F. Sarofim 早些时候认为 O_2 可以促进颗粒分裂（通过对粒子表面进行简单的腐蚀），Lighty（Echavarria 等，2011）近期的研究结果证实了这一假设，但是后面的解释工作还没有完成。Echavarria 近期实验中颗粒分裂过程的加强或许只是因为允许 O_2 在低温环境下扩散进入烟尘细孔中；升温后，反应和相关的热释放导致了粒子的破裂。这个特定的反应机理在传统的火焰和燃烧室状态下并不重要，因为低温条件不利于 O_2 在没有反应的情况下扩散到烟尘细孔中去。

一般来说，OH 会主导烟尘的氧化，但是例外也确实存在。其中一个例子是在搅拌的反应器实验里。在该实验中，不参与反应的氧气分子会与富燃烟尘形成气体充分地混合在一起。这种情况下，由于不完全燃烧导致 OH 浓度水平很低，而 O_2 浓度会异常的高。这样的情况也可能出现在燃气涡轮燃烧室末端之前的强混合富燃区，并最终导致燃气涡轮燃烧室里烟尘氧化过程中 O_2 可能发挥氧化作用（Colket 等，2004）。

尽管研究者在鉴定产物组分方面等工作尚且有限，但靠他们的努力已经将氧化物质和烟尘精确的反应速率表达式成功创建出来。O_2 参与的该反应过程的速率被 Nagle 和 Strickland-Constable 在 1962 年时提出，通常称为 NSC 速率。

烟尘特定质量的氧化速率（g/s/cm²）表达式为

$$\frac{1}{12}\frac{dm}{dt} = \left(\frac{k_A p_{O_2}}{1+k_c p_{O_2}}\right)x + k_B p_{O_2}(1-x)$$

$$x = \left(1+\frac{k_T}{k_B p_{O_2}}\right)^{-1}$$

这个表达式的模型假定了两种类型的下标，"A"和"B"用于O_2氧化。后者即下标为B的活性较低。下标为A的部分为x，其余部分为$(1-x)$。第二个方程解释了氧化过程中"B"部分恢复到"A"部分。速率常数由Nagle和Strickland-Constable定义，如表5.3所列。

表5.3 氧气的NSC氧化过程速率常数

常数	表达式	单位
k_A	$20\exp(-15100/T)$	g/cm²/s/atm
k_B	$4.46\times10^{-3}\exp(-7640/T)$	g/cm²/s/atm
k_C	$1.51\times10^{-3}\exp(-48800/T)$	g/cm²/s
k_T	$21.3\exp(20600/T)$	1/atm

图5.10中展示了表5.3所描述的压力、温度和氧气相关性曲线。在低于1800K时，图5.10中给出的计算表明反应速率与氧气浓度无关，但是与温度有很大关系。然而当燃烧室中燃烧火焰的化学计量温度约为2500K（$1/T$为4）时，燃烧消耗的O_2影响开始显著增大（大于数量级的改变）。近几年的激波管实验（Brandt和Roth，1989）已经证实了NSC表达式中描述的反应速率。

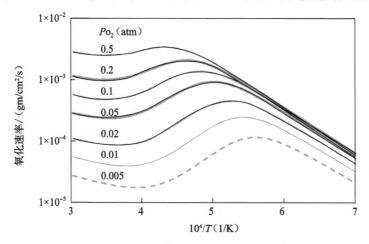

图5.10 温度、压力和氧气对氧化速率（NSC）的影响

在计算氧化速率时，对于表面生长过程来说，了解烟尘颗粒的（活性）表面积是至关重要的，因为氧化速率通常是特定的，或者说每单位表面积的氧化速率（gm/cm²/s）是特定的。大多数模型将烟尘颗粒几何尺寸等价为直径为 d 的球形颗粒，只计算对燃烧有效的表面区域。一些模型考虑了老化的影响，认为活化表面积是随时间而改变的函数，并不只依靠聚合反应，也受颗粒表面化学反应（老化）的影响。因此，氧化速率通常用下式表示，即

$$\frac{\mathrm{d}[C(s)]}{\mathrm{d}t} = -k_x[X]S_A MW_c$$

式中：k_x 为合适的速率常数；$[X]$ 为氧化物的浓度；S_A 为可被氧化的有效活性表面积；MW_c 为碳的分子质量。对于 O_2 的氧化，该方程根据 NSC 表达式进行了调整。值得注意的是，活化表面积通常不大于几何表面积，因为活化表面区域会在老化和凝聚过程中消失。

在模型中，假设了 OH 自由基氧化烟尘的过程是气体动力学碰撞频率乘以碰撞概率 0.13。这个概率由 Neoh、Howard 和 Sarofim（1984）经验确定。因此，用 N_{OH} 和 N_A 分别代表 OH 的数量密度和阿伏伽德罗常数，OH 的氧化过程为

$$R_{OH} = 0.13 N_{OH} \sqrt{\frac{R_g T}{2\pi W_{OH}}} \frac{12}{N_A} = 16.7 \frac{P_{OH}}{\sqrt{T}}$$

式中：P_{OH} 为 OH 在大气环境下的分压力，特定生长速率的单位为 g/(cm²/s)。相对来说，与 O 原子（Von Gersum 和 Roth，1992）的碰撞概率甚至会更高（0.23），但是 OH 的氧化过程占主导地位是因为烟尘浓度存在时 OH 具有更高的浓度（富燃区和化学当量比合适区）。

5.6 聚合与凝聚

粒子与粒子的碰撞频率由 Smoluchowski（1916）方程决定，即

$$\frac{\mathrm{d}N}{\mathrm{d}t} = -\beta N^2$$

烟尘颗粒的凝结通常被建模成自由分子气溶胶动力学问题。每次碰撞都会导致一次聚合，然后碰撞形成一个直径更大的新颗粒。聚合会导致更大的聚合颗粒，每个颗粒上附着有额外的（一组）其他颗粒。凝聚过程中造成的表面积减少是很小且有限的，因为减少的部分是"球体"之间的接触区域。前面方程中提到的合并速率 β 表示为

$$\beta(m_1, m_2) = \mathrm{PR} \frac{\pi}{4}(d_1 + d_2)^2 \overline{V}$$

式中：m_1 和 m_2 为相互碰撞烟尘颗粒 1 和 2 的质量；d_1 为颗粒直径，相对应的颗粒速度为

$$\overline{V}_{m_1 m_2} = \sqrt{\frac{8kT}{\pi}\left(\frac{1}{m_1}+\frac{1}{m_2}\right)}$$

范德瓦尔斯增强系数 PR 取 1.5，Frenklach 和 Wang 在 1994 年建议该值可以取到 2.2。

现在已经发展了很多种用来预测颗粒进化过程中其大小分布的方法。其中最简单的方法是假定其遵循单分散分布，包括 Magnussen、Hjertager（1976），Fairweather、Colleagues（1992）以及 Lindstedt（1994）在内的许多研究者已经使用过这种方法。Colket 及其同事在 2003 年对其进行了简化，即

$$S_A = 4.29 \sqrt[3]{\frac{NM^2}{\rho^2}}$$

在使用单分散颗粒大小模型时，可通过改变表面生长和氧化速率来计算颗粒大小的分布函数。在前面的等式中，M 是全部烟尘的质量（g/cm^3 gas），S_A 是基于颗粒数量密度的总表面积（cm^2 烟尘/cm^3 气体），N（#/cc 气体）是数量密度，ρ（g/cm^3 烟尘）代表主要颗粒的质量密度。这种单分散模型具有极大的计算优势，因为它消除了追踪颗粒大小分布所必需的附加方程。Frenklach 和 Wang 在 1990 年提出的瞬态方法已被广泛应用，但是在尝试精确求解多峰的颗粒大小分布问题时出现了收敛问题。瞬态问题的正交求解（Blanquart 和 Pitsch，2007）是一种进步，因为它可以在湍流燃烧环境中以合理的附加成本模拟多模态尺寸分布的影响。综合两者优势的混合方法（Mueller 等，2009）有助于求解数值问题。

著名的球体颗粒尺寸表示的组合方法使用了足够数量的组合部分（超过 40 种），可以提供有关颗粒大小分布的详细信息。然而，很多方法会对湍流燃烧的计算流体力学（CFD）程序造成负担，瞬态方法可能是唯一实用的选择。Hall 及其同事最早在 1997 年描述了烟尘建模中组合方法的应用，近期这种方法已经被很多作者应用（Richter 等，2005）。成核过程的贡献作为第一个组合部分的动力学方程中的一个源项被包含在内，第一个组合部分的质量下限与假定的初始物质质量相等。

球形颗粒组合模型名义上对最终的颗粒尺寸没有限制，并且如果没有对其修改的话并不能解释聚合构造过程。其合并过程（在这个过程中两个或者更多的颗粒结合形成一个更大的颗粒）破坏了颗粒表面区域，但聚合过程（在这个过程中两个固态颗粒结合形成一个聚合的、不规则的结构）则不会。这

是一个重要的考虑因素,因为表面生长和颗粒表面区域的氧化过程是相互依赖的。只有确定了其中某部分的主要球体数目,才有可能将烟尘聚合形成过程的建模方法确定下来(Zhang 等,2009;Park 和 Rogak,2004)。

5.7 相关现象

5.7.1 形成时间尺度

如图 5.8 的示意图所述,烟尘形成发生在富燃(预混)火焰的后缘区域。形成烟尘的反应需要高温和很高的乙炔浓度,因此只有当主燃烧过程接近完成时这个反应才能发生。在大气压力燃烧情况下,火焰区形成的时间尺度为 1~3 个 ms 的量级,而烟尘形成区的时间尺度要高出一个量级。对于燃气涡轮在升高的压力和温度下,这些时间尺度都要减少 1 个量级。

5.7.2 温度/压力影响

先前的大多数烟尘研究都是在大气压和负压条件下的燃烧实验室里进行的,目前已经开展了一些在高压环境下的研究。这些研究的结果表明,烟尘形成对压力依赖性因火焰类型而异。对于预混火焰,Bonig 及其同事(1991)研究了在 7MPa 压力下的乙烯火焰,并得到了最终烟尘体积分数的压力依赖性约为 2 的结论。对于 CH_4 扩散火焰,Thomson 及其同事(2005)研究表明在 2MPa 压力下最大烟尘浓度的压力指数为 2,但在 2~4MPa 下压力指数较低,约为 1.2。Thomson 和他的同事报告说,他们的工作与 Flower 和 Bowman(1986)以及 Lee 和 Na(2000)的早期工作一致。McCrain 和 Roberts(2005)得出了不同的结果:他们发现层流 CH_4 和乙烯火焰在 2.5MPa 压力下,峰值烟尘体积分数的压力指数分别为 1.2 和 1.7。这项工作的研究成果不仅与 Thomson 和他的同事成果不同,而且还表明压力指数可能取决于燃料结构。McCrain 和 Roberts(2005)指出,"高压环境下烟尘形成机制的精确全面解释以及与在大气压下形成机制的不同仍不清楚",还需要更多这方面的工作。

5.7.3 烟尘老化

烟尘老化即由于活性表面位置失活,原来的烟尘粒子达到最大尺寸(Woods 和 Haynes,1994),这个过程也称为表面位置"老化"。Singh 和他的同事(2005)利用 Montecarlo 方法在他们的高压凝聚研究中测试了表面反应对时间的函数依赖性。利用预混火焰数据,Appel 和他的同事(2000)构建了一个关于活性位点（α）分数的经验表达式，它是平均粒子直径和气体温度的函数，但没有明确给出单个颗粒的老化具体表达式（见5.4节）。在扩散火焰中模拟这种效果更加困难，Smooke和他的同事（2005）提出了一个简单的依赖于颗粒尺寸的表面反应阶跃函数，在该函数中当微粒的尺寸增加至高于临界微粒直径时表面反应将停止（在他们的模拟中这一临界粒径为25nm）。25nm临界粒径对于大气压火焰是一个合适的值，因为对于大多数燃料在这样的火焰中主要粒子的直径为20~30nm。然而，乙炔火焰的颗粒直径为40~50nm。主要颗粒尺寸可能随压力的增加而增加；尽管得到的有关实际值信息非常有限，但在燃气涡轮排放物中可以观察到主要粒径为50~80nm的团聚体。但这不是一个准侧，因为已经观察到燃气涡轮排放的碳质颗粒的主要粒径可低至10nm。

Dobbins（1996）测量了"年轻"的液体状烟尘的碳化率。气溶胶颗粒经历浓度变化，密度从约$1.2g/cm^3$提高到$1.8g/cm^3$，同时降低了它们的氢碳比。这是与前面所描述的老化过程完全不同的物理过程，理论上，它也将影响表面的增长率。

5.7.4 辐射损耗的影响

对于亚ppm烟尘体积分数的大气压力稀薄火焰，辐射功率主要由窄光谱气体CO_2、H_2O和CO产生。当烟尘存在时，辐射将带变宽，其光谱特性类似于普朗克黑体辐射，将导致单位时间内能量损失增加。对于这种火焰，停留时间通常很长（大于20ms），20%~30%化学能由于辐射耗散到周围。这种损失会直接引起局部火焰温度降低几百开［尔文］。事实上，对于许多在大气压下燃烧的设备，包括家用锅炉，由烟尘颗粒导致的辐射损失是损失的主要特征，对设备的预期运行至关重要。由于这种能量损失对降低局部火焰温度具有一级影响，气相反应速率和烟尘的形成率也会因此改变（减少），进而改变总的烟尘体积分数，导致辐射损耗。因此，求解火焰结构和烟尘水平的方程需要耦合化学反应、烟尘形成/氧化过程和辐射过程（Smooke等，2005）。

在燃气涡轮机中，由于压力的增加和较高的温度，气态物质和烟尘的密度分数要高得多。因此，辐射水平也更高。火焰满足光学厚度假设，这限制了能量损失率的增加。更重要的是，燃气涡轮燃烧室中相对较短的滞留时间抵消了这一增长。对于先进的航空发动机而言，其滞留时间小于5ms，在富燃的燃烧室前端时间更短。因此，在燃气涡轮发动机火焰的模拟中，对于辐射损失的考虑不像在大气压的火焰那么重要。

对于低烟尘水平的火焰，光学薄模型近似（即忽略吸收辐射能量）的那些表达式可以使用，如由霍尔（1994）提出的。对于更高烟尘水平的火焰其辐射水平将增加，且光学薄模型高估了辐射损失。燃烧室的前端将具有较高烟尘水平，光学薄假设将显著高估辐射损失。原则上，会出现热辐射的重吸收，特别是在同轴火焰中心线或附近的区域，它吸收了来自于火焰周围的能量。这种光学厚度效应使得热辐射能量损失的净速率降低和局部温度升高。Smooke及其同事（2005）提供了一种方法来计算这样的损失。虽然因辐射再吸收引起的温度变化不大，但烟尘增长速率（NO_x的生成）导致的对温度过高敏感性使得这些影响变得非常重要。对于高烟尘水平的燃气涡轮发动机燃烧室，辐射能量的重复吸收占据主导地位，并且几乎接近黑体的辐射水平，并将辐射限制在内壁面或气体中。

5.7.5 燃料（包括替代燃料）的影响

在燃气涡轮中，燃料对于烟尘的产生有实质性影响。气态和预气化的燃料往往会产生低水平的烟尘，而多环芳香烃类燃料会产生大量的烟尘。极端的例子是在光谱上CH_4在一端而重煤/页岩衍生燃料在另一端。在20世纪70年代末80年代初，NASA和AF发起了在各种燃气涡轮工况下的大量燃料测试（包括NASA的ERBS（实验加宽参考规范））。结果表明，燃料的物理性质（而不是化学性质）是决定燃气涡轮发动机大多数方面性能的主导因素。而烟尘的排放量和燃烧室内壁的加热（烟尘辐射）主要受化学性质影响，并且似乎更多的与燃料总的氢碳比或氢的含量相关（Mosier，1984；Odgers和Kretschmer，1984；Lefebvre，1985），如图5.11所示。虽然燃料中存在芳香族和多环芳香

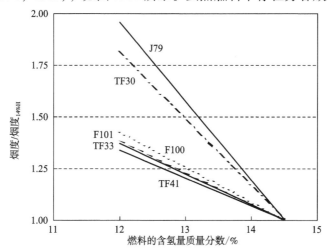

图5.11 在不同发动机中烟尘数量和燃料氢质量分数之间的关系（以14.5%氢质量分数的烟尘数量进行了标准化）

烃会使得烟尘排放增加，但试验结果与芳香族浓度或性质（如单或稠环）是相对独立的。萘含量作为次要因素的影响也是不可忽略的（Moses，1984；Odgers 和 Kretschmer，1984；Sampath 和 Gratton，1984）。传统燃烧室（1985年前）在极其富燃的主要区域，燃料组分对烟尘产生的影响最为敏感，而更贫油燃烧的发动机这一影响却较小（Odgers 和 Kretschmer，1984）。然而，这些早期的研究都没有考虑到颗粒大小的影响，这一点最近受到越来越多的关注。

喷气燃料可以在多指标总体上限制烟尘的排放量，这是通过发动机/燃烧室设计无法达到的。这些指标包括氢、芳族、萘的含量和烟尘点。实际上，最低和最高数量根据燃料是军事还是商业应用的不同会有所不同。此外，指标是可选的，即如果一种指标满足，则另一种指标可能就不需要考虑了。军用喷气燃料的标准要求氢的质量分数大于 13.4%。大多数液态烃类燃料中氢的质量分数为 13%~15%。CH_4 和 C_3H_8 的氢质量分数分别为 25% 和 18%，远远超过典型液体燃料。这种燃料（如用于地面燃气涡轮机）相应的烟尘排放水平相对较低。在喷气燃料中芳香烃含量的体积分数上限通常为 20%（商用）或 25%（军用），如果未达到烟尘点限制值，则萘的体积浓度必须为 3% 或更小。烟尘点（SAE 航空建议措施第 1179 条）是特定燃料在大气压下燃烧所产生烟尘的直接实验测定的。给定燃料的烟尘点是在烛芯火焰中观察到烟的高度。高烟尘点表示该燃料更不易产生烟尘。在 70 年代和 80 年代及过去的 5 年，研究人员在完善烟尘指标阈值方面完成了大量的工作，并希望通过与烟点关联，建立一种更为定量的方法（Yang 等，2007；McEnally 和 Pfefferle，2009；Mensch 等，2010）。这些新方法是尚未制定工业标准，但它们是非常有用的研究工具。

预混和贫油燃烧技术对 NO_x 排放的控制将导致烟尘排放很低或为零。对于试验或不完整的预混合扩散火焰都容易产生烟尘排放。

替代燃料最近得到了极大的关注。经过 Fischer-Tropsch（FT）程序处理的燃料和加氢处理的可再生喷气（HRJ）燃料已获得批准（ASTM D7566，附件 1 和 2），可添加到 50% 的石油喷气燃料中。因为这些燃料富含氢，它们主要组分为正烷烃、异烷烃和一些环烷烃，几乎没有芳烃。含有最多 50% 氢质量分数的替代燃料之所以可行是因为：①稳定；②FT 和 HRJ 燃料的质量密度低于石油燃料的最低允许密度；③实地测试表明了保持燃料中芳烃含量最小的重要性。历史上，含有 8%~25% 的芳烃水平的石油基燃料和低芳烃含量的替代燃料会对燃料管路密封产生不利的影响。根据经验，任何新的混合燃料都必须具有至少 8% 的芳烃。图 5.11 展示了使用替代燃料对烟尘排放量的影响。FT 和 HRJ 燃料的主要成分是正烷烃及支链（异链）烷烃。这种燃料的氢碳比（摩尔比）约为 2.16，氢的质量分数为 15.3%，远远低于前面提供的正确数据。实际上，纯 FT 燃料可以减少 50%~90% 的发动机烟尘（Bulzan 等，2010）。通过利用替代燃料降低烟尘排放的实际效果要差些，因为最多可以使用 50% 的替代燃料。

Vander Wal（2011，个人通信）在最近的研究中收集了发动机排放的烟尘颗粒，并利用透射电子显微技术分析展示了石油喷气燃料和替代喷气燃料烟尘颗粒的特性/结构差异。这是一个热门的研究领域：其结果可能与高氢碳比替代燃料的低烟尘产生率有关。

5.7.6　CO_2、H_2O、N_2 稀释效应

通过加入惰性物质直接稀释，可以显著减少烟尘的产生（Gomez 等，1987）。惰性物质可以添加到燃料或空气中，但添加在燃料中的效果更好。由于它降低了燃料的密度和局部温度，这两者都使得烟尘的形成速率降低。在燃气涡轮机中进行添加具有很大的挑战性，费用也很高，但它同时可用于控制其他现象（如减少 NO_x 的排放量、提高输出功率等）。例如，包括湿燃气涡轮（HAT）循环（Rao，1989）和无火焰燃烧（Bruno 和 Vallini，1999），因为燃烧产物经过内部再循环与燃烧室火焰前沿混合在减少烟尘形成方面具有积极的作用。可惜的是，由于气体比热比的降低，导致大分子物种添加（如 H_2O 或 CO_2）可能会对系统（热力学）效率产生负面影响。

早期的证据证明在火焰中添加惰性气体可以减少烟尘产生（Gomez 和 Glassman，1988），从而导致了对其原因的研究。主要原因有：①降低反应物组分的密度从而减慢反应速率；②降低火焰温度；③改变传输速率（扩散系数和热条件）。针对火焰条件（如燃料、火焰结构和稀释剂）的不同，这几种机理中的某一种将占据主导作用。

5.7.7　多环芳烃吸收

多环芳烃（PAH）被认为在烟尘形成和颗粒表面生长方面起到关键作用，如 5.3 节和 5.4 节中所述。经过涡轮进入尾气流时，未燃烧的烃类物质，包括多环芳烃的温度逐渐降低，最终凝结成烟尘颗粒。由于在这些区域温度较低，这些组分的化学转化很慢，从而由烟尘颗粒携带凝结物质进入大气。

尽管过去的工作已表明一些颗粒是亲水性的而另一些是疏水性的，如 H_2SO_4，在冷却时可以与水结合，也可能凝结在烟尘颗粒上。其更多相关讨论将在第 6 章展开。

5.8 燃烧系统中的颗粒形成

5.8.1 燃烧室设计对烟尘排放的影响

在大约 20 世纪 70 年代，由于早期最影响烟尘/烟气排放的因素是燃烧室的结构。在早期发动机设计中，没有相邻空气的压力雾化喷嘴会导致燃烧室里的主要区域形成局部富燃，且出现较长滞留时间的回流区。这为火焰稳定提供了理想的条件和很好的调节比。然而由于局部富燃以及过长滞留时间会产生大量的大直径烟尘颗粒，在随后的贫燃区域这些颗粒又不易燃烧，导致排放出大量烟尘。在烟尘数测试和相关法规的实施之后，制造商采取喷气或空气辅助燃料喷嘴产生更小的燃料液滴，同时增加了进入富燃区域的高速空气。这一举措减少了局部滞留时间和油气比，同时增加了空气燃料混合率，直接减少了烟尘的排放。

分级加入二次空气可以进一步控制烟尘排放。通过在主要区域加入一些空气，局部混合比将接近当量比 $1.3<\varphi<0.8$，这有利于烟尘、未燃烧烃和 CO 的消耗。在下游注入额外的二次空气可以使得流入涡轮的出口温度分布（温度分布比）满足预先设计。然而二次空气喷嘴端口附近的临近化学计量条件下也是 NO_x 形成的理想条件。

为了降低空气稀释射流处的高 NO_x 生成速率，研发者设计了富燃-骤冷-贫油（Rich-Quench-Lean，RQL）型燃烧室。这种设计是在主要区域下游布置一排二次空气喷射孔。其目标是将占比很小甚至可以忽略的富燃气体快速迁移到贫燃区域，从而使得 NO_x 形成率降低。而面临的挑战是在保证设计出口温度分布的情况下，如何迅速注入额外空气，并尽量减少在临近化学计量条件下的时间。然而减少 NO_x 生成的临近化学计量范围却是消耗烟尘的理想范围。快速空气注入和充分混合可以降低 NO_x 的生成速率，但却导致骤冷过程没有足够的时间使烟尘颗粒充分燃烧。由于在充分混合条件下氧化速率很小，烟尘排放将会增加。因此，对前端油气比和滞留时间的精确控制从而减少初始烟尘的形成，是 RQL 燃烧室设计的关键。RQL 燃烧室的替代设计还包括将二次空气直接注入到燃烧室中心的环形筒中。

最近，直接稀释喷射（LDI）设计的研究用于控制发动机的 NO_x 的排放量。在这样的设计中，主要区域燃烧都比较贫油，使得 NO_x 形成较少。为了实现调节和火焰稳定性，这种燃烧室通常是分级的，而主要区域可能大于所需的 RQL 燃烧室。本质上，这些燃烧室的排放颗粒具有不同的特征。烟尘在稀薄的富燃区域形成，通过迅速混合来避免形成大颗粒。这样的话虽然颗粒没有时间达到一定质量，但由于温度迅速下降，其进一步氧化的可能性极小。因此，尽管颗粒数密度可能较高，但颗粒排放物都是由直径较小的颗粒组成（在全功率下，$d<30$nm，而对于其他燃烧室设计，$d>40$nm）。尽管对 NO_x 排放有显著的好处，但由于要求精细的燃料-空气混合和燃料分级，这些燃烧室通常更加复杂。此外，这些燃烧器设计更容易受到燃烧动力学的影响，因为它们具有类似于工业燃气涡轮发动机的贫油预混燃烧器的性能特征。

地面燃气轮机通常比航空发动机具有更低的烟尘排放。早期的设计包括航改型发动机，其燃烧室设计就类似于航空发动机。然而，这样的装置经常使用气体燃料（天然气或 C_3H_8），由于更快的燃料空气混合速率和高的氢碳比，从而可以产生更少烟尘。此外，大多数装置都受到当地对 NO_x 排放的限制。因此，在这样的航改型发动机中，水经常直接注入到燃烧室中以降低局部火焰温度和 NO_x 的产生。注水还具有两个额外优点：可以具有更高的输出功率；同时由于贫燃效应降低了烟尘的产生。这些优点不仅是对气体燃料，对液体燃料发动机也同样有效。即使没有注水和采用液体燃料，在相同工况下，航改型发动机产生的烟尘相比较于航空发动机产生的烟尘可能相同或更多。对于航空发动机而言，起飞时烟尘排放量是最高的。持续工作在这样的工况下，将严重降低航改型发动机的耐用性，因此即使使用液体燃料，航改型发动机烟尘排放量也相对较低。

在"框架机器"中的燃烧室大多采用各种干式低 NO_x（DLN）方法，一般来说就是贫油预混系统。虽然连续或间歇的引燃可能会产生一些烟尘，但主火焰几乎不产生烟尘，因此这类燃烧室可以认为是无烟的。实际上，重新设计的航改型发动机可以达到类似的性能。

致 谢

作者非常感激那些提供资金支持、挑战性问题和知识指导的人。衷心感谢导师 20 多年的指导。他们和我进行了非常有益的讨论，并提供了很多建议。他们是 Michael Frenklach、Irv Glassman、Bob Hall、Dave Liscinsky、Tom Litzinger、Mel Roquemore、Bob Santoro、Dan Seery、Mitch Smooke、SadaatSyed、Julian Tishkoff 和 Hai Wang。

参考文献

American Society for Testing and Materials. (1989). *Standard Test Methods* for Surface and Interfacial Tension of Solutions of Surface-Active Agents, D1331–89.

Anderson, B. E., Beyersdorf, A. J., Hudgins, C. H., Plant, J. V., Thornhill, K. L., Winstead, E. L., Ziemba, L. D. et al. (2011). Alternative Aviation Fuel Experiment (AAFEX), NASA/TM–2011–217059, February.

Appel, J., Bockhorn, H., and Frenklach, M. (2000). *Combust. Flame* **121**: 122. www.me.berkeley.edu-soot-codes.f.

Bachmann, J. D., Damburg, R. J., Caldwell, J. C., Edwards, C., and Koman, P. D. (1996). "Review of the National Ambient Air Quality Standards for Particulate Matter: Policy Assessment of Scientific and Technical Information," EPA-452/R-96-013 (NTIS PB97–115406), Office of Air Quality Planning and Standards, Research Triangle Park, NC.

Balthasar, M., and Frenklach, M. (2005). *Proc. Combust. Inst.* **30**: 1467–75.

Bendetto, D., Pasini, S., Falcitelli, M., Marca, C. La., and Tognotti, L. (2000). *Comb. Sci. & Tech.* **153**: 279–94.

Bengtsson, K. U. M., Benz, P., Schären, R., and Frouzakis, C. E. (1998). *Proc. Comb. Inst.* **27**: 1393–9.

Benish, T. G., Lafeur, A. L., Taghizadeh, K., and Howard, J. B. (1996). *Proc. Comb. Inst.* **26**: 2319–26.

Bhargava, A., Colket, M., Sowa, W., Casleton, K., and Maloney, D. (2000). "An Experimental and Modeling Study of Humid Air Premixed Flames." *ASME Journal of Engineering For Gas Turbines and Power* **122**(3): 405–11.

Blanquart, G., and Pitsch, H. (2007). "Parameter Free Aggregation Model for Soot Formation." Presented at the fifth U.S. Combustion Meeting, San Diego, CA, March 25–8.

Blazowski, W. S., and Jackson, T. A. (1978). "Evaluation of Future Jet Fuel Combustion Characteristics," AFAPL-TR-77-93, July.

Bockhorn, H., D'Anna, A., Sarofim, A.F., and Wang, H., eds. (2009). *Combustion Generated Fine Carbonaceous Particles*, KIT Scientific Publishing, Karlsuher.

Bonig, M., Feldermann, C., Jander, H., Luers, B., Rudolph, G., and Wagner, H. Gg. (1991). "Soot Formation in Premixed C2H4 Flat Flames at Elevated Pressure, Proc. Combust." *Inst* **23**: 1581–7.

Brandt, O., and Roth, P. (1989). "A Tunable IR-Diode Laser Technique for Measuring Reaction Rates of High Temperature Aeroslos." *Combustion and Flame* **77**: 69–78.

Brocklehurst, H. T., Pridden, C. H., and Moss, J. B. (1997). "Soot Predictions within an Aero Gas Turbine Combustor Chamber." ASME Paper 97-GT-148.

Brundish, K. D., Miller, M. N., Wilson, C. W., Hilton, M., and Johnson, M. P. (2003). "Measurement of Smoke Particle Size and Distribution Within a Gas Turbine Combustor." *Proceedings of ASME Turbo Expo*, Atlanta GA, GT2003–38627, June.

Bruno, C., and Vallini, L. (1999). "Flameless Combustion and its Application to Aero-engines." Fourteenth International Symposium on Air Breathing Engines, September 5–10, Florence, Italy.

Bulzan, D., Anderson, B., Wey, C., Howard, R., Winstead, E., Beyersdorf, A., Corporan, E., et al. (2010). "Gaseous and Particulate Emissions Results of the NASA Alternative Aviation Fuel Experiment (AAFEX)." *Proceedings of the ASME Turbo Expo 2010*, GT2010–23524, Glasgow, Scotland.

Champagne, D. L. (1971). "Standard Measurement of Aircraft Gas Turbine Engine Exhaust Smoke." ASME 71-GT-88, 1971.

Colket, M. B. (1988). "The Pyrolysis of Acetylene and Vinylacetylene in a Single-Pulse Shock Tube," *Proc. Comb. Inst.* **21**: 851–64.

Colket, M. B., and Hall, R. J. (1994). "Successes and Uncertainties in Modeling Soot Formation in Laminar, Premixed Flames," in *Soot Formation in Combustion, Mechanisms and Models*, Bockhorn, H., ed., Springer Verlag, Berlin, p. 417.

(1997). "Mechanisms Controlling Soot Formation in Diffusion Flames." AFOSR Contract F49620–94-C-0059, UTRC97–5.906.0001–1, August 1, 1994 to July 31, 1997.

Colket, M. B., Hall, R. J., and Stouffer, S. (2004). "Modeling Soot Formation in a Stirred Reactor." ASME Turbo-Expo Meeting, GT2004–54001, Vienna, Austria.

Colket, M. B., Liscinsky, D. L., Chiappetta, L., Leong, M., Madabhushi, R., Zeppieri, S., and Hautman, D. (2003). "Mitigation of Particulate Emissions in Engines via Fuel Additives." UTRC Report No. R03–6.100.0007–1, AF Technology Investment Agreement F33615–00–2–2001, April.

Colket, M. B., and Seery, D. J. (1984). Presentation at the Twentieth Symposium (International) on Combustion, Ann Arbor, MI.

(1994). *Proc. Comb. Inst.* **25**: 883–91.

D'Anna, A., D'Alessio, A., and Minutolo, P. (1994). "Spectroscopic and Chemical Characterization of Soot Inception Processes in Premixed Laminar Flames at Atmospheric Pressure," in *Soot Formation in Combustion*, Bockhorn, H., ed., Springer Verlag, Berlin, p. 83.

Dobbins, R. A. (1996). *Comb. Sci and Tech* **121**: 103.

Dobbins, R. A., Fletcher, R. A., and Lu, W. (1995). *Combust. Flame* **100**: 301–9.

Dobbins, R. A., and Subramaniasivam, H. (1994). "Soot Precursor Particles in Flames," in *Soot Formation in Combustion*, Bockhorn, H., ed. Springer-Verlag, Berlin, p. 290.

Dockery, D. W., Pope, III, C. A., Xu, X., Spengler, J. D., Ware, J. H., Fay, M. E., Ferris, Jr., B. G., and Speizer, F. E. (1993). *New England Journal of Medicine* **329**: 1753.

Echavarria, C. A., Jaramillo, I. C., Sarofim, A. F., Lighty, J. S. (2011). *Proc. Comb. Inst.* **33**: 659–66.

Eckerle, W. A. and Rosfjord, T. J. (1987). "Soot Loading in a Generic Gas Turbine Combustor." AIAA-87–0297.

Edwards, T. (Chair) (2006). "Jet Fuel Surrogate Research: A White Paper for Presentation and Discussion at the Surrogate Fuels Workshop – Part IV." February 13.

Fairweather, M., Jones, W. P., Ledin, H. S., and Lindstedt, R. P. (1985). *Proc. Comb. Inst.* **24**: 1067–74.

Fairweather, M., Jones, W. P., and Lindstedt, R. P. (1992). *Combust. Flame* **89**: 45.

Fenimore, C. P., and Jones, C. W. (1967). *J. Phys. Chem.* **71**: 593.

Flower, W. L. and Bowman, C. T. (1986). "Soot Production in Axisymmetric Laminar Diffusion Flames at Pressures from One to Ten Atmospheres." *Proc. Comb. Inst.* **26**: 1115–24.

Friedlander, S. K., and Wang, C. S. (1966). *Journal of Colloid Interface Science* **22**: 126.

Frenklach, M., Clary, D., Gardiner, Jr., W. C., and Stein, S. E. (1985). "Detailed Kinetic Modeling of Soot Formation in Shock-Tube Pyrolysis of Acetylene," *Proc. Comb. Inst.* **20**: 887–901.

Frenklach, M., and Wang, H. (1990). "Detailed Modeling of Soot Particle Nucleation and Growth," *Proc. Comb. Inst.* **23**: 1559–66.

(1994). "Detailed Mechanism and Modeling of Soot Particle Formation," in *Soot Formation in Combustion, Mechanisms and Models*, Bockhorn, H. ed., Springer Verlag, Berlin, p. 165.

Fuchs, N. A. (1964). *Mechanics of Aerosols*, Pergamon, pp. 291–4.

Gelbard, F. (1982). *MAEROS Users Manual*, NUREG/CR-1391, (SANDD80–0822).

Gelbard, F., and Seinfeld, J. H. (1980). "Simulation of Multicomponent Aerosol Dynamics," *J. Coll. Int. Sci.* **78**: 485.

Glarborg, P., Kee, R. J., Grcar, J. F., and Miller, J. A. (1986). "PSR: A Fortran Program for Modeling Well-Stirred Reactors." Sandia Report No. SAND86–8209, Sandia National Laboratories.

Glassman, I. (1988). "Soot Formation in Combustion Processes." *Proc. Combust. Inst.* **22**: 295–311.

Glaude, P. A., Curran, H. J., Pitz, W. J., and Westbrook, C. K. (2000). "Kinetic Study of the Combustion of Organophosphorous Compounds," *Proceedings of the Combustion Institute* **28**: 1749–56.

Gomez, A., and Glassman, I. (1988), "Quantitative Comparison of Fuel Soot Formation Rates in Laminar Diffusion Flames," *Proceedings of the Combustion Institute* **21**: 1087.

Gomez, A., Littman, M., and Glassman, I. (1987). "Comparative Study of Soot Formation on the Centerline of Axisymmetric Laminar Diffusion Flames: Fuel and Temperature Effects," *Combustion and Flame* **70**: 225.

Gosman, A. D., and Ioannides, E. (1983). "Aspects of Computer Simulation of Liquid-Fueled Combustors," *Journal of Energy* **7**: 482–90.

Gran, R., Melaaen, M. C., and Magnussen, B. F. (1994). "Numerical Simulation of Local Extinction Effects in Turbulent Combustor Flows of Methane Air." *Proceedings of the Combustion Institute* **25**: 1283–91.

Hall, R. J. (1994). "Radiative Dissipation in Planar Gas Soot Mixtures," *J. Quant. Spectrosc. Radiat. Transfer* **51**: 635–44.

Hall, R. J., Smooke, M., and Colket, M. B. (1997). "Predictions of Soot Dynamics in Opposed Jet Diffusion Flames," in *Physical and Chemical Aspects of Combustion: A Tribute to Irvin Glassman*, Sawyer, R. F. and Dryer, F. L. eds., Combustion Science and Technology Book Series, Gordon and Breach, Langhorne, PA, pp. 189–230.

Handbook of Aviation Fuel Properties (1983). Prepared by the Coordinating Research Council.

Hansen, N., Klippenstein, S. J., Taatjes, C. A., Miller, J. A., Wang, J., Cool, T. A., Yang, B. et al. (2006). "Identification of C5Hx Isomers in fuel-Rich Flames by Photoionization Mass Spectrometry and Electronic Structure Calculation," *J. Phys. Chem. A*, **110**(10): 3670–8.

Harris, S. J., and Maricq, M. M. (2001). "Signature Size Distributions for Diesel and Gasoline Engine Exhaust Particulate Matter." *Journal of Aerosol Science* **32**(6): 749–64.

Harris, S. J., and Weiner, A. M. (1983). "Surface Growth of Soot Particles in Premixed Ethylene Air Flames," *Combustion Science and Technology* **31**: 155–67.

Haynes B. S., and Wagner H. Gg. (1981). "Soot Formation." *Progress in Energy and Combustion Science* **7**: 229–73.

Hinds, W. C. (1982). *Aerosol Technology: Properties, Behavior, and Measurement of Airborne Particles*, New York: John Wiley.

Hoshizaki, H., Wood, A. D., Seidenstien, S., Brandalise, B. B., and Myer, J. W. (1975). "Development of an Analytical Correlation between Gas Turbine Engine Smoke Production and Jet Plume Visibility." Lockheed Palo Alto Research Laboratory, Air Force Aero Propulsion Laboratory Report AFAPL-TR-76–29, July 31.

Howard, J. B., and Kausch, W. J. (1980). "Soot Control by Fuel Additives," *Progress in Energy and Combustion Science* **6**: 263–76.

Hura, H. S., and Glassman, I. (1988). "Soot Formation of Diffusion Flames of Fuel/Oxygen Mixtures," *Proc. Comb. Inst.* **22**: 371–8.

Hurley, C. D. (1993). "Smoke Measurements inside a Gas Turbine Combustor." AIAA-93–2070.

ICAO (1995). Engine Exhaust Emission Data Bank, first edition, Doc 9646-AN/943, Montreal, Quebec, Canada.

Kee, R. J., Rupley, F. M., and Miller, J. A. (1989). "CHEMKIN II: A Fortran Chemical Kinetics Package for the Analysis of Gas-Phase Chemical Kinetics." Sandia Report No. SAND89–8009, Sandia National Laboratories.

Kennedy, I. M. (1997). "Models of Soot Formation and Oxidation." *Prog. Energy Combust. Sci.* **23**: 95–132.

Köylü, Ű. Ő., McEnally, C. S., Rosner, D. E., and Pfefferle, L. D. (1997). "Simultaneous Measurements of Soot Volume Fraction and Particle Size/Microstructure in Flames Using a Thermophoretic Sampling Technique," *Combustion and Flame* **110**: 494–507.

Kumfer, B., and Kennedy, I. (2009). "The Role of Soot in the Health Effects of Inhaled Airborne Particles," in *Combustion Generated Fine Carbonaceous Particles*, Bockhorn, H., D'Anna, A., Sarofim, A. F., and Wang, H. eds., KIT Scientific Publishing, Karlsuher, pp 1–15.

Lai, F. S., Friedlander, S. K., Pich, J., and Hidy, G. M. (1972). "The Self-Preserving Particle Size Distribution for Brownian Coagulation in the Free-Molecule Regime," *J. Colloid Interface Science* **39**: 395.

Lee, W., and Na, Y. D. (2000). "Soot Study in Laminar Diffusion Flames at Elevated Pressure Using Two-Color Pyrometry and Abel Inversion." *JSME Int. J. B* **43**: 550–5.

Lefebvre, A. H. (1985). "Influence of Fuel Properties on Gas Turbine Combustion Performance," AFWAL-TR-84–2104, January.

Lindstedt, P. (1994). "Simplified Soot Nucleation and Surface Growth Steps for Non-Premixed Flames," in *Soot Formation in Combustion: Mechanisms and Models*, Bockhorn, H. ed., Springer-Verlag, New York.

Liscinsky, D., Colket, M. B., Hautman, D. J., and True, B. (2001). "Effect of Fuel Additives on Particulate Formation in Gas Turbine Combustors," AIAA 2001-3745, presented at the 37th AIAA Joint Propulsion Conference and Exhibit, Salt Lake City, Utah, July 8–11.

Liscinsky, D., and Hollick, H. (2008). "Effect of Particle Sampling Technique and Transport on Particle Penetration at the High Temperature and Pressure Conditions Found in Gas Turbine Combustors and Engines." Summary Report of Year 1 Activities, NASA Contract No. NNC07CB03C, United Technologies Research Center, East Hartford, CT, February 29.

Liscinsky D. S., and Hollick H. H. (2010). "Effect of Particle Sampling Technique and Transport on Particle Penetration at the High Temperature and Pressure Conditions Found in Gas Turbine Combustors and Engines." NASA contractor report, NASA/CR-2010-NNC07CB03C.

Liu, A. B., Mather, D., and Reitz, R. D. (1993). "Modeling the Effects of Drop Drag and Breakup on Fuel Sprays." SAE Technical Paper 930072.

Magnussen, B. F., and Hjertager, B. H. (1976). "On Mathematical Modeling of Turbulent Combustion with Special Emphasis on Soot Formation and Combustion," *Proceedings of the Combustion Institute* **16**: 719–29.

Malecki, R. E., Rhie, C. M., Mckinney, R. G., Ouyang, H., Syed, S. A., Colket, M. B., and Madabhushi, R. K. (2001). "Application of an Advanced CFD-Based Analysis System to the PW6000 Combustor to Optimize Exit Temperature Distribution – Part I: Description and Validation of the Analysis Tool." *Proceedings of ASME Turbo EXPO (2001-GT-0062)*, New Orleans, LA, June.

Marchal, C., Delfau, J.-L., Vovelle, C., Morèac, G., Mounaïm-Rousselle, C., and Mauss, F. (2009). "Modelling of Aromatics and Soot Formation from Large Fuel Molecules," *Proceedings of the Combustion Institute* **32**: 753–9.

Marinov, N. M., Pitz, W. J., Westbrook, C. K., Lutz, A. E., Vincitore, A. M., and Senkan, S. M. (1998). "Chemical Kinetic Modeling of a Methane Opposed-Low Diffusion Flame and Comparison to Experiments," *Proc. Comb. Inst.* **27**: 605–13.

Marsh, R., Crayford, A., Petzold, A., Johnson, M., Williams, P., Ibrahim, A., Kay, P., et al. (2010). "Studying, Sampling and Measurement of Aircraft Particulate Emissions II (SAMPLE II) – Final Report." Research Project EASA, 2009, European Aviation Safety Agency, November.

Melius, C. F., Miller, J. A., and Evleth, E. M. (1993). "Unimolecular Reaction Mechanisms Involving C3H4, C4H4, and C6H6 Hydrocarbon Species," *Proc. Comb. Inst.* **24**: 621–8.

Mensch, A., Santoro, R. J., Litzinger, T. A., and Lee, S.-Y. (2010). "Sooting Characteristics of Surrogates For Jet Fuels," *Combust. Flame* **157**: 1097–105.

McCrain, L. L. and Roberts, W. L. (2005). "Measurements in the Soot Volume Field in Laminar Diffusion Flames at Elevated Pressures." *Combust. Flame*, **140**: 60–9.

McEnally, C., and Pfefferle, L. (2009). "Sooting Tendencies of Nonvolatile Aromatic Hydrocarbons," *Proc. Comb. Inst.* **32**: 673–9.

McEnally, C., Shaffer, A., Long, M. B., Pfefferle, L., Smooke, M. D., Colket, M. B., and Hall, R. J. (1998). "Computational and Experimental Study of Soot Formation in a Coflow, Laminar Ethylene Diffusion Flame," *Proc. Comb. Inst.* **27**: 1497–505.

McVey, J. B., Russell, S., and Kennedy, J. B. (1987). "High-Resolution Patternator for the Characterization of Fuel Sprays." *Journal of Propulsion and Power* **3**: 202–9.

McKinnon, J. T., and Howard, J. B. (1992). Twenty-Fourth Symposium (International) on Combustion, The Combustion Institute, Pittsburgh, PA, p. 965.

Miller, J. A., and Klippenstein, S. J. (2001). "The Recombination of Propargyl Radicals: Solving the Master Equation," *J. Phys. Chem. A* **105**: 7254–66.

  (2003). "The Recombination of Propargyl Radicals and Other Reactions on a C6H6 Potential," *J. Phys. Chem. A* **107**: 7783–99.

Miller, J. A., and Melius, C. F. (1992). *Combust. Flame* **91**: 21–39.

Moses, C. (1984). "U.S. Army Alternative Gas-Turbine Fuels Research: MERADCOM." *Combustion Problems in Turbine Engines*, AGARD-CP-353, January, pp. 7–1 to 7–10.

Mosier, S. A. (1984). "Fuel Effects on Gas Turbine Combustion Systems." *Combustion Problems in Turbine Engines*, AGARD-CP-353, January, pp. 5–1 to 5–15.

Mueller, M. E., Blanquart, G., and Pitsch, H. (1975). "Hybrid Method of Moments for Modeling Soot Formation and Growth," *Combust. Flame* **156**: 1143–55.

Mulcahy, M. F. R., and Young, B. C. (1975). "Reaction of Hydroxyl Radicals with Carbon at 298 K," *Carbon* **13**: 115.

Nagle, J., and Strickland-Constable, R. F. (1962). "Oxidation of Carbon between 1000-2000°C," in *Proceedings of Fifth Carbon Conference* **1**: 154, Pergamon Press, Inc., Oxford.

Neoh, K. G., Howard, J. B., and Sarofim, A. F. (1980). "Effect of Oxidation on the Physical Structure of Soot," in *Particulate Carbon*, Siegla, D. C. and Smith, B. W. eds., Plenum Press, New York, p. 261.

  (1984). "Effect of Oxidation on the Physical Structure of Soot," *Proc. Combust. Inst.* **20**: 951.

Norgren, C. T., and Ingebo, R. D. (1975). "Particulate Exhaust Emissions from an Experimental Combustor." Lewis Research Center, NASA Technical Memorandum, NASA TM X-3254, June.

Odgers, J., and Kretschmer, D. (1984). "The Effects of Fuel Composition upon Heat Transfer in Gas Turbine Combustors," in *Combustion Problems in Turbine Engines*, AGARD-CP-353, January, pp. 8–1 to 8–10.

O'Rourke, P. J. (1981). *Collective Drop Effects on Vaporizing Liquid Sprays*, PhD dissertation, Princeton University.

O'Rourke, P. J., and Amsden, A. A. (1987). "The TAB Method for Numerical Calculation of Spray Droplet Breakup." SAE Technical Paper 872089.

Palmer, H. B., and Cullis, C. F. (1965). "The Formation of Carbon from Gases," in "Chemistry and Physics of Carbon," Walker, P. L. ed., Marcel Dekker, NY, p. 265.

Park, S. H. and Rogak, S. N. (2004). "A Novel Fixed-Sectional Model for the Formation and Growth of Aerosol Agglomerates." *Journal of Aerosol Sciences*, pp. 1385.

Penner, J. E., Lister, D. H., Griggs, D. J., Dokken, D. J., and McFarland, M., eds. (1999). "Aviation and the Global Atmosphere," in *Intergovernmental Panel on Climate Change, A Special Report of Working Groups I and II*, Cambridge University Press.

Priemus, H., and Schutte-Postma, E. (2009). "Notes on the Particulate Matter Standards in the European Union and the Netherlands." *Int. J. Environ. Res. Public Health* 6(3): 1155–73.

Rao, A. D. (1989). "Process for Producing Power." *U.S. Patent* 4,829,763, May.

Richter, H., Granata, S., Green, W. H., and Howard, J. B. (2005). "Detailed Modeling of PAH and Soot Formation in a Laminar Premixed Benzene/Oxygen/Argon Low-Pressure Flame," *Proc Comb. Inst.* 30: 1397–405.

Roth, P., Brandt, O., and Von Gersum, S. (1991). "High Temperature Oxidation of Suspended Soot Particles Verified by CO and CO2 Measurements," *Proc. Comb. Inst.* 23: 1485–91.

Sampath, P., and Gratton, M. (1984). "Fuel Character Effects on Performance of Small Gas Turbine Combustion Systems," in *Combustion Problems in Turbine Engines*, AGARD-CP-353, January, pp. 6–1 to 6–12.

Singh, J., Balthasar, M., Kraft, M., and Wagner, W. (2005). "Stochastic of Soot Particle Size and Age Distributions in Laminar Premixed Flames," *Proc. Comb. Inst.* 30: 1457–66.

Smooke, M. D., Hall, R. J., Colket, M. B., Fielding, J., Long, M. B., McEnally, C. S., and Pfefferle, L. D. (2004). "Investigation of the Transition from Lightly Sooting Towards Heavily Sooting Co-Flow Ethylene Diffusion Flames," *Comb. Theory and Modelling* 8: 593–606.

Smooke, M. D., Long, M. B., Connelly, B. C., Colket, M. B., and Hall, R. J. (2005). "Soot Formation in Laminar Diffusion Flames," *Comb. Flame* 143: 613–28.

Smooke, M. D., McEnally, C. S., Pfefferle, L. D, Hall, R. J., and Colket, M. B. (1999). "Computational and Experimental Study of Soot Formation in a Coflow, Laminar Diffusion Flame," *Comb. Flame* 117: 117–39.

Smooke, M. D., Yetter, R. A., Parr, T. P., Hanson-Parr, D. M., Tanoff, M. A., Colket, M. B., and Hall, R. J. (2000). "Computational and Experimental of Ammonia Perchlorate/Ethylene Counter Flow Diffusion Flames," *Proc. Comb. Inst.* 28: 2013–20.

Smoluchowski, M. (1916). "Drei Vorträge über Diffusion, Brownsche Molekularbewegung und Koagulation von Kolloidteilchen," *Physik. Zeit.* 17: 557–71, 585–99.

Snyder, T. S., Stewart, J. F., Stoner, M. D., and McKinney, R. G. (2001). "Application of an Advanced CFD-Based Analysis System to the PW6000 Combustor to Optimize Exit Temperature Distribution. – Part II: Comparison of Predictions to Full Annular Rig Test Data." *Proceedings of ASME Turbo EXPO (2001-GT-0064)*, New Orleans, LA, June.

Thomson, K. A., Gulder, O. L., Weckman, E. J., Fraser, R. A., Smallwood, G. J., and Snelling, D. R. (2005). "Soot Concentrations and Temperature Measurements in Annular, Non-premixed, Laminar Flames at Pressures up to 4 MPa." *Combustion and Flame*, February, 140(3): 222.

Tolpadi, A. K., Danis, A. M., Mongia, H. C., and Lindstedt, R. P. (1997). "Soot Modeling in Gas Turbine Combustors." ASME Paper 97-GT-149.

Tsang, W. (Organizing Chair) (2003). "Workshop on Combustion Simulation Databases for Real Transportation Fuels." National Institute of Standards and Technology, Gaithersburg, MD, September 4–5.

U.S. Environmental Protection Agency. (1997). National Ambient Air Quality Standards for Particulate Matter: Final Decision, Federal Registrar, 62 FR 38652, July 18.

Violi, A., Kubota, A., Truong, T. N., Pitz, W. J., Westbrook, C. K., and Sarofim, A. F. (2002). "A Fully Integrated Kinetic Monte Carlo Molecular Dynamics for the Simulation of Soot Precursor Growth," *Proc. Combust. Inst.* **29**: 2343–9.

Violi, A., Sarofim, A. F., and Voth, G. A. (2004). "Kinetic Monte Carlo-Molecular Dynamics Approach To Model Soot Inception," *Combust Sci. Technol.* **176**: 991–1005.

Von Gersum, S., and Roth, P. (1990). "High temperature oxidation of soot particles by. O atoms and OH radicals," *J. Aerosol Science* **21**: S31–S34.

(1992). "Soot oxidation in high temperature N2O/Ar and NO/Ar mixtures," *Proc. Combust. Inst.* **24**: 999–1006.

Wagner, H. Gg. (1979). "Soot Formation in Combustion," *Proc. Combust. Inst.* **17**: 3.

Waldmann, L., and Schmitt, K. H. (1966). Chapter 6 in *Aerosol Science*, Davies, C. N. ed., Academic Press.

Wang, H. (2011). "Formation of Nascent Soot and Other Condensed-Phase Materials in Flames." *Proc. Combust. Inst.* **33**: 41–67.

Wayson, R. L., Fleming, G. G., and Lovinelli, R. (2009). "Methodology to Estimate Particulate Matter Emitting from Certified Commercial Aircraft Engines." *J. Air & Water Management Assoc.* **59**: 91–100.

Wey, C. C., Anderson, B. E., Hudgins, C., Wey, C., Li-Jones, X., Winstead, E., Thornhill, L. K. et al. (2006). "Aircraft Particle Emissions eXperiment (APEX)." NASA/TM-2006-214382, ARL-TR-3903, Cleveland, OH, September.

Wey, C. C., Anderson, B. E., Wey, C., Miake-Lye, R. C., Whitefield, P., and Howard, R. (2007). "Overview on the Aircraft Particle Emissions Experiment." *Journal of Propulsion and Power* **23**: 898–905.

Willeke, K., and Baron, P. A., eds. (1993). *Aerosol Measurement, Principles, Techniques, and Applications*, Van Nostrand Reinhold, New York.

Wolff, G. T. (1996). "Closure by the Clean Air Scientific Advisory Committee (CASAC) on the Staff Paper for Particulate Matter." EPA-SAB-CASAC-LTR-96-008, U.S. Environmental Protection Agency, Washington, DC.

Wood, A. D. (1975). "Correlation between Smoke Measurements and the Optical Properties of Jet Engine Smoke." Society of Automotive Engineering Paper 751119.

Woods, I. T., and Haynes, B. S. (1994). "Active Sites in Soot Growth," in *Soot Formation in Combustion – Mechanisms and Models*, Bockhorn, H. ed., SpringerVerlag, Berlin, pp. 275–89.

Wu, C. H., and Kern, R. D. (1987). "Shock-Tube Study of Allene Pyrolysis," *J. Phys. Chem* **91**: 6291–6.

Xu, F., El-Leathy, A. M., Kim, C. H., and Faeth, G. M. (2003). "Soot Surface Growth in Laminar Hydrocarbon/Air Diffusion Flames," *Combust. Flame* **132**: 43–57.

Xu, F., Lin, K-C., and Faeth, G. M. (1998). "Soot Formation in Laminar Premixed Methane/Oxygen Flames at Atmospheric Pressure," *Comb. Flame* **115**: 195–209.

Xu, F., Sunderland, P. B., and Faeth, G. M. (1997). "Soot Formation in Laminar Premixed Ethylene/Air Flames at Atmospheric Pressure," *Combust. Flame* **108**: 471–93.

Yang, Y., Boehman, A. L., and Santoro, R. J. (2007). "A Study of Jet Fuel Sooting Tendency Using the Threshold Sooting Index (TSI) Method," *Combust. Flame* **149**: 191–205.

Zhang, Q., Guo, H., Liu, F., Smallwood, G. J., and Thomson, M. J. (2009). "Modeling of Soot Aggregate Formation and Size Distribution in a Laminar Ethylene/Air Coflow Diffusion Flame with Detailed PAH Chemistry and an Advanced Sectional Aerosol Dynamics Model," *Proc. Combust. Inst.* **32**: 761–8.

第6章
气体的气溶胶前体

Richard C. Miake-Lye

6.1 引 言

由于喷气式飞机在起飞时留下的可见烟迹,人们对飞机颗粒物的排放问题在早在20世纪60年代就已提出。这些问题导致在20世纪70年代对于飞机发动机出现了一个排放认证要求,即要求进行烟雾排放测量(SN),以控制排气中的可见颗粒物。对颗粒物排放影响的了解自20世纪70年代开始有了很大的进展,并且出现了更多的关于在20世纪60年代提出的黑色烟迹的主要构成物质——碳质烟尘的知识,以及其他的排放物怎样聚集和增加颗粒数量、质量的相关知识。后者的产生主要是由于气体的排放物是燃烧的产物,还携带低压蒸汽。从热力学上来讲,低压蒸汽在大气中倾向于作为排气的混合物和冷却物使用。这些可冷凝物体是气体气溶胶前体,并且它们对控制颗粒物污染所作的贡献一直被相关重要领域的科研和监管部门关注着。

与所有的碳氢燃料的消耗对象一样,燃气涡轮发动机排放的燃烧产物主要是CO_2和水蒸气。除了这些主要燃烧产物外,废气的排放物也包括不完全燃烧产物,这是由于在低燃烧效率(对于现代飞机在巡航时的发动机效率来说非常小)以及燃烧过程中形成的污染物,如NO_x和SO_x,除了与燃烧相关的排放物外,最近的研究表明,来自润滑系统的排放物也造成了废气中的排放物颗粒的产生。这些不同的排放物包括气体物质和颗粒物。

因为飞机的燃气涡轮喷气发动机是通过排气来进行推进的,相对于其他类型的排气,飞机发动机排气的温度和速度都特别高。这些排气条件决定了与典型地面车辆或工厂烟囱相比,涡扇发动机、涡轴发动机或涡喷发动机的气体和微颗粒排放类型是不同的。发动机出口平面的高温意味着许多物体会凝聚成微粒从发动机中以气态物质排出。

出于监管目的,必须对废气排放进行测试。对于大多数的排放源,可以定义一个排出出口点,如烟囱的顶部或排气尾管的末端。对于飞机的发动机而言,发动机的出口面是确定排放出口点的合理位置,并且对发动机出口面半径的测量也常被用于定位认证测量,此方法已经采用了几十年(图6.1)。这种方式确保了通过发动机的出口温度决定颗粒和前体气体之间的平衡,且颗粒的挥发性成分必然在发动机出口处的气相中表现出来。

图6.1 研究计划已经测试了发动机进口面和不同的下游位置的发动机尾气排放

(在航空颗粒物排放试验(APEX1)中,来自美国航空航天局的CFM55-2C1的PM排放量在1m、10m和30m的位置做了测试(Wey等,2007;在APEX的专门章节JPP)。认证测试在专门的发动机试验室的出口平面通过多点探针的方法进行,而不是在翼上测量,因此与这张图像有很大不同(照片来源于NASA))

这些气溶胶颗粒的演变过程取决于排气与周围大气的混合过程,而这又取决于环境的温度、压力和相对湿度以及任何环境背景下的污染气体。这些环境条件可能会有很大的变化，因为飞机可以从地面穿过大气层，可能是在一个污染的城市环境中，往上可以到平流层，这都取决于飞机和它的飞行路径。因此，气溶胶前体从气相到颗粒的相变程度和性质取决于飞机飞行的当地环境。并且虽然主要过程可能涉及低气压物种组成新的粒子或冷凝成现有的粒子，但在某些特定的条件下，颗粒或它们的表面涂层可能蒸发，尤其是在排气流进一步稀释使气溶胶前体浓度降低时（Miracolo 等，2011）。

本章关注的是气体气溶胶前体的不同物质，通过识别重要的物质和讨论它们的排放、测量以及它们如何影响颗粒物排放。这一直是一个热门的研究领域，并且研究人员有希望会在未来几年取得重大的进展。在过去的几十年中，人们已经了解了很多包括粒子微观物理学和飞机的粒子排放的发展，本章总结了目前已经掌握的一些内容。

6.1.1 气体前体排放物质

几十年来，人们对主要污染物 NO_x 和 CO 的排放问题进行了管控。除了 NO_x 和 CO 的排放外，因为燃料中含有硫，排放物中还包括硫氧化合物 SO_x。燃料中硫的含量也受到限制，并且是通过燃油规范限制而不是通过排气测量。部分燃料也被规定为"未燃烧的碳氢化合物"，即 UFC，它的含义是由多种有机物组成的不完全燃烧气体产物（CO 以外）的废气排放。

在飞机燃气涡轮发动机中构成气溶胶前体的主要物质是 SO_x 和有机排放物系列中的部分物质（表6.1）。因为硫化物 SO_x 的最大质量被认定为 SO_2，并且有机排放物大多数为有机小分子（$C1$，$C2$，$C3$，…），气体的气溶胶前体是一个更小结构的 SO_x 和有机物的部分物种结合的物质，并且具有足够的低压蒸汽，在环境条件下呈凝聚相。就 SO_x 的而言，其相关的物质是硫酸即 H_2SO_4。对于有机物，相关物质包括较大的碳氢化合物（包括 PAH）和燃料 HC 不完全燃烧产生的部分氧化物质 HC。当燃烧效率降低时，尽管在这些低功率条件下燃油使用量也较低，并且在功率高于慢车时显著减少，这些有机碳的排放也会在低功耗时增加。有机物质的范围包括：碳氢化合物（HC）燃料及其片段；部分氧化 HCs；在燃烧过程中形成的芳香烃物质，如多环芳烃（PAH）；进入排气流的润滑油。SO_x 和有机物这两类物质是主要的气体气溶胶前体，其在飞机发动机的排气中的颗粒物中起重要的作用。

表6.1 飞机近场尾流中挥发性颗粒物质量的物种来源

发动机中来源	发动机燃烧室出口物种组分	发动机涡轮和早期尾流种类	近场尾流物种
燃料硫化合物：硫化物、二硫化物和苯并噻吩	气态 SO_2	气态 SO_2 1%气态 SO_3（来自 SO_2 的部分氧化）	气态 SO_2 约1% H_2SO_4（来自 SO_3 与 H_2O 的反应）
燃料碳氢化合物：液态脂肪族和芳香族碳氢化合物	气态 CO_2 少量的气态 CO，在燃烧室中全部为气态的脂肪族、芳香族和含氧有机物	关键物种可能进一步氧化	气态 CO_2 少量的气态 CO，大多数为气态的脂肪族、芳香族和含氧有机物
润滑系统通风		润滑油	润滑油

注：近场尾流中的 SO_x 和有机排放物大多是气态物质，只有一小部分 SO_x 会变成可冷凝的 H_2SO_4，且只有一小部分排放的碳氢化合物（HC）（见6.1.4节）变成可冷凝的有机物质

现有法规要求对推力额定值大于 26.7kN（6000lb）的飞机燃气涡轮发动机进行认证时，需测量 CO、NO_x 和未燃烧有机物排放量（Lister 和 Norman，2003）。其中，CO 在粒子形成过程中不起作用。NO_x 长期以来一直被认为是污染物中的重要组成部分，虽然航空排放物中 NO_x 对大气颗粒物的影响已经有过系统性分析（Woody 等，2011），但对飞机尾流的测量表明 NO_x 在飞行器附近的颗粒物微观物理学中没有发挥重要作用。因为 NO_x 和 CO 在第 7 章进行了广泛讨论，所以此处不做详细赘述。

6.1.2 对 SO_x 和 UHC 的现有规定

（1）SO_x。大部分的石油成分中都含有一定量的硫，如硫化物、二硫化物和苯并噻吩，这些成分根据石油原料来源有很大的差异。在燃料中硫的含量受喷气式飞机 A 和 A1 的燃料规格限制，都小于 $3000×10^{-6}$（质量）或者 0.3% 的含量。大多数燃料都远低于这一标准，并且由于近年来在世界许多地方对柴油燃料实施的规定，将来航空燃料中可能进一步降低燃料的含硫量。航空飞行器燃料中通常的含硫量在 200~1200 的范围内，由于 SO_x 的排放水平受燃料硫含量的限制，而燃料硫含量更多地受到原料和燃料库运输问题的限制，而不是法规限制。

（2）UHC。从历史上来看，控制有机物排放的方法是通过使用"火焰离子化检测器"（FID）来量化"未燃烧的碳氢化合物"（UHC），该方法已经通

过认证。然而，并不是所有的有机物质都能被 FID 很好地测量，也不是所有的有机物质有同样的健康和环境影响，并且这些有机物只有很少一部分具有足够低的蒸汽压力对粒子的形成产生作用。更大比例的有机排放物在进一步处理后会促进大气中颗粒物形成（Miracolo 等，2011；Presto 等，2011），但仍是以气相通过最初的排气流。对于所有的有机排放物，因为它们自身的毒性、致癌特性、在污染化学中的作用，以及根据本章的重点，它们在形成颗粒中的作用等，人们越来越关注对这些特定物质排放水平的解决方法（Wood，2008）。

当前标准的 FID 技术通过在氢气火焰中测试碳原子的电离来测量气体排放物中的含碳成分。从这个意义上说，FID 可 "计算碳" 和识别含碳气体中的含碳量。因此，对于没有含碳气体的物种的形成过程，只能对气体物种中碳的总量进行定量分析（一个碳代表 CH_4，两个碳代表 C_2H_4 等）。

FID 测试也有局限性。首先，正如前面提到的，没有物种形成的信息。C_2H_4 的测量看上去与芘的测量没有什么不同，因为 C_2H_4 有两个碳原子而芘有 16 个碳原子。如果用 C_2H_4 的摩尔浓度高 8 倍的说法来解释不同的碳含量（或者如果它们的浓度被调整来解释其不同的碳含量），那这两个物质在 FID 技术下看起来是相同的。然而，在气体气溶胶前体的环境内，芘是一个重要的可凝结物质，而在排气流中 C_2H_4 不会导致气溶胶的形成过程。因此，目前关于 UHC 的准则和用于测量这些物种的方法中，并没有区分保留在气相中的 UHC 和那些能够产生气溶胶质量的 UHC（通常是 UHC 总排放量很小但占很重要一小部分）。

FID 的第二个局限性是，由于相关的化学电离过程，任何含氧的 HCs 在 FID 测试中的灵敏度都有所降低。基本上，在最初的物质化学结构中，任何碳原子连着一个氧原子在 FID 的测试中都不会被计数。因此，甲醛，一个对于飞行器发动机重要的 UHC 排放物，不会被 FID 测试测定。较大的醛类物质（如 C4 醛、正丁醛），因为有一个氧结合碳导致其通过实际上比它们包含的更少的碳，反而使 UFC 测试更容易（正丁醛算作 3 个碳原子，尽管它有 4 个）。这个限制有两个后果：一是 FID 的测量低估了 HC 的排放量；二是 FID 的测量灵敏度较低，某些含氧物质的蒸汽压力较低，这类物质在气溶胶过程中发挥了更大的作用。

在测试有机气体气溶胶气体中 FID 测试技术时，除了上述问题外，其量化还有以下问题：有机物的排放水平随着碳数量的增加而降低，参与凝结过程的更大的分子有更低的蒸汽压力。这种低浓度和低蒸汽压力的结合使得对它们的测量变得困难，给采样带来挑战性，因为测量灵敏度必须很高，并且由于采样系统中可能的冷凝损失，原本很小的浓度可能会进一步降低。

由于这些原因，也包括测量挑战和潜在的健康和环境影响，最近的排放研究都集中在 HC 排放的形态研究（图 6.2），特别是为了更好地量化不完全燃烧的产物和识别那些已知的重要健康危害物的排放（FAA-EPA，2009）。

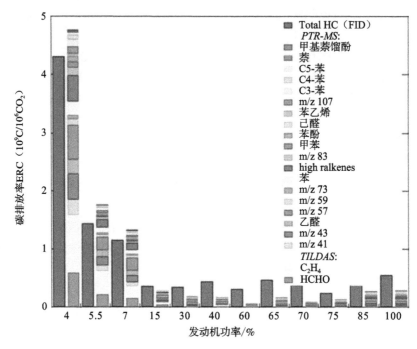

图 6.2 发动机不同功率下的碳氢化合物排放（Yelvington，2007；Knighton，2007）

（将氢火焰离子检测器所测量的结果与更详细的可调谐红外极光半导体吸收光谱（TILDAS）和质子转移反应-质谱（PTR-MS）测量结果进行比较。最相关的可冷凝物质甚至比萘还要大，这些物质包括更大的烷烃、PAH 和含氧化合物，如有机酸（美国国家航空航天局/TM-2006-214382 APEX 报告））

6.1.3 气体排放物在 A/C 内的排气：SO_x 和有机物的气体到颗粒的转换

粒子形成、成长和互相影响的过程在过去的几十年里已经引起了越来越多的关注，不论是科学认识还是对其管理控制，它们对人类健康和环境的污染已经成为了焦点。那些控制粒子属性如数量、尺寸、组成和形态的微观过程已经有了显著的效果，也促进了在该领域的理解和在同一时期的测量水平的极大进步。对飞机 PM 的关注也已经变为了一个焦点，并且对航空排放颗粒物微观物理过程的理解程度也明显提高。

喷气燃料中的含硫化合物在飞机燃烧室中具有较好的氧化效率，这使得大多数燃料中的硫是作为 SO_2 排放的。这种 SO_2 对大气中的颗粒物非常重要，因为它主要的去除过程是通过进一步发生氧化过程产生 SO_3，然后与水发生作用形成 H_2SO_4。H_2SO_4 有一个非常低的蒸汽压力，并且很容易凝结成现有的或者新的颗粒。无论是在机场还是在高层大气巡航期间，离开飞机发动机的 SO_2 与周围环境的气体混合之后发生氧化，都有利于颗粒物的形成，并且从化学和微观物理学来说，它有助于降低排放物地区的环境污染水平，但这个过程比飞机的排气过程的时间更长。

尽管大部分燃料硫是以 SO_2 的形式排放的，但有大约百分之几的硫是以 SO_3 的形式排放到废气中的（Kfircher 等，2000）。虽然这似乎是一个几乎可以忽略不计的数量，但非常低的蒸汽压力和 H_2SO_4 的易结合性使得这种氧化形式的硫在排放物附近的适度排放显得非常重要。利用燃烧产生的大量水，排放的 SO_3 可以迅速转化为 H_2SO_4（Kolb，1994），并且 H_2SO_4 能形成新的粒子，并在排放的烟尘颗粒上形成包裹层（Miake-Lye，1994；Karcher，1995；Brown，1996）。因此，即便一小部分的含硫燃料在第一次排放时就能以 H_2SO_4 的形式排放，由于 H_2SO_4 可组成新粒子和凝结现有颗粒表面的特性，这使得在尾流和大气中 SO_x 都成为了一个重要的排放物质。

环境项目研究人员对飞机尾流附近的 H_2SO_4 在形成新的颗粒中的作用过程进行了第一次研究，该研究集中在平流层飞行的超声速飞机和对平流层的潜在影响，如臭氧消耗（Miake-Lye，1994；Zhao 和 Turco，1995）。建立的 H_2SO_4 气溶胶形成的详细微观物理模型（Karcher，1995；Brown，1996）和飞行测量（Fahey，1995；Anderson，1998；Toon 和 Miake-Lye，1998；Schumann，2002）证实了挥发性颗粒存在于飞行中的飞机尾流中。

量化与这些颗粒相关的硫含量是一项挑战，因为很难获得易反应且带"黏性"的硫酸物种的准确测量值，但据估测有约百分之几的燃料硫被转化为 H_2SO_4，该说法得到了广泛支持（Kärcher 等，2000）。事后看来，量化硫含量的另一个复杂因素是挥发性颗粒的有机成分中也有硫酸盐成分。这对燃料中的硫向 SO_3 或 H_2SO_4 转化质量的计算非常重要，因为当有机物也起作用时，并非所有的挥发性颗粒质量都是由 SO_x 引起的。在地面测量中，有机物的作用在不同的发动机设计之间也有很大的差异，也需要适当考虑，以进一步量化 H_2SO_4 的具体成分。

从建模的结果来看（Karcher，1995；Brown，1996；Karcher 和 Yu，2009；Wong 和 Miake-Lye，2010），研究人员发现，这些粒子由 H_2SO_4 和水组成，H_2SO_4 极高的成核潜力是其能快速形成许多非常小的颗粒物的关键。这些大量的小颗粒凝结并且形成一个小的颗粒的"成核模式"，其大小由在发动机出口

平面的 H_2SO_4 浓度决定，且与排气和飞机尾迹内的废气的稀释过程相关。稀释过程决定了排气温度和排气与环境大气的混合过程，并且决定了 H_2SO_4 颗粒是如何形成新的颗粒、新的颗粒的成长和现有烟尘颗粒的沉积。因此，硫酸盐的挥发性对颗粒物的作用是通过新的颗粒形成，增加颗粒数以增加粒子质量，这既是因为这些新颗粒的生长，也是因为烟尘颗粒上形成的涂层。挥发性在对新颗粒成核模式和在煤烟颗粒的外包裹层的作用之间的平衡取决于排放的 H_2SO_4 水平和在排气流中烟尘颗粒的数量。

尽管大部分建模研究的重点放在了烟尘、H_2SO_4 和水上，但最近的工作也包括了有机物质和其他排放物的相互作用（Jun，2011）。这项新的研究探讨了有机物质在增加成核模型的颗粒和在烟尘颗粒的包裹层的质量中的作用。因此，它侧重有机物，其具有的相关物理性质能够激活烟尘表面并且参与凝结过程，如芘、苯 [a] 芘、晕苯、丙酮、丙酸和丁酸。然而，考虑到可用的有机物种的浓度范围和预期的 H_2SO_4 水平与当前燃料中的含硫水平，这些模型研究中 H_2SO_4 在凝结新颗粒的主导作用将被集中研究。

6.1.4 有机物形成和 HAP

基于对 H_2SO_4 在成核和形成挥发性颗粒中的作用的早期认识，研究对挥发性颗粒物排放的最初关注点是硫酸盐水平和对其贡献的量化（Fahey 等，1995；Brown 等，1996；Schumann 等，2002）。后来，使用气溶胶质谱仪对飞机颗粒物进行了详细的尺寸分辨成分测量，以量化现有商用机队的颗粒物排放（安德森等，2005；Onasch 等，2009；Timko 等，2010）。这些成分测量清楚地表明，有机物质不仅对挥发性颗粒物有显著贡献，而且在低功率、接近慢车的发动机运行条件下，通常会控制 PM 的质量（Onasch 等，2009；Timko 等，2010）。在更高的功率下，当发动机运行接近峰值燃烧效率时，硫酸盐和有机物之间的水平在近场尾流中往往变得更加接近平衡，但有机物的研究对当前的发动机技术和当今燃料中硫含量计算仍然很重要。

在飞机排放的有机物质中，只有一小部分具有足够低的蒸气压力，可以参与近场尾流的凝结过程。飞机废气排放的综合有机形态测量已经得出了这些排放的详细物种分布图，特别是在低功率发动机运行时（Spicer，1992、1994；Knighton，2007；Yelvington，2007；Wood，2008）。EPA SPECIATE 数据库记录了使用标准喷气燃料运行的稳定且相对不变的排放截面（表 6.2；美国联邦航空局环境保护局，2009）。商用飞机燃气涡轮发动机燃烧的喷气发动机 A 或喷气发动机 A1，大多数商用喷气燃料的典型燃料组成比中燃料偏小，特别是芳烃和硫含量更小。有趣的是，常见的飞行器喷气燃料燃烧时，有机碳排放的总量随着推力和环境温度变化明显,但是有机物形成与排放的变化水平却变化不明显,无论是因为发动机功率在慢车运行、环境变化条件下还是特定发动机技术测试中的变化。也就是说,随着有机排放物的上升或下降,它们的相对比例变化不大。单个物种的浓度在接近慢车运行时大多一起上升和下降,并且对所有飞机燃气涡轮发动机类型都是相似的(Knighton 等,2007)。然而,这些有机物中的大部分具有太高的蒸汽压力而不能形成颗粒。

表6.2 装有涡轮风扇发动机、涡轮喷气发动机和涡轮螺旋桨发动机的飞机的特殊气相有机气体分布图

化合物	CAS 注册号[a]	质量分数	化合物	CAS 注册号[a]	质量分数
1,2,3-trim ethylbenzene	526-73-8	0.00106	glyoxal	107-22-2	0.01816
1,2,4-trim ethylbenzene	95-63-6	0.00350	isobutene/1-butene	106-98-9	0.01754
1,3,5-tnm ethylbenzene	108-67-8	0.00054	isopropylbenzene[d]	98-82-8	0.00003
1,3-butadiene[d]	106-99-0	0.01687	isovaleraldehyde	590-86-3	0.00032
1-decene	872-05-9	0.00185	methacrolein	78-85-3	0.00429
1-heptene	25339-56-4	0.00438	methanol[d]	67-56-1	0.01805
1-hexene	592-41-6	0.00736	methylglyoxal	78-98-8	0.01503
1-methyl naphthalene	90-12-0	0.00247	m-ethyltoluene	620-14-4	0.00154
1-nonene	124-11-8	0.00246	m-tolualdehyde	620-23-5	0.00278
1-octene	25377-83-7	0.00276	m-xylene and p-xylene[d]	108-38-3/ 106-42-3	0.00282
1-pentene	109-67-1	0.00776	naphthalene[d]	91-20-3	0.00541
2-m ethyl-1-butene	563-46-2	0.00140	n-decane	124-18-5	0.00320
2-m ethyl-1-pentene	763-29-1	0.00034	n-dodecane	112-40-3	0.00462
2-m ethyl-2-butene	513-35-9	0.00185	n-heptadecane	629-78-7	0.00009
2-m ethyl-naphthalene[e]	91-57-6	0.00206	n-heptane	142-82-5	0.00064
2-m ethylpentane	107-83-5	0.00408	n-hexadecane	544-76-3	0.00049
3-m ethyl-1-butene	563-45-1	0.00112	n-nonane	111-84-2	0.00062
4-m ethyl-1-pentene	691-37-2	0.00069	n-octane	111-65-9	0.00062

续表

化合物	CAS 注册号[a]	质量分数	化合物	CAS 注册号[a]	质量分数
acetaldehyde[d]	75-07-0	0.04272	n-pentadecane	629-62-9	0.00173
acetone	67-64-1	0.00369	n-pentane	109-66-0	0.00198
acetylene	74-86-2	0.03939	n-propylbenzene	103-65-1	0.00053
acrolein[d]	107-02-8	0.02449	n-tetradecane	629-59-4	0.00416
benzaldehyde[e]	100-52-7	0.00470	n-tridecane	629-50-5	0.00535
benzene[d]	71-43-2	0.01681	n-undecane	1120-21-4	0.00444
butyraldehyde	123-72-8	0.00119	o-ethyltoluene	611-14-3	0.00065
cl4-alkane	No CAS	0.00186	o-tolualdehyde	529-20-4	0.00230
cl5-alkane	No CAS	0.00177	o-xylene[d]	95-47-6	0.00166
cl6-alkane	No CAS	0.00146	p-ethyltoluene	622-96-8	0.00064
cl8-alkane	No CAS	0.00002	p-tolualdehyde	104-87-0	0.00048
c4-benzene+ c3-aroald	No CAS	0.00656	phenol[d]	108-95-2	0.00726
c5-benzene+ c4-aroald	No CAS	0.00324	propane	74-98-6	0.00078
cis-2-butene	590-18-1	0.00210	propionaldehyde[d]	123-38-6	0.00727
cis-2-pentene	627-20-3	0.00276	propylene	115-07-1	0.04534
crotonaldehyde	4170-30-3	0.01033	styrene[d]	100-42-5	0.00309
dim ethylnapthalenes	28804-88-8	0.00090	toluene[d]	108-88-3	0.00642
ethane	74-84-0	0.00521	trans-2-hexene	4050-45-7	0.00030
ethylbenzene[d]	100-41-4	0.00174	trans-2-pentene	646-04-8	0.00359
ethylene[f]	74-85-1	0.15461	valeraldehyde	110-62-3	0.00245
formaldehyde[d,f]	50-00-0	0.12310	unidentified[b]	NA	0.29213
Sum of all compounds					1.00000

注:[a]化学文摘代码（CAS[b]）见本报告2.1节关于未鉴定物种的讨论。用于配备涡轮风扇发动机、涡轮喷气发动机和涡轮螺旋桨发动机的商用、军用、通用航空和空中滑行飞机。[d]在《美国民航法》第112节中被确定为高致病性禽流感（上图阴影部分）。* 在 IRIS 中被识别为具有毒性特征（上阴影部分）。[f]根据技术支持文件中显示的数值进行调整，并采用四舍五入，便于将数据纳入专业数据库（其中要求的数值总和为1.00000）。本表中的数值可能会在将来有额外的发动机数据时进行修订。（资料来源：FAA-EPA, 2009）

值得注意的是，许多有机排放物，包括气态排放物和气溶胶前体排放物，都被 EPA 认为是有害的空气污染物（HAP），因此对其进行更好的量化是出于多种原因。在这种情况下，EPA 也将非挥发性烟尘排放视为 HAP，一些有机物，如有 PAH，是通过导致烟尘形成的相同热解途径产生的。因此，PAH 有机气溶胶前身是与以煤烟为代表的非气态 HAP，两者是同时产生的。

参与颗粒过程的较大的有机分子在全功率运行下具有较低浓度（Knighton，2007；Yelvington，2007；Wood，2008），并且不像主导物质外形的 HC 一样地急剧减少（Timko，2010）。这些凝结物质的详细种类至今尚未确定，但是许多研究表明，PAH 和有机酸是非常重要的。气溶胶质谱仪的详细分析数据使用了一种称为正矩阵分解的方法识别 3 类排气物在尾流中对有机 PM 的贡献（Timko，2010），以及任何可能参与的环境影响有机物。这些种类分别是脂肪族化合物、芳烃和润滑油。据推测，这一系列相关物质贡献了较小的浓度，特别是脂肪族化合物和芳烃。

尽管有机排放曲线与发动机类型和功率相对不变，但最近对替代燃料的研究表明，燃料成分的显著变化，尤其是芳烃含量的变化，可能对不完全燃烧产物的排气有重要影响（Corporan，2007；Anderson，2011）。最值得注意的是，燃料芳香含量的减少将导致在烟尘产物的显著减少。随着烟尘的减少，整体的有机排放物也会降低，尽管个别物种可能会上升（Anderson，2011，附录 C），但这取决于特定的燃料特点。由于这些影响，在尾流中测试凝结的有机物 PM 总量发现芳香烃燃料也会降低。烟尘的减少降低了烟尘表面区域对于低蒸汽压力气体的冷凝过程的可用性，并且在包裹烟尘颗粒的有机物的总量减少，伴随着粒子表面区域的减少。因此，可用的低蒸气压有机物也将减少，所以在增加所有类型颗粒时几乎没有质量可用。此外，这些替代燃料通常具有低的硫含量，这限制了在成核模式下的 H_2SO_4 质量，这也可能进一步限制有机物冷凝面积的可用性。

6.1.5 环境问题和利益原因/未来可能的监管压力

PM 的环境结果已被公认为是一个非常重要的因素，也是当前所进行工作的侧重点，以更好地理解和量化环境影响。这个问题是复杂的，因为颗粒物不以单一的数量或度量来表征。不像气体，整个排放可由一个数量来很好地表征，如 CO_2 的总排放、颗粒物的属性和潜在影响可以由不同类型的颗粒物排放量来区分。例如，相同质量的 PM 按照许多国家监测和控制颗粒物排放的第一标准得到的其粒子数量将会有显著不同，如颗粒物直径取 25nm 而不是 2.5μm 时（PM2.5 的上限），当颗粒物尺寸小至 1/100 时，颗粒数数量将大

100万倍。另外，当颗粒由有毒或致癌物质组成时，它对人类健康的影响可能非常不同，而且颗粒物对云层特性的影响极大地取决于所排放颗粒物的表面性质和表面结构。因此，所有颗粒是不一样的，对它们影响的研究和更有效地调节PM排放的步骤取决于更好地理解排放的颗粒物特性。

PM已被证明在人类健康等多种环境问题中发挥着重要作用，尤其是呼吸系统问题；当地的空气质量和能见度；云的形成和性质；以及全球辐射平衡等方面（彭纳等，1999；李等，2010）。对健康的影响与接触的颗粒物的质量和大小有关（Oberdorster等，2005），但结构成分对健康影响的探索才刚刚开始。当地空气质量评估已经从使用最大$10\mu m$来量化颗粒物（PM10）转变为$2.5\mu m$（PM2.5）的上限，但即便如此，这一指标仍是对人群所摄取颗粒物的一个粗略表示，并没有考虑到颗粒大小或成分的变化。尤其是在欧洲，监管程序正发展到除质量之外，还包括一个基于数字的指标，但是颗粒物的组成和结构对健康的影响还远没有被很好地理解，因此不能被纳入评估或监管范围。

当地的空气质量问题很大程度上是由人类健康问题引起的，但也包括能见度影响以及因暴露于污染中而对财产和结构造成的物理损害。这些问题也是由PM特性驱动的，这些特性不仅是PM排放的总质量。烟尘污染的影响与酸性颗粒破坏表面和改变水体酸度的影响有很大不同，因此PM的组成对当地的空气质量也很重要。颗粒的大小和形态也决定了颗粒在大气中的寿命以及颗粒被输送和沉积的范围。

对区域和全球气候问题，PM可以在辐射过程中发挥作用，而辐射过程影响整个地球的能量平衡。最重要的是，PM可以作为云层形成的核心点，而人们更关心的方面主要集中在航空活动产生的PM对高层云量的潜在影响上。在人类排放源中，航空活动是独特的存在，因为它的排放物主要储存在云层并持续存在高层大气中。无论是在飞机飞行轨迹之后立即形成的线条状的云还是晴朗的天空中留下PM排放物，飞机在飞行中产生的沉淀在大气中的颗粒有可能与存在于飞行高度的其他粒子和水蒸气相互作用，进而影响云的形成和持续以及由此影响云的特性。由于云在决定全球辐射平衡中起重要作用，许多研究都集中在更好的理解航空业对全球云层的影响。目前的评估表明，航空业对云层的影响可能非常重要（Penner等，1999；Lee等，2010），特别是在未来几年中，当航空运输的预计增长实现后，但航空业对云的具体影响仍然非常不确定的，人们仍在尝试对这些影响做出确切的评估。

6.2 硫的化合物：SO_2、SO_3、H_2SO_4

6.2.1 形成机制和时间尺度、涡轮化学和测定 S（Ⅵ）的分数——不确定性和边界条件、温度/压力的影响

航空发动机在高温燃烧条件下，燃料碳氢化合物基质中所含的硫被完全氧化成 SO_2。在这些高温条件下，额外的氧向更高的氧化态过渡在热力学方向上是不利的，（SO_2 是 4 价，SO_3 和 H_2SO_4 是 6 价），所以硫的氧化物通常以 SO_2 的形式离开燃烧室（Tremmel 和 Schumann，1999；Lukachko 等，2008）。当废气通过涡轮和排气喷嘴时，废气冷却并膨胀，热力学状态有利于完全转化为更高的氧化态 S(Ⅵ)。

然而，由 OH（和较小量的原子氧）驱动的氧化反应不够快，反映在从 S(Ⅳ) 到 S(Ⅵ) 完全转变的冷却和膨胀过程中可用物种的浓度和花费的时间。因此，发动机出口平面的 S(Ⅵ) 的量是受动力学控制的。

由于 SO_3 和 H_2SO_4 是难以测量的，转化的结果处于动态变化，而且仅限于百分之几（Kärcher 等，2000），硫转化的精确量化仍不明确。如果 SO_3 和 H_2SO_4 的直接测量比较容易，那么它们的直接量化将变得简单。如果整体转换率超过几个百分点，则可以减去 SO_2 的量和燃料中的硫含量来确定缺少的硫的量，这些缺少的硫是以难以测量的 S(Ⅵ) 的形式存在的。然而转换量太小，以至于测量 SO_2 和燃料中硫含量的误差通常不小于预期的 S(Ⅵ) 的数量级。

然而，模拟结果（Tremmel 和 Schumann，1999；Lukachko 等，2008）和排气中 H_2SO_4 的最佳测量结果限制了硫转化为 S(Ⅵ) 物质的百分比，且具有显著的不确定性。固定的下限表示转换比必须超过百分之零点几（Onasch 等，2009；Timko 等，2010），上限通常低于或者远远低于 10%，因此约 1% 到百分之几是一个广泛且可靠的估计结果。模拟结果表明，发动机功率设定和发动机循环变化（尤其是在考虑更高的压力/温度循环时）对此有一些影响（Lukachko 等，2008），但这些变化相比于转换本身简单测量时存在的误差而言，仍然不大（图 6.3）。

6.2.2 燃料（包括替代燃料）的影响

显然，燃料中的硫含量直接决定了排气中硫的总量。同样，Jet A 燃料规格限制了燃料总的含硫量低于 $3000×10^{-6}$（质量），发动机总的燃油空气比确

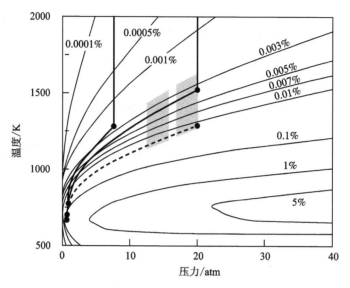

图6.3 当压力和温度在发动机出口前下降时,通过燃烧室和涡轮的 SO_x (SO_3) 生成率与压力-温度变化轨迹图(S(VI))的产生出现在较高潜力的发动机中,但总转化率在动力学上被限制在1%左右(Lukachko 等,2008;最初由美国机械工程师学会出版))

定了发动机出口截面上可能的最大浓度。如前所述,SO_2 向6价硫化物的转化是在涡轮中受动力学控制的,因此,燃料和发生在燃烧室上游的燃烧过程细节对硫化物包括 SO_2、SO_3 和 H_2SO_4 的总量和形成影响不大。然而,燃料的硫含量确实控制着 SO_x 总的排量,这可能是比较重要的,因为环境和维护的原因许多行业将考虑减少多种含硫燃料,比如目前取得显著成效的措施是减少地面车辆使用的柴油含硫量。减少燃料的含硫量这个问题可能会变得更加紧迫,因为替代燃料如生物燃料和其他非石油的碳氢燃料被应用于航空推进中。航空燃料的替代燃料,比如 Fischer-Tropsch 合成的煤或天然气合成气,也可以具有很低含硫量,这些燃料有利于减少对石油燃料供应的依赖,即使它们在可持续性或碳排放方面并没有优势。

6.3 有机物前体的形成

6.3.1 UHC/HAP 的形成及氧化动力学

不完全燃烧的气态产物,其中包括那些有助于形成挥发性颗粒物的低蒸气压力有机物质，是在燃料的主路径被完全氧化成 CO_2 和水过程中被转移的物质。现代飞机燃气涡轮发动机的燃烧室是高效率的化学反应器，特别是在巡航功率下，大部分燃料最终成为 CO_2 和水，因此非常少量的燃料会成为不完全燃烧产物。所产生并排放的有机物可以是：①在最终产物流经燃烧室前由于氧化过程被动力学终止而产生的中间产物；②产物的热解途径中，在富燃地区产生新的有机物种，并且在燃烧室的富氧区并没有完全消耗的产物。后者，即热解的产物与颗粒相是与发动机中释放的非挥发性的颗粒物有关，因为它们都源自一个热解的途径。氧化和热解途径的区别是非常重要的，因为这两类物种对发动机功率有不同的依赖性。氧化过程在低功率设置即慢车功率下效率最低，而由此产生的不完全氧化的有机物排放最高。高功率时热解处理被最大化，在燃烧室内出现最高温度和压力值，在这种条件下，烟尘和热解衍生的有机物如 PAH 更为明显。而这两种类型的有机物都可能出现颗粒相有机化，其形成路径和具体的有机形态可能取决于功率设定和主导这些发动机状况的化学途径。

6.3.2　形成机制

在第 1 章、第 5 章和第 7 章中讨论的针对于化学燃烧和颗粒形成的化学机制是动力学机制，这些机制也形成了有助于挥发性颗粒形成的有机物种。氧化化学研究的重点是正确测定总氧化量，迄今为止，不完全燃烧产物的总量主要用于衡量燃烧效率。除了定性所涉及的一般类型的物种外，迄今为止研究都很少将重点放在正确计算有机排放物的详细种类上。事实上近些年来能用于与动力学估算作对比的测量值相对较少。因此，到目前为止，有机排放物的氧化化学机制，无论是完全的还是还原的，都与一般理解燃烧化学所追求的相同。未来的工作将着眼于有机排放物的详细物质组成。如果代表不完全燃烧物种的细节很重要，这可能会给机理还原的实现增加难度。相比于全面简化反应流程，侧重于局部重要反应（Oluwole 等，2007）被认为更有用。因为前者可能忽视物种浓度出现小但重要的点，而这可能对于测定 PM 和 HAPs 很重要。

热解机制的研究现状与之相似，有关烟尘产生的详细动力学原理也正在研究中（见第 5 章）。对挥发性颗粒物有利的低蒸气压力物质是烟尘产生过程中的中间产物，当可燃气体离开反应区后以气态物质留下，而不参与烟尘产生及其他氧化过程。类似于氧化化学的研究，针对烟尘形成的研究都集中在最后的非挥发性烟尘的产生上，而很少注意到当燃料离开反应区后可能会留下什么中间产物。因此，类似于化学氧化反应，未来在烟尘建模上的工作可能采取更详细的记录，得到关于最终留下的中间产物，这些中间产物不会被烟尘或后来的氧化反应消耗。

6.3.3 燃料（包括替代燃料的影响）

燃料中的硫含量对 SO_x 排放的影响是一个简单而又直接的关系，而燃烧特性对有机物排放的影响更加复杂。排出的有机物部分取决于燃料的 HC 基质，也取决于化学燃烧特性。截至目前的研究表明，对于典型的燃烧范围狭窄的喷气式飞机 JetA 或 JetA1（通常比标准的要窄）排放有机物非常相似，如前面讨论过的并且记录在 EPA 形成物种数据库中的有机物质。然而，最近用替代燃料做的测试（Anderson 等，2011）表明，当使用不同燃料时会使尾流中的有机颗粒物产生显著的变化。目前的研究只在数量有限的燃料中开展，并且系统地理解了燃料成分和有机排放物之间的联系，包括易挥发性物质和低蒸气压力可冷凝物质，相关的特性仍有待进一步的实验和理论探索。此外，随着对航空燃料特性的许多重要的制约，传统的发动机工作曲线上的正常运行受到许多限制，对燃烧成分做出大的改变已经不可能。然而，在低芳烃替代燃料中观察到的总有机排放量和 PM 水平的降低表明，通过定制所用燃料中的 HC 质量比，对燃料特性进行优化，这种方法可能会使得 PM 显著减少，其中包括烟尘和有机气溶胶前体的挥发性成分。

6.3.4 大气化学和气候问题

对全球气候来说，如 SO_x 一样的有机颗粒物对气候的影响是通过调节飞机 PM 排放来实现的。既然最大的问题是航空排放颗粒如何影响云层，那么对 PM 的问题来说就是：飞机排放的 PM 特性如何受到有机物成分的影响？是烟尘影响云层的凝结，还是取决于不同有机物合成的烟尘在高层大气中与水蒸气相互作用？这个领域的研究仍在相关实验室和有限的空中领域进行，但许多首要的问题仍亟待回答。

对于当地的空气质量来说，了解航空颗粒物的成分对于解释小颗粒和接触这些颗粒的人群健康的影响非常重要。虽然强有力的证据表明，老化的大气颗粒具有有机颗粒物成分，它们都汇聚成类似的高度氧化的物质成分（Ng 等，2010），但其初始成分可能取决于其生成物。因此，对于靠近排放物源头的人群来说，最初的 PM 成分可能仍然非常重要，尤其是当该成分包含特别有毒的物质时。为了评估对这些暴露于排放源附近人群的影响，需要对颗粒中的相关物种以及排放总量进行量化。例如，对于机场附近的航班工作人员和附近社区来说，这些存在于近场排放的 PM 中的特定可冷凝有机物是研究的重点。

6.4 总结和开放式问题

6.4.1 总结

飞机燃气涡轮发动机排放的废气中包括一系列导致飞机附近气流中颗粒形成和增长的物质。对颗粒物质量有作用的重要气体前体是 H_2SO_4，大量有机物与喷气燃料的燃烧和发动机润滑油有关。其他气态物种，如 NO_x 和 SO_2 以及许多其他有机排放物，在通过尾流时仍保持气相，但可以对大气中的颗粒物的活动产生几小时或几天的影响。

这些气体前体通过由燃料中硫化物产生的 H_2SO_4 驱动以产生新的挥发性颗粒，以及由烟尘在发动机涂层冷凝形成的难挥发性颗粒来增加在尾流中 PM 的质量。H_2SO_4 通常只占 SO_2 总的含硫量的百分之几，但却是目前石油衍生航空燃料形成新颗粒的关键物质。

尾流中有利于颗粒物形成的有机物是由喷气燃料的不完全氧化和燃料热解产生的，燃料热解与炭颗粒的产生是同时进行的。有机物的总量都受到发动机功率条件、燃料成分和外界环境的影响。反过来，有机物的总量又会造成新的不稳定颗粒和烟尘的产生，进而增加 PM 的质量。润滑油也会增加 PM 的质量，并且是与发动机燃烧室燃烧过程分离的排放源。通常认为，润滑油不会对飞机排放产生作用，因此不同类型的发动机之间润滑油的排放量有很大的差异。

这些对 PM 形成有利的挥发性物质引起了科学家和监管方面的注意，因为他们对气候和当地空气质量的潜在影响与健康相关。目前的法规关注的是所排放的总颗粒质量，但同时也在逐步提高对新产生的挥发性颗粒尺度的研究，对大的烟尘的研究重点也许会集中在化合物的组成以及数量、大小、形态和排放的颗粒物最终产生的影响上。

6.4.2 开放式问题

因为它是一个处于研究初期的课题，从气体前体到临近尾流的颗粒物有很多影响还有待了解，包括对大气溶胶在区域和全球范围内的影响。因为燃料中的硫在引发新颗粒的形成和激活烟尘表面的凝结起着主导作用，所以商用燃料中硫的含量是一个决定气体前体 H_2SO_4 浓度的关键参数。在商业航空燃料供应过程中对燃料硫进行量化并尽可能控制仍将是稳定 PM 排放过程的关键。

虽然燃料硫起着控制作用，但不稳定颗粒物中有机物的质量与当前燃料中硫的质量一样大甚至更大。因此，需要更好地理解它们的作用及哪些物质是最重要的。虽然最近几年取得了显著的进步，但是为了更好地理解微观过程，以及发动机和燃料技术如何影响飞机尾流和其之后颗粒物的组成，更准确和更详细的测量和更先进的预测工具是非常重要的。

发动机润滑系统的排放已被确认为是可凝结有机物的一个主要来源。因为之前尚未考虑这个排放源，不同发动机技术之间排放水平存在显著的差异，在某些情况下，这一来源是有机颗粒物质量的主要来源。如果需要关注润滑系统对挥发性颗粒物的作用，那么润滑油作为飞机尾流中有机颗粒前体的作用必然要在发动机润滑系统设计中考虑。

随着对气态颗粒物前体排放的研究不断加深，还必须进一步分析由此产生的 PM 对气候和人类健康的潜在影响。以这些影响作为研究动力，对颗粒物的测量和微观模型的建立也提供了关于颗粒物特性的更详细的细节。现在的问题回到气候和健康上，关于颗粒物的组成、大小和形态的问题是否会影响其对气候和健康的预期影响仍需进一步研究。如果质量不受影响，但是不同的燃料或不同的发动机技术会使颗粒的数量和成分不同，那么这样是否会增加或减少预测的影响？先进的测量和建模可进行更精确的影响分析，并促使人们对更详细的颗粒影响进行研究，而不是仅仅依赖于简单的基于质量的指标。

对于气候，最重要的问题是围绕着云层和颗粒辐射的影响。H_2SO_4 和有机物种对排放颗粒的表面性质影响的作用可能影响航空颗粒物的组合属性，因此它们作用在飞机尾迹和后部的云层上。随着发动机和燃料技术的发展，对粒子属性可能发生的变化做出正确的评估是很重要的。

对于当地的空气质量和人体健康来说，各种与可吸入粒子有关的物质都有可能会对暴露其中的人群产生潜在的影响。考虑到 PAH 的排放，以及一些对有机颗粒物起关键作用的挥发性有机气体，受替代燃料中燃烧成分的影响，机场附近暴露的这类致癌物质的情况可以通过改变燃料成分来控制。需要更好地理解 PM 成分对健康的影响和喷气燃料对有机气体前体的控制能力。

润滑油对挥发性颗粒物影响的相关问题也需要进一步探索。如果在机场和机场周围接触润滑油和磷酸三甲苯酯（TCP）添加剂，那么把润滑油喷射作为特定控制可能需要进一步的研究。因为到目前为止，润滑油没有被当作排放源，研究也仅仅取得了有限的数据和影响评估，并且当前发动机技术之间存在显著差异。

尽管存在大量未解决的问题，但最近的测量和建模提供了一个很详细的图片，其中描述了关于气体前体排放源是如何相互作用的，而且包括飞机尾流排放的烟尘微粒是怎样定义颗粒物属性的。因此，它们形成的气体前体和有机颗粒物的性质可以被详细描述，而且可以限制它们对环境气溶胶的作用。因此，它们如何影响环境的问题可以适当提出，这将使未来几年可以通过研究得出更多详细结论和具体的评估。

参考文献

Agrawal, H., Sawant, A. A., Jansen, K., Miller, J. W., and Cocker, D. R. (2008). "Characterization of Chemical and Particulate Emissions from Aircraft Engines." *Atmospheric Environment* 42: 4380–92.

Anderson, B. E., Beyersdorf, A. J., Hudgins, C. H., Plant, J. V., Thornhill, K. L., Winstead, E.L., Ziemba, L.D., Howard, R., Corporan, E., Miake-Lye, R.C., Herndon, S. C., Timko, M., Woods, E., Dodds, W., Lee, B., Santori, G., Whitefield, P., Hagen, D., Lobo, P., Knighton, W. B., Bulzan, D., Tacina, K., Wey, C., Vander Wal, R., Bhargava, A., Kinsey, J., and Liscinsky, D.S. (2011). "Alternative Aviation Fuel Experiment (AAFEX)." NASA/TM–2011–217059.

Anderson, B. E., Branham, H.-S., Hudgins, C. H., Plant, J. V., Ballenthin, J. O., Miller, T. M., Viggiano, A. A., Blake, D. R., Boudries, H., Canagaratna, M., Miake-Lye, R. C., Onasch, T. B., Wormhoudt, J. C., Worsnop, D. R., Brunik, K. E., Culler, C., Penko, P., Sanders, T., Han, H.-S., Lee, P., Pui, D. Y. H., Thornhill, K. L., and Winstead, E. L. (2005). "Experiment to Characterize Aircraft Volatile Aerosol and Trace-Species Emissions (EXCAVATE)." NASA Report No. NASA/TM-2005–213783.

Anderson, B. E., Cofer, W. R., Bagwell, D. R., Barrick, J. W., Hudgins, C. H., and Brunke, K. E. (1998). "Airborne Observations of Aircraft Aerosol Emissions 1: Total Nonvolatile Particle Emission Indices." *Geophysical Research Letters* 25: 1689–92.

Brown, R. C., Miake-Lye, R. C., Anderson, M. R., Kolb, C. E., and Resch, T. J. (1996). "Aerosol Dynamics in Near-Field Aircraft Plumes." *Journal of Geophysical Research* (Atmospheres) 101(D17): 22939–53.

Corporan, E., DeWitt, M. J., Belovich, V., Pawlik, R., Lynch, A. C., Gord, J. R., and Meyer, T. R. (2007). "Emissions Characteristics of a Turbine Engine and Research Combustor Burning a Fischer-Tropsch Jet Fuel." *Energy & Fuels* 21: 2615–26.

Fahey, D. W., Keim, E. R., Boering, K. A., Brock, C. A., Wilson, J. C., Jonsson, H. H., Anthony, S., Hanisco, T. F., Wennberg, P. O., Miake-Lye, R. C., Salawitch, R. J., Lousinard, N., Woodbridge, E. L., Gao, R. S., Donnelly, S. G., Wamsley, R. C., Del Negro, L. A., Solomon, S., Daube, B. C., Wofsy, S. C., Webster, C. R., May, R. D., Kelly, K. K., Loewenstein, M., Podolske, J. R., and Chan, K. R. (1995). "Emission Measurements of the Concorde Supersonic Aircraft in the Lower Stratosphere." *Science* 270(5233): 70–4.

Federal Aviation Administration (FAA) (2009). Office of Environment and Energy, and U.S. Environmental Protection Agency, Office of Transportation and Air Quality. "Recommended Best Practice for Quantifying Speciated Organic Gas Emissions from Aircraft Equipped with Turbofan, Turbojet, and Turboprop Engines." Version 1.0, May 27. Also Knighton, W. B., Herndon, S. C., and Miake-Lye. R. C. "Aircraft Engine Speciated Organic Gases: Speciation of Unburned Organic Gases in Aircraft Exhaust." Technical Support Document for Recommended Best Practice Version 1.0.

Jun, M. (2011). "Microphysical Modeling of Ultrafine Hydrocarbon-Containing Aerosols in Aircraft Emissions." PhD Thesis, Department of Aeronautics and Astronautics, Massachusetts Institute of Technology, May.

Kärcher, B., Peter, T., and Ottmann, R. (1995). "Contrail Formation – Homogeneous Nucleation of H_2SO_4/H_2O Droplets." *Geophysical Research Letters* 22(12): 1501–4.

Kärcher, B., Turco, R. P., Yu, F., Danilin, M. Y., Weisenstein, D. K., Miake-Lye, R. C., and Busen, R. (2000). "A Unified Model for Ultrafine Aircraft Particle Emissions." *Journal of Geophysical Research* (Atmospheres) 105(D24): 29379–86.

Kärcher, B., and Yu, F. (2009). "Role of Aircraft Soot Emissions in Contrail Formation." *Geophysical Research Letters* 36: L01804, doi:10.1029/2008GL036649.

Kinsey, J. S., Hays, M. D., Dong, Y., Williams, D. C., and Logan, R. (2011). "Chemical Characterization of the Fine Particle Emissions from Commercial Aircraft Engines during the Aircraft Particle Emissions eXperiment (APEX) 1 to 3." *Environmental Science Technology* 45: 3415–21.

Knighton, W. B., Rogers, T. M., Anderson, B. E., Herndon, S. C., Yelvington, P. E., and Miake-Lye, R. C. (2007). "Quantification of Aircraft Engine Hydrocarbon Emissions using Proton Transfer Reaction Mass Spectrometry." *Journal of Propulsion and Power* 23(5): 949–58.

Kolb, C. E., Jayne, J. T., Worsnop, D. R., Molina, M. J., Meads, R. F., and Viggiano, A. A. (1994). "Gas-Phase Reaction of Sulfur-Trioxide With Water-Vapor." *Journal of the American Chemical Society* 116(22): 10314–15.

Lee D. S., Pitari, G., Grewe, V., Gierens, K., Penner, J. E., Petzold, A., Prather, M. J., Schumann, U., Bais, A., Berntsen, T., Iachetti, D., Lim, L. L., and Sausen, R. (2010). "Transport Impacts on Atmosphere and Climate: Aviation." *Atmospheric Environment* 44: 4678–734.

Lister, D. H., and Norman, P. D. (2003). "Aircraft Engine Emissions Certification: A Review of the Development of ICAO Aneex 16, Volume II." EC-NEPAir: Work Package 1, QinetiQ/FST, CR030440, GRD-CT-2000–00182.

Lukachko, S. P., Waitz, I. A., Miake-Lye, R. C., and Brown, R. C. (2008). "Engine Design and Operational Impacts on Particulate Matter Precursor Emissions." *Journal of Engineering for Gas Turbines and Power* 130(2): 021505.

Miake-Lye, R. C., Brown, R. C., Anderson, M. R., and Kolb, C. E. (1994). "Calculations of Condensation and Chemistry in an Aircraft Contrail," in *Impact of Emissions from Aircraft and Spacecraft upon the Atmosphere*, Schumann U. and Wurzel, D. eds., Proceedings of an International Scientific Colloquium, Cologne, Germany, April 18–20, DLR-Mitteilung 94–06, Deutsches Zentrum für Luft- und Raumfahrt, Oberpfaffenhofen and Cologne, Germany.

Miracolo, M. A., Hennigan, C. J., Ranjan, M., Nguyen, N. T., Gordon, T. D., Lipsky, E. M., Presto, A. A., Donahue, N. M., and Robinson, A. L. (2011). "Secondary Aerosol Formation from Photochemical Aging of Aircraft Exhaust in a Smog Chamber." *Atmospheric Chemistry and Physics* 11: 4135–47.

Ng, N. L., Canagaratna, M. R., Zhang, Q., Jimenez, J. L., Tian, J., Ulbrich, I. M., Kroll, J. H., Docherty, K. S., Chhabra. P. S., Bahreini, R., Murphy, S. M., Seinfeld, J. H., Hildebrandt, L., Donahue, N. M., DeCarlo, P. F., Lanz, V. A., Prevot, A. S. H., Dinar, E., Rudich, Y., and Worsnop, D. R. (2010). "Organic Aerosol Components Observed in Northern Hemispheric Datasets Measured with Aerosol Mass Spectrometry." *Atmospheric Chemistry and Physics* 10: 4625–41.

Oberdörster, G., Oberdörster, E., and Oberdörster, J. (2005). "Nanotoxicology: An Emerging Discipline Evolving from Studies of Ultrafine Particles." *Environmental Health Perspectives* 113(7): 823–39.

Oluwole, O. O., Barton, P. I., and Green, W. H. (2007). "Obtaining Accurate Solutions Using Reduced Chemical Kinetic Models: A New Model Reduction Method for Models Rigorously Validated over Ranges." *Combustion Theory and Modelling* 11: 127–46.

Onasch, T. B., Jayne, J. T., Herndon, S., Worsnop, D. R., Miake-Lye, R. C., Mortimer, I. P., and Anderson B. E. (2009). "Chemical Properties of Aircraft Engine Particulate Exhaust Emissions." *Journal of Propulsion and Power* 25(5): 1121–37.

Penner, J. E., Lister, D. H., Griggs, D. J., Dokken, D. J., and McFarland, M. (1999). "Aviation and the Global Atmosphere: A Special Report of the Intergovernmental Panel on Climate Change." Cambridge University Press.

Presto, A. A., Nguyen, N. T., Ranjan, M., Reeder, A. J., Lipsky, E. M., Hennigan. C. J, Miracolo, M. A., Riemer, D. D., and Robinson, A. L. (2011). "Fine Particle and Organic Vapor Emissions from Staged Tests of an In-use Aircraft Engine." *Atmospheric Environment* 45: 3603–12.

Schumann, U., Arnold, F., Busen, R., Curtius, J., Kärcher, B., Kiendler, A., Petzold, A., Schlager, H., Schroder, F., and Wohlfrom, K. H. (2002). "Influence of Fuel Sulfur on the Composition of Aircraft Exhaust Plumes: The Experiments SULFUR 1–7." *Journal of Geophysical Research* (Atmospheres) 107(D15): 4247.

Spicer, C. W., Holdren, M. W., Riggin, R. M., and Lyon, T. F. (1994). "Chemical Composition and Photochemical Reactivity of Exhaust from Aircraft Turbine Engines." *Annales Geophysicae* 12(10–11): 944–55.

Spicer, C. W., Holdren, M. W., Smith, D. L., Hughes, D. P., and Smith, M. D. (1992). "Chemical Composition of Exhaust from Aircraft Turbine Engines." *Journal of Engineering for Gas Turbines and Power* 114(1): 111–17.

Timko, M. T., Onasch, T. B., Northway, M. J., Jayne, J. T., Canagaratna, M. R., Herndon, S. C., Wood, E. C., Miake-Lye, R. C., and Knighton, W. B. (2010). "Gas Turbine Engine Emissions – Part II: Chemical Properties of Particulate Matter." *Journal of Engineering for Gas Turbines and Power* 132: 061505.

Toon, O. B., and Miake-Lye, R. C. (1998). "Subsonic Aircraft: Contrail and Cloud Effects Special Study." *Geophysical Research Letters*, 25(8): 1109–12.

Tremmel, H. G., and Schumann, U. (1999). "Model Simulations of Fuel Sulfur Conversion Efficiencies in an Aircraft Engine: Dependence on Reaction Rate Constants and Initial Species Mixing Ratios." *Aerospace Science and Technology* 7: 417–30.

Wey, C. C., Anderson, B. E., Hudgins, C., Wey, C. C., Li-Jones, X., Winstead, E., Thornhill, L. K., Lobo, P., Hagen, D., Whitefield, P., Yelvington, P. E., Herndon, S. C., Onasch, T. B., Miake-Lye, R. C., Wormhoudt, J., Knighton, W. B., Howard, R., Bryant, D., Corporan, E., Moses, C., Holve, D., and Dodds, W. (2006). "Aircraft Particle Emissions Experiment (APEX)." Report No. NASA/ TM-2006-214382.

Wey, C. C., Anderson, B. E., Wey, C. C., Miake-Lye, R. C., Whitefield, P., and Howard, R. (2007). "Overview on the Aircraft Particle Emissions Experiment." *Journal of Propulsion and Power* 23: 897–905.

Wong, H.-W., and Miake-Lye R. C. (2010). "Parametric Studies of Contrail Ice Particle Formation in Jet Regime Using Microphysical Parcel Modeling." *Atmospheric Chemistry and Physics* 10: 3261–72.

Wood, E., Herndon, S., Miake-Lye, R. C., Nelson, D., and Seeley M. (2008). "Aircraft and Airport-Related Hazardous Air Pollutants: Research Needs and Analysis." ACRP Project 02–03, ACRP Report 7, ISBN 978–0–309–11745–6, Transportation Research Board, Washington, DC.

Woody, M., Baek, B. H., Adelman, Z., Omary, M., Lam, Y. F., West, J. J., and Arunachalam, S. (2011). "An Assessment of Aviation's Contribution to Current and Future Fine Particulate Matter in the United States." *Atmospheric Environment* 45: 3424–33.

Yelvington, P. E., Herndon, S. C., Wormhoudt, J. C., Jayne, J. T., Miake-Lye, R. C., Knighton, W. B., and Wey, C. (2007). "Chemical Speciation of Hydrocarbon Emissions from a Commercial Aircraft Engine." *Journal of Propulsion and Power* 23: 912–18.

Zhao, J., and Turco, R. P. (1995). "Nucleation Simulations in the Wake of a Jet Aircraft in Stratospheric Flight." *Journal of Aerosol Science* 26(5): 779–95.

第7章
NO_x 和 CO 的生成及控制

Ponnuthurai Gokulakrishnan, Michael S. Klassen

7.1 引 言

目前，全世界电力和交通所需能量主要是通过化石燃料的燃烧提供的。这些化石燃料主要有天然气、石油及其衍生液体燃料、煤和生物质等。因此，燃烧一直是污染物排放的主要人为来源之一。由碳氢燃料燃烧产生的主要污染物包括 N_yO_x、CO、SO_x、未燃烧的碳氢化合物（UHC）和 PM。在燃烧系统中，产生的主要氮氧化物是 NO、NO_2 和 N_2O。NO 和 NO_2 通常合称为 NO_x。氮氧化物是主要的大气污染物，光化学烟雾、酸雨、对流层臭氧、臭氧层破坏、全球变暖都与其相关（Prather 和 Sassen，1999；Skalska 等，2010）。当氮氧化物被释放到大气中时，它可以与有机化合物进行光化学反应，生成 O 原子，并与 O_2 结合形成臭氧（Brasseur 等，1998）。以这种方式形成的地面臭氧与颗粒物一起形成光化学烟雾的主要成分（Grewe 等，2002）。NO_x 最终也可以形成 N_2O_5，它是与水反应生成酸雨的成分之一（Brasseur 等，1998）——HNO_3。

在燃气涡轮发动机燃烧化石燃料的过程中，生成和排放的氮氧化物和 CO 是主要的污染物。在燃气涡轮机非预混燃烧模式中（如在飞机发动机中）UHC 和 PM 的排放也是一个问题。此外，含硫液体燃料、煤和生物质的燃烧可以产生硫氧化物（SO_x）。在天然气燃烧过程中一般不考虑 SO_x，因为天然气中硫含量可忽略不计。感兴趣的读者可以回顾有关气体气溶胶前体物的章节，那里对 SO_x 的排放进行了详细讨论。在碳氢燃料燃烧过程中，燃气涡轮发动机的排气过程主要是形成 H_2O 和 CO_2；而 CO_2 等作为温室气体，对全球气候变化的产生了极大影响（Prather 和 Sausen，1999）。

多年来，由于公众环保意识的日益提高和许多国家实施更加严格的环保法规，减少污染物排放一直是高效燃气涡轮设计的驱动力（Skalska 等，2010）。国际民航组织（ICAO）的航空环境保护委员会（CAEP）规定了飞机的排放和噪声标准（航空环境保护委员会，2012）。例如，在最新的排放标准 CAEP/8（2010）中引入了新的"NO_x 的严格选择标准"，相比于 CAEP/6（2004）标准，新标准规定未来的飞机发动机要减少 20% 的 NO_x 排放。因此，为了经济地达到所需的污染物排放水平，并提高燃气涡轮的能效和性能，了解燃烧过程中污染物的形成机理和控制方法至关重要。关于燃烧污染物形成和破坏的化学方面的叙述（Bowman，1975；Hanson 和 Salimian，1984；Miller 和 Bowman，1989；Hayhurst 和 Lawrence，1992；Kramlich 和 Kinak，1994；Dean 和 Bozzelli，1999；Glarborg 等，2003）及其相关的 NO_x 和 CO 的工业控制技术已经发表了多年（Correa，1992、1998；Smoot 等，1998；Sturgess 等，2005）。

本章旨在对燃气涡轮燃烧室中 CO 和氮氧化物排放物的形成进行讨论，包括讨论控制这些污染物产生的基本化学动力学的最新进展，以及燃烧条件和不同生成路径对 NO 生成总量的影响。本章首先对碳氢燃料的氧化反应进行简要回顾，介绍 CO 的化学形成过程。然后阐述了燃烧产生的自由基对形成 NO_x 的重要作用。这之后讨论了 NO_x 的不同形成途径和 NO_x 污染大气时对于烃的氧化过程的影响。随后介绍一种叫做"热脱硝和再燃"的 NO_x 控制策略。最后分析了压力对 CO 和 NO_x 形成的影响，描述了燃烧系统中 NO_2 的形成。

7.2 烃类（碳氢燃料）的氧化和 CO 的形成

天然气和石油基液态烃燃料（如燃油和航空燃料）广泛应用于燃气涡轮。近年来，因为公众对燃烧产生的 CO_2 排放问题的关注以及国家能源安全的需求，可再生燃料（如合成气和生物燃料）也吸引了很多人的关注。广泛用于固定式发电的天然气，主要由 CH_4 和较少量的 C_2H_6、C_3H_8 构成。石油衍生的液态烃燃料，如煤油型燃气涡轮燃料，由数百种碳数范围从 C7 至 C17 不等的化学成分组成。在化学上，这些成分一般可以分为 4 类，即正烷烃、异烷烃、环烷烃和芳烃（Edward 和 Maurice，2001）。图 7.1 显示了一种商用喷气燃料——JetA1 的化学成分，其中以碳原子数作为横坐标。

深入了解多组分燃气涡轮燃料的燃烧化学反应，对于减少和控制污染物排放具有重要意义。从根本上讲，燃烧是一个高度放热的化学过程，由一系列链式反应构成，涉及燃料分子分解生成自由基的过程。这一过程最终生成 CO_2 和 H_2O 以及少量各类污染物等主要产物。随着计算能力的进步，研究人员越

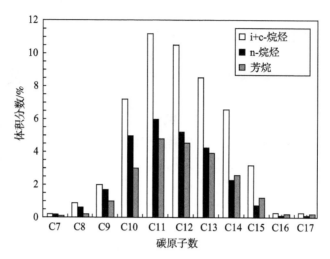

图 7.1 石油衍生的商用航空燃料——JetA1 的各类化学成分分布（转载自 Edwards，2007 年；最初由 ASME 出版）

来越多地使用详细的化学动力学模型来研究燃料的燃烧和污染物形成的过程。需要同时考虑化学动力学和湍流燃烧精确模型，从而能够在大范围化学时间尺度上考虑湍流-化学反应的相互作用，以便完全解析系统中的众多化学物质。

因为实际的石油基液态燃气涡轮燃料包括数百种化学物质，在开发液体燃气涡轮燃料的化学动力学模型时，通常可以用一组有代表性的化学物质来代替，称为"替代燃料"（Dagaut，2002；Violi 等，2002；Colket 等，2007；Gokulakrishnan 等，2007；Dooley 等，2010）。在一个具体的化学动力学模型中，燃料中的碳原子数增长会显著增加物质和反应的数量（Lu 和 Law，2009）。这将使多组分液态烃燃料的实际替代动力学模型成为一个包括数千个基本反应、涉及数百种物质的集合。然而，在燃烧室设计过程中，使用详细的流场模型，建立如此规模的反应机理在计算成本上过于昂贵。因此，实际燃气涡轮的计算流体力学（CFD）模拟的艰巨任务之一，就是使用简化的化学动力学模型预测污染物排放。

基于燃烧条件的不同，烃燃料的氧化可分为低温氧化、中温氧化和高温氧化。图 7.2 给出了烷烃燃料分子氧化过程中不同温度条件下支链反应的主要路径示意图，而烷烃分子是液体燃气涡轮燃料中的主要碳氢化合物。虽然每个反应路径的温度范围取决于工作压力，但是温度超过 1200K 时，通常可以认为是在典型的燃气涡轮条件下的高温氧化过程。因此，大多数的燃气涡轮燃烧室都工作在高温条件下。在这种情况下，燃烧自由基主要是由氢原子和氧分子之间的化学支链反应控制的。

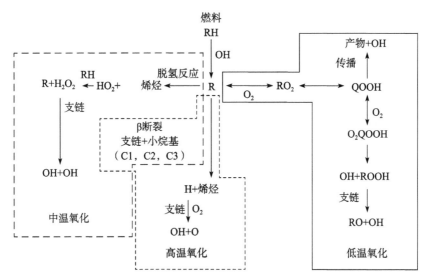

图 7.2 低温和高温条件下主要的支链反应路径（RH——烷烃燃料分子；R——烷基自由基；RO_2——烷基过氧化自由基；QOOH——过氧化羟自由基；ROOH——烷基过氧化物）

在低温条件下，链式反应主要是以烷基自由基自由基（R）和 O_2 分子之间的反应作为开始。在 600~800K 之间发生的低温氧化动力学，对于研究预混段起着重要的作用，如在预混段燃料会过早自燃（Correa，1998）。在典型的燃气涡轮工作条件下，污染物形成的化学过程受高温燃料氧化途径的影响，本章介绍了在此条件下烃的燃烧动力学。低温动力学途径相对于高温氧化路线更复杂，因为在低温条件下更容易形成烷基过氧化自由基（即 RO_2）中间体（Walker 和 Morley，1997）。火花点火式发动机和柴油发动机中的长链烃类燃料的低温氧化过程已经被广泛研究，关于各种烃类燃料的低温氧化现象的详细综述可以查阅其他文献（Walker 和 Morley，1997）。

在高温环境中，大部分长链烃燃料的反应途径非常相似。关于烃的高温氧化过程已经发表过几篇论述（Warnatz，1984；Westbrook 和 Drye，1984）。用于高温氧化的化学动力学模型的框架遵循一个分层结构，其中长链烃分子（C4 以及更长的物质）热分解和化学分解成更小的烃分子（即 C1 和 C2 物质），这一过程贯穿整个反应的开始、传播和终止。H_2-O_2 系统的化学动力学是所有烃氧化过程的基础，因为它对燃烧自由基池的产生至关重要。Chaos 及其同事（2010）详细回顾了合成气燃烧中 H_2-O_2 化学动力学建模的现状。H_2-O_2 反应的子集包括对所有烃的高温氧化都至关重要的初级支链反应 R1 和重组反应 R2。

$$H+O_2 <=> OH+O \qquad R1$$

$$H+O_2+M<=>HO_2+M \qquad R2$$

当支链反应 R1 超过重组反应 R2，在反应中占主导地位时，通常标志着反应从低温氧化区过渡到高温区。这个问题的详细讨论可以参考 Miller 等（2005）的文献。

高阶烃氧化的过程中，烷烃燃料分子（RH）首先发生 H-原子脱氢反应 R3，以产生烷基自由基（用 R 表示），即

$$RH+X<=>R+XH \qquad R3$$

式中：X 代表其他物质，如 OH、H、O、HO_2、O_2 或者 CH_3。

反应 R3 形成的烷基，将与其他燃烧自由基和 β-断裂反应发生链式反应形成更小的烃分子（如 CH_3、C_2H_4、C_2H_5 等）（Westbrook 和 Dryer，1984）。这些较小的烃分子之后与含氧燃烧物（即 O_2、O、OH 和 HO_2）反应形成甲醛（CH_2O），甲醛是烃燃料氧化过程中的一种主要中间体。甲醛发生热分解和化学分解形成甲酰基（HCO）。CH_2O 的热分解是通过以下途径进行，即

$$CH_2O+M<=>HCO+H+M \qquad R4$$
$$CH_2O+M<=>CO+H_2+M \qquad R5$$

式中：M 表示一种第三体碰撞物质。

甲醛也与 H、O、OH 和 HO_2 反应，形成 HCO，即

$$CH_2O+H<=>HCO+H_2 \qquad R6$$
$$CH_2O+O<=>HCO+OH \qquad R7$$
$$CH_2O+OH<=>HCO+H_2O \qquad R8$$
$$CH_2O+HO<=>HCO+H_2O_2 \qquad R9$$

CH_2O 是形成 HCO 的前驱体，而 HCO 又反过来经由反应 R10 和 R11 生成 CO。反应 R11 是一个分支反应，因为它与反应 R4 产生的 HCO 协同生成两个 H 原子。

$$HCO+O<=>CO+HO_2 \qquad R10$$
$$HCO+M<=>H+CO+M \qquad R11$$

Yetter 及其同事（1991a、1991b）实验研究了湿 CO 在高压柱塞流反应器中的氧化反应，来开发 CO 氧化的综合化学动力学模型。这为在烃氧化反应的化学动力学机理中建立 CO 氧化反应的子集奠定了基础。然后，CO 分别与 OH、HO_2、O 和 O_2 通过反应 R12~R15 形成 CO_2，即

$$CO+OH<=>CO_2+H \qquad R12$$
$$CO+HO_2<=>CO_2+OH \qquad R13$$
$$CO+O\ (+M)<=>CO_2\ (+M) \qquad R14$$
$$CO+O_2<=>CO_2+O \qquad R15$$

放热反应 R12 是 CO 氧化的主要途径，同时产生一个 H 原子用来与 O_2 反应以促进支链反应 R1。在高温条件下，反应 R13~R15 相比反应 R12 均相对较慢。因此，它们对 CO 的氧化作用影响较小。

化学动力学机理经常需要进行实验室规模的实验数据验证，以尽量减少反应速率参数的不确定性，如激波管、层流火焰和流动反应器（即柱塞流反应器（PFR）和完全搅拌反应器（PSR））等实验测量可以获得有价值的验证数据。很多时候，流动反应器中的实验都采用贫燃的燃料/氧化剂混合物，以便减小热释放对于物性参数的不确定性影响。因此，在有高热量释放的实际燃烧系统中，精确测量 CO 一直是一项非常困难的任务。Schoenung、Hanson（1981）和 Nguyen 及其同事们（1995）已经证明，在测量 CO 时，原位测量技术（如可调谐二极管激光光谱学）与抽样技术（如非色散红外（NDIR）分析仪）得到的结果存在差异。这是因为在取样探头附近，CO 有发生 CO+OH/HO_2 反应氧化为 CO_2 的倾向，这会影响测量的准确性。为了提高测量精度，一个重要的方向是设计更好的探针，使其能够"冻结"取样点的化学反应（Colket 等，1982）。

虽然 CO 产生和消耗的反应途径相对简单，但在实际燃气涡轮燃烧室，特别是在非预混燃烧系统中，对 CO 的预测是相当困难的。在航改燃气涡轮发动机中，喷射雾化、燃料蒸发、稀释空气与多个回流区的湍流混合，再加上辐射传热，大大增加了对于 CO 形成的预测复杂度（Sturgess 等，2005）。

Maghon 及其同事（1988）通过实验研究了不同燃料-空气预混程度的天然气燃烧系统的 CO 和 NO_x 的排放特性。图 7.3 描述了 CO 和 NO_x 生

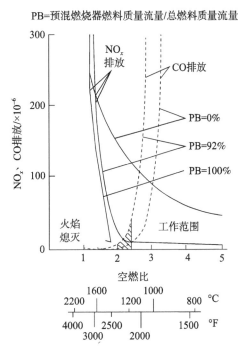

图 7.3 燃气涡轮中 NO_x 和 CO 排放量与标准化空燃比的函数 λ 的关系（即实际空燃比（AFR）与理论 AFR）（图中给出了扩散火焰（PB=0%），部分预混合燃烧（PB=92%）和完全预混燃烧（PB=100%）状态下的曲线（1988 年美国伊利诺伊理工大学的许可，转自 Maghon 等）。阴影区域是用于优化 CO 和 NO_x 产生的最佳区域）

成物之间的关系,并把它建立成为空燃比(λ)的函数。贫油预混燃烧系统通过在固定式燃气涡轮中接近贫油熄火极限来减小处于贫油熄火状态,使其处于天然气燃烧状态,从而减少 NO_x 的排放(Gokulakrishnan 等,2008)。但是,贫油预混燃烧系统接近熄火条件时易受燃烧不稳定的影响,导致高 CO 和 UHC 排放(Gokulakrishnan 等,2008)。在燃烧装置中预测 CO 含量时,需要精确地模拟燃料-空气混合以及湍流和化学耦合的作用。

越来越多的大型化学动力学模型已经与各种湍流燃烧模型相结合,用于模拟湍流火焰(Hilbert 等,2004)。然而,烃类氧化过程的大范围化学时间尺度(变化超过几个数量级)会产生很强的刚性,这会导致想要在一个详细的动力学模型中解析实际燃烧系统中所有物质时的计算成本极其昂贵。在一维 CH_4/空气燃烧区域中,选择包含一些重要的燃烧自由基等物质,把气流在燃烧器表面的停留时间作为化学动力学时间尺度的函数,可以得到图 7.4。在 Cantera(Goodwin)中可以利用 GRI-3.0 化学动力学机理对绝热层流预混火焰进行模拟(Smith 等)。化学时间尺度 τ_i 可以用以下公式计算(Gou 等,2010),即

$$\tau_i = \frac{c_i}{\omega_i} \tag{7.1}$$

式中:c_i 为组分 i 的浓度;ω_i 为物质 i 的消耗速率。

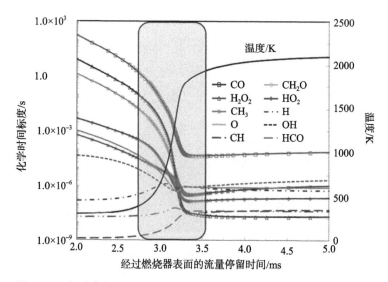

图 7.4 1 标准大气压下在 CH_4/空气火焰(当量比为 0.9)的一维层流
预混火焰区域中(突出显示区)采用 GRI3.0 机理得到的不同
物质的化学时间尺度(Smith 等)

化学时间尺度提供了一种比较的方法来识别物质生成速度快慢，因此可以指示系统的数值刚性。需要指出的是，CH_2O 和 CO 在火焰区的时间尺度范围都比较宽，分别是 $10^{-7} \sim 10^{-2}$ s 和 $10^{-4} \sim 10$ s。但是，HCO 和 OH 自由基的时间尺度范围都很窄，分别是 $10^{-8} \sim 10^{-7}$ s 和 $10^{-6} \sim 10^{-5}$ s。上述时间尺度范围表明，HCO 的消耗（主要是生成 CO 的前体）比 CO 的消耗（主要是生成 CO_2 的前体）要快。火焰区域中，快速生成物如 HCO 经由反应 R10 和 R11 生成 CO，而 CO 通过反应 R12 转化为 CO_2 的速度较慢，这一过程在火焰区开始并延伸到火焰后区。因此，在燃气涡轮的设计中，必须使 CO 有足够的停留时间进行燃烧并转变为 CO_2。减少 CO 猝灭的重要设计，需要注意的事项包括设计稀释空气入口位置和涡轮机膨胀段前的燃烧室长度。

7.3 氮氧化物的形成

历经 40 多年的基础和应用研究，当前已经积累了关于 NO_x 和 N_2O 形成的燃烧化学方面的大量文献，包括一些综述性文章（Miller 和 Bowman，1989；Correa，1992；Hayhurst 和 Lawrence，1992；Kramlich 和 Kinak，1994；Dean 和 Bozzelli，1999；Glarborg 等，2003）。实验和计算能力的不断发展极大地提高了人们对实际燃烧系统中 NO_x 的形成和破坏的化学机理的理解。在燃烧气体中，分子氮转化为 NO 有 4 种不同的化学路径：①热力型 NO；②快速型 NO；③N_2O 路径；④NNH 路径。此外，通常在许多固体和液体燃料中（Glarborget 等，2003），含氮化合燃料中可以生成 NO_x。因此，在理解 NO_x 的形成和破坏的不同路径以及发展污染控制技术时，氮化学起着非常重要的作用（Correa，1998）。早期，Hanson 和 Salimian（1984）对包括氮化学在内的基本反应的反应速率参数做了回顾，而 Miller 和 Bowman（1989）全面的回顾和讨论了关于氮氧化物的化学动力学建模。Dean 和 Bozzelli（1999）报道了这方面的后续进展。在此期间，从流化床反应器（Hayhurst 和 Lawrence，1996；Gokulakrishnan 和 Lawrence，1999；Lawrence 等，1999）、柱塞流反应器（Johnsson 等，1992；Kristensen 等，1996；Allen 等，1997；Mueller 等，1999）和完全搅拌反应器（Steele 等，1995；Rutar 等，1998）中获得了大量的实验室规模的试验数据。火焰结构测量已经被应用到监测不同燃烧条件下 NO_x 形成和破坏的各种化学过程中。

为了从分子氮引入氧化剂流来演示 NO_x 的形成，本章采用 Drake 及其同事的试验条件，提出了层流预混气体碳氢火焰模拟。图 7.5 是将一维层流火焰模拟结果，同 Drake 从稳定的乙烷燃料的燃烧器获得的 NO 试验数据在 6 个大气压和当量比 0.9 下进行比较。图中还显示了各种 NO 生成的不同路径对总 NO 的贡献比例。利用 Gokulakrishnan 及其同事（2012）的化学动力学机理和 Drake 及其同事（1990）报告的火焰温度曲线，在采石场（Goodwin）中进行了模拟。由于最高火焰温度低于 1800K，所以热力型 NO 对总 NO 的贡献较小。在燃烧器表面 1cm 处，快速型 NO 和 N_2O 路径产生的 NO 之和大约占总 NO 产量的 90%。值得注意的是，结果表明随着停留时间的增加（由到燃烧器表面的距离作为表征），热力型 NO 路径的贡献继续增加。因此，在燃气涡轮燃烧室的设计上，需要维持一个最佳的停留时间来保证热力型 NO 产出最小，同时仍然允许足够的时间完成 CO 的燃尽。

燃料-空气混合物的当量比对 NO 的形成也有显著影响。图 7.6 显示了在图 7.5 所示的相同试验条件下，以当量比作为自变量，计算得到总 NO 生成量和不同产生途径对总 NO 的贡献比例。通过隔离温度的影响，使用一个固定的火焰温度剖面能够突显当量比的作用；否则，随着火焰温度的增加，热力型 NO 路径的产出将大幅增加，其他化学途径的贡献将被湮没。如图 7.6 所示，快速型 NO 路径的贡献随着当量比的增加而增长，最终在富燃火焰中会达到峰

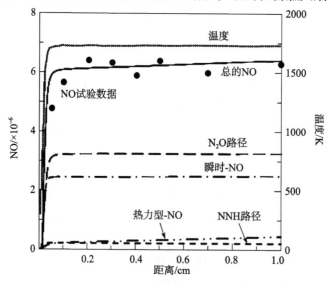

图 7.5　模拟比较（Drake 及其同事（1990）用摩尔质量分数为 6% 的 C_2H_6、摩尔质量分数为 23% 的 O_2，其余为 N_2。在当量比 0.9 和 6 个大气压下对燃烧器稳定的预混火焰结构进行模拟，得出不同的 NO 形成途径的贡献量，符号 ● 表示 Drake 试验对 NO 测量结果，线条表示的建模仿真结果）

值。Klassen 及其同事（1995）的试验表明，NO 生成量峰值处对应的当量比取决于压力：压力越高，峰值出现时的当量比越小。例如，在 3 个标准大气压下的 $CH_4/O_2/N_2$ 混合组分中，在当量比 1.3 左右观察到最大 NO 生成。下面将讨论 NO 形成的各种化学路径及其在燃气涡轮相关条件下的作用。

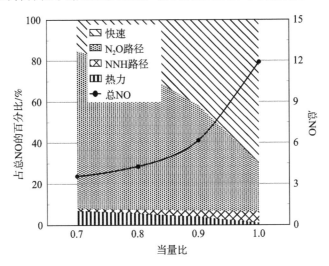

图 7.6 使用图 7.5 中描述的条件和火焰温度曲线在 10ms 的恒定停留时间下作为当量比函数的不同化学途径的 NO 和百分贡献的计算结果

7.3.1 热力型 NO

单个化学路径对总 NO_x 排放的贡献很大程度上取决于燃烧室的运行条件。当燃料中没有结合氮存在时，在许多燃烧火焰温度大于 1800K 的实际燃烧设备中，热力型 NO 路径是 NO_x 的主要来源之一。此路径中，在高温下（通过反应 R16），氮以分子形式与氧气反应形成 NO。这将激发 R17 即氮原子与氧气反应的化学动力学过程。这组反应也称为 Zeldovich 机制（Zeldovich，1946）。同时，在反应 R16 生成的氮原子与 OH 自由基通过反应 R18 生成 NO，这被称为扩展的 Zeldovich 机制。由于其较高的活化能，反应 R16 是形成热力型 NO 路径的限速步骤。

$$N_2+O<=>NO+N \qquad R16$$

$$N+O_2<=>NO+O \qquad R17$$

$$N+OH<=>NO+H \qquad R18$$

由于火焰前锋的氧原子的浓度很大程度上是温度的指数函数，因此通过 Zeldovich 机制生成的 NO 与火焰温度也有类似的关系。此外，反应 R16 通过产生一个氮原子来传播链式反应，然后通过 R17 反应与氧气反应生成 NO 和 O 原子。如图 7.3 所示，随着火焰温度的增加，由于都有产生火焰后区的热力型 NO，预混和扩散系统 NO_x 呈指数增长。采用公式（7.2），在火焰后区，通过氧的平衡浓度，可以估计出 Zeldovich 机制的 NO 的生成速度（Bowman，1975），即

$$\frac{d[NO]}{dt} = 6 \times 10^{16} T_{eq}^{-0.5} \exp\left(\frac{-69090}{T_{eq}}\right) [O_2]_{eq}^{0.5} [N_2]_{eq} \quad \left(\frac{mol}{cm^3 s}\right) \quad (7.2)$$

然而，由于 O 和 OH 自由基的超平衡浓度通常出现在火焰前锋，在火焰区域准确的预测热力型 NO 的产生需要更详细的化学燃料的燃烧理论。Drake 及其同事（1990）在不同压力下试验研究了预混乙烷火焰的超平衡自由基浓度对火焰前锋处 NO 形成的影响。如图 7.5 和图 7.6 所示，这些预混试验的仿真结果表明，在相对低温层流中，通过热力型 NO 路径产生的 NO 不到总 NO 的 10%。如果将在图 7.6 中使用的火焰温度曲线改为随着当量比的增加而增加，那么热力型 NO 路径的贡献将随着温度的升高而显著增加。火焰温度高于 2000K 会产生大量的热力型 NO，这是大多数非预混燃烧系统中存在的情况。尽管在本例中热力型 NO 路径是一个次要因素，但对于在高入口压力和温度下运行的大多数实际贫燃预混燃烧系统中，必须考虑热力型 NO 路径。

7.3.2 N_2O 路径

通过热力型 NO 路径的反应 R16，氮分子与氧原子反应生成 NO。另一条路径则是在低温下通过复合反应 R19 生成 N_2O，N_2O 进一步通过反应 R20 与一个 O 原子反应生成 NO。此外，N_2O 也可以通过反应 R21 与 H 原子反应生成 NO，同时生成 NH。

$$N_2+O+M<=>N_2O+M \quad R19$$
$$N_2O+O<=>NO+NO \quad R20$$
$$N_2O+H<=>NO+NH \quad R21$$

然而，N_2O 也可以通过其他途径与 O 原子和 H 原子反应，如 R22 和 R23 中的化学反应。因此，必须考虑这些多个通道的恰当分支比例，才能正确模拟 NO 通过 NO 途径的形成。

$$N_2O+O<=>N_2+O_2 \quad R22$$
$$N_2O+H<=>N_2+OH \quad R23$$

这些反应在 N_2O 路径中的化学动力学速率相对较慢，以至于在大多数情况下不显著，但在贫燃、低温的情况下除外。然而在火焰锋面的超平衡浓度 O 原子区域，高压下通过重组反应 R19 形成的 N_2O 增加，同时由于 N_2O 被破坏

NO 的生成也增加。图 7.5 证明了这一点，即在 6 个标准大气压的低温预混乙烷火焰中，大约 50% 的总 NO 是通过 N_2O 路径生成的。对于更高压力下在贫燃预混条件下运行的实际燃气涡轮，N_2O 路径是生成 NO 的一个重要化学途径。

7.3.3 快速型 NO

与 N_2 分子和 O 原子之间相互作用驱动的热力型 NO 和 N_2O 路径不同，快速型 NO 路径是烃火焰的一种属性，其中 CH 这样较小的烃自由基可以和 N_2 分子反应。Fenimore 提出快速型 NO 路径的初衷是为了解释在 CH_4、C_2H_4 和 C_3H_8 燃烧火焰的试验数据中，靠近燃烧器表面的薄反应区发现的 NO。热力型 NO 路径无法解释这一观察结果，因为在这个温度相对较低的位置，氧原子和氮原子很少。Fenimore 表示可能的路径必须涉及在火焰区域形成的碳氢自由基与 N_2 分子的反应，从而产生胺和氰基化合物，这些化合物能够进一步反应生成 NO。Hayhurst 和 Vince 提出，快速型 NO 的主要路径涉及 N_2 以 CH 为主的烃自由基之间的反应，从而生成 HCN 和 N，即反应 R24。

$$N_2+CH<=>HCN+N \qquad R24$$

然而，量子化学家对 R24 反应的合理性持不同意见，因为它不遵循电子自旋守恒。Miller 及其同事详细讨论了这一问题。他们基于 Moskaleva 和 Lin 的工作得出结论：通过反应 R25 生成的 NCN 是一个可能的中间物，可以保持电子自旋。

$$N_2+CH<=>NCN+H \qquad R25$$

随后，NCN 将通过 R26 和 R27 反应快速和 O 和 OH 发生氧化生成 NO。

$$NCN+OH<=>NO+HCN \qquad R26$$
$$NCN+O<=>NO+CN \qquad R27$$

此外，NCN 可以进一步和 H 反应生成 N 和 HCN，从而形成 NO。

$$NCN+H<=>HCN+N \qquad R28$$
$$N_2+C<=>CN+N \qquad R29$$

通过 R28 和 R29 反应产生的氮原子可以与 O_2 和 OH 反应，再通过 R17 和 R18 来促进形成热力型 NO 路径。而氰基化合物与各种含氧组分反应生成 NO。

因为烃自由基的浓度在远离火焰前锋的位置相当小，快速型 NO 路径一般不会在火焰后区大量形成。如图 7.6 所示，在富燃条件下，由于大量可用的烃自由基，快速型 NO 在火焰区的生成增加。

7.3.4 NNH 路径

Bozzelli 和 Dean（1995）提出，作为 N_2 和 H 原子反应的一个中间体，

NNH 可以在一定条件下和 O 原子反应生成 NO。这条路径在火焰温度较低时尤其可行。此外，在火焰前锋的超平衡氧原子的浓度可以增加 NHH 路径上 NO 的形成。

$$N_2+H<=>NNH \qquad R30$$
$$NNH+O<=>NO+NH \qquad R31$$

这种效应在图 7.5 中混合乙烷燃料燃烧器稳定火焰的例子中有所体现，其中 NNH 路径生成 NO 的贡献很小，但并非毫无意义。从图 7.6 中还可以注意到，通过 NNH 路径产生的总 NO 随着当量比的增加而增加。然而，NNH 路径对 NO 产生的重要性在火焰温度较高时会降低，这是由于消耗 NNH 分子（反应 R32 和 R33）并阻止反应 R31 促进 NO 形成的其他反应途径占主导地位（Klippenstein 等，2011）。在最近出版的一份文献中，Klippenstein 及其同事（2011）详细讨论了 NNH 组分在热脱硝（ThermalDe-NO$_x$）过程中对 NO 的形成和 NO 的破坏所起的作用。

$$NNH+O<=>N_2+OH \qquad R32$$
$$NNH+O<=>N_2O+H \qquad R33$$

7.3.5 燃料结合氮

燃烧装置中 NO$_x$ 一个现成的来源是含有化学结合氮的液体和固体燃料（如燃油、煤炭和生物质等）。馏分燃料中典型的氮浓度范围可以从 0% ~ 0.65wt%（Bowman，1975）。表 7.1 列出了在焚烧和发电应用中使用的固体燃料中的燃料结合氮含量（Dagaut 等，2008）。

表 7.1 固体燃料中的燃料结合氮

燃料	氮含量/wt%
生物质	0.1~3.5
泥煤	0.5~2.7
煤	0.5~2.5
生活垃圾	0.5~1.0
污水污泥	2.5~6.5

（源自：Dagaut 等，2008）

由于氮结合到母体分子的结构各异，NO$_x$ 的形成过程中来自化学结合氮的反应途径相当复杂。由于在挥发分和固定碳之间的非均相氧化动力学，在煤和生物物质中的燃料结合氮过程更加复杂。在液体和固体燃料的氧化过程中，大多数燃油结合氮被转化为 HCN 或 NH_3 中间体，然后与燃烧自由基反应生成 NO_x。Dagaut 及其同事（2008）以及 Skreiberg 及其同事（2004）分别对 NO_x 的形成过程中，HCN 和 NH_3 的化学作用进行了详细讨论。由 HCN 生成的 NCO 和由 NH_3 生成的 NH 充当燃料结合氮生成 NO 反应的主要前驱体。反应 R34~R38 显示了从 HCN 路径生成 NO 的主要反应途径，同时反应 R39~R41 显示了 NH_3 通过氧化反应生成 NO 的主要路径。

$$HCN+O<=>NCO+H \qquad R34$$
$$HCN+OH<=>CN+H_2O \qquad R35$$
$$CN+OH<=>NCO+H \qquad R36$$
$$NCO+O<=>NO+CO \qquad R37$$
$$NCO+OH<=>NO+CO+H \qquad R38$$

氧化过程中，氨通过反应 R39 分解形成 NH_2、NH 和 N。

$$NH_j\,(j=3\ to\ 1)\ +O/H/OH<=>NH_i\,(i=2\sim 0)\ +OH/H_2/H_2O \qquad R39$$

NH 和 N 自由基通过反应 R40 和 R41 进一步反应生成 NO，即

$$NH+O<=>NO+H \qquad R40$$
$$N+O_2<=>NO+O \qquad R41$$

几个次级反应途径允许从 HCN 和 NH_3 通过各种含氮中间体（如 HNCO 和 HNO），形成 NO。针对 HCN 和 NH_3 的详细化学动力学机理可以查阅文献（Skreiberg 等，2004；Dagaut 等，2008）。

图 7.7 总结了前面所讨论的 NO_x 的主要反应途径及其与总 NO_x 生成的关系。尽管 NH_3 和 HCN 的氧化反应在燃料结合氮生成 NO 过程中起着重要作用，但它们也与快速型 NO 和 NNH 路径有着共同的反应途径。此外，在热脱硝（ThermalDe-NO_x）和再燃烧过程中，NH_3 和 HCN 分别能够引起 NO 的破坏。再燃烧和热脱硝

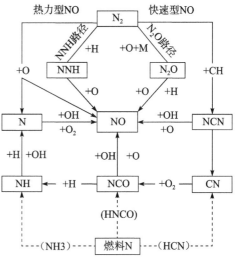

图 7.7 形成 NO_x 主要的反应途径及其之间的联系

（ThermalDe-NO_x）过程中 HCN 和 NH_3 引起 NO 破坏的化学动力学途径将在 NO_x 治理章节中给出。

7.4 污浊空气对燃料氧化的影响

许多实际应用中都结合废气和新鲜空气来形成一个氧化剂流，称为污浊空气。这是通过燃烧器中废气再循环或通过夹带产物气体来提高热效率或减少排放。关于废气再循环对 NO_x 排放影响的详细讨论，可以在"含氧燃料或排气再循环涡轮机的排放"一章中找到。本节简要介绍污浊空气对燃料氧化的影响。

污浊空气通常包含诸如 CO_2、H_2O、CO、NO_x 等燃烧产物，未燃烧的碳氢化合物，还有 O_2 和 N_2。污浊空气对于点火的影响（Fuller 等，2009）和对碳氢化合物燃料的火焰传播性质的影响（Fuller 等，2012）的详细研究显示，NO 在促进燃料点火方面有着显著的化学动力学作用，而 CO_2 具有减少层流火焰速度的动力学效应。在反应 R12 中，氧化气流中存在的 CO_2 通过减少 H 原子的浓度，削弱了火焰速度。正如 Fackler 及其同事（2011）的研究结果所示，由于氧化气流中存在 CO_2，自由基浓度降低，间接地减少了 NO 的产出。

前面所讨论的 NO_x 的形成途径主要受控于火焰前锋或火焰后区的氮和碳氢化合物。然而，研究人员观察到（Bromly 等，1992；Bendtsen 等，2000），氧化剂流中 NO 倾向于促进碳氢燃料的低温氧化，特别是在贫燃条件下。一些试验和计算研究（Bromly 等，1992；Amano 和 Dryer，1998；Bendtsen 等，2000；Faravelli 等，2003；Gokulakrishnan 等，2005；Moreacet 等，2006；Fuller 等，2011）表明，少量的 NO 或 NO_2 可以通过加速形成自由基池来促进碳氢燃料的低温氧化。在低温和中温下（即 600~1200K），与支链反应 R1 正好相反，通过复合反应 R2 容易形成 HO_2 自由基。然而，存在污浊空气时，通过 R42 反应，相对稳定的 HO_2 自由基和 NO 结合产生 NO_2 和 OH 基。然后，通过反应 R43，NO_2 和 CH_3 自由基（CH_3 自由基本身在低温下是相对稳定的）反应生成 CH_3O 基，将 NO_2 还原成 NO。类似地，通过反应 R44，NO 也同 CH_3O_2 反应生成 CH_3O。

$$NO+HO_2 <=> NO_2+OH \qquad \text{R42}$$
$$NO_2+CH_3 <=> NO+CH_3O \qquad \text{R43}$$
$$NO+CH_3O_2 <=> NO_2+CH_3O \qquad \text{R44}$$

虽然这些反应途径主要是验证 CH_4 氧化（Bromly 等，1992；Bendtsen 等，2000），但在存在 NO_x 的情况下，它们在高阶碳氢化合物的氧化过程中扮演重要的角色。诸如 HO_2 和 CH_3 这样的自由基形成了碳氢化合物氧化的基本组成部分。反应 R42~R44 不依赖于燃料途径，可促进 NO_x 的氧化，与碳氢化合物类型无关。此外，NO_x 与由燃料分子中烷烃基（存在于大多数燃气涡轮液体燃料中）氧化生成的烷基（R）和烷基过氧化物（RO_2）相互作用（图 7.2），也可以在促进 NO_x 氧化碳氢化合物方面发挥重要作用（Chan 等，2001）。NO_2 从烷烃分子提取 H 原子也可能是低温下长链碳氢燃料氧化的一个重要起始反应。由于文献中大多数试验工作报道的是与天然气替代燃料相关的内容（Amano 和 Dryer，1998；Bendtsen 等，2000），所以为了完全理解长链烃的自由基和 NO_x 之间的相互作用还需要开展进一步研究工作。

Fuller 与其同事（2009）已经研究了在一个常压流体反应器中污浊空气（成分为含 NO、CO、CO_2、H_2O 和 O_2 的 N_2）的化学动力学效应对航空燃料自燃过程的影响。他们发现在污浊空气组分中，NO 对燃料点火延迟时间的影响最大。图 7.8 显示了 JP-8（美国军用航空燃料）在入口温度 900K 下点火延迟时间的变化，以入口氧化剂流处 NO 初始浓度作为自变量。可以发现，在 NO 初始浓度为 500pm 这样的较小值下，少量的 NO 可以缩短点火延迟时间达 50% 以上。在高压下也观察到类似的趋势，Moreac 及其同事在射流对冲搅拌试验中添加 NO 促进了正庚烷、标准异辛烷和甲苯在 700~1000K 初始温度下的氧化。然而，在终止反应 R45 中，当温度低于 650K 时，NO 通过清除自由基池而抑制了正庚烷的氧化。当温度提高时，反应 R45 所引发的 OH 的消耗被反应 R42 抵消。

$$NO+OH+M<=>HONO+M \qquad R45$$

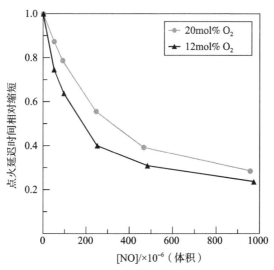

图 7.8 初始温度为 900K 时不同氧气水平的化学计量的 JP-8 混合物的点火延迟时间的减少量随 NO 的变化关系（Fuller 等，2011）（点火延迟时间已根据在没有 NO 的氧化剂流情况下的测量值进行了归一化）

7.5 NO$_x$ 减排措施

NO$_x$的排放既可以在燃烧过程中控制（即原位燃烧控制），也可以在燃烧过程完成后控制（即燃烧后控制）。为使消耗天然气的固定式燃气涡轮排放的尾气中NO$_x$浓度保持在10×10^{-6}以下，贫燃预混燃烧已逐渐成为一个流行的方法。这是通过显著减少热力型NO$_x$（通过较低的火焰温度）和快速型NO$_x$（贫燃条件下操作）途径而达到的。然而，液体燃料燃烧时，在典型燃气涡轮进气条件下，由于这些燃料比天然气具有更短的点火延迟时间，如果没有提前自点火，很难实现燃料和空气预混。其替代技术，如贫油直喷（LDI）（Sturgess 等，2005）和贫油预蒸发预混（LPP）燃烧（Gokulakrish-nan 等，2008）正在研究当中，旨在将贫燃预混燃烧能力拓展到液体燃料，但这些系统尚未得到广泛应用。由于大多数系统在扩散（或非预混）模式下工作，所以，以液体燃料为工质的燃气涡轮会产生大量的NO$_x$，从而导致更高的火焰温度（大于2000K）。因此，对于非预混模式下工作的燃烧室，采用替代的NO$_x$控制策略对于满足日益严格的NO$_x$排放水平的环保法规要求至关重要。

在燃烧后控制技术中，如选择性催化还原（SCR）和选择性非催化还原（SNCR），NO$_x$的化学还原只有在很窄的工作条件下有效。在SNCR（也称为热脱硝工艺）中，在后燃烧区添加氨或尿素以促进NO转化为N$_2$，这个过程必须在适当的温度范围内进行才有效。燃烧后控制技术的主要优点是，燃烧室不需要进行任何重大的设计修改。然而，为了将燃烧后NO$_x$排放量保持在规定的范围内，会产生额外的资金需求和运营成本。从输运和操作角度看，这种方法最适用于固定式燃气涡轮。

对于原位燃烧控制技术，如空气分级和燃料再燃，减少NO$_x$是通过在燃烧过程中选择性地改变局部燃料-空气比实现的。虽然原位燃烧控制技术适用于航空燃气涡轮，但这种方法也必须纳入到燃烧室设计中。例如，富油-焠熄-贫油（RQL）系统的概念目前被用于各种形式的飞机燃烧室设计中（Correa，1998；Sturgess，2005）。在这个系统中，空气分级是这样进行的：富油主燃区后是一个空气过量的二次燃烧区，火焰温度较低从而减少NO$_x$的形成。然而，燃料/空气混合、主燃区的当量比、二次燃烧区驻留时间在RQL系统达到所要求的NO$_x$水平的过程中起着关键作用。

7.5.1 热脱硝工艺

热脱硝工艺（ThermalDe-NO_x process）是一项非催化气相 NO_x 还原技术，最初由里昂（1975）发明并申请专利。这种技术是在燃烧后区域使用氨来诱导实现减少 NO_x 形成的反应。众多文献（Lyon 和 Benn，1978；Kjaegaard 等，1996；Miller 和 Glarborg，1999；Schmidt，2001）一直致力于了解相关的化学反应和操作变量对热脱硝工艺效率的影响。研究发现，O_2 过量的情况下，添加 NH_3 可在 1100~1400K 的狭窄温度窗口内将 NO 转化为 N_2（Kjaegaard 等，1996）。在该温度窗口内，NH_3 主要与 OH 反应形成 NH_2 自由基（反应 R46），然后与 NO 反应形成 N_2 和 H_2O（反应 R49）。此外，NH_3 与自由基 O 和 H 反应形成 NH_2（反应 R47 和 R48）。

$$NH_3+OH<=>NH_2+H_2O \qquad R46$$
$$NH_3+O<=>NH_2+OH \qquad R47$$
$$NH_3+H<=>NH_2+H_2 \qquad R48$$
$$NH_2+NO<=>N_2+H_2O \qquad R49$$

然而，为了让该反应方案能够在后燃烧区自持，需要 OH、H、O 等活性组分将 NH_3 转换成 NH_2。NO 和 NH_2 通过交替路径反应生成 NNH（R50），然后通过分解反应 R51 形成 N_2 和 H（注：这是 R30 的逆反应），从而消耗 NO。

$$NH_2+NO<=>NNH+OH \qquad R50$$
$$NNH<=>N_2+H \qquad R51$$

反应 R51 形成了 H 原子，这促进了支链反应 R1 产生 OH 和 O。然而，过量的 NNH 会与 O 原子通过反应 R31 形成 NO。此外，NNH 和 O_2 之间的终止反应（R52）会降低 O、H、OH 活性基团的生成，而这些活性基团对于维持 NH_3 的起始反应（R46~R48）是必需的。

$$NNH+O_2<=>HO_2+N_2 \qquad R52$$

因此，在热脱硝工艺中，保持复合反应 R49 和支链反应序列（即 R50、R51）之间的平衡至关重要，从而维持 NO 被 NH_3 还原，同时最大限度地减少通过反应 R31 生成 NO。NH_2+NO 反应（R49 和 R50）的分支系数（α）可由式（7.3）给出，并且必须保持在最佳范围内才能够使脱硝过程自持。

$$\alpha = \frac{k_{50}}{k_{49}+k_{50}} \qquad (7.3)$$

在 1100K，分支系数不得低于 0.25，以便使减少 NO（R49）的同时能够保持支链反应途径，从而产生维持 NH_3 起始所需的自由基池（R50 和 R51）（Miller 等，2005）。这种平衡作用在温度方面具有一定的局限性：试验研究

(Kjaegaard 等，1996）发现，氨热脱硝工艺在 1100~1400K 之间是有效的。当温度在 1400K 以上时，后续反应自由基池的增加有利于 NH_3 生成额外的 NO。然而，当系统压力升高时，这个临界温度值会升高（Kjaegaard 等，1996），主要是因为支链反应（R1）和复合反应（R2）之间的竞争。同时还发现，较高的 O_2 浓度能够提高脱硝效率。

7.5.2 再燃

如前所述，氧化剂流中存在 NO_x 提高了贫燃和富燃工况下的活性燃烧自由基的浓度，从而促进了在相对较低的温度下（600K<T<1200K）碳氢燃料的分解。然而，在较高的温度时（1200K 以上），支链反应 R1 通过大大提高燃烧自由基池在氧化过程中起的主导作用，从而减弱 NO 在烃类燃料氧化的促进作用。NO 和碳氢自由基在高温下的相互作用有利于 NO 的破坏，特别是在富燃条件下（Myerson，1974），这种现象称为再燃。再燃已在许多实际的燃气涡轮系统得到了应用，是一种可描述为多区域过程的 NO_x 原位控制技术。燃料被添加到主燃烧室的排气中得到富燃区（或再燃区），而空气被添加到再燃区之后以完成燃料的氧化（称为燃尽区）。在再燃区，主燃区产生的 NO_x 可以通过 NO 和碳氢化合物之间的气相化学动力学相互作用，转化为游离的 N_2 或其他含氮中间产物（如 HCN、NH_3）。Smoot 及其的同事（1998）对这一问题进行了综述。

Myerson 及其同事（1957）对 C_3H_8 在 NO_2 中点火的开创性工作发现，碳氢自由基可以消耗 NO，从而提出了再燃化学这个概念。Wendt 及其同事（1973）和 Myerson（1974）早期进行的再燃试验旨在研究碳氢燃料混合物和 NO 之间的相互作用。之后，文献中报告了大量工作（经 Smoot 等所总结，1998），让我们更好地了解了使用各种烃类燃料的化学动力反应过程的复杂性。Glarborg 及其同事（1998）做的活塞流反应器试验和 Dagaut 及其同事（1998、2000）做的射流搅拌反应器试验表明，再燃过程所使用的燃料类型对 NO 的还原潜力有很大影响。研究发现，作为再燃燃料，相比于其他碳氢化合物燃料，如 C_2H_6、C_3H_8 和 nC_4H_{10}（能够产生大量的 C_2H_2），C_3H_8 的效率更低。在所有烃氧化过程中（尽管在 CH_4 氧化过程中不重要），C_2H_2 是 HCCO 自由基的主要来源（R53），即

$$C_2H_2+O<=>HCCO+H \quad \quad R53$$

当不存在高浓度的含氧自由基（在富燃条件下产生的）时，HCCO 和 NO 通过反应 R54 和 R55 途径（Miller 等，1998；Vereecken 等，2001）生成，即

$$HCCO+NO<=>HCNO+CO \quad \quad R54$$

$$HCCO+NO \Longleftrightarrow HCN+CO_2 \qquad R55$$

反应 R55 中形成的大部分 HCN 转化为 N_2，而 R54 中 HCNO 进一步氧化可产生 NO（Miller 等，2003），这将降低再燃过程的整体效率。因此，在反应 R54 和 R55 之间选择适当的分支系数对于正确预测再燃化学过程具有重要意义。CH_4 是降低 NO 的最重要的途径，其反应过程为

$$CH_3+NO \Longleftrightarrow HCN+H_2O \qquad R56$$

此外，NO 和其他碳氢自由基（如 CH）之间的相互作用有助于通过反应 R57 还原 NO（Glarborg 等，1998；Dagaut 等，2000），即

$$CH+NO \Longleftrightarrow HCN+O \qquad R57$$

为了得到能够适用于所有碳氢燃料的分支系数，还需要更多的试验数据。对这一问题的详细讨论可查阅其他文献（Glarborg 等，1998；Miller 等，1998；Dagaut 等，2000；Vereecken 等，2001；Frassoldati 等，2003）。

7.6 压力对 CO 和 NO_x 形成的影响

大多数燃气涡轮燃烧室工作压力较高，从而得到该设备的最大输出。例如，许多固定式燃气涡轮的工作压力约 15 个大气压，而航空动力燃气涡轮的工作压力约 40 个大气压（Correa，1992）。一般来说，提高压力往往会加速烃类燃料的整体点火和氧化过程。压力的提升会从热力学、输运和化学动力学角度对燃烧过程产生影响，也会通过增加混合物的密度来影响反应物的热扩散和质量扩散特性。压力对火焰传播的影响很大程度上由反应动力学控制，因为输运特性（如密度加权扩散项）一般与压力无关（Law，2006）。

同样，压力通过影响反应动力学进程而在污染物的形成中起作用。对于化学计量比的 CH_4/空气混合物，将压力从 1 个大气压增加到 10 个大气压将使绝热温度升高约 50K，因为 CO 到 CO_2 的转化率略有增加。平衡时，CO 浓度应与 $P^{-0.5}$ 成正比（Bhargava 等，2000）。Bhargava 及其同事（2000）以及 Rink 和 Lefebvre（1989）在试验上证明了这种压力依赖性，其中给定当量比时，燃烧室出口处的 CO 排放量随着燃烧室工作压力的增加而减少。

在考虑燃气涡轮燃烧过程中压力对 CO 和 NO_x 的影响时，燃料/空气混合比、当量比和驻留时间在内的几个因素都起重要作用。因此，在实际的燃气涡轮燃烧室中，由于燃烧化学和流场变量（如湍流混合度）之间的相互作用十分复杂，压力对 CO 和 NO_x 形成的作用机制并不是那么直接。许多研究小组多年来已经发展出不少物理关系式以预测燃气涡轮燃烧室的 NO_x 和 CO 排放。其中最值得注意的是由 Lefebvre（1984、1985）、Mellor 及其同事（Mellor，1976；Connors 等，

1995；Newburry 和 Mellor，1996）所提出的关系式。Rizk 和 Mongia（Rizk 和 Mongia，1993、1995；Mongia，2010a、2010b）扩展了其中很多关系式，得到了半经验表达式，已通过工业航空燃气涡轮的输出测量进行了测试。

大量研究使用简化的试验室规模的试验系统研究了压力在 NO_x 形成过程中的影响。一系列针对 CH_4/空气扩散燃烧和部分预混燃烧火焰的逆向层流火焰试验（Naik 和 Laurendeau，2004）表明，随着压力增加到 15 个大气压，NO 峰值浓度在下降。但是在部分预混燃烧火焰中，NO 浓度对压力的依赖性，比扩散燃烧火焰中测得的要小（Naik 和 Laurendeau，2004）。对湍流非预混火焰和燃烧室排放测量数据的总结表明，传统燃烧室的 NO_x 排放量与 $P^{0.5}$ 到 $P^{0.8}$ 成比例（Correa，1992）。在这些扩散燃烧和部分预混燃烧火焰中，压力依赖程度主要取决于热力型 NO 路径在 NO 形成过程中的主导作用。在给定的当量比下，通过热途径形成的 NO 受到 O 原子浓度的限制。在平衡条件下，O 原子浓度与 $P^{0.5}$ 成比例（Bhargava 等，2000）。然而，其他变量，如超平衡 O 原子浓度、N_2O 的作用和快速型 NO 路径会影响压力对 NO 形成的作用。

针对天然气和 CH_4 在贫燃预混条件（当量比小于 0.7）下燃烧的试验和模拟研究（Correa，1992；Leonard 和 Stegmaier，1994）发现，压力对 NO_x 排放的影响很小。Bhargava 及其同事（2000）以不同喷油方案试验研究了 7～27 个大气压下压力对 NO_x 的影响。试验结果表明，随着排放的 NO_x 当量比从 0.43 变化到 0.65，压力功率因子（即 P^n 中的 n 值）增加。压力功率因子在 -0.77～1.6 之间变化，这取决于试验中使用的喷嘴类型。这表明，燃料/空气混合的效果在确定压力对 NO_x 形成的影响方面起着重要作用。

图 7.9 显示了压力对 NO 的影响曲线，这是 Klassen 及其同事（1995）在稳定预混火焰燃烧器试验中获得的，Thomsen 及其同事（1999）进一步进行了完善。所示 NO 测量值是在 $CH_4/O_2/N_2$ 火焰中得到的，压力为 1 个大气压和 14.6 个大气压，当量比为 0.6，稀释比为 2.2。该图还展示了一个模型预测结果，该模型来自于在采石场进行的一项稳定燃烧器中的一维层流火焰仿真（用能量方程求解火焰温度），该仿真则使用了 Gokulakrishnan 及其同事（2012）提出的化学动力学机理。模型预测的温度曲线及 NO 浓度曲线与试验数据吻合得很好。作为比较，图 7.9 还显示了在压力为 6.1 个大气压下的模型预测结果。值得注意的是，火焰前锋温度随着压力从 1 个大气压提高到 14.6 个大气压而升高。因为超平衡 O 原子浓度增加导致 14.6 个大气压下火焰前锋中 NO 的产生量增加。如图 7.9 所示，14.6 个大气压的火焰后区 NO 的产生量相比于 1 个大气压的情况有急剧的上升。这是由于在 14.6 个大气压下，较大的平衡态氧原子浓度和较长的火焰后区驻留时间促进了热力型 NO 的生成。

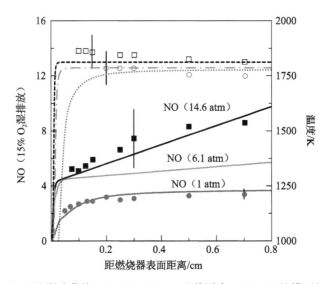

图 7.9 压力对 NO 的影响曲线（Gokulakrishnan 及其同事（2012）的模型与与汤姆森及其同事（1999）在压力为 1.0 个大气压和 14.6 个大气压下的预混 $CH_4/O_2/N_2$ 火焰（0.6 当量比）中 NO 浓度和温度轴向分布的试验数据的比较）

符号—试验数据（实心符号—NO、空心符号—温度）；线条—模型预测（实线—NO、虚线—温度：虚线为 1 个大气压、点虚线为 6.1 个大气压、虚线为 14.6 个大气压）。

图 7.10 显示了在如图 7.9 所描述的试验条件下，在当量比为 0.6 时，距

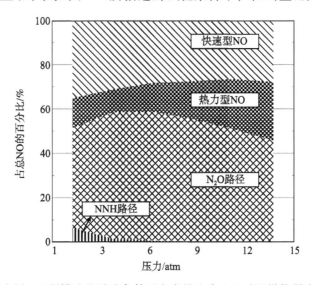

图 7.10 在图 7.9 所描述的试验条件下在当量比为 0.6 时距燃烧器表面 0.3cm 处不同的 NO 形成路径占 NO 生成总量的比例随压力的变化关系

燃烧器表面 0.3cm 处不同途径生成的 NO 在 NO 总生成量中的比例随压力变化的关系。使用 Gokulakrishnan 及其同事（2012）的化学动力学机理进行一维层流火焰模拟。如图 7.10 所示，发现 N_2O 路径对总 NO 贡献最大。一般来说，在较低的温度下，由 N_2O 路径产生的 NO 量会随着压力升高而增加。从图 7.10 中可以看到，当压力在 6 个大气压以上时，由于压力增加导致火焰温度升高，N_2O 路径对总 NO 的贡献减少。在图 7.9 所示的试验条件下，快速型 NO 路径所占比例约为 30%，而 NNH 路径对总 NO 的影响可以忽略不计。

图 7.11 展示了 Thomsen 及其同事（1999）在距燃烧器表面 0.3cm 处测量的 NO 量随压力变化的关系，以及在当量比分别为 0.6、0.7 和 0.8 时的模型预测结果。一维层流火焰的仿真结果如图 7.11 所示，该仿真使用了 Gokulakrishnan 及其同事（2012）的化学动力学机理。该图还提供了基于试验数据计算的每个当量比下的近似压力相关因子。在当量比为 0.7 和 0.8 时，不同 NO 生成路径的比例与压力的相关程度与图 7.10 中当量比为 0.6 的情况非常相似。然而，快速型 NO 在总 NO 中的比例随着当量比的增加而增加。此外，火焰温度和驻留时间随着压力的增加而增加（由于试验中使用不同压力而导致流量的变化（Klassen 等，1995）），从而显著加强了热力型 NO 的形成。这些结果表明，生成 NO 对压力的依赖性是由多种因素决定的，包括局部当量比、火焰区的热损失和驻留时间。

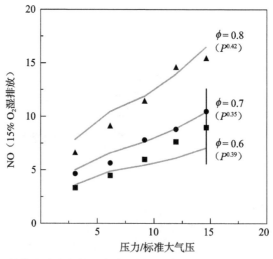

图 7.11　图 7.9 所描述试验条件下在当量比分别为 0.6、0.7、0.8 时距燃烧器表面 0.3cm 处的 NO 形成量随压力的变化关系（Thomsen 及其同事（1999）的试验数据（符号）与模型预测进行了比较。结果表明，在 14.6 个大气压和 0.6 当量比下的试验测量结果与模型预测结果误差较大）

图 7.12 显示了在以 2 号燃油为燃料的贫油预混旋流燃烧器试验中（其中燃料中有 0.04%重量的氮），不同的当量比下得到的 NO_x 排放量随压力的函数关系（Gokulakrishnan 等，2008）。采用相同的试验装置，在当量比为 0.7 的条件下，将以 CH_4 为燃料进行试验得到的 NO_x 排放量与前者进行了比较。这些试验中的燃油在与空气混合之前已被蒸发。图 7.12 中的燃油试验数据表明，在 6 个大气压下，当量比从 0.5 提高到 0.7 时，NO_x 增加了 3 倍。如图 7.12 所示，在当量比从 0.5 提高到 0.7 时，燃油的 NO_x 生成量的压力依赖功率因子从 0.54 降到了 0.17。随着当量比的增加，燃料的氮和快速型 NO 路径对 NO 生成的贡献有所增加。另外，在给定的压力下，随着火焰温度升高，热力型 NO 也会增加。值得注意的是，在当量比为 0.7 时，CH_4 和燃油的压力功率因子分别为 0.44 和 0.17，如图 7.12 所示。这可能是由于燃料结合氮占主导地位，是燃油中 NO 的主要来源。此外，许多因素，包括燃烧器表面的热损失和旋流燃烧器的预混水平，使得以图 7.12 中的测量结果来确定压力所起的作用十分困难。

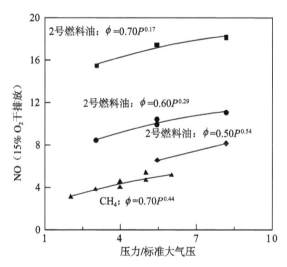

图 7.12 以 CH_4 和 2 号燃料油作为燃料时 NO_x 排放量随压力的变化关系（Gokulakrishnan 等，2008；最初发表在 ASME 上）

在实际燃烧系统中，要得到理想的预混空气/燃料混合物很困难。在非理想的预混系统中，由于热力型 NO 路径与温度呈指数相关性，相对丰富的混合物口袋（pockets of relatively rich mixtures）对 NO_x 的形成显著有利。Mongia 及其同事（1996）测量和模型化了 CH_4/空气火焰随燃料/空气不混合性、当量比和压力的函数关系。他们的研究结果表明，充分混合的贫燃燃烧火焰，压力对 NO_x 生成的影响较小。然而，随着未掺混水平的提高压力的相关性表现出来。

这一发现反映了局部当量比（和火焰温度）对不同的 NO 形成途径对 NO 总产量的相对重要性的作用。

7.7 NO_2 的生成

燃气涡轮排放的 NO_x 总浓度包括 NO 和 NO_2。典型发电燃气涡轮发动机排气羽流中，若 NO_2 浓度高于 $10×10^{-6}$，则会形成一个可见的羽流（即"褐色"或"黄色"羽流）（Feitelberg 和 Correa，1999）。美国环境局认定 NO_2 为一种对呼吸系统能够产生多种不良影响的红棕色高活性气体。为此，许多市政当局都对电厂排放的废气羽流的不透明度进行了监管，并传讯那些产生可见的棕色羽流的电厂。

在典型的燃气涡轮发动机应用中，因为高温的原因，以及 NO_2 在此条件下有通过以下途径转化为 NO 的趋势，燃烧室中 NO_2 很少。

$$NO_2+H<=>NO+OH \qquad R58$$

然而，在燃烧室的下游区域，热废气和稀释空气通过反应 R42 混合，可形成 NO_2（Sano，1984），即

$$NO+HO_2<=>NO_2+OH \qquad R42$$

燃烧器中 NO_2 只占尾气流中的总 NO_x 的一小部分（约5%）（Feitelberg 和 Correa，1999）。在尾气离开燃烧室后，在适当的条件下，NO 能够显著地转化为 NO_2。转换过程主要发生在相对较低的温度下（800~1000K），并通过与未燃烧的碳氢化合物和 CO 反应加以辅助。800~1000K 的温度范围出现在废气离开燃烧室之后的一些位置（如在联合循环燃气涡轮发电厂的热回收蒸汽发生器（锅炉）中），出现的时间为 NO 转化为 NO_2 的必要时间。Hori 及其同事（1992、1998）开展了在较低温度下的流动反应器中 NO 转化为 NO_2 的试验。如前所述，NO 可与 HO_2 自由基反应（通过反应 R42）产生 OH 自由基，同时将 NO 转化为 NO_2。此外，尾气中的微量碳氢化合物也可通过反应 R59 将 NO 转化为 NO_2。低温排气中未燃烧的碳氢化合物可以导致烷基过氧化自由基（RO_2）的形成（Faravelli 等，2003），这些自由基又与 NO 反应形成 NO_2。

$$NO+RO_2<=>NO_2+RO \qquad R59$$

一般来说，较大的烷烃能在较宽的温度范围内更有效地将 NO 氧化成 NO_2，而烯烃和 CH_4 在这种转化中效率较低。如图 7.13 所示，尾气流的成分对于 NO 通过这种途径转化为 NO_2 至关重要。在未经处理的天然气和一些进口

液化天然气中含有较高的碳氢化合物,在 NO_2 转化能力上相比于 CH_4 大好几个数量级。因此,当未燃的碳氢化合物流经燃烧区时,排气中存在的任意高阶碳氢化合物都将会加强 NO 转化为 NO_2 的趋势。这虽然不会改变 NO_x 的总产量,但可能导致其他环境问题,如从烟囱中排出的可见羽流。

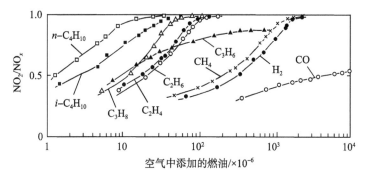

图 7.13　NO_2 占 NO_x 的比例随所添加的燃料量和燃料类型的变化关系
(经 Elsevier 许可而转载 Hori 及其同事(1992)的文章)

7.8　小　结

几十年以来,减少燃烧产生的污染物排放已成为燃气涡轮设计的驱动力之一,生产制作更清洁、更高效的发动机需要对燃烧化学有透彻的了解。本章重点介绍了碳氢化合物氧化和 NO_x 和 CO 等污染物形成的复杂相互作用。综述了在燃气涡轮相关条件下用于产生和控制 NO_x 和 CO 排放的燃烧化学反应的研究现状。碳氢燃料分子的消耗过程中产生的燃烧自由基和燃料碎片在 NO_x 和 CO 的生成中起关键作用。空气或燃料本身携带而引入的少量氮与自由基反应形成氮氧化物。尾气中的 CO 含量很大程度上取决于产生 CO 的快速反应动力学和相对缓慢地消耗 CO 产生 CO_2 的反应之间的平衡。因此,设计燃烧器时必须考虑最佳的驻留时间以完成 CO 的氧化,同时在 CO 燃烧过程中最大限度地减少 NO_x 的形成量。

燃烧模式(即预混或扩散)对污染物的生成量起着关键作用,这对 NO_x 及其形成中的化学途径至关重要。由于火焰温度较高,扩散燃烧或非预混燃烧系统的 NO_x 排放主要由热力型 NO_x 控制。然而,在较低的火焰温度下,N_2O 和快速型 NO 路径对贫燃预混燃烧系统(如 DLE 系统)的贡献显著。在典型 DLE 条件下,N_2O 路径产生的 NO_x 在总 NO_x 浓度中的比例随着压力提高而提高。

在这方面仍有一些领域有待研究,特别是需要开展更多的工作以便更好地了解在低温（即在存在 NO 条件下的燃料氧化反应）和高温（即添加燃料使得 NO 减少的再燃化学反应）下 NO_x 和长链碳氢燃料之间的化学反应动力学相互作用。在贫燃预混燃烧条件下，虽然在压力对 NO_x 形成的影响方面已形成共识，但仍需要开展更多的工作才能更好地理解在非预混燃烧系统中压力对 NO_x 形成的影响。

参考文献

Allen, M. T., Yetter, R. A., and Dryer, F. L. (1997). "High Pressure Studies of Moist Carbon Monoxide-Nitrous Oxide Kinetics." *Combustion and Flame* **109**: 449–70.

Amano, T., and Dryer F. L. (1998). "Effect of Dimethyl Either, NO_x, and Ethane on CH4 Oxidation: High Pressure, Intermediate-temperature Experiments and Modeling." *Proceedings of the Combustion Institute* **27**: 397–404.

Bendtsen, A. B., Glarborg, P., and Dam - Johansen, K. (2000). "Low Temperature Oxidation of Methane: The Influence of Nitrogen Oxides." *Combustion Science and Technology* **151**: 31–71.

Bhargava, A. et al. (2000). "Pressure Effect on NO_x and CO Emissions in Industrial Gas Turbines," in *Proceedings of TurboExpo*, ASME Paper No. 2000-GT-97.

Bowman, C. T. (1975). "Kinetics of Pollutant Formation and Destruction in Combustion." *Progress in Energy Combustion and Science* **1**: 33–45.

Bozzelli, J. W., and Dean, A. M. (1995). "O + NNH: A Possible New Route for NO_x Formation in Flames." *International Journal of Chemical Kinetics* **27**: 1097–109.

Brasseur, G. P. et al. (1998). "European Scientific Assessment of the Atmospheric Effects of Aircraft Emissions." *Atmospheric Environment* **32**: 2329–418.

Bromly, J. H., Barnes, F. J., Mandyczewsky, R., Edwards, T. J., and Haynes, B. S. (1992). "An Experimental Investigation of the Mutually Sensitised Oxidation of Nitric Oxide and n-Butane." *Proceedings of the Combustion Institute* **24**: 899–907.

Chan, W., Heck, S. M., and Pritchard, H. O. (2001). "Reaction of Nitrogen Dioxide with Hydrocarbons and its Influence on Spontaneous Ignition." *Physical Chemistry and Chemical Physical* **3**: 56–62.

Chaos, M., Burke, M., Ju, Y., and Dryer, F. L. (2010). "Syngas Chemical Kinetics and Reaction Mechanisms," chapter 2 in *Synthesis Gas Combustion: Fundamentals and Applications*, Lieuwen, T., Yang, V., and Yetter, R. eds., Taylor & Francis, Inc., pp. 29–70.

Colket, M. B. et al. (2007). "Development of an Experimental Database and Kinetic Models for Surrogate Jet Fuels," in *45th AIAA Aerospace Sciences Meeting and Exhibit*, Reno, NV, pp. AIAA 2008–972.

Colket, M. B., Guile, C. R., Zabielski, M. F., and Seery, D. J. (1982). "Internal Aerodynamics of Gas Sampling Probes." *Combustion and Flame* **44**: 3–14.

Committee on Aviation Environmental Protection (CAEP). (2010). "Report of the Committee on Aviation Environmental Protection, Eighth Meeting." Montreal, Canada, Doc 9938, CAEP/8.

  (2012). [Online]. April. http://www.icao.int/environmental-protection/Pages/CAEP.aspx.

Connors, C. S., Barnes, J. C., and Mellor, A. M. (1995). "Semi-empirical Predictions and Correlations of CO Emissions from Utility Combustion Turbines." *Journal of Propulsion and Power* **12**(5): 925–32.

Correa, S. M. (1992). "A Review of NO$_x$ Formation under Gas-Turbine Combustion Conditions." *Combustion Science and Technology* **87**: 329–62.

——— (1998). "Power Generation and Aeropropulsion Gas Turbines: From Combustion Science to Combustion Technology." *Proceedings of the Combustion Institute* **27**: 1793–807.

Dagaut, P. (2002). "On the Kinetics of Hydrocarbons Oxidation from Natural Gas to Kerosene and Diesel Fuel." *Physical Chemistry and Chemical Physics*, **4**: 2079–94.

Dagaut, P., Glarborg, P., and Alzueta, M. U. (2008). "The Oxidation of Hydrogen Cyanide and Related Chemistry." *Progress in Energy and Combustion Science* **34**: 1–46.

Dagaut, P., Lecomte, F., Chevailler, S., and Cathonnet, M. (1998). "Experimental and Detailed Kinetic Modeling of Nitric Oxide Reduction by a Natural Gas Blend in Simulated Reburning Conditions." *Combustion Science and Technology* **34**: 329–63.

Dagaut, P., Luche, J., and Cathonnet, M. (2000). "The Kinetics of C1 to C4 Hydrocarbons/NO Interactions in Relation with Reburning." *Proceedings of the Combustion Institute* **28**: 2459–65.

Dean, A. M., and Bozzelli, J. W. (1999). "Combustion Chemistry of Nitrogen," chapter 2 in *Gas-Phase Combustion Chemistry*, Gardiner, W. ed., Springer, New York, pp. 125–343.

Dooley, S. et al. (2010). "A Jet Fuel Surrogate Formulated by Real Fuel Properties." *Combustion and Flame* **157**: 2333–9.

Drake, M. C., Ratcliffe, J. W., Blint, R. J., Cater, C. D., and Laurendeau, N. M. (1990). "Measurements and Modeling of Flamefront NO Formation and Superequilibrium Radical Concentrations in Laminar High-Pressure Premixed Flames." *Proceedings of the Combustion Institute* **23**: 387–95.

Edwards, T. (2007). "Advancements in Gas Turbine Fuels From 1943 to 2005." *Journal of Engineering for Gas Turbines and Power* **129**: 13–20.

Edwards, T., and Maurice, L. Q. (2001). "Surrogate Mixtures to Represent Complex Aviation and Rocket Fuels." *Journal of Propulsion and Power* **17**(2): 461–6.

Fackler, B. K. et al. (2011). "Experimental and Numerical Study of NO$_x$ Formation from the Lean Premixed Combustion of CH$_4$ Mixed with CO$_2$ and N$_2$," in *Proceedings of ASME Turbo Expo*, pp. GT2011–45090.

Faravelli, T., Frassoldati, A., and Ranzi, E. (2003). "Kinetic Modeling of the Interactions between NO and Hydrocarbons in the Oxidation of Hydrocarbons at Low Temperatures." *Combustion and Flame* **132**: 188–207.

Feitelberg, A. S., and Correa, S. M. (1999). "The Role of Carbon Monoxide in NO2 Plume Formation," in *Proceedings of ASME TurboExpo*, pp. 99-GT-53.

Fenimore, C. P. (1971). "Formation of Nitric Oxide in Premixed Hydrocarbon Flames." *Proceedings of the Combustion Institute* **13**: 373–80.

Fleck, B. A., Sobiesiak, A., and Becker, H. A. (2000). "Experimental and Numerical Investigation of the Novel Low NO$_x$ CGRI Burner." *Combustion Science and Technology* **161**: 89–112.

Frassoldati, A., Faravelli, T., and Ranzi, E. (2003). "Kinetic Modeling of the Interactions between NO and Hydrocarbons at High Temperature." *Combustion and Flame* **135**: 97–122.

Fuller, C. C. et al. (2012). "Effects of Vitiation and Pressure on Laminar Flame Speeds of n-Decane," in *50th AIAA Aerospace Sciences Meeting*, Nashville, TN pp. AIAA 2012–0167.

Fuller, C. C., Gokulakrishnan, P., Klassen, M. S., Roby, R. J., and Kiel, B. V. (2009). "Investigation of the Effects of Vitiated Conditions on the Autoignition of JP-8." *45th AIAA/ASME/SAE/ASEE Joint Propulsion Conference & Exhibit*, vol. AIAA 2009–4295, August.

(2011). "Investigation of the Effect of Nitric Oxide on the Autoignition of JP-8 at Low Pressure Vitiated Conditions." *49th AIAA Aerospace Sciences Meeting*, Orlando, FL, pp. AIAA 2011–96.

Glarborg, P., Alzueta, M. U., Dam - Johansen, K., and Miller, J. A. (1998). "Kinetic Modeling of Hydrocarbon/Nitric Oxide Interactions in a Flow Reactor." *Combustion and Flame* **115**: 1–27.

Glarborg, P., Jensen, A. D., and Johnsson, J. E. (2003). "Fuel Nitrogen Conversion in Solid Fuel Fired Systems." *Progress in Energy and Combustion Science* **29**: 89–113.

Gokulakrishnan, P. et al. (2008). "A Novel Low NO_x Lean, Premixed, and Prevaporized Combustion System for Liquid Fuels." *Journal of Engineering for Gas Turbines and Power* **130**: 051501–1.

Gokulakrishnan, P., and Lawrence, A. D. (1999). "An Experimental Study of the Inhibiting Effect of Chlorine in a Fluidized Bed Combustor." *Combustion and Flame* **116**: 640–52.

Gokulakrishnan, P., Fuller, C. C., Joklik, R. G., and Klassen, M. S. (2012). "Chemical Kinetic Modeling of Ignition and Emissions from Natural Gas and LNG Fueled Gas Turbines," in *Proceedings of ASME Turbo Expo 2012*, Copenhagen, Denmark, pp. GT2012–69902.

Gokulakrishnan, P., Gaines, G., Currano, J., Klassen, M. S., and Roby, R. J. (2007). "Experimental and Kinetic Modeling of Kerosene-Type Fuels at Gas Turbine Operating Conditions." *Journal of Engineering for Gas Turbines and Power* **129**: 655–63.

Gokulakrishnan, P., McLellan, P. J., Lawrence, A. D., and Grandmaison, E. W. (2005). "Kinetic Analysis of NO-Sensitized Methane Oxidation." *Chemical Engineering Science* **60**: 3683–92.

Goodwin, D. Cantera. [Online]. http://cantera.github.com/docs/sphinx/html/index.html.

Gou, X., Sun, W., Chen, Z., and Ju, Y. (2010). "A Dynamic Multi-Timescale Method for Combustion Modeling with Detailed and Reduced Chemical Kinetic Mechanisms." *Combustion and Flame* **157**: 1111–21.

Grewe, V., Fichter, M., Sausen, C., and Dameris, R. (2002). "Impact of Aircraft NO_x Emissions: Part 1: Interactively Coupled Climate-Chemistry Simulations and Sensitivities to Climate-Chemistry Feedback, Lightning and Model Resolution." *Meteorologische Zeitschrift* **11**: 177–86.

Hanson, R., and Salimian, S. (1984). "Survey of Rate Constants in the N/H/O System," chapter 6 in *Combustion Chemistry*, Gardiner, W. ed., Springer-Verlag, pp. 361–421.

Harrington, J. E. et al. (1996). "Evidence for a New NO Production Mechanism in Flames." *Proceedings of the Combustion Institute* **26**: 2133–8.

Hayhurst, A. N., and Lawrence, A. D. (1992). "Emissions of Nitrous Oxide from Combustion Sources." *Progress in Energy and Combustion Science* **18**: 529–52.

(1996). "The Amounts of NO_x and N_2O Formed in a Fluidized Bed Combustor during the Burning of Coal Volatiles and also of Char." *Combustion and Flame* **105**: 341–57.

Hayhurst, A. N., and Vince, I. M. (1980). "Nitric Oxide Formation from N2 in Flames – The Importance of Prompt NO." *Progress in Energy and Combustion Science* **6**: 35–51.

Hilbert. R., Tap, F., El-Rabii, H., and Thévenin, D. (2004). "Impact of Detailed Chemistry and Transport Models on Turbulent Combustion Simulations." *Progress in Energy and Combustion Science* **30**(1): 61–117.

Hori, M., Matsunaga, N., Malte, P. C., and Marinov, N. M. (1992). "The Effect of Low-Concentration Fuels on the Conversion of Nitric Oxide to Nitrogen Dioxide." *Proceedings of the Combustion Institute* **24**: 909–16.

Hori, M., Matsunaga, N., Marinov, N. M., Pitz, W., and Westbrook, C. K. (1998). "An Experimental and Kinetic Calculation of the Promotion Effect of Hydrocarbons on the $NO-NO_2$ Conversion in a Flow Reactor." *Proceedings of the Combustion Institute* **27**: 389–96.

Johnsson, J. E., Glarborg, P., and Dam-Johansen, K. (1992). "Thermal Dissociation of Nitrous Oxide at Medium Temperatures." *Proceedings of the Combustion Institute* **24**: 917–23.

Kjaegaard, K., Glarborg, P., and Dam-Johansen, K. (1996). "Pressure Effects on the Thermal DE-NO_x Process." *Proceedings of the Combustion Institute* **26**: 2067–74.

Klassen, M. S., Thomsen, D. D., Reisel, J. R., and Laurendeau, N. M. (1995). "Laser-Induced Fluorescence Measurements of Nitric Oxide Formation in High-Pressure Premixed Methane Flames." *Combustion Science and Technology* **110**–111: 229–47.

Klippenstein, S. J., Harding, L. B., Glarborg, P., and Miller, J. A. (2011). "The Role of NNH in NO Formation and Control." *Combustion and Flame* **158**: 774–89.

Kramlich, J. C., and Kinak, W. P. (1994). "Nitrous Oxide Behavior in the Atmosphere and in Combustion and Industrial Systems." *Progress in Energy and Combustion Science* **20**: 149–202.

Kristensen, P. G., Glarborg, P., and Dam-Johansen, K. (1996). "Nitrogen Chemistry during Burnout in Fuel-Staged Combustion." *Combustion and Flame 107*: 211–22.

Law, C. K. (2006). "Propagation, Structure and Limit Phenomena of Laminar Flames at Elevated Pressures." *Combustion Science and Technology* **178**: 335–60.

Lawrence, A. D., Bu, J., and Gokulakrishnan, P. (1999). "The Interactions between SO_2, NO_x, HCl and Ca in a Bench Scale Fluidized Bed Combustor." *Journal of the Institute of Energy* **72**: 34–40.

Lefebvre, A. H. (1984). "Fuel Effects on Gas Turbine Combustion Liner Temperature, Pattern Factor, and Pollutant Emissions." *Journal of Aircraft* **21**(11): 887–98.

(1985). "Fuel Effects on Gas Turbine Combustion – Ignition, Stability and Combustion Efficiency." *Journal of Engineering for Gas Turbines and Power* **107**: 24–37.

Leonard, G., and Stegmaier, J. (1994). "Development of an Aeroderivative Gas Turbine Dry Low Emissions Combustion System." *Journal of Engineering for Gas Turbines and Power* **116**: 542–6.

Lu, T., and Law, C. K. (2009). "Toward Accommodating Realistic Fuel Chemistry in Large-scale Computations." *Progress in Energy and Combustion Science* **35**(2): 192–215.

Lyon, R. K. (1975). "Method for the Reduction of the Concentration of NO in Combustion Effluents Using Ammonia." *U.S. Patent* 3,900,554.

Lyon, R. K., and Benn, D. (1978). "Kinetics of the NO-NH3-O2 Reaction." *Proceedings of the Combustion Institute* **17**: 601–10.

Maghon, H., Kreutzer, A., and Termuehlen, H. (1988). "The V84 Gas Turbine Designed for Base-Load and Peaking Duty." *Proceedings of the American Power Conference* **60**: 218–28.

Mellor, A. M. (1976). "Gas Turbine Engine Pollution." *Progress in Energy and Combustion Science* **1**: 111–33.

Miller, J. A., and Bowman, C. T. (1989). "Mechanism and Modeling of Nitrogen Chemistry in Combustion." *Progress in Energy and Combustion Science* **15**: 287–338.

Miller, J. A., Durant, J. L., and Glarborg, P. (1998). "Some Chemical Kinetics Issues in Reburning: The Branching Fraction of the HCCO + NO Reaction." *Proceedings of the Combustion Institute* **27**: 235–43.

Miller, J. A., and Glarborg, P. (1999). "Modeling the Thermal De-NO_x Process: Closing in on a Final Solution." *International Journal of Chemical Kinetics 31*: 757–65.

Miller, J. A., Klippenstein, J., and Glarborg, P. (2003). "A Kinetic Issue in Reburning: The Fate of HCNO." *Combustion and Flame 135*: 357–62.

Miller, J. A., Pilling, M. J., and Troe, J. (2005). "Unravelling Combustion Mechanisms through a Quantitative Understanding of Elementary Reactions." *Proceedings of the Combustion Institute* **30**: 43–88.

Mongia, H. C. (2010a). "Correlations for Gaseous Emissions of Aero-propulsion Engines from Sea-Level to Cruise Operation," in *48th AIAA Aerospace Sciences Meeting*, Orlando, FL, AIAA Paper 2010–1530.

(2010b). "On Initiating 3rd Generation of Correlations for Gaseous Emissions of Aero-Propulsion Engines," in *48th AIAA Aerospace Sciences Meeting*, AIAA Paper 2010–1529.

Mongia, R. K., Tomita, E., Hsu, F. K., Talbot, L., and Dibble, R. W. (1996). "Use of an Optical Probe for Time-resolved in situ Measurement of Local Air-to-fuel Ratio and Extent of Fuel Mixing with Applications to Low NO_x Emissions in Premixed Gas Turbines." *Proceedings of the Combustion Institute* **26**: 2749–55.

Moreac, G., Dagaut. P., Roesler, J. F., and Cathonnet, M. (2006). "Nitric Oxide Interactions with Hydrocarbon Oxidation in Jet-stirred Reactor at 10 atm." *Combustion and Flame* **145**: 512–20.

Moskaleva, L. V., and Lin, M. C. (2000). "The Spin-Conserved Reaction CH + N2 ⊠ H +NCN: A Major Pathway to Prompt NO Studied by Quantum/Statistical Theory Calculations and Kinetic Modeling of Rate Constant." *Proceedings of the Combustion Institute* **28**: 2393–401.

Mueller, M. A., Yetter, R. A., and Dryer, F. L. (1999). "Flow Reactor Studies and Kinetic Modeling of the $H_2/O_2/NO_x$ and $CO/H_2O/O_2/NO_x$ Reactions." *International Journal of Chemical Kinetics* **31**: 705–24.

Myerson, A. L. (1974). "The Reduction of Nitric Oxide in Simulated Combustion Effluents by Hydrocarbon-Oxygen Mixtures." *Proceedings of the Combustion Institute* **15**: 1085–92.

Myerson, A. L., Taylor, F. R., and Faunce, B. G. (1957). "Ignition Limits and Products of the Multistage Flames of Propane-Nitrogen Dioxide Mixtures." *Proceedings of the Combustion Institute* **6**: 154–63.

Naik, S., and Laurendeau, N. M. (2004). "LIF Measurements and Chemical Kinetic Analysis of Nitric Oxide Formation in High-Pressure Counterflow Partially Premixed and Nonpremixed Flames." *Combustion Science and Technology* **176**: 1809–53.

Newburry, D. M., and Mellor, A. M. (1996). "Semiempirical Correlations of NO(x) Emissions from Utility Combustion Turbines with Inert Injection." *Journal of Propulsion and Power* **12**(3): 527–33, May–June.

Nguyen, Q. V., Edgar, B. L., Dibble, R. W., and Gulati, A. (1995). "Experimental and Numerical Comparison of Extractive and In Situ Laser Measurements of Non-Equilibrium Carbon Monoxide in Lean-Premixed Natural Gas Combustion." *Combustion and Flame* **100**: 395–406.

Prather, M., and Sausen, R. (1999). "Potential Climate Change from Aviation," chapter 6 in *Aviation and the Global Atmosphere*, Penner, J. E. et al., eds., The Press Syndicate of the University of Cambridge, New York, USA, pp. 187–213.

Rink, K. K., and Lefebvre, A. H. (1989). "Influence of Droplet Size and Combustor Operating Conditions on Pollutant Emissions." *International Journal of Turbo and Jet Engines* **6**: 113–21.

Rizk, N. A., and Mongia, H. C. (1993). "Semi-analytical Correlations for NO_x, CO and UHC Emissions." *Journal of Engineering for Gas Turbines and Power* **115**: 612–19.

(1995). "A Semi-analytical Emissions Model for Diffusion Flame, Rich/lean and Premixed Lean Combustors." *Journal of Engineering for Gas Turbines and Power* **117**: 290–301.

Rutar, T., Horning, D. C., Lee, J. C. Y., and Malte, P. C. (1998). "NO_x Dependency on Residence Time and Inlet Temperature for Lean-Premixed Combustion in Jet-Stirred Reactors," in *ASME/ IGTI Turbo Expo*, Paper No. 98-GT-433.

Sano, T. (1984). "NO2 Formation in the Mixing Region of Hot Burned Gas with Cool Air." *Combustion Science and Technology* **38**: 129–44.

Schmidt, C. C. (2001). "Flow Reactor Study of the Effect of Pressure on the Thermal DE-NO$_x$ Reaction." Stanford University, PhD Dissertation.

Schoenung, S. M., and Hanson, R. K. (1981). "CO and Temperature Measurements in a Flat Flame by Laser Absorption Spectroscopy and Probe Techniques." *Combustion Science and Technology* **24**: 227–37.

Skalska, K., Miller, J. S., and Ledakowicz, S. (2010). "Trends in NO$_x$ Abatement: A Review." *Science of the Total Environment 408*: 3976–89.

Skreiberg, O., Kilpinen, P., and Glarborg, P. (2004). "Ammonia Chemistry below 1400 K under Fuel-rich Conditions in a Flow Reactor." *Combustion and Flame* **136**: 501–18.

Smith, G. P., Golden, D. M., Frenklach, M. et al. *GRI-Mech 3.0*. [Online]. Available at http// www.berkeley.edu/gri-mech/.

Smoot, L. D., Hill, S. C., and Xu, H. (1998). "NO$_x$ Control through Reburning." *Progress in Energy Combustion Science and Technology* **24**: 385–408.

Steele, R. C., Malte, P. C., Nicol, D. G., and Kramlich, J. C. (1995). "NO$_x$ and N$_2$O in Lean-Premixed Jet-Stirred Flames." *Combustion and Flame* **100**: 440–9.

Sturgess, G. J., Zelina, J., Shouse, D. T., and Roquemore, W. M. (2005). "Emissions Reduction Technologies for Military Gas Turbine Engines." *Journal of Propulsion and Power* **21**(2): 193–217.

Thomsen, D. D., Kuligowski, F. F., and Laurendeau, N. M. (1999). "Modeling of NO Formation in Premixed, High-Pressure Methane Flames." *Combustion and Flame* **119**: 307–18.

Vereecken, L., Sumathy, R., Carl, S. A., and Peeters, J. (2001). "NO$_x$ Reduction by Reburning: Theoretical Study of the Branching Ratio of the HCCO+NO Reaction." *Chemical Physics Letters* **344**: 400–6.

Violi, A. et al. (2002). "Experimental Formulation and Kinetic Model for JP-8 Surrogate Mixtures." *Combustion Science and Technology* **174**: 399–417.

Walker, R. W., and Morley, C. (1997). "Basic Chemistry of Combustion," in *Low-Temperature Combustion and Autoignition*, Elsevier, New York, NY: Elsevier, vol. 35, ch. 1, pp. 1–120.

Warnatz, J. (1984). "Rate Coefficients in the C/H/O System," chapter 5 in *Combustion Chemistry*, Gardiner, W. ed., Springer-Verlag, pp. 197–360.

Wendt, J. O., Sternling, C. V., and Matovich, M. (1973). "Reduction of Sulfur Trioxide and Nitrogen Oxides by Secondary Fuel Injection." *Proceedings of the Combustion Institute* **14**: 897–904.

Westbrook, C. K., and Dryer, F. L. (1984). "Chemical Kinetic Modeling of Hydrocarbon Combustion." *Progress in Energy and Combustion Science* **10**: 1–57.

Yetter, R. A., Dryer, F. L., and Rabitz, H. (1991a). "A Comprehensive Reaction Mechanism for Carbon Monoxide/Hydrogen/Oxygen Kinetics." *Combustion Science and Technology* **79**: 97–128.

(1991b). "Flow Reactor Studies of Carbon Monoxide/Hydrogen/Oxygen Kinetics." *Combustion Science and Technology* **79**: 129–40.

Zeldovich, Y. B. (1946). "The Oxidation of Nitrogen in Combustion and Explosions." *Acta Physicochimica U.R.S.S.* **21**: 577–628.

第8章
富氧燃烧和废气再循环涡轮的排放

Alberto Amato, Jerry M. Seitzman, Timothy C. Lieuwen

8.1 简　介

本章讨论了采用大量废气再循环（EGR）或使用氧气而非空气作为反应物（此处称为富氧燃烧）的系统的排放。此类系统具有独特的属性，需要专门的章节来说明。首先，使用 EGR 与富氧燃烧的系统有不同的自由限度和要求。比如说，两者都是碳捕捉和储存（CCS）的主要候选对象（Griffn 等，2008；Budzianowski，2010），其中排放要求是由管道或者地质储层限制决定的，而不是大气污染因素推动的。其次，虽然 CO_2 和 H_2O 的稀释已在第 5 章和第 7 章进行了讨论，但它们在 EGR 系统中处于极高水平会显著扰动标准反应动力学（如在自由基池中），这需要重点处理。

如前所述，用于燃气涡轮的废气再循环和富氧燃烧是在燃气涡轮发电厂实施碳捕捉和存储的有效方法。废气再循环也被建议作为一种提高燃料适应性的方法，比如可以使用低热值（Danon 等，2010）、高氢含量（Lückerath 等，2008）的燃料等。同时，相对于贫油预混燃烧器，废气再循环还能提高其静态稳定性（Kalb 和 Sattelmayer，2004）（耐回火/爆炸）和动态稳定性（ElKad 等，2009），并且能降低污染物排放。

废气再循环作为用来控制 NO_x 排放的一种策略，已经广泛用于工业燃烧器和内燃机（Turns，2000）。废气的再循环提高了燃烧混合物的热容，同时，对于给定的释热量，它降低了燃烧器的最高温度，减少了热 NO_x 的形成。对于碳捕捉应用，EGR 的主要优点是燃料气体中的 CO_2 浓度高于普通空气燃烧室。这有利于减小 CO_2 分离设施的体积，同时显著降低了 CO_2 捕获的总成本。

另外，富氧燃烧的使用通常仅限于生产玻璃和钢（Wall，2007）或者火箭、海洋探测器（Yossefi 等，1995）这样的高温场合。在富氧燃烧中，燃料几乎和纯氧进行燃烧，纯氧通常在化学计量比下从空气分离装置中获得，以避免燃料和 O_2 的过量供应。火焰温度通过 H_2O 或者 CO_2 稀释反应物浓度来控制，因此废气基本由 H_2O 和 CO_2 构成。通过冷凝可以方便地去除 H_2O，进而分离出剩余的 CO_2。

在反应物中存在高含量燃烧产物，这是富氧燃烧和废气再循环燃烧区别于碳氢化合物-空气燃烧的关键所在。H_2O 和 CO_2 稀释主要是通过以下方面的变化影响燃烧：①混合物比热容和火焰温度；②传输属性（包括热导率、质量扩散率和黏性）；③辐射传热；④化学动力学速率。下面将分别讨论这些问题。

作为三原子分子，CO_2 和 H_2O 的摩尔比热值要比 N_2 的高。因此，为了获取可比较的涡轮机入口温度，需要降低使用 CO_2 或 H_2O 的稀释水平或使其与在空气燃烧时所需要的当量比相当。燃料和 O_2 浓度的变化反过来会影响混合物的动力学特征，这一点稍后将进行讨论。

气体输运性质的差异对某些量会产生重大影响，如层流火焰速度、气动拉伸灵敏度、混合层中的卷吸过程以及边界层中的热传递。图 8.1 比较了 N_2、CO_2、H_2O 三者的热导率 λ、二元质量扩散系数（使用 O_2）D 和动力黏度 μ，这些数据从 CHEMKIN 的输运数据库中获得（Kee 等，2007）。而 CO_2 的热导率和黏度与 N_2 非常接近，O_2 在 CO_2 中的质量扩散系数大约比在 N_2 中的质量扩散系数低 20%。H_2O 的热传导率和质量扩散系数远高于 N_2 和 CO_2。然而，H_2O 的黏度和稀释 N_2、稀释 CO_2 的值接近，尤其是在高温条件下。

CO_2 和 H_2O 的稀释同样也对辐射传热有影响，因为这些组分比 O_2 和 N_2 可更有效地吸收和释放热量。对于紧凑型燃烧室和较低的工作压力（导致产生光学稀薄气体的条件），大量稀释 H_2O 和 CO_2 有可能引起从燃烧区及高温产物区到燃烧室壁面的热量损失（Andersson 和 Johnsson，2007）。然而，对于高工作压力或足够大的燃烧室，一维层流火焰仿真（Guo 等，1998；Ju 等，1998；Ruan 等，2001；Chen 等，2007；Maruta 等，2007）表明，反应物中存在的高浓度 CO_2 或者 H_2O 通过热辐射吸收反应产物的热量进行额外预热，从而提高火焰速度，扩大可燃极限，并影响污染物的形成过程（Naik 等，2003）。

最终，CO_2 和 H_2O 并不像 N_2 一样是被动稀释剂，而是对化学动力学有直接影响。化合物中 CO_2 和 H_2O 的存在会影响碳氢化合物的燃烧和污染物的形成，主要通过改变 H/OH/O 自由基池的大小和分配得以实现。CO_2 和该自由基池主要进行以下反应（Liu 等，2001、2003；Glarborg 和 Bentzen，2007），即

$$CO_2 + H \rightleftharpoons CO + OH \qquad \text{R1}$$

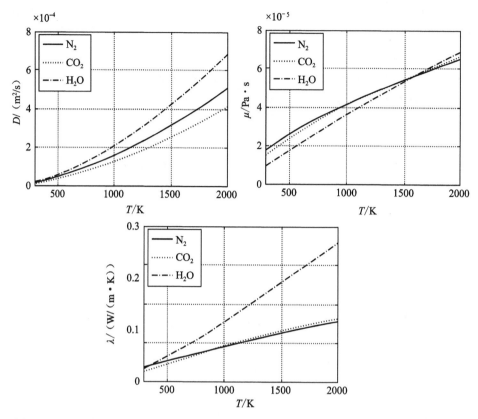

图 8.1 N_2、CO_2 和 H_2O 在 1 个大气压下的二元扩散系数（使用 O_2）D、动力黏度 μ、热导率 λ（这些值从 CHEMKIN 输运数据库中求得（Kee 等，2007））

这是在高温环境下建立 CO/CO_2 局部平衡的重要条件（见第 7 章）。H_2O 通过以下反应方程式直接参与 $O/OH/H$ 自由基池的反应（Cong 和 Dagaut，2009），即

$$H_2O + O \leftrightarrows OH + OH \qquad R2$$

并间接发生以下重组反应（Hwang 等，2004；Le Cong 等，2010），即

$$H + O_2(+M) \leftrightarrows HO_2(+M) \qquad R3$$

$$H + OH(+M) \leftrightarrows H_2O(+M) \qquad R4$$

由于 H_2O 的第三体效率很高（比 N_2 高 16 倍，比 CO_2 高 4.3 倍）（Anderlohr 等，2010），在富水条件下，如在扩散火焰的燃料侧上，其通过以下反应，即

$$H_2O + H \leftrightarrows OH + H_2 \qquad R5$$

产生的影响会变得显著（Zhao 等，2002；Renard 等，2003；Hwang 等，2004）。所有这些反应和高温燃烧条件下的主要分支反应之间的竞争（见第 7 章），即

$$H + O_2 \leftrightarrows O + OH \qquad R6$$

通常控制着 O/OH/H 自由基池的大小和分配。在典型的废气再循环中和富氧燃烧条件下，H_2O 和 CO_2 的稀释倾向于增加 OH 浓度，同时减少 O、H 浓度，这与相同温度下在贫燃空气中的燃烧有关（Williams 等，2008；Guethe 等，2009）。然而，自由基池的实际分配也非常依赖于其他燃烧参数（如化学计量比和温度）。

在本章剩余部分，首先简要概述了碳捕捉工艺的排放要求。这些要求明显不同于污染物在陆地大气中的相互作用所施加的要求，对于理解燃烧过程的约束是必要的。对于纯净 CO_2 的存储，依旧缺乏工业标准，但在分离出的 CO_2 气流中存在杂质导致的主要问题是明确的。因此，首先做简要回顾，然后是关于废气再循环和富氧燃烧的单独章节。每一章节的最后部分都简介了 CO 和 NO_x 在废气再循环和富氧燃烧条件下的生成过程和排放特征。

8.2 碳捕捉排放要求

碳捕捉（CCS）通常被认为包括捕获、运输和储存 3 个独立部分（Metz，2005）。捕获过程旨在从废气中产生一束富含 CO_2 的气流，其纯度由两个连续阶段决定。运输（通常在高密度条件下）可以通过管道或者船舶进行。CO_2 必须转变为高密度形式（液体、固体或超临界相）。输送的 CO_2 可以被封存在地质构造中，如深盐水层、枯竭气藏中，用于提高原油采收率（EOR）或煤层气采收率（ECBM）。

关于排放，设计适应碳捕捉的燃气涡轮循环的关键问题在于将废气中除 CO_2 以外的化合物浓度降低到可接受的水平，以便运输和储存，同时减少在捕获过程中的能源浪费和经济损失。控制涡轮机排气中的污染物排放可能对烟气净化的相关费用产生重大影响。以下段落将介绍在废气再循环和富氧燃烧系统下碳捕捉的规定排放限制。

8.2.1 废气再循环排放要求

从含有高浓度的不可冷凝气体（如 N_2）的废气中捕获 CO_2。例如，通过带有废气再循环的燃气涡轮发动机捕获产生的废气，通常通过液体溶剂来完成。即使大部分技术尚未在电站运营中得到证实，但这种技术目前已经广泛存在（Aaron 和 Tsouris，2005）。目前普遍认为用于燃烧发电厂最合适的技术是氨基 CO_2 吸收系统（Rao 和 Rubin，2002），以下将进行讨论。这种技术能产生相对清洁的气流，这种气流普遍满足碳捕捉后续步骤规定的所有气体纯度要求；烟气中的杂质对溶剂的影响是燃烧和碳捕捉的主要相互作用方式。由胺基捕捉系统强加的排放标准源自溶剂对烟气中的颗粒物和 O_2 浓度以及酸性气体成分（如硫氧化物和 NO_x）的敏感性。一种常见的方法是使用单乙醇胺（MEA）的水溶液。硫氧化合物、NO_x 和颗粒物常用来和单乙醇胺进行反应来形成热稳定性盐，通过这种方法降低 CO_2 的吸收能力。因此，为了避免昂贵溶剂的过度消耗，SO_2 和 NO_2 的浓度必须低于 10×10^{-6}，而对颗粒物的含量的要求却不太了解（Rao 和 Rubin，2002）。对于 SO_2 尤其严重，因为它在废气中的浓度是由燃料中硫的含量决定的，而硫含量在燃烧过程中无法控制（Lefebvre，2010）。NO_2 的问题较小，因为大多从燃气涡轮排放出来的 NO_x 通常是 NO，而 NO_2 占 NO_x 总量通常低于 10%。同样地，烟气中 O_2 会导致氨络物的降解，其副产品则会导致腐蚀问题。通过优化燃烧过程降低烟气中的酸性气体、O_2 和颗粒物含量，这可能会降低操作成本，但通常不会被考虑（Wall，2007）。大多数的研究都针对开发耐杂质的溶剂，如在单乙醇胺溶剂中添加化学抑制剂（如受阻胺（Aaron 和 Tsouris，2005），或涉及富 CO_2 胺络物脱氧的吸附——解吸过程。新溶剂、膜和工艺集成的开发是正在进行的研究课题（IEA，2010）。

8.2.2 富氧燃烧的排放要求

从富氧燃烧的废气中捕捉 CO_2 通常包括水冷凝步骤，通常由汽-液分离器在不同的压力下进行，随后通过蒸馏或闪蒸的方式执行挥发物去除步骤（Aspelund 和 Jordal，2007；Pipitone 和 Boll 和，2009；White 等，2009）。除了冷凝水方法外，对气体净化的额外需求可能是氧燃料燃烧技术的一个显著缺点，与废气再循环中的氨吸收捕集相比，后者只有一个净化步骤（Li，Yan，Anhenden，2009；Sass 等，2009）。目前，已经对燃煤电厂（Toftegaard 等，2010）研究了富氧燃烧中这些多污染物的控制问题，也需要对基于富氧燃气涡轮发电厂进行研究（Aspelund 和 Jordal，2007）。这就需要认真权衡不同碳捕捉阶段所要求的 CO_2 纯度规格。

大规模 CO_2 的运输和储存并不是一项新技术，几十年来，美国、加拿大和挪威一直在捕捉、运输 CO_2，并将其用于提高原油采收率（EOR）。Vandenhengel 和 Miyagishima（1993）概述了美国和加拿大的 CO_2 的采集、冷却和运输技术和成本，以及一些源和汇的规范。如表 8.1 所列，业界已经对 CO_2 的运输和储存设定了规格。第一列给出了 Canyon Reef 项目（Metz，2005）的烟气成分，其中，CO_2 从 Shell 石油公司的加工厂运输到了巴尔韦德盆地。第二列给出了 Weyburn Pipeline 公司的烟气成分（Metz，2005），其中，CO_2 从美国的大平原合成燃料场运输到了加拿大 Saskatchewan 省的 Weyburn-Midale 项目。

表 8.1 提高原油采收率的两条 CO_2 运输管道规格

成分	Canyon Reef	Weyburn 管道
CO_2	>95%	96%
CO	—	0.1%
H_2O	在气相中无游离水小于 $0.498m^{-3}$	$<20×10^{-6}$
H_2S	$<1500×10^{-6}$	0.9%
N_2	4%	$<300×10^{-6}$
O_2	$<10×10^{-6}$（质量）	$<50×10^{-6}$
CH_4	—	0.7%
碳氢化合物	<5%	—
温度	<49℃	—
压力	—	15.2MPa

（资料来源：Pipitone 和 Bolland，2009。）

尽管被运用在了提高石油采集率的项目中，但还未确定对碳捕捉气体的纯度要求，主要因为它们高度依赖实际的碳捕捉场景。在运输和储存过程中，与封存 CO_2 气流中杂质含量有关的问题很多。这里对主要问题只做一个简短的描述（De Visser 等，2008），具体如表 8.2 所列。就储存而言，由于存在于封存 CO_2 中的杂质（特别是来自 SO_2 和 O_2）而产生的主要风险表现为形成可降低储层岩石孔隙度的沉淀物。管道输气的主要问题与腐蚀有关。在存在 H_2O 的

表 8.2 捕获的 CO_2 流中的杂质引起的问题

条件	问题	涉及的杂质
运输（管道）和注入设施	腐蚀	H_2O、O_2、CO，生成酸的化合物，SO_x、NO_x、H_2S、HCN、HF、HCl
	水合物的形成	H_2O, CO_2, H_2S, CH_4
	二相流	Ar, O_2, H_2, H_2S
	有毒成分泄漏	H_2S, COS, CO, SO_2, NO_x, 重金属颗粒
储存和与地质构造的相互作用（条件强烈依赖于场地）	污垢	所有惰性气体，O_2, Ar, N_2
	压缩功增加	颗粒和 O_2、H_2S、SO_2 的通过
	毛孔堵塞	SO_2, H_2S, NO_x, HCl, HCN, HF
	碳酸盐矿物的溶解	H_2S, COS, CO, SO_2, NO_x
	有毒化合物的泄漏	HCl, HCN, HF, H_2S, NO, SO_2, O_2
	储存岩石的化学效应	O_2, N_2, Ar, H_2, CO
	用油的最小混相压力（MMP）（用于提高采收率应用）	

（资料来源：改编自 Anhenden 等，2008。）

情况下，CO_2 可以导致碳酸腐蚀（所谓的甜腐蚀），并且形成一种叫水合物的固态冰晶体，而 SO_2 或 H_2S 会导致 H_2SO_4（或酸性）腐蚀，这取决于混合物的露点。非冷凝物质的存在同样也能显著增加所需的压缩功，这占全部碳捕捉能量消耗的绝大部分。最后，根据 H_2S、SO_x、NO_x 以及碳氢化合物等污染物的含量，浓缩的 CO_2 流可能会被视为危险废物，因此需要特殊处理。

自然，从 CO_2 的捕捉到存储设施的花费存在经济最优方案。为了尽可能降低捕捉过程的成本，最好的选择是将尽可能多的杂质存储在一起（SO_x、NO_x、非冷凝气体物质和 H_2O）。反过来，这将会为了让运输设备耐腐蚀而需要更昂贵的材料，同时还要增加压缩功和储存区面积。这些技术考虑，连同燃烧过程对烟气成分的限制，将制定实际纯度要求，然后可以将其用作设计燃烧器的输入。举一个多纯度要求的例子，比较表 8.3 所列的 3 种不同的运输/存储场景是很有趣的。这些数据改编自 Anhenden 等（2008），他们对煤炭富氧燃烧进行了调查，类似的情况适用于富氧气轮机循环。

表 8.3 不同运输、储存方案的气体纯度要求

场景1：管道运输、含水层储存
场景2：管道运输，陆上储存/提高原油采收率
场景3：船舶运输，海上储存/提高原油采收率

气体	方案 1 （中等 CO_2）	方案 2 （高 CO_2）	方案 3 （极高 CO_2）
CO_2	<96%	>96%	>96%
H_2O	<500×10^{-6}	<50×10^{-6}	<5×10^{-6}
SO_2	<200 mg/Nm^3	<50 mg/Nm^3	<5 mg/Nm^3
O_2	全部惰性气体<4%vol*	<100×10^{-6}	<100×10^{-6}
NO_x	—	—	<5×10^{-6}
T	50℃	50℃	−50℃
P	110 bar	110 bar	7 bar

注：* 对 O_2 含量没有单独限制。

8.3 废气再循环

8.3.1 燃烧器的注意事项

燃气涡轮发动机上的废气再循环燃烧器的建议构型基于内部或外部再循

环。内部方法通过在燃烧室内直接再循环烟气将产物与新鲜反应物混合，而外部（或者回热）方法仅在产物离开燃气涡轮后再循环产物。燃气涡轮燃烧室的内部废气再循环作为一种 NO_x 减排技术在工业炉中的成功应用，引起了人们的广泛兴趣（Wunning 和 Wunning，1997；Cavaliere 和 de Joannon，2004）。在这些应用中，常采用"无焰"或"轻度燃烧"的首字母缩写词，因为燃烧常常没有可见的火焰。不同于工业炉，燃气涡轮机的燃烧室处于绝热状态（无热量抽取），通常运行于高压、较高的氧浓度环境中（燃烧前和燃烧产物中）（Levy 等，2004）。这些差异往往加速燃烧动力学过程，使其在反应之前难以实现燃料/空气与废气的充分混合。为了克服这些困难，已经提出了几种燃烧器的几何形状（Kalb 和 Sattelmayer，2004；Neumeier 等，2005；Li 等，2006；Gopalakrishnan 等，2007；Bobba 等，2008；Duwig 等，2008；Lückerath 等，2008；Schütz 等，2008；Undapalli 等，2009；Danon 等，2010；Lammel 等，2010；Lv 等，2010；Sadanandan 等，2011）。

虽然在当前的 DLN 燃气涡轮中，内部废气再循环主要被提议作为预混旋流稳定燃烧室的替代品，但外部废气再循环的应用几乎仅被用于研究实现 CO_2 捕捉的循环概念（Griffin 等，2008）。燃烧室试验主要包括"冷排气循环系统"试验以及"一次通过"试验，"冷排气循环系统"试验在再循环前将 H_2O 从废气中冷凝出来，而"一次通过"试验即在不循环燃烧后气体的情况下，将废气中的主要组分（N_2、CO_2、O_2）人为添加到空气中。几个燃气涡轮设备制造商进行了大规模的高压测试，结果表明，为了避免泄漏，废气再循环的比率，即废气再循环中的燃料和空气的比率，必须限制在 30%～35% 内。（ElKady 等，2009；Evulet 等，2009；Burdet 等，2010；Guethe 等，2011）。

8.3.2 排放趋势和动力学

通过使用详细动力学分析进行简化模型计算，由结果可知废气再循环排放物产生了重要影响。下面将仿真模拟检测一组燃料混合物和两组氧化剂混合物，该燃料混合物为典型的天然气（体积分数为 95% 的 CH_4、3% 的 C_2H_6 和 2% 的 N_2），两组氧化剂混合物为：基准标准空气（体积分数为 21% 的 O_2 和 79% 的 N_2），废气再循环的空气（体积分数为 16% 的 O_2、77% 的 N_2、3% 的 CO_2 及 4% 的 H_2O），其相当于用 30%～40% 废气稀释的气体。仿真模拟使用 GRI-Mech 3.0 化学机理（Smith 等），该机理针对天然气和空气燃烧、NO_x 的形成以及再燃烧化学进行了优化，但尚未验证其是否适用于高污染程度或高压条件（见第 7 章）。选择 T_{in}（反应物初始温度）为 650K 来模拟燃气轮机燃烧室的工况。

本节重点讨论NO_x的排放并简要概述NO的排放过程，因为后者形成机理并不是太复杂。为便于参照，表8.4报告了NO生成的起始反应；第7章详细论述了NO_x的形成机理。

表8.4　GRI Mech 3.0反应机理在贫燃条件下生成NO_x的包含N_2的主要反应路径

Zeldovich（热力型）途径	快速型途径
$N_2+O \rightleftharpoons N+ON$　（R7）	$N_2+CH \rightleftharpoons HCN+N$　（R8）
N_2O途径	NNH途径
$N_2+O+M \rightleftharpoons N_2O+M$　（R9）	$N_2+H+M \rightleftharpoons NNH+M$　（R10）

（资料来源：来自Smith等。）

利用CHEMKIN的PREMIX程序对燃烧过程进行了模拟（Kee等，2007），得到了一个简单的预混模型。首先，NO排放出现在固定的燃烧器停留时间$\tau_{res}=25ms$，该值类似于大多工业燃气涡轮燃烧器的情况。停留时间从火焰起燃开始计算，火焰起燃定义为温度从5K上升到655K的点。

图8.2绘制了1750~2000K范围内NO排放同绝热温度（T_{ad}）在1个标准大气压（1个标准大气压=101325Pa）和25个标准大气压下的函数关系。为获得火焰温度，首先需要确定当量比φ：当用空气作为氧化剂时φ为0.5~0.64，对于废气再循环来说φ为0.67~0.86；在未稀释空气的情况下，O_2过量时φ明显更高。图8.2（a）表明，除在低温低压下，对于给定的火焰温度和停留时间，废气再循环通常引起较低的NO_x排放量。然而，当O_2校正到15%时（图8.2（b）），循环排气系统的NO_x浓度始终较低。在这些情况下，通过计算得到NO_x中NO_2含量不足1%。

通过研究一维燃烧室中NO含量，可以了解NO_x的来源。图8.3表示空气和废气再循环在1个标准大气压和25个标准大气压下固定绝热火焰温度在1900K时（对应于在标准空气下φ~0.58和在废气再循环中φ~0.78）NO的停留时间。在大气压力下，在低停留时间内CO浓度骤升，意味着大部分NO在火焰区域生成。在高压下，大部分NO在火焰后区生成，而这正是废气再循环对NO_x形成的抑制作用最显著的地方。该结果还表明，即便燃烧器停留时间增加，废气再循环方式依然可以保持NO_x低排放。

图8.4和图8.5详细说明了总NO排放的机理途径。它们显示了对于1个标准大气压和25个标准大气压工况下主要动力学途径的相对重要性，这与Rutar和Malte（2002）的结果一致。在低压下，由于废气再循环，不同机制的相对重要性变化最为明显。这些变化主要由氧化剂中O_2浓度的降低所引起的。

对于在高温下占据主导地位的 Zeldovich（热力型）途径，废气再循环不仅会降低 NO_x 的生成，同时在低压情况下，其相对于其他途径的对总 NO_x 生成的贡献也会降低。废气再循环稀释的反应物中较低的 O_2 浓度导致氧原子浓度降低（Guethe 等，2009；Li 等，2009）。反过来，这也降低了 R7 反应的反应速率，这限制了热力型 NO_x 的生成速率。类似的考虑也适用于 N_2O 途径 NO_x，因为它的起始反应（R9）也必须要存在氧原子。由于 R9 反应是一个三体反应，所以在高压条件下，N_2O 途径也会导致更多的 NO_x 排放。

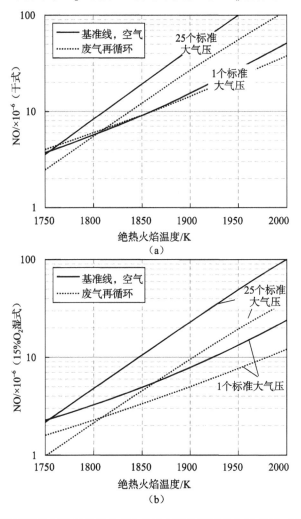

图 8.2 未校正和校正到 15%氧含量的 NO 排放与绝热温度的函数关系（停留时间 25ms、初始温度 650K，气压为 1 个标准大气压和 25 个标准大气压）
(a) 未校正；(b) 校正到 15%氧含量。

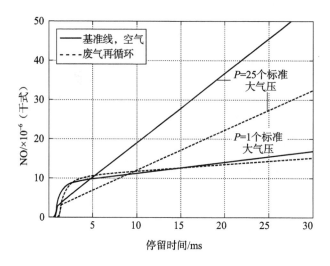

图 8.3 在 1900K 的固定绝热火焰温度下废气再循环对一维火焰中 NO 浓度分布的影响

在一定火焰温度下,与空气相比,废气再循环稀释的氧化剂增加了快速型 NO_x 生成途径的相对重要性。废气再循环中燃料-氧气比更高,碳氢化合物浓度增加,从而通过 R8 等反应加速了 NO_x 生成。在低压情况下这更为明显,因为在选定的停留时间内(图 8.3),大部分高压 NO_x 排放都是在火焰后区生成的。对于具有足够低停留时间的预混燃烧器来说,快速型 NO_x 生成途径可能是控制废气再循环效应最重要的机制(Fackler 等,2007)。这也适用于富燃、部分预混或非预混火焰,其中碳氢化合物碎片存在于比完全预混火焰更宽的区域(Li 和 Williams,1999)。

在 EGR 存在的情况下,由 NNH 路径反应生成的 NO_x 的绝对水平降低,但其相对其他机制的相对重要性几乎保持不变。与热力型 NO_2 路径一样,NNH 机制取决于氧原子的浓度(通过反应 NNH+O$\leftrightharpoons$NO+NH),而氧原子浓度会在废气再循环存在时下降。然而,在更高的当量比下,H 浓度的增加稍微补偿了这一点,这有利于反应 R10。

EGR 不仅通过影响 O_2 过量程度,还通过与 R1~R5 相关的 H_2O 和 CO_2 反应的额外动力学效应影响 NO_x 的生成。这种效应可以通过用具有相同的热和传输特性的非反应形式取代氧化剂中的 CO_2 和 H_2O 来孤立计算。在人工种类被替换的所有情况下,绝热火焰温度只变化几度(小于7K)。这是用于识别纯化学效应的有用技术(Liu 等,2001、2003;Park 等,2004;Guo 等,2008;Le Cong 和 Dagaut,2009)。

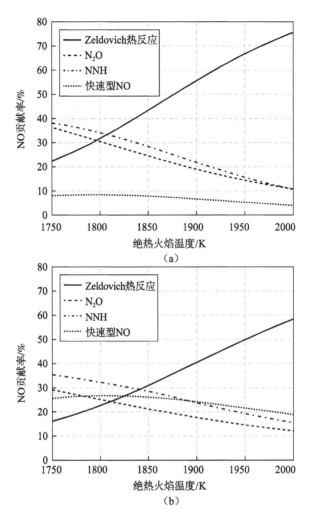

图8.4 1个标准大气压时NO的主要产生机制占总NO产生量的比率（τ_{res}=25ms（a）基线，空气（b）带有废气再循环（EGR））

图8.6（a）显示了图8.2中EGR条件下的结果。与CO_2和H_2O有关的动力学效应倾向于减少NO_x的排放。如图8.6（b）所示，由于CO_2和H_2O的化学相互作用，OH浓度随着H和O的消耗逐渐增加，O和H的减少降低了R7（Zeldovich热反应）、R9（N_2O）和R10（NNH）的速率。它还抑制CH_4和C_2H_6氧化，降低碳氢自由基水平，从而降低了快速型NO途径。图8.7显示了与所有NO形成途径相关的NO产量下降。虽然CO_2和H_2O的动力学效应在定量上通常较弱，但对于超低NO_x排放系统可能有重要意义。

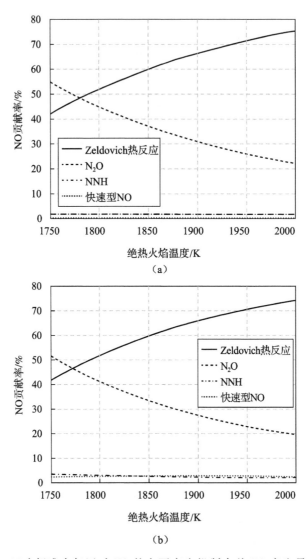

图 8.5 25 个标准大气压时 NO 的主要产生机制占总 NO 产生量的比率
(τ_{res}=25ms（a）基线，空气（b）带有废气再循环（EGR））

图 8.6（b）还说明了在 H/O/OH 基分配的变化主要局限于主火焰区。O 和 H 浓度在火焰区受 CO_2 和 H_2O 的动力学效应的影响最小，大部分 NO 产生于火焰后区，这就是在高压条件下这些动力学效应较弱的原因（图 8.3）。与预混火焰相比，非预混火焰的反应区域更大，CO_2 和 H_2O 的化学效应更为显著（Liu 等，2001；Park 等，2002）。

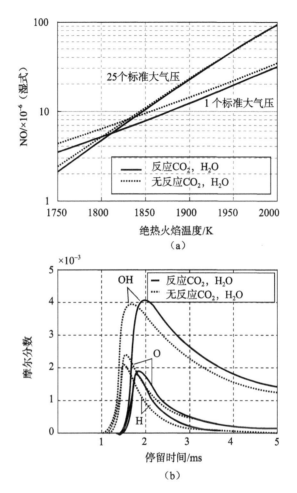

图 8.6 在 1 个标准大气压和 25 个标准大气压下 τ_{res} 为 25ms 时的 NO_x 总浓度曲线
(a) 正常 EGR 计算与在氧化剂中添加无反应 CO_2 和 H_2O;
(b) 在 1 个标准大气压和 T_{ad} = 1900K 时 EGR 中 O、H 和 OH 的摩尔分数分布。

与 NO_x 相反，CO 的排放量随着 EGR 的增加而增加。这主要是由于与 EGR 相关的较高的 CO 平衡水平影响。考虑到 CO 和 CO_2 之间的平衡分配（即 $CO+1/2O_2 \rightleftharpoons CO_2$），与相同火焰温度下的纯空气燃烧相比，可见与 CO_2 稀释相关的燃烧产物中的 CO_2 含量较高，且 EGR 的燃空比较高，因此 CO 含量将增加。此外，根据反应 R1，由 EGR 引起的 CO 含量增加降低了 CO 的氧化率。随着压力的增加，尽管 CO 排放量仍会高于空气燃烧室，但 CO 平衡水平降低，CO 氧化速率增加（Guethe 等，2009）（见第 7 章）。对于所有的火焰模拟，CO 氧化速率足够快，即使在 1 个标准大气压下，在 25ms 的停留时间内也能达到平衡浓度。然而，该结论是稀释水平的强相关函数，并且在更高的稀释条件下 CO 平衡水平是一个主要问题。

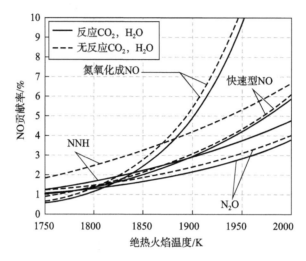

图 8.7　对于图 8.6（a）中的 1 个标准大气压下不同形成机制对总 NO 产量的贡献

最后还针对燃料与空气混合的不均匀度的影响进行了讨论。构建一个近似模型来说明准稳态混合不均匀度的影响，假设当量比是一个带有高斯分布的随机变量，特征为平均偏差 μ 和标准偏差 σ（Lyons，1980；Li 等，2009），如下式，即

$$f(\phi) = \frac{1}{\sqrt{2\pi}\sigma}\exp\left[-\frac{(\phi-\mu)^2}{2\sigma^2}\right]$$

然后利用高斯分布函数对完全预混状态下 NO 值进行加权，根据下式预测 NO_x 的排放总量，即

$$NO = \int NO(\phi)f(\phi)d\phi$$

图 8.8 比较了完全混合状态与相对混合不均匀度为 $\sigma/\mu = 7.5\%$ 状态下的 EGR 对 NO 排放的影响。将结果与平均当量比下的绝热火焰温度作了对比。一般来说，混合不均匀度增加了 NO 的排放量，因为 NO 排放量随火焰温度呈非线性增加。结果也显示，在 EGR 条件下，NO 的形成对混合不均匀度敏感性较低。这一点可以从每种情况下预混合部分混排放之间的较小（绝对和相对）差异中可以明显看出。对于 EGR 稀释系统，NO 对温度变化的灵敏度降低，这主要是由于 NO 对混合不均匀度的敏感性降低所致，这与试验结果相一致。试验结果表明，EGR 有利于燃气涡轮在不完全预混或运行在部分预混模式下的 NO_x 减排。例如，在带有外部 EGR 的 GT24/26 阿尔斯通燃气涡轮燃烧室中，发现 NO_x 水平对不同的燃料分级策略不敏感（Burdet 等，2010）。基于在 GE DLN 系统中通过外部

EGR 获得的 NO_x 减排，也有类似的结论提出（ElKady 等，2009；Li 等，2009）。

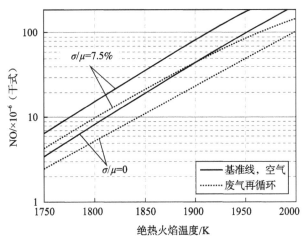

图 8.8　在 25 个标准大气压下 $\tau_{res}=25ms$ 时不同程度的燃料-空气不均匀度对 NO_x 排放的影响

8.4　富氧燃烧

8.4.1　燃烧室因素

在 CCS 的燃烧后分离中使用富氧燃烧可避免空气燃烧废气中含有大量 N_2。为此，富氧燃烧已应用于燃煤锅炉（Buhre 等，2005；Toftegaard 等，2010）。在这些应用中，与 ASU 制氧相关的能量损失小于通过吸收分离 CO_2 产生的能量损失，主要是因为产生于燃煤电厂的大流量烟气以及它们通常含有的大量杂质。对于燃气涡轮，已经提出了利用天然气的富氧燃烧的各种动力循环。一类循环，通常被称为半封闭富氧燃烧联合循环（SCOF-CC），利用 CO_2 作为工作流体和作为稀释剂控制燃烧温度。这些循环的基本设计只需要将联合循环系统稍作修改（Bolland 和 Mathieu，1998；Kvamsdal 等，2007）。更复杂的设计（Yantovski，1996；Mathieu 和 Nihart，1999；Staicovici，2002）尝试将燃气涡轮循环和地下储存或运输所需的 C_2O 压缩步骤整合，以限制相关的能源处罚；或者 H_2O 可以用作工作液和稀释剂。这第二类循环的主要特点是，底部蒸汽循环（从中提取 H_2O）与顶部燃气涡轮循环之间的整合（Sanz 等，2005；Anderson 等，2008）。无论哪种方法的发展和应用，C_2O 和 H_2O 的富氧燃烧循环，CCS 都依赖于类似的技术经济问题。尽管热力学效率低于水循环（Sanz 等，2008），一些研究仍倾向于支持 C_2O 循环。

除 CCS 外，富氧燃烧循环还被提出应用于综合气化联合循环（IGCC）（Casleton 等，2008）。相对于空气燃烧方法，这种应用几乎为零 NO_x 排放。事实上，用于合成气生产的氧吹气化炉技术已经需要空气分离装置（ASU）。此外，由于会带来资金需求，增加运营成本，富氧燃烧系统不需要使用水煤气转换反应器来产生 H_2。

还存在一些关于燃气涡轮富氧燃烧器的研究（Chorpening 等，2003、2005；Williams 等，2008；Amato 等，2011a、2011b；Kutne，2011）。富氧燃烧器的设计似乎没有明确的选择（扩散/预混/部分预混）。从可操作性角度看，富氧燃烧的一个关键问题是排污（Amato 等，2011b），因为与相同温度下的贫燃空气火焰比较，稀释的 H_2O/CO_2 化学计量比火焰有更低的火焰速度和消光延伸率。出于同样的原因，闪回和自燃问题要小得多，而且热声不稳定趋势是混合的（Chorpening 等，2005；Ditaranto 和 Hals，2006）。

8.4.2　排放趋势和动力学

本小节描述了富氧燃烧系统排放的趋势，重点介绍 8.2.2 小节讨论的 CO 和 O_2 的排放原因。分析中考虑的一个关键因素是，与空气燃烧相比，富氧燃烧系统的自由度不同。对于空气燃烧系统，火焰温度和化学计量强耦合。相比之下，火焰的温度和氧燃比在稀释氧燃料燃烧器中是非耦合的，以至于反应混合物接近理论配比，避免浪费燃料和 O_2。火焰温度由稀释剂水平独立控制。在下面的计算中研究了纯 CH_4 的 C_2O 稀释，接近化学计量比的富氧燃烧；类似考虑也适用于水稀释系统。

特别是对于长停留时间的燃烧室而言，平衡计算为排放趋势提供了一个有用的视角。图 8.9 展示了几种当量比和两组压力下平衡 CO 和 O_2 的排放量随绝热火焰温度（因此即稀释水平）的变化。通过将 CO_2 在反应物中的摩尔分数从 84% 降至 50% 获得，可实现 1400~2500K 的火焰温度。对于所供参考的 CH_4/空气火焰，火焰温度是通过调整当量比改变的。如图 8.9（a）所示，相同的火焰温度下，CO_2 稀释系统中的 CO 水平通常远高于燃油贫空气系统（注意轴的对数标度）。它们在含氧燃料贫燃条件下也最低，并随当量比单调增加。增加压力或降低温度可减少富氧燃烧的 CO 排放。然而，对于富燃混合物，压力和温度敏感性要低得多。在富燃条件下，以水煤气变换反应为代表的反应占主导地位（$H_2+CO_2 \rightleftharpoons H_2O+CO$）。在较低的温度下，反应稍微有利于 CO_2，但较低的温度是通过加入更多的 CO_2 来实现的，所以这使混合物向 CO 方向移动。最终结果就是图 8.9（a）中观察到的对 T_{ad} 的弱依赖性。弱压力依赖性由水-气变换反应的等摩尔性质决定。但是，对于贫燃混合物，CO、CO_2

和 O_2 之间的平衡,很大程度上取决于温度和压力。图 8.9(b)显示了平衡 O_2 排放量的结果。正如预期的那样,由于反应物中有过量的氧,氧当量比降低时,O_2 增加。类似于 CO 之处在于,O_2 的摩尔分数随火焰温度的升高而增大,随压力的增加而减小。不同于 CO 之处在于,对温度和压力的最小敏感度发生在贫燃的混合物区,这反映了在贫燃条件下 O_2 是主要产物的事实。

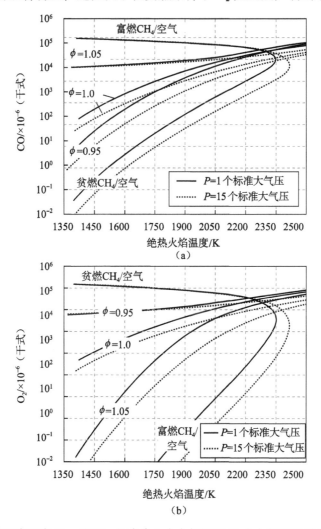

图 8.9 初始反应温度 T_{in} = 533K、压力为 1 个大气压和 15 个大气压时的 $CH_4/O_2/CO_2$ 混合物中 CO(a)和 O_2(b)平衡水平随绝热火焰温度关系(书中还给出了 CH_4/空气混合物在相同的温度和压力条件下的计算结果)

(a) CO;(b) O_2。

有限速率化学效应可以采用8.3.2小节所述的建模方法进行检验。从CO排放开始,应强调预混、CO_2稀释、氧燃料燃烧和贫燃空气(预混)燃烧之间的重要区别。考虑CO的最大值(发生在主火焰区)及其平衡值(在主要火焰区下游足够长的停留时间下获得)的比率,如图8.10所示。在$\phi=0.9$时,氧燃料相对于平衡状态有较大的CO超调。例如,在1800K和15个大气压时,CO的峰值水平大约是平衡水平的70倍。在相同火焰温度下,贫燃空气燃烧会产生更大的超调量,并且压力越高CO超调量越大。这种超调量对贫燃预混系统的一个主要设计挑战是,它必须在低功率下达到可接受的CO水平、在高功率下达到NO_x水平。设计系统以在整个操作范围内使足够的CO烧尽是非常重要的。氧燃料系统很可能接近化学计量比,并且可能稍微过氧,此时敏感性会减小,这可以从CO超调量较低的情况中看出。虽然CO水平远高于贫燃系统,但较低的超调量意味着废气CO水平对燃烧室设计细节的敏感性大大降低。换言之,无论是被管壁淬火还是稀释喷射,都会经历类似CO的水平。

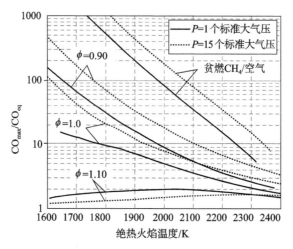

图8.10 计算得到的CO超调量(即最大CO摩尔分数与平衡CO摩尔分数的比值)与绝热火焰温度($T_{in}=533K$,$P=1$、15个大气压)的关系

接下来考虑CO的火焰区弛豫(燃烧终止)。图8.11(a)显示了在大气压和固定停留时间条件下,CO摩尔分数与绝热火焰温度的关系。在这里,火焰后的停留时间基于火焰中热释放率下降到最大值的10%的点。结果表明,火焰温度对弛豫率影响显著。在高温下($T_{ad}>2000K$),固定停留时间和平衡值几乎是相同的。在较低的温度下,40ms停留时间和平衡CO浓度随着温度的降低迅速发散。通过O_2的弛豫/燃尽也观察到类似的变化趋势(图8.11(b))。O_2和CO的排放趋势是相关的,因为CO主要被OH氧化,如反应R1表示,

而 OH 在燃尽区产生 O_2 与 H 主要通过 R6 反应。

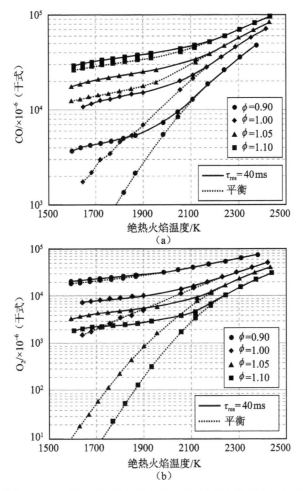

图 8.11　$CH_4/O_2/CO_2$ 燃烧的 CO 和 O_2 平衡水平与火焰温度的关系（$T_{in}=533K$，$P=1$、15 个大气压）

(a) CO；(b) O_2。

这些相互竞争的趋势表明，在富氧燃烧室优化设计中，在火焰温度（燃料、氧化剂和稀释剂分级的结果）和燃烧室的停留时间之间存在一个重要权衡过程。此外，计算表明，对于较长的燃烧器停留时间（接近平衡），CO 和 O_2 的排放组合对准确的化学计量比和燃烧发生的温度敏感，而对于有限的停留时间，敏感性降低。如图 8.12 所示，这些趋势已通过试验验证，该图显示了 $CH_4/CO_2/O_2$ 大气压预混富氧燃烧室中 O_2 和 CO 排放量的测量和计算结果（Amato 等，2011a）。

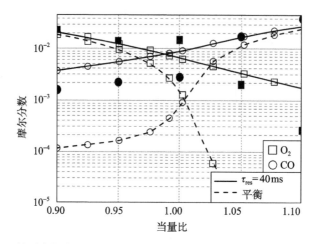

图8.12 比较干废气中 CO 和 O_2 浓度的计算结果和实验数据（排放水平表示为在固定火焰温度 1600K 下当量比的函数；开放符号是数值数据；填充符号是试验数据（Amato 等，2011a，经 Elsevier 许可））

回到图 8.11 的讨论，排放量对化学计量灵敏度的显著降低，表明至少在大气压力下混合质量并不重要。然而，在更高的压力下，CO 和 O_2 复合反应都加快了，因此 CO 和 O_2 的排放量有可能在 40ms 的停留时间内接近平衡（它们的浓度也低于大气压力下的浓度，如图 8.9 所示）。所以，有限停留时间对化学计量和混合度的灵敏性应随压力的升高而增大。

8.5 结束语

本章回顾了依赖大量 EGR 并使用 O_2 而非空气运行的燃烧系统的排放问题。相对于空气燃料系统，这些系统还需要考虑其他因素，部分原因是因为混合和化学动力学速率变化，也因为它们所应用系统的要求存在差异。例如，带有 EGR 的系统的 NO_x 排放通常低于空气燃料系统。这主要是因为反应物中过量 O_2 减少所致；通过 CO_2 和 H_2O 反应对自由基的影响，EGR 会产生二次影响。EGR 也会对实现 NO_x 低排放所需的预混水平产生影响。类似地，碳捕捉和储存（CCS）应用可以推动富氧燃烧和 EGR 燃烧，其中排放要求不是由大气污染物的影响制定的，而是由管道或地质储层考虑因素驱动的。在这种情况下，通常不被视为污染物的 O_2 水平成了一个重要问题。此外，CO 对于 CO_2 稀释的富氧燃烧系统也是一个问题。即使对于蒸汽稀释的方法，接近化学计量的操作也可能导致过量的 CO 排放。

参考文献

Aaron, D., and Tsouris, C. (2005). "Separation of CO_2 from Flue Gas: A Review." *Separation Science and Technology* **40**(1): 321–48.

Amato, A., Hudak, B., D'Souza, P., D'Carlo, P., Noble, D., Scarborough, D., Seitzman, J., and Lieuwen, T. (2011a). "Measurements and Analysis of CO and O_2 Emissions in $CH_4/CO_2/O_2$ Flames." *Proceedings of the Combustion Institute* **33**(2): 3399–405.

Amato, A., Hudak, B., D'Carlo, P., Noble, D., Scarborough, D., Seitzman, J., and Lieuwen, T. (2011b). "Methane Oxycombustion for Low CO_2 Cycles: Blowoff Measurements and Analysis." *Journal of Engineering for Gas Turbines and Power* **133**(6): 61503.

Anderlohr, J. M., da Cruz, A. P., Bounaceur, R., and Battin-Leclerc, F. (2010). "Thermal and Kinetic Impact of CO, CO_2, and H_2O on the Postoxidation of IC-Engine Exhaust Gases." *Combustion Science and Technology*, **182**(1): 39–59.

Anderson, R. E., MacAdam, S., Vitieri, F., Davies, D. O., Downs, J. P., and Paliszewski, A. (2008). "Adapting Gas Turbines to Zero Emission Oxy-fuel Power Plants." ASME TurboExpo, Berlin, Germany.

Andersson, K., and Johnsson, F. (2007). "Flame and Radiation Characteristics of Gas-fired O_2/CO_2 Combustion." *Fuel* **86**(5–6): 656–68.

Anhenden, M., Rydberg, S., and Yan, J. (2008). "Consideration for Removal of Non-CO_2 Components from CO_2 Rich Flue Gas of Oxy-fuel Combustion." IEA Oxyfuel Workshop, Yokohama.

Aspelund, A., and Jordal, K. (2007). "Gas Conditioning – The Interface between CO_2 Capture and Transport." *International Journal of Greenhouse Gas Control* **1**(3): 343–54.

Bobba, M. K., Gopalakrishnan, P., Periagaram, K., and Seitzman, J. "Flame Structure and Stabilization Mechanisms in a Stagnation-point reverse-flow Combustor." *Journal of Engineering for Gas Turbines and Power* **130**: 031505.

Bolland, O., and Mathieu, P. (1998). "Comparison of Two CO_2 Removal Options in Combined Cycle Power Plants." *Energy Conversion and Management* **39**(16): 1653–63.

Budzianowski, W. M. (2010). "Mass-recirculating Systems in CO_2 Capture Technologies: A Review." *Recent Patents on Engineering* **4**(1): 15–43.

Buhre, B. J. P., Elliott, L. K., Sheng, C. D., Gupta, R. P., and Wall, T. F. (2005). "Oxy-fuel Combustion Technology for Coal-fired Power Generation." *Progress in Energy and Combustion Science* **31**(4): 283–307.

Burdet, A., Lachaux, T., de la Cruz Garcia, M., and Winkler, D. (2010). "Combustion under Flue Gas Recirculation Conditions in a Gas Turbine Lean Premix Burner." ASME Turbo Expo, Glasgow, United Kingdom.

Casleton, K. H., Breault, R. W., and Richards, G. A. (2008). "System Issues and Tradeoffs Associated with Syngas Production and Combustion." *Combustion Science and Technology* **180**(6): 1013–52.

Cavaliere, A., and de Joannon, M. (2004). "Mild Combustion." *Progress in Energy and Combustion Science* **30**(4): 329–66.

Chakravarti, S., Gupta, A., and Hunek, B. (2001). "Advanced Technology for the Capture of Carbon Dioxide from Flue Gases." First National Conference on Carbon Sequestration, Washington, DC.

Chen, Z., Qin, X., Xu, B., Ju, Y., and Liu, F. (2007). "Studies of Radiation Absorption on Flame

Speed and Flammability Limit on CO_2 Diluted Methane Flames at Elevated Pressures." *Proceedings of the Combustion Institute* **31**(2): 2693–700.

Chorpening, B. T., Casleton, K. H., Richards, G. A., Woike, M., and Willis, B. (2003). "Stoichiometric Oxy-fuel Combustion for Power Cycles with CO_2 Sequestration." Third Joint Meeting of the U.S. Sections of The Combustion Institute, Chicago, IL.

Chorpening, B. T., Richards, G. A., Casleton, K. H., Woike, M., Willis, B., and Hoffman, L. (2005). "Demonstration of a Reheat Combustor for Power Production with CO_2 Sequestration." *Journal of Engineering for Gas Turbines and Power* **127**(4): 740–7.

Danon, B., De Jong, W., and Roekaerts, D. (2010). "Experimental and Numerical Investigation of a FLOX Combustor Firing Low Calorific Value Gases." *Combustion Science and Technology* **182**(9): 1261–78.

De Visser, E., Hendriks, E., Barrio, M., Mølnvik, M. J., De Koeijer, G., Liljemark, S., and Le Gallo, Y. (2008). "Dynamis CO_2 Quality Recommendations." *International Journal of Greenhouse Gas Control* **2**(4): 478–84.

Ditaranto, M., and Hals, J. (2006). "Combustion Instabilities in Sudden Expansion Oxyfuel Flames." *Combustion and Flame* **146**(3): 493–512.

Duwig, C., Stankovic, D., Fuchs, L., Li, G., and Gutmark, E. (2008). "Experimental and Numerical Study of Flameless Combustion in a Model Gas Turbine Combustor." *Combustion Science and Technology* **180**(2): 279–95.

ElKady, A. M., Evulet, A. T., Brand, A., Ursin, T. P., and Lynghjem, A. (2009). "Application of Exhaust Gas Recirculation in a DLN F-class Combustion System for Postcombustion Carbon Capture." *Journal of Engineering for Gas Turbines and Power* **131**(3): 034505.

Evulet, A. T., ElKady, A. M., Branda, A. R., and Chinn, D. (2009). "On the Performance and Operability of GE's Dry Low NO_x Combustors Utilizing Exhaust Gas Recirculation for Post Combustion Carbon Capture." *Energy Procedia* **1**(1): 3809–16.

Fackler, K. B., Karalus, M. F., Novosselov, I. V., Kramlich, J. C., and Malte, P. C. (2011). "Experimental and Numerical Study of NO_x Formation from the Lean Premixed Combustion of CH_4 Mixed with CO_2 and N_2." *Journal of Engineering for Gas Turbines and Power* **133**(12): 121502.

Glarborg, P., and Bentzen, L. (2007). "Chemical Effects of a High CO_2 Concentration in Oxy-fuel Combustion of Methane." *Energy & Fuels* **22**(1): 291–6.

Gopalakrishnan, P., Bobba, M., and Seitzman, J. (2007). "Controlling Mechanisms for Low NO_x Emissions in a Non-premixed Stagnation Point Reverse Flow Combustor." *Proceedings of the Combustion Institute* **31**(2): 3401–8.

Griffin, T., Bücker, D., and Pfeffer, A. (2008). "Technology Options for Gas Turbine Power Generation with Reduced CO_2 Emission." *Journal of Engineering for Gas Turbines and Power* **130**(4): 041801.

Guethe, F., Stankovic, D., Genin, F., Syed, K., and Winkler, D. (2011). "Flue Gas Recirculation of the ALSTOM Sequential Gas Turbine Combustor Tested at High Pressure." ASME TurboExpo, Glasgow, United Kingdom.

Guethe, F., de la Cruz García, M., and Burdet, A. (2009). "Flue Gas Recirculation in Gas Turbine: Investigation of Combustion Reactivity and NO_x Emission." ASME Turbo Expo, Orlando, FL, USA.

Guo, H., Ju, Y., Maruta, K., Niioka, T., and Liu, F. (1998). "Numerical Investigation of CH_4/CO_2/Air and CH_4/CO_2/O_2 Counterflow Premixed Flames with Radiation Reabsorption." *Combustion Science and Technology* **135**(1–6): 49–64.

Guo, H., Neill, W., and Smallwood, G. (2008). "A Numerical Study on the Effect of Water Addition on NO Formation in Counterflow CH_4/Air Premixed Flames." *Journal of Engineering for Gas Turbines and Power* **130**(5): 054501.

Hwang, D. J., Choi, J. W. Park, J., Keel, S. I., Ch, C. B., and Noh, D. S. (2004). "Numerical Study on Flame Structure and NO Formation in CH_4-O_2-N_2 Counterflow Diffusion Flame Diluted with H_2O." *International Journal of Energy Research* **28**(14): 1255–67.

I.E.A. (2010). *International Network for CO_2 Capture*. Available from http://www.ieaghg.org/.

Ju, Y., Masuya, G., and Ronney, P. (1998). "Effects of Radiative Emission and Absorption on the Propagation and Extinction of Premixed Gas Flames." *Proceedings of the Combustion Institute* **2**(27): 2619–26.

Kalb, J., and Sattelmayer, T. (2004). "Lean Blowout Limit and NO_x Production of a Premixed Sub-ppm NO_x Burner with Periodic Flue Gas Recirculation." *Journal of Engineering for Gas Turbines and Power* **128**(2): 247–54.

Kee, R. J., Rupley, F. M., Miller, J. A., Coltrin, M. E., Grcar, J. F., Meeks, E., Moffat, H. K., Lutz, A. E., Dixon-Lewis, G., and Smooke M. D. (2007). *CHEMKIN Release 4.1. 1*. Reaction Design: San Diego, CA.

Kutne, P., Kapadia, B. K., Meier, W., and Aigner, M. (2011). "Experimental Analysis of the Combustion Behaviour of Oxyfuel Flames in a Gas Turbine Model Combustor." *Proceedings of the Combustion Institute* **33**(2): 3383–90.

Kvamsdal, H., Jordal, K., and Bolland, O. (2007). "A Quantitative Comparison of Gas Turbine Cycles with CO_2 Capture." *Energy* **32**(1): 10–24.

Lammel, O., Schütz, H., Schmitz, G., Lückerath, R., Stöhr, M., Noll, B., Aigner, M., Hase, M., and Krebs, W. (2010). "FLOX Combustion at High Power Density and High Flame Temperatures." *Journal of Engineering for Gas Turbines and Power* **132**(12): 121503.

Le Cong, T., Bedjanian, E., and Dagaut, P. (2010). "Oxidation of Ethylene and Propene in the Presence of CO_2 and H_2O: Experimental and Detailed Kinetic Modeling Study." *Combustion Science and Technology* **182**(4): 333–49.

Le Cong, T., and Dagaut, P. (2009). "Experimental and Detailed Modeling Study of the Effect of Water Vapor on the Kinetics of Combustion of Hydrogen and Natural Gas, Impact on NO_x." *Energy & Fuels* **23**(2): 725–34.

Lefebvre, A. (2010). *Gas Turbine Combustion*, third edition, CRC Press, Ann Arbor, MI.

Levy, Y., Sherbaum, V., and Arfi, P. (2004). "Basic Thermodynamics of FLOXCOM, the Low-NO_x Gas Turbines Adiabatic Combustor." *Applied Thermal Engineering* **24**(11): 1593–605.

Li, G., Gutmark, E. J., Stankovic, D., Overman, N., Cornwell, M., Fuchs, L., and Vladimir, M. (2006). "Experimental Study of Flameless Combustion in Gas Turbine Combustors." *AIAA Paper* **546**.

Li, H., ElKady, A. M., and Evulet, A. T. (2009). "Effect of Exhaust Gas Recirculation on NO_x Formation in Premixed Combustion Systems." 47th AIAA Aerospace Sciences Meeting, Orlando, FL.

Li, H., Yan, J., and Anheden, M. (2009). "Impurity Impacts on the Purification Process in Oxy-fuel Combustion Based CO_2 Capture and Storage System." *Applied Energy* **86**(2): 202–13.

Li, S., and Williams, F. (1999). "NO_x Formation in Two-stage Methane-air Flames." *Combustion and Flame* **118**(3): 399–414.

Liu, F., Guo, H., Smallwood, G. J., and Gülder, Ö. L. (2001). "The Chemical Effects of Carbon Dioxide as an Additive in an Ethylene Diffusion Flame: Implications for Soot and NO_x Formation." *Combustion and Flame* **125**(1–2): 778–87.

Liu, F., Guo, H., and Smallwood, G. J. (2003). "The Chemical Effect of CO_2 Replacement on N_2 in Air on the Burning Velocity of CH_4 and H_2 Premixed Flames." *Combustion and Flame* **133**(4): 495–7.

Lückerath, R., Meier, W., and Aigner, M. (2008). "FLOX Combustion at High Pressure with Different Fuel Compositions." *Journal of Engineering for Gas Turbines and Power* **130**: 011505.

Lv, X., Cui, Y., Fang, A., Xu, G., Yu, B., and Nie, C. (2010). "Experimental Test on a Syngas Model Combustor with Flameless Technology." ASME Turbo Expo, Glasgow, United Kingdom.

Lyons, V. J. (1980). "Fuel/air Nonuniformity – Effect on Axisymmetrically Pulsed Turbulent Jet Flames." *AIAA Journal* **20**(5): 660–5.

Maruta, K., Abe, K., Hasegawa, S., Maruyama, S., and Sato, J. (2007). "Extinction Characteristics of CH_4/CO_2 versus O_2/CO_2 Counterflow Non-premixed Flames at Elevated Pressures up to 0.7 MPa." *Proceedings of the Combustion Institute* **31**(1): 1223–30.

Mathieu, P., and Nihart, R. (1999). "Zero-emission MATIANT Cycle." *Journal of Engineering for Gas Turbines and Power* **121**(1): 116–20.

Metz, B. (2005). *IPCC Special Report on Carbon Dioxide Capture and Storage*, Cambridge University Press, New York.

Naik, S. V., Laurendeau, N. M., Cooke, J. A., and Smooke, M. D. (2003). "Effect of Radiation on Nitric Oxide Concentration under Sooting Oxy-fuel Conditions." *Combustion and Flame* **134**(4): 425–31.

Neumeier, Y., Weksler, Y., Zinn, B., Seitzman, J., Jagoda, J., and Kenny, J. (2003). "Ultra Low Emissions Combustor with Non-premixed Reactants Injection." 41st AIAA/ASME/SAE/ASEE Joint Propulsion Conference & Exhibit, Tucson, AZ.

Park, J., Kim, S. G., Lee K. M., and Kim, T. K. (2002). "Chemical Effect of Diluents on Flame Structure and NO Emission Characteristic in Methane-air Counterflow Diffusion Flame." *International Journal of Energy Research* **26**(13): 1141–60.

Park, J., Hwang, D. J., Kim, K. T., Lee, S. B., and Kell, S. I. (2004). "Evaluation of Chemical Effects of Added CO_2 according to Flame Location." *International Journal of Energy Research* **28**(6): 551–65.

Pipitone, G., and Bolland, O. (2009). "Power Generation with CO_2 Capture: Technology for CO_2 Purification." *International Journal of Greenhouse Gas Control* **3**(5): 528–34.

Rao, A., and Rubin, E. (2002). "A Technical, Economic, and Environmental Assessment of Amine-based CO_2 Capture Technology for Power Plant Greenhouse Gas Control." *Environmental Science and Technology* **36**(20): 4467–75.

Renard, C., Musick, M., Van Tiggelen, P. J., and Vandooren, J. (2003). "Effect of CO_2 or H_2O Addition on Hydrocarbon Intermediates in Rich $C_2H_4/O_2/Ar$ Flames." European Combustion Meeting, Orleans, France.

Ruan, J., Kobayashi, H., Niioka, T., and Ju. Y. (2001). "Combined Effects of Nongray Radiation and Pressure on Premixed $CH_4/O_2/CO_2$ Flames." *Combustion and Flame* **124**(1–2): 225–30.

Rutar, T., and Malte, P. C. (2002). "NO Formation in High-Pressure Jet-Stirred Reactors with Significance to Lean-Premixed Combustion Turbines." *Journal of Engineering for Gas Turbines and Power* **124**(4): 776–83.

Sadanandan, R., Lückerath, R., Meier, W., and Wahl, C. (2011). "Flame Characteristics and Emissions in Flameless Combustion under Gas Turbine Relevant Conditions." *Journal of Propulsion and Power* **27**(5): 970–80.

Sanz, W., Jericha, H., Moser, M., and Heitmeir, F. (2005). "Thermodynamic and Economic Investigation of an Improved Graz Cycle Power Plant for CO_2." *Journal of Engineering for Gas Turbines and Power* **127**(4)): 765–72.

Sanz, W., Jericha, H., Bauer, B., and Göttlich, E. (2008). "Qualitative and Quantitative Comparison of Two Promising Oxy-fuel Power Cycles for CO_2 Capture." *Journal of Engineering for Gas Turbines and Power* **130**(3): 031702.

Sass, B. M., Farzan, H., Prabhakar, R., Gerst, J., Sminchak, J., Bhargava, M., Nestleroth, B., and Figueroa, J. (2009). "Considerations for Treating Impurities in Oxy-Combustion Flue Gas Prior to Sequestration." *Energy Procedia* **1**(1): 535–42.

Schütz, H., Lückerath, R., Kretschmer, T., Noll, B., and Aigner, M. (2008). "Analysis of the Pollutant Formation in the FLOX® Combustion." *Journal of Engineering for Gas Turbines and Power* **130**(1): 011503.

Smith, G. P., Golden, D. M., Frenklach, M., Moriarty, N. W., Eiteneer, B., Goldenberg, M., Bowman, C., Hanson, R. K., Song, S., Gardiner, W. C., Lissianski, V. V., and Z., Qin Available from http//www.berkeley.edu/gri-mech/.

Staicovici, M. (2002). "Further Research Zero CO_2 Emission Power Production: The 'COOLENERG' Process." *Energy* **27**(9): 831–44.

Toftegaard, M. B., Brix, J., Jensen, P. A., Glarborg, P., and Jensen, A. D. (2010). "Oxy-fuel Combustion of Solid Fuels." *Progress in Energy and Combustion Science* 36(5): 581–625.

Turns, S. R. (2000). *An Introduction to Combustion*, second edition, McGraw Hill, New York.

Undapalli, S., Srinivasan, S., and Menon, S. (2009). "LES of Premixed and Non-premixed Combustion in a Stagnation Point Reverse Flow Combustor." *Proceedings of the Combustion Institute* **32**(1): 1537–44.

Vandenhengel, W., and Miyagishima, W. (1993). "CO_2 Capture and Use for EOR in Western Canada 2. CO_2 Extraction Facilities." *Energy Conversion and Management* **34**(9–11): 1151–6.

Wall, T. (2007). "Combustion Processes for Carbon Capture." *Proceedings of the Combustion Institute* **31**(1): 31–47.

White, V., Torrente-Murciano, L., Sturgeon, D., and Chadwick, D. (2009). "Purification of Oxyfuel-derived CO_2." *Energy Procedia*, **1**(1): 399–406.

Williams, T. C., Shaddix, C. R., and Schefer, R. W. (2008). "Effect of Syngas Composition and CO_2-diluted Oxygen on Performance of a Premixed Swirl-stabilized Combustor." *Combustion Science and Technology* **180**(1): 64–88.

Wünning, J., and Wünning, J. (1997). "Flameless Oxidation to Reduce Thermal NO-formation." *Progress in Energy and Combustion Science* **23**(1): 81–94.

Yantovski, E. (1996). "Stack Downward: Zero Emission Fuel-fired Power Plants Concept." *Energy Conversion and Management* **37**(6): 867–77.

Yossefi, D., Ashcroft, S. J., Hacohen, J., Belmont, M. R., and Thorpe, I. (1995). "Combustion of Methane and Ethane with CO_2 Replacing N_2 as a Diluent." *Fuel* **74**(7): 1061–71.

Zhao, D., Yamashita, H., Kitagawa, K., Arai, N., and Furuhata, T. (2002). "Behavior and Effect on NO_x Formation of OH Radical in Methane-air Diffusion Flame with Steam Addition." *Combustion and Flame* **130**(4): 352–60.

第 3 部分

案例研究和具体技术：
污染物趋势和关键驱动因素

第 9 章
部分预混和预混航空发动机燃烧室

Christoph Hassa

9.1 引 言

航空发动机预混燃烧室研究已有近 40 年历史,然而直到本书撰写时,第一架采用预混燃烧的飞机仍未投入使用。另外,工业燃气涡轮已在过去 10 年内向预混燃烧过渡,并使 NO_x 排放水平降低了 10 倍。这种差异是由燃气涡轮在航空应用中的特性所导致的。本章大部分篇幅将用于解释这种预混或部分预混燃烧的差异所带来的影响。这两种应用的明显区别在于燃料:工业燃气涡轮主要采用气体燃料,而航空发动机主要采用液体燃料,而且在可预见的未来仍将如此。因此,航空发动机燃料的预混总是需要与预蒸发一起讨论,完全或部分预蒸发和预混合给液体燃料准备带来的差异是整个研究工作中很大的一部分。其他决定性的差异来自高涵道比发动机的热力学循环,以及飞行剖面对发动机部分工况运行的影响。后者已经在 1.5 节进行阐述,并在 1.5.3 小节中提出了贫燃燃烧航空发动机分级工况的概念,本章将更多讨论分级工况的实现及其对燃烧室组件设计的影响。

本章按历史顺序,共分为 3 个部分:提出了一些与贫油预混预蒸发(LPP)燃烧相关的研究成果,这些成果大部分是在 LPP 燃烧室开发过程中取得的。了解具有最高减排潜力的完全预蒸发预混燃烧的局限和困难,是讨论部分预混燃烧室及其可操作性的基础。但首先,燃烧室减排需要考虑到发动机设计所需的其他所有设计准则和流程,以下列出来自 NASA (Rhode, 2002) 的部分参数。燃烧室优化设计准则如下。

①安全性:飞行的关键(高度可靠)。

②可操作性：起飞并升至 45000ft（贫油吹熄/高空再点火、大雨、冰雹）。
③高效率：99.9%。
④耐久性：6000 次循环/36000h。
⑤排放量：7%、30%、85% 和 100% 工况和巡航条件下能达到的最佳排放量。
⑥下游涡轮机械的热力性能和生命周期完整性。

本章作者进一步强调："减排通常是燃烧室设计中第四或第五优先考虑的因素。"相信每个登上飞机的人都会同意这句话。但是，预混燃烧室设计的顺序却不同。毕竟，已经有安全的发动机可用，如果引入的新技术没有足够的优势来补偿增加的成本和风险，那么使飞机满足更重要的适航标准将毫无意义。因此，预混燃烧室研发过程中，每一步都需要验证排放差距，然后才能进行下一步设计。部分可操作性准则只能通过燃烧室与发动机的逐步集成来验证，而安全性最终需要通过飞行试验确定。为满足适航指标，对燃烧室进行的更改可能导致排放升高，在早期设计阶段，循环设计迭代能使排放降低；然而，在设计后期却不可能实现。因此，备选设计方案最重要的是在开发初期就展示出令人信服的减排潜力。

9.2 航空发动机预混和预蒸发燃烧研究成果

9.2.1 NO_x 减排潜力、压力和滞留时间的影响

20 世纪 70 年代初，航空发动机的减排需求变得显著（见 3.2.1 小节），预混燃烧室很快被认为是一种很有前途的候选方案。均相反应器计算表明，从理论上看与化学计量比相比，均匀贫油预混燃烧的 NO_x 排放可减少 3 个数量级。Tacina 等（1990）所引用的许多火焰管研究提供了试验证明。试验结果之一如图 9.1 所示（Anderson，1975），$\phi=0.4$ 时，NO_x 排放降幅超过两个数量级；在试验不确定性范围内，所有试验条件下，1.5ms 后都达到了 CO 平衡，且超过了 99% 的燃烧效率基准。对比 NO_x 生成曲线可以看出，$\phi=0.4$ 和 $\phi=0.5$ 时，曲线随时间呈渐近趋势，而 $\phi=0.6$ 时渐近趋势不明显。该差异是由 NO_x 主导生成机制不同造成的，见 7.3 节。曲线初始阶段 NO_x 的快速上升与快速生成机制有关。如果火焰温度保持在 1900K 以下，热力型 NO_x 生成非常缓慢。而 $\phi=0.6$ 时，由于试验中热力型 NO_x 的生成率很高，NO_x 浓度明显升高，滞留时间变得重要。

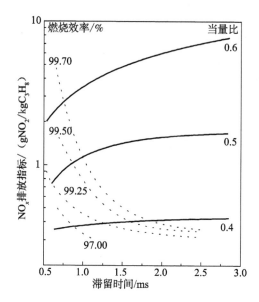

图9.1 NO_x 排放和燃烧效率随滞留时间的变化，$T=800K$，$P=5.5bar$（Anderson，1975）

空气压力也会影响这两种机制的相对重要性。Leonard 和 Stegmaier（1994）证明，在1900K以下的完全预混燃烧中（见10.3.2小节），不同压力下的 NO_x 浓度相同，因为快速生成机制不依赖于压力。对于较高的温度，热力机制占主导地位，并显示出对压力平方根的依赖关系，这在传统燃烧室中很常见。遗憾的是，高温下的贫油预混燃烧才是迫切需要的。最重要的应用是大型涡扇发动机，它采用高压缩比和高燃烧室出口温度，以获得最大效率。这些发动机安装在远程飞机上，消耗航空燃料总量的很大一部分。化学计量比条件下，随着热力型 NO_x 生成反应速率的增加，RQL燃烧室的 NO_x 排放控制变得非常困难，因为通过改变当量比或淬火来实现的稀释过程无法相应地加速（见1.5.2小节）。图9.2所示为采用 CH_4 燃料的燃烧室中的情形：在化学计量比条件下，中等压力到高压燃气涡轮发动机循环之间反应增快了一个数量级以上；另外，贫油燃烧在达到吹熄边界前能将NO生成速率降低3个数量级以上。

然而，贫油燃烧的目标当量比不能随意选择。高涵道比发动机燃烧室出口温度已经很高，表9.1列举了压力比为45的大型涡扇发动机的部分性能数据预期值。真实发动机参数会有所不同，实际达到的压比为42。燃烧室出口温度为1792K，仍低于热力型 NO_x 生成的临界温度水平；然而，它超过了采用再生冷却空气进行纯对流冷却时材料可承受的温度水平。因此，总进气量中还需扣除气膜冷却所需空气，余下的燃烧空气出口温度会显著升高。当20%以上的

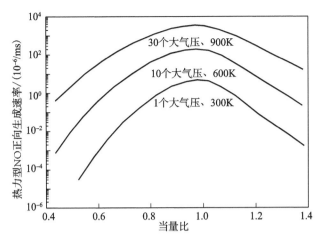

图9.2 压力为1bar的实验室燃烧室、压力为10bar的通用燃气涡轮和压力为30bar的航空发动机中的NO正向生成速率（Cerrea，1992）

空气用于冷却时，燃烧温度将超过热力型NO_x生成边界，因而仅靠预混来降低NO_x生成是不可能的，还需要对滞留时间进行额外的限制。由于高燃烧室出口温度下冷却与排放的这种耦合关系，通过高温材料减少或最终取消壁面气膜冷却会对贫油燃烧室的排放产生很大的影响。陶瓷基复合材料有望提供这种优势，而目前在研的燃烧室仍需考虑现有金属材料的局限性。

表9.1 亚音速涡扇发动机性能数据（ISA）、SLS额定起飞推力459kN（Wedlock等，1999）

工况	推力/%	燃烧室入口条件			燃烧室空燃比AFR	燃烧室出口温度/K	燃料流量/(kg/s)
		温度/K	压力/bar	空气流量/(kg/s)			
起飞	100	917	47.6	157.2	36.88	1792	4.262
爬升	85	878	41.09	140.3	40.83	1683	3.436
进近	30	709	18.17	73.1	68.57	1232	1.066
空转	7	551	7.01	33.3	115.11	886	0.2893
巡航		846	17.58	60.3	39.91	1672	1.511

燃气涡轮发动机中煤油燃烧结束时CO会氧化生成CO_2，与可见火焰的热量释放相比，这是一个缓慢的反应（见7.2节），它限制了通过缩短滞留时间来降低NO_x排放的可能性。燃烧室壁面气膜冷却也面临一个额外的复杂性：如果增加滞留时间，燃烧室体积和表面积将增加，需要更多的冷却空气，从而迫使燃烧温度进一步升高。由于NO_x在高功率下生成最快，CO在低功率下氧

化最慢（见1.5.1小节），因此滞留时间由低功率工况决定。

9.2.2 混合均匀性和预蒸发

9.2.2.1 混合均匀性

在实际燃烧室中，燃料空气混合物及燃烧产物的温度在时间和空间上总是分布不均。由于NO_x生成速率与温度高度非线性相关，NO_x分布向高温区倾斜。因此，最终排放量不仅取决于全局当量比，还取决于可燃混合气燃空比分布带宽。通过均相反应器计算和火焰管试验可对这一效应进行量化。图9.3所示的曲线显示了在不同非均匀性参数S下NO_x随平均当量比变化的计算结果（Lyons，1982）。S定义为火焰管各截面上当量比的平均标准差。在预热温度600K、压力3bar（1bar=0.1MPa），滞留时间2ms的火焰管中，不同曲线在$\Phi=0.8$左右相交。当全局当量比接近化学计量比时，混合物分布不均实际降低了NO排放，所以预混合仅在$\Phi=0.8$以下时对减排有利。而如果全局当量比小于这个值，混合均匀性就起着决定性的作用，并可能产生数量级的影响。因此，对贫油燃烧室来说，混合速度可能是最重要的参数，它受到燃烧室设计

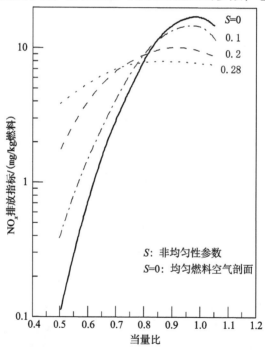

图9.3 在预热温度为600K、3bar压力和2ms滞留时间条件下几组非均匀性参数下根据平均等值比计算的NO_x排放（Lyons，1982）

的影响，通常在燃烧室开发过程中也会利用这种现象。比较不同配置下 NO_x 随 AFR 变化的曲线，它们的陡峭程度可以作为衡量各自混合物均匀性的指标。

9.2.2.2 预蒸发

液体燃料的预混程度与预蒸发是耦合的，因为进入火焰的液滴永远不会完全预混燃烧。如果它们在扩散火焰模式下燃烧，化学计量比下 NO_x 生成与贫油条件下的巨大差异可以完全抵消预混带来的有利效果。因此，很有必要研究预蒸发程度对排放的影响，但一般很难量化。如果预蒸发是在头部的预混通道中实现的，可以在头部出口对液体进行测量，但液滴在通往火焰的途中，还会在火焰前缘附近热量传导作用下发生进一步的预蒸发。对于悬举火焰，即使将液体燃料从头部直接喷射到燃烧室，也能完成充分的预蒸发。目前还无法通过改变预蒸发程度来调节燃气涡轮发动机工况，或对火焰前的预蒸发程度进行量化。然而，已有试验量化研究了液体燃料进入燃烧室时的预蒸发程度，并对单液滴燃烧进行了详细的计算，得出了一些结论。

最早的试验之一（Cooper，1979）采用一个压力为 3bar 的加压火焰管，预热温度 600~800K，在火焰稳定器前方的不同位置布置有两个雾化器，第一个距离足够远，可以确保预蒸发，第二个位于火焰稳定器前。预蒸发率在 70%~100% 之间变化。在 $\varPhi=0.7$、预热温度为 700K 时，未测量到预蒸发的影响，而在 $\varPhi=0.6$ 时，预蒸发率较低时 NO_x 排放增加了 1 倍。这些结果是通过对液体燃料纯扩散燃烧和预蒸发燃料纯预混燃烧的反应计算叠加得到的。$\varPhi=0.7$ 时计算得到的 NO_x 变化量仅为 6%，在试验精度范围内。然而，现代航空发动机燃烧室几乎全部采用气动雾化器，液滴因其大小不同分别被加速到不同的速度，大液滴速度很小，最小的液滴则能达到空气速度。因此，进入火焰的液滴可能有明显的滑移速度，进而影响液滴燃烧方式。对于高雷诺数的液滴，球形火焰熄灭，火焰会稳定在液滴的尾迹中，进入火焰的燃料在尾流的湍流中进行了部分预混。图 9.4 显示了此后的 NO_x 生成情况，NO_x 急剧降低是由于燃烧模式的改变。大液滴在火焰后高温区域中的燃烧可能导致了低雷诺数下的高 EI 值（排放指数

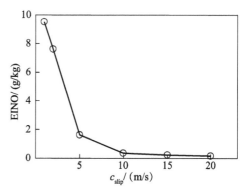

图 9.4 大气压下空气温度为 1567K 时直径 50μm 的正庚烷液滴 NO_x 排放指标与液滴速度的关系（Beck 等，2007）

EI = $g\mathrm{NO}_x$/kg 燃料)。

在实际的贫油燃烧室中,可以得到以下结论。

①在满负荷工况和良好预混条件下,剩余液滴直径一般小于 50μm,它们的球形火焰会产生大量 NO_x 排放。

②如果预混水平不高,或当量比很高,则预蒸发影响不大。

③在部分负荷下,由于气相燃烧的本底排放很少,液滴燃烧的排放贡献率总是很高。火焰后的湍流度决定了液滴的相对速度,从而决定了液相燃烧的排放量。

然而,上述结论并不能为设计者提供指导,因为他们需要知道应投入多少精力来使雾化器产生小液滴,防止单液滴燃烧,以及应以多少压力损失为代价。目前还没有明确的答案。最近对一种通用气动雾化器的研究(Freitag 等,2010)提示,在 4bar 压力、700K 入口温度和 3% 的压力损失下,产生了举升距为 15mm 的火焰,在平均起始 SMD 约为 15μm 时观测到了几乎完全的预蒸发,液滴 Mie 散射信号降低了两个数量级。

9.2.3 贫油稳定性

现有文献研究了 1650K 左右的预混燃烧的贫油吹熄。航空发动机燃烧室的工作范围及其对燃烧室设计的影响已在 1.5 节中描述。而在引燃(值班)级也应拓展其贫油吹熄极限。因此,试验采用了不同的火焰稳定器几何形状、催化表面和火焰稳定器尾部燃油喷射(McVey 和 Kennedy,1979)。只有在 5% 引燃燃油喷射下,稳定范围才有可能大幅扩大,在 600K 预热温度下可达到 $\varPhi = 0.25$ 的稳定燃烧。该研究受限于回流率,可能与钝体火焰稳定器有关。由于这些火焰稳定器的回流与其尾迹的大小有关,与流道堵塞比一阶相关,因此燃烧室允许的压力损失限制了回流率,但实际上更高的回流率也是可以实现的。旋流稳定或大尺度射流稳定被用于所谓的无火焰燃烧,能增大回流率和回流区;代价将是随着回流规模而增加的更长的滞留时间。

尽管研究有这样的局限性,但还是可以得出一般性结论。将火焰保持在稳定点的条件包括充足的燃料、热量和自由基注入和良好的混合。在完全预混系统中,只有混合和热量输入可以被影响,燃料浓度已由燃空比预先确定,稳定点上游的自由基浓度取决于燃烧温度,这也是由 AFR 决定的。此处 OH 自由基具有双重作用,既是点火前体,又是热力型 NO_x 生成的 Zeldovitch 机制的决定性中间体。由于 OH 的平衡浓度和 NO_x 的生成速率表现出相同的指数特性,所以能同时满足两者的温度区间很小。然而,如果能将少量的额外燃料输送到火焰稳定点,强劲的混合(稳定所必需的)则能足够快地稀释当地燃料浓度,从而制约热力型 NO_x 生成。

9.2.4 燃烧效率

除燃烧室压力损失外，燃烧效率是直接影响发动机整体效率的唯一因素（见1.3节）。目前的RQL燃烧室在所有高功率工况点都拥有99.9%的效率。航空公司期望贫油燃烧室也能有类似的表现。对于分级燃烧室，贫油主级的最低工况是巡航状态，该状态下这一期望最难实现。

燃烧室排气中影响效率的两种组分分别是未燃碳氢化合物和CO，其中CO更难减少。大量未燃碳氢化合物通常意味着燃料分布和火焰稳定区不完全匹配，可以在研发过程中通过更改头部（即喷嘴阵列）来降低未燃碳氢化合物。然而，正如9.2.1节所述，控制NO_x和CO氧化位置对滞留时间的要求是相互矛盾的。如果燃烧室采用对流冷却，并在燃烧前充分预混，则可以通过设计合适的燃烧室容积或长度来满足滞留时间要求。对于燃油直接喷射，则须通过充分的混合才能实现贫油燃烧，且燃烧不会在火焰后立即停止。在到达燃烧室出口的过程中，气膜冷却空气可能被卷入混合物中，进一步稀释混合物，并减缓CO的氧化。在极端情况下，正反应的混合物将在壁面附近完全淬灭。因此，对混合过程的控制必须持续到燃烧室末端。

Altemark和Knauber（1987）研究了壁面温度对预混燃烧的影响。他们采用一个完全预混天然气燃烧室，工作在1900K、10bar以下。壁面采用对流冷却，温度可由独立的空气流控制。壁面温度对NO_x和CO的影响如图9.5所示，其壁面温度在1000~1100℃之间变化。结果表明，CO增加3倍时NO_x仅减少了20%。对比两种C_3H_8火焰管研究（Anderson，1975），两者具有相似的火焰稳定器和预热装置，分别采用水冷壁面和空气冷却（Roffe和Venkatarami，1978），发现对于较冷的壁面，为了达到CO平衡，滞留时间需要从1.5ms增加到12ms。

9.2.5 自燃

在LPP头部预混通道中，足够高的温度和滞留时间下可以发生自燃。如果在预混通道中形成稳定火焰，就可能损坏头部。因此，点火延迟时间是预混器的主要设计指标。即使是液体燃料，它的点火延迟时间也是由燃料的化学动力学定义的，因为蒸发从燃料刚喷射时就开始了，化学反应也同时发生。要想可重复地测量它是很困难的，因为最终的点火是点火核心所经历过的化学反应积累的结果，而这些反应的速率取决于当时的局部条件。由于完全预混不可能瞬时完成，燃料不可避免地存在一定程度的散布。这一效应对所关注的高压状态尤其重要，高压下自燃时间很短，因而允许的预混通道也很短。Guin（1999）采用另一种方法，在头部布置具有快速数据采集和连续存储功能的光

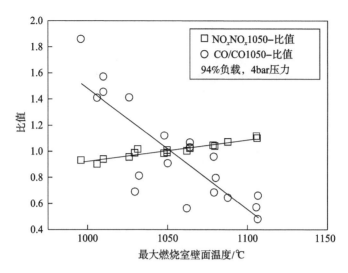

图 9.5　燃烧室壁面温度对 NO_x 和 CO 排放量的影响（Altemark 和 Knauber，1987）

纤阵列，通过改变工况可以得到自燃或回火导致的稳定燃烧，且能够识别这两种机制。所研究的压力达 30bar，温度达 900K，结果表明，3 种设计和工作机制非常不同的头部所得的试验数据都能满足同一种相关性：

$$\tau = \frac{0.508}{P^{0.9}} \exp\left(\frac{3377}{T}\right) \tag{9.1}$$

式中：τ 为自燃时间（ms）；P 为压力（bar）；T 为空气温度（K）。

这一结果提供了一个可靠的信息，即对于设计良好、具有良好混合和防回火功能的预混器，混合效果对防止自燃来说并不重要；第二个信息是，在较高工况下，预混头部内也可能实现一定程度的煤油预混。由表 9.1 的数据外推得到亚音速起飞时的自燃时间约为 0.65ms。这与工业燃气涡轮的预混情况完全不同。大多数工业燃气涡轮燃烧主要成分为 CH_4 的天然气。尽管相关性数据有一定的散布，特别是在低温下，但数据表明其自燃时间比煤油高出一个数量级（Chen 等，2004）。

9.2.6　回火

除了自燃，回火是与预混通道有关的第二个风险。当火焰稳定点的火焰速度高于气流速度时，会发生回火。由于局部湍流火焰和气流速度均取决于很多因素，回火的原因也有很多。文献中描述了 3 种不同类型的回火。

1. 边界层回火（Plee 和 Mellor，1978）

在通过边界层逆流传播的火焰中，混合物组分必须满足燃料可燃性的限制。对于管道中心的燃油喷射，只有当散布效应将燃油输送到壁面时才会发生这种情况。虽然气体在边界层内速度最小，但在某一点总会达到淬灭距离，从而导致熄火。因此，通道内的气流首先需要加速，以防止边界层分离，但同时也要保持边界层较薄。Eichler 和 Satelmayer（2011）给出了有关逆压梯度和受限火焰的最新研究结果。

2. 燃烧振荡诱导回火（Guin，1999）

当压力振荡的振幅足够高时，在正压力梯度阶段作用下，气流速度会被降到低于火焰速度的水平。由于壁面附近率先达到这种条件，因而会引发边界层回火。

3. 燃烧诱导涡破裂（Fritz 等，2004）

这种机制仅与稳定在头部出口附近的旋流火焰有关。燃烧引起的气流膨胀使头部出口的压力梯度减小。如果气流轴向速度的分布在中心线上某处已接近最小值，则可能发生涡破裂，并产生向上游运动的回流气泡。如果该区域的混合物在可燃极限内，则可能发生回火。降低涡流强度有利于增加防回火安全性。另一种进一步抑制这种回火机制的可能方法是安装一个中心内体来阻挡轴向回流。但在装有中心体时，仍然观察到了燃烧诱导的回火现象（Heeger 等，2010），因为在这个环形流道中，火焰似乎诱导了中心体上的边界层分离。

从对上述机制的描述中可以清楚地看出，预防回火没有简单规则可循。因此，预混头部的研制需要进行试验，以验证防止自燃和回火的适当安全裕度。在这类试验中，在一定条件下将头部流量不断地降低，直到发生自燃或回火。人们认为流量有必要降低 50%，基于这个假设，允许的预混时间和预混通道长度将会减半。

9.3 采用预混管的贫油预混预蒸发燃烧室研究进展

根据 9.2 节最后一段的结论，本节这个标题似乎没有意义。在这么短的时间内怎能完成预混？即使目前最有希望投入市场的燃烧室仍是仅有部分预混的燃烧室，对某些研发项目及其支撑性研究的总结仍然是有益的。其原因有二：一是在未来超音速飞机和小型发动机中仍有可能实现完全预混，它们可能得到应用；二是目前预混燃烧室研究获得的经验和教训，放在它们的时代进行总结才最容易理解。

9.3.1 NASA 资助的预混燃烧室开发项目

9.3.1.1 NASA 试验清洁燃烧室计划（ECCP）和节能发动机计划（E^3）中的亚音速飞行技术

这些项目是航空界对 20 世纪 70 年代早期提出的空气污染引发环境问题的

回应。EPA（1972）提出了相关条例，加入了对这些项目的详细说明。在EC-CP计划中，燃烧室项目覆盖所有航空发动机（Jones，1978）。这里只介绍大型亚音速涡扇发动机项目，采用GE的CF-6-50和Pratt & Whitney的JTD-9作为基准发动机。

燃料分级是燃烧室结构设计时所考虑的一部分。GE的4个设想之一是采用带有预混主级的径向/轴向分级燃烧室，其剖面如图9.6所示。内部引燃级采用传统设计，而外部主级采用环形预混通道，通道末端为半圆形截面的钝体火焰稳定器。主级喷油装置由60根喷油杆组成，每根喷油杆上有一对直径为1.03mm的周向喷注孔。在Φ为0.5的满负荷工况下，预混器内平均滞留时间为0.4ms。60%的空气流过主级通道，23%流过引燃通道。环形燃烧室的压力不超过9.53bar。在针对模拟起飞、爬升和巡航的排放测试中，改变流经引燃级的燃料所占比例，图9.7显示了相应的排放结果，并外推到压力30bar。定性地说，图中曲线与预混器试验中改变预蒸发程度所测得的曲线类似，这表明引燃级确实是扩散火焰燃烧模式。当引燃级燃料占总燃料的24%时，燃烧室效率达到了99.6%。对于燃料比超过0.3的发动机，其排放水平与目前传统的CF6-50发动机相当。诚然，将35年前的燃烧室与现在的RQL发动机比较有些不公平；但其目的是在一个LPP理应表现很好的操作层面将简单构型LPP燃烧室与基准RQL技术相比较。

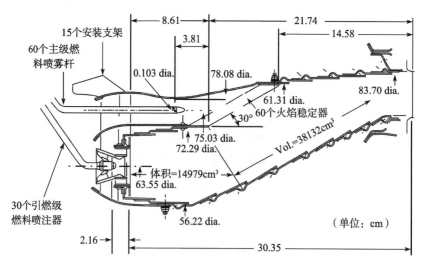

图9.6 ECCP第一阶段GE径向/轴向分级燃烧室（Bahr和Gleason，1975）

若将图9.7中的曲线外推到为引燃燃料为0，则主级排放指数约为5。从这个数字可以得出结论：通过引入一个非常简单的预混阶段，不需要考虑复杂

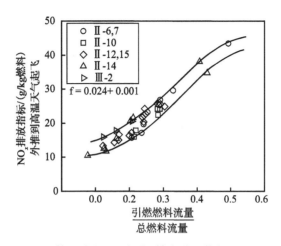

图9.7 ECCP第一阶段GE径向/轴向分级燃烧室起飞工况下
NO_x排放量随引燃级燃料占比的变化（不同符号表示
不同的几何构型（Bahr和Gleason，1975）

的混合机制，只需采用一个简陋的雾化装置，就可以将NO_x排放减少一个数量级。但如果混合均匀性不够，再加上钝体火焰稳定器的限制，就必须通过极高的温度来燃尽逸出火焰的稀薄燃料。由于引燃级采用扩散燃烧，NO_x生成率大幅升高，可能会给整体减排效果带来疑问。而想要减少进入引燃级的燃料和空气，以防温度过高，又会受到分级条件的限制。

在巡航状态下，主燃烧区的稳定性不够理想。为了达到与起飞工况相同的燃烧效率和NO_x排放水平，采用了每间隔一个关闭一个主燃料杆的燃油周向分级技术。虽然巡航条件没有统一标准，因而ICAO的数据库中也没有巡航排放标准，但可以猜想，贫油燃烧室的NO_x排放量将高于与之竞争的RQL技术。为了避免采用巡航分级，有必要增加主级的稳定性。正如9.2.3小节所讨论的，增加引燃燃料是实现该目标的方法之一。

对于30%推力的进近工况，发动机将在纯引燃模式下运行，引燃通道空气流量为23%，此时的当量比为1.9，已经接近形成过量烟尘的临界值（见第6章）。另一个解决方案是采用部分预混引燃燃烧，其目标是减少产生NO_x的峰值温度区，同时，进入主稳定区的气流温度应与扩散引燃模式保持一致。为了满足空载条件，还需设计带引燃的部分预混引燃分级工况，Oda等（2003）实现了这种燃烧室。

在同一计划中，普惠公司研发了一个名为Vorbix燃烧室的概念，如图9.8所示，这是第一个明确的部分预混低排放燃烧室概念（Roberts等，1975）。它采用轴向分级燃烧。在引燃燃烧室后面,主级燃料通过压力雾化喷嘴以一定角度喷入火焰筒喉部。喷雾后方通过圆柱形旋流通道引入主级空气,将燃料喷雾与主级空气混合。在热流中喷雾会发生自燃。这样做的目的是在燃烧前对主燃料进行部分预混。没有数据确切表明火焰稳定在何处。由于引燃室的高温排气导致自燃时间很短,即使考虑向液相燃料传热带来的冷却作用,也可以怀疑点火是在化学计量比或富燃条件下开始的。然而,主级空气的稀释导致大部分燃料是贫油燃烧。在90°扇区、最大6.8bar压力下对该燃烧室进行了测试。与径向分级燃烧室一样,引燃燃料的分配对燃烧性能有很大影响。但在引燃燃料占20%时,测试结果显示,在99.7%的燃烧效率下,NO_x排放指数为12.4。根据计算NO_x的比例公式,该概念燃烧室的排放在效率为99%时表现比径向分级预混器差,但在效率为99.7%时表现更好。

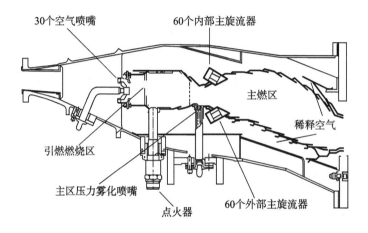

图9.8　Pratt和Whitney在ECCP第一阶段下的旋流Vorbix燃烧室(Roberts等,1975)

尽管对于扩散程度未知的预混燃烧室,NO_x能否采用压力标度是有争议的,但其结果与混合特性是一致的,这一点可以从结构中推断出来。McVey和Kennedy(1979)将引燃燃料注入钝体火焰稳定器的尾流中,成功扩展了贫油稳定极限。在径向分级预混器中,引燃气流很少有机会到达钝体稳定区并提高那里的温度,因为它必须穿过火焰稳定器之间形成的高速射流。因此,主级燃烧仅在下游火焰稳定器尾迹破坏处得到加强,且滞留时间很短。Vorbix概念燃烧室从本质上来说更加稳定,因为主级燃料在温度较高的引燃室排气中进行掺混,而不是像预混燃烧室那样将引燃室排气掺混到主排气中。主级燃料在非预混条件下的任何燃烧都有效地充当了主级燃烧的引燃级,只不过它的流量不能由独立的燃料流量来控制。与RQL燃烧室一样,当量比的转换必须通过混合来控制，JTD9 较低的压比在这里提供了便利。在方案后期，通过缩短雾化器与旋流器之间的距离，修正了潜在的问题；在后续方案中，则将雾化器与主旋流器集成，并给旋流器增加了一个预混合通道。在 ECCP 第二阶段的验证中，进近分级工况模式下达到了 99% 的效率（Roberts 等，1976）。

在 ECCP 项目结束时，已经有了满足 EPA 规定的燃烧技术，但还没有与之匹配的分级喷油器控制技术。显然，为两个独立的燃烧级研发一个适航的燃料控制系统本身就是一个待开发的项目。数字控制系统的引入为分级燃烧控制带来更大的自由度，对预混燃烧室具有重要益处。

如 9.2.1 小节所述，冷却是成功的预混燃烧室另一项不可或缺的技术。注意径向分级预混器的空气分配，用于火焰筒冷却的气流仅占 17%。贫油燃烧在冷却方面有其优势，但在对 ECCP 的结果分析中，人们对火焰筒的寿命产生了怀疑，火焰筒的寿命目标几乎肯定无法实现（Sokolowski 和 Rohde，1981）。接下来的 E^3 计划研发了新的冷却方法，采用冲击膜冷却和双层火焰筒，并对采用火焰筒分段以减少应力。但为了达到目标，火焰筒表面积也必须减小。得到的经验教训是，只有短的燃烧室才是好的贫油燃烧室，滞留时间的要求则通过提高主燃烧区当量比来满足。在最后的试验中，Vorbix 燃烧室的主燃烧区当量比在 0.7 左右；其代价是 EPA 参数（类似于现在的 ICAO NO_x 参数）的下降约为投产发动机的 50%。贫油燃烧室经过 10 年的发展，人们找到了可行的概念，解决了许多可操作性问题，但在这个改进过程中，它理论上能将 NO_x 减少 3 个数量级的优势已失去了大半。

9.3.1.2　平流层巡航减排（SCERP）和先进低排放与高速民用运输计划（HSCT）中的超音速飞行技术

根据目前的大气科学研究，超音速运输的 NO_x 排放量需要减少 10 倍。计划的 NO_x EI 目标为 3g/kg，与目前工业燃气涡轮的标准 25×10^{-6}（含 15% O_2）相当，比亚音速计划的要求高很多。从 9.2 节可以清楚地看出，NO_x 减排目标无法通过扩散引燃分级燃烧实现。理论上，变几何设计提供了绕过贫油燃烧分级的可能性。然而，在这些项目的燃烧室中，变几何被用来扩展分级预混燃烧室的稳定范围，并允许在全功率下调小引燃火焰。所有的概念燃烧室都通过保持燃烧室有效截面积不变来防止压力损失，只有一个例外。它们采用机械阀门和回转叶片，有的还在燃烧室二级流道中使用了曲柄和关节运动机构（Fiorentino 等，1980；Ekstedt 和 Fear，1987）。有一个"流控"方案通过细管将引燃室中的气流转移到主燃烧室中，从而影响扩散器流量，但由于可调节的空气量过低而被放弃（Fiorentino 等，1980）。可变管并联分级燃烧室（Ekstedt 和 Fear，1987）在高功率工作时，采用变面积叶片将气流导引到外侧的预混器中，使出口温度分布在外侧出现一个峰值。这使我们注意到分级燃烧室的另一个问题，即为避免出口温度低于非分级燃烧室，就必须特别注意引燃室排气与主燃烧室气流的混合。

并联分级燃烧室的预混器末端是带内部空气冷却的孔板，阻塞比为70%，设计的压力损失限制在总燃烧室压力的5.5%以内。虽然通过系列分级燃烧室并联测试，已实现了巡航NO_x指标，但即使采用可变空气流，也无法同时实现99%的效率目标。且由于自燃的影响，测试压力从未达到最高工况所需的30bar。在某些情况下还发生了7bar压力下的破坏，可能是可变面积叶片的尾迹或燃油喷射器尖端的尾迹造成的。额外的吹扫空气将预混管道中的燃烧起始压力提高到19bar。从这些结果得出另一个结论，与钝体火焰稳定器一样，截面快速收缩的预混管道末端本质上也不安全。如果发生自燃或回火，燃烧引起的压力损失会导致气流转向，使上游速度下降，问题将进一步恶化。然而，完全避免回火是非常困难的，甚至几乎是不可能的。如果在发动机主运行包线的某处发生燃烧振荡，哪怕只是一个瞬态，一旦振荡幅度达到火焰筒压力损失水平，必然会发生回火或自燃。预混管道内气流速度降低会低于火焰速度，或低流速导致管道内滞留时间增长，超过自燃极限。因此，必须采用能增加气流速度从而使预混通道内火焰淬灭的预混方式。然而，这个现在早已是老生常谈的结论主要是从工业燃气涡轮预混燃烧室的研发中得出的。

HSCT项目不同于之前的项目，它包含了飞机和推进系统的协同开发，能为预混燃烧室开发提供更多的发动机循环初始条件。对于混流涡扇发动机（MFTF）来说，超音速巡航起动阶段是预混系统最关键的条件（Greenfield等，2004）。燃烧室入口压力为9bar，入口温度为938K，出口温度为1911K。99.5%的较高效率要求，加上火焰筒5.3%的较高压力损失裕量，使NO_x排放的目标放宽到了5。考虑到自燃方面的经验和较高的入口温度，预混器内滞留时间被缩短到1ms（Guin，1999）。为了防止回火，预混器内气流速度为100m/s。由于出口温度已达到热力型NO_x生成机制水平，为了达到NO_x减排目标，燃烧室滞留时间被限制在2ms以内。通过将规定的50%的冷却空气减少到18%，可以使主燃区当量比降低到0.5。为此，还起动CMC火焰筒材料的并行研发计划。将混合物的均匀性目标设置为标准差0.15，以降低最高火焰温度，将预蒸发要求设置为90%。巡航工况中使用85%的主级燃料，而怠速排放则要求30%的气流通过引燃器。

为满足巡航时对主流均匀性和相对燃油流量的要求，且出于安全考虑，最终排除了变几何结构，通过分级实现宽范围工况变得更加困难。因此，考虑了多个分级点和多个喷油环。图 9.9 所示为射流混合 LDI 模块的分级方案。为保持在火焰稳定边界（1654K 最低水平线）之上，且同时满足 NO_x 排放指数为 5（2130K 最高水平线）和 99.5% 的效率（1854K 的中间线），需要设计 5 种不同的工况模式。这种分级方案在工业燃气涡轮中被视为必要的妥协，但在航空发动机中就显得很糟糕，而且很难兜售给任何航空公司。GE 公司研究了 5 种不同的预混器和带引燃级的贫油直喷头部。在某些结构中无法达到滞留时间要求，因为为了罩住 3 排旋流头部，会使火焰筒的高度比例失调，燃烧区的火焰筒曲率半径会非常小。因此，即使接受了更高的复杂性，也会产生不切实际的要求，而解决方案必须来自预混头部本身，它将低排放与足够高的稳定性相结合。为此，提出了一项头部质量指标，将满足巡航 NO_x 排放目标的当量比除以满足效率目标的当量比。这个比值是对燃烧室工作带宽的度量，可以由它来推导出必要的分级点。它定量等效于 NO_x 和 CO 随温度变化的宽 U 形组合曲线，可以用来判断任何贫油头部的可用工作范围。表 9.2 给出了该指标的比较。IMFH 代表集成混合火焰稳定器，LDI 代表贫油直接喷射。通过旋流产生回流可以达到更大的火焰稳定范围，但同时也会因采用旋流器而增大预混器直径，导致火焰筒高度不可接受。有趣的是，LDI 喷注器的工作带宽最低。火焰的光学观察表明，在混合物的富集过程中，火焰从预混燃烧快速转换到扩散燃烧。这个问题将在有关 LDI 头部的章节中更深入地讨论。另外，IMFH 则带有孔板火焰稳定器的固有风险。

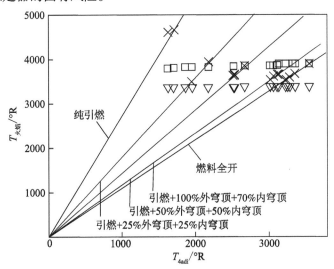

图 9.9 HSCT 项目射流混合模块的分级方案（Kastl, 2005）

选择 IMFH 进行 8bar 和 783K 以下的燃烧室试验，分别采用对流冲击冷却和层板合金冷却方案进行了测试，这是当时最先进的空气用量最小的射流冷却技术。对于对流冲击冷却方案，效率和 NO_x 均达到了目标，但对比发现，层板合金冷却方案中 CO 上升了 2.5 倍。由于冲击冷却不能满足真实运行条件，燃烧室结构的良好表现依赖于能否采用陶瓷基复合材料壁面，而这种材料直到项目结束时仍不可用，现在也是如此。尽管已经取得了重大进展，但航空发动机对更高压比的持续追求仍为这些材料技术的发展提供了不断变化的目标。在对 IMFH 燃烧室进行优化时，还注意到了预混管道中来流的均匀性问题。由于与 RQL 燃烧室相比，IMFH 贫油燃烧时流向头部的流量与流经二次通道的流量之比发生反转，使得为头部提供均匀气流的任务变得更加困难。燃烧室试验选择的结构（Greenfield 等，2004）被称为多级径轴向结构，使 IMFH 管道与分流扩压器共线，而引燃室移至外侧以 38°角布置。选用的部分预混头部为表 9.2 中的旋风式旋流器。

表 9.2　GE 在 HSCT 项目中对预混模块和 LDI 喷油器可用
工作范围的测试结果比较（Kastl，2005）

预混器设计	P_3 单环试验/标准大气压			$\dfrac{\Phi(NO_x\ EI=5)}{\Phi(燃烧效率=0.99)}$	$P_4(atm)\ /T_3(R)$
	1	4	14~17		
IMFH	X	X	X	1.4	10/1410
旋流 IMFH	X	X		1.3	4/1410
旋风式旋流器	X	X	X	1.6	10/1310
旋流喷射 1	X	X	X	1.2	4/1460
旋流喷射 2	X				
LDI 射流混合	X	X		1.2	4/1400
LDI 多文丘里管	X	X	X	1.3	14/1520

为了把这个项目中所得到的预混燃烧知识应用到亚音速发动机上，下面快速回顾一下超音速循环特征。较低的压力比、较高的燃烧室入口、出口温度以及整个循环中较小的当量比变化，这些都对 LPP 有利。较小的压比带来较长的自燃时间，较高的入口温度有利于蒸发，较低的 AFR 变化率降低了对分级的要求，较高的出口温度使 LPP 更为必要。然而，没有陶瓷基燃烧室壁，目标就无法实现。由此得出的结论是，将大型航空发动机的 NO_x EI 值设为 5 是不现实的，对于高压比的亚音速涡扇发动机更是如此。因此，即使目前制定了最远大的目标，即与 2000 年的 ACARE 技术目标相比 NO_x 要减排 80%，或与

NASA ERA 的 CAEP 6 项目相比减排 75%，也会导致起飞时 NO_x 排放更高。再加上预混条件更加苛刻，在预混通道中进行完全预混和预蒸发似乎已经不再是亚音速涡扇发动机的选项。相应地，最近的研究集中在部分预混和预蒸发贫油燃烧室，本章余下的部分将进行介绍。但在此之前，还需要讨论一下 LPP 和 LDI 燃烧室共有的一些预混通道中混合方面的问题。

9.3.2 预混通道中的蒸发和掺混

9.3.2.1 预蒸发

考虑到自燃时间的限制，以及 9.2.2 小节的结果，设计完全预蒸发的预混通道既不可能也不必要。但需要多少滞留时间以及采用何种雾化方法以便快速蒸发？蒸发速率的预测通过喷雾的累计表面积与雾化过程直接耦合。到目前为止还没有可靠的雾化预测方法。空气压力对雾化有利，对航空发动机常用的压力雾化和气动雾化都有重要的影响。因此，测试须在较高的压力下进行，这又造成了额外的研究障碍。

Brandt 及其同事（1994）在室温、空气压力达 5.2bar、速度为 60~100m/s 的条件下，在同轴流和交叉流中研究了预成膜气动雾化器、普通射流和压力旋流喷射器。一般假设气动雾化器在相同的空气动压下具有相似性，因此考虑了具有相似空气密度和速度的典型巡航条件。在高压和高速下，几乎所有构型都具有索特直径小于 $20\mu m$ 的良好雾化效果。根据航空发动机燃烧室内火焰筒的压力损失，这样的流速很容易达到。然而，对于带有钝体火焰稳定器的预蒸发-预混配置，由于火焰稳定器的多孔性会产生额外的压力损失，因此火焰筒压力损失并不完全可用。对于先进低排放燃烧室计划中的径向分级燃烧室，只有 2/3 的压力损失转化为雾化点的速度；后续的燃烧室方案采用低孔隙率火焰稳定器以提高稳定性，阻塞率可达 70%（Greenfield 等，2004）。这种情况下，由于雾化点的空气流速很低，横向压力射流成为实现良好雾化的唯一方法。

Brandt 及其同事（1997）在一个平板预成膜喷射器上进行了高压条件下的蒸发速率试验研究，Becker 和 Hassa（2002）则采用了平面横向射流，两者都置于均匀流场中。图 9.10 和图 9.11 显示了不同压力和温度下测得的液体质量通量沿蒸发通道的分布。对于预成膜气动雾化器，当速度为 120m/s、压力大于 6bar、温度大于 750K 时，液体在预蒸发通道中 1ms 的滞留时间内基本完成了蒸发。在表 9.1 所列的亚音速发动机巡航工况下，0.5ms 时蒸发率可达 90%。因此，对于最先进的发动机循环，在自燃时间之内完成预蒸发是可能的，由式（9.1）计算得到的自燃时间是 0.65ms。

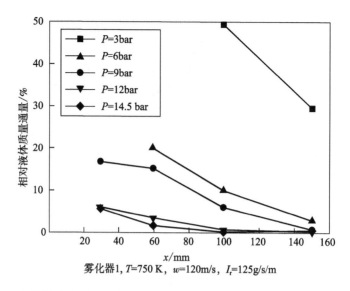

雾化器1，T=750 K，w=120m/s，I_r=125g/s/m

图9.10 不同空气压力下预蒸发通道中煤油的相对质量通量（Brandt 等，1997）

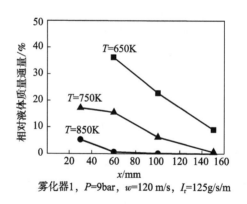

雾化器1，P=9bar，w=120 m/s，I_r=125g/s/m

图9.11 不同空气温度下预蒸发通道中煤油的相对质量通量（Brandt，1997）

横向射流雾化效果不佳，部分原因是燃油雾化前没有在油路中加热。当压力升高时，完全蒸发所需总能量中，用于燃料加热的部分会随着沸点温度升高而升高，因此燃料预热非常重要。为了研究这种影响，采用一个燃油预热器改变横向射流参数，使燃油和空气温度相同，空气密度和速度保持不变（Hassa 和 Wiesmath，2012）。由于表面张力较低，液滴索特直径从 20μm 下降到 15μm，看起来下降不多，但根据液滴大小与雾化器的关系，其效果相当于使喷注压降加倍。此外，还研究了燃料初始温度对蒸发速率的影响。在相同研究条件下，110℃的温差会导致 0.5ms 滞留时间内蒸发率增加 25%。在发动机中燃料初始温度很难控制，首要目标是避免结焦，热管理中最重要的是必须防止燃料过热。因此，发动机设计过程中预蒸发仍然存在一定的不确定性。

9.3.2.2 预混合

既然预蒸发是可行的，那么在给定的避免自燃和回火的火焰筒压力损失下，预混通道内的混合均匀性如何？在NASA的先进低排放燃烧室计划中，研究过一些喷射和混合装置（Dodds和Ekstedt，1985）。假定压力损失为4%，钝体火焰稳定器前滞留时间为2ms，分别研究了涡流发生器（A）、多管结构（B）、多孔板（C）和横向多喷嘴环形导管（D）等预混器，图9.12和图9.13显示了它们的几何构形。在中等压力预混装置试验台上对它们进行了超声速巡航工况试验，并测量了最大与平均燃料空气比的比值、它们的相对标准偏差以及压力损失。平均当量比为0.6。从9.2.2小节中可以看出，混合物当量比应保持在 $0.4<\Phi<0.8$ 之间，以防止贫燃侧发生吹熄或富燃侧温度过高，因此最大值与平均值之比需要远低于1.33。没有方案能满足上述所有条件。依赖于湍流掺混的方案尤其需要很高的压力损失来实现均匀混合，超过了可用的压力损失。最好的结构是光滑环形通道，它的每个喷油杆上有6个喷射点，喷嘴密度须达到0.6个/cm^2。通过该策略，将燃油的散布问题转换成燃油喷注前在供油系统内的分布问题。由于喷射点数量较多，每个喷嘴的燃油流量变得非常低，会产生结焦风险。工业供应商在阵列头部中解决了这一问题，详见后面的章节（Tacina等，2002、2003、2005）。

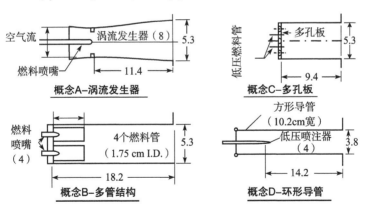

图9.12 GE的预混管道设计概念（Dodds和Ekstedt，1985）

从这项研究结果可以看出，仅靠湍流不可能实现充分预混。此外，还采用了以下方法。

①如前文所述，通过多个喷注点实现燃料的空间分布。

②利用横向射流动量进行混合，如GE的ECCP阶段Ⅰ径向分级燃烧室，

或最早的 Vorbix 燃烧室使用的横向压力旋流喷射器。

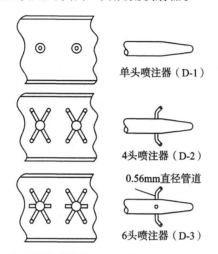

图 9.13　GE 的环形管道燃料喷射器构型（Dodds 和 Ekstedt，1985）

③旋流诱导剪切作用产生的额外湍流。

④旋流诱导径向液滴滑移。

旋流器混合增强已经应用于管状和环形预混通道。前者的例子是 Vorbix 燃烧室的化油器管道，图 9.14 所示为其截面，包含了必要的元素。燃料通过管道中心的单个雾化器喷注，空气则通过一个径向旋流器流入。燃料部分蒸发，部分撞击壁面并被吹到化油器管道末端，在边缘处同心轴向旋流器注入的二级气流的帮助下雾化。对这种结构的研究可以解释液体燃料预混中的一些一般性问题。使用中心燃油喷射时，燃油分布会出现一个中央峰值。

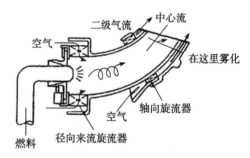

图 9.14　Vorbix 燃烧室的化油器管道（Zeisser 等，1982）

在旋流或湍流作用下，燃料径向扩散，最外层的部分最终会撞击壁面。因此，燃料中液体部分的剖面曲线永远不可能完全平坦，因为它要么在中心出现尖峰，要么大量燃料分布在壁面，燃料空气的混合必须在这两个极端之间平衡。为防止边界层发生回火，上例中的壁面液膜必须进一步雾化，但应优先考虑隐蔽雾化器唇口，以防其尾迹探入燃烧室，从而保证燃烧室入口气流速度高于湍流火焰速度。

第9章 部分预混和预混航空发动机燃烧室

因此，理想的预混只能循序完成，首先快速且几乎完全预蒸发，使得仅有很少量的液体能到达壁面，并在到达管道末端之前完成液膜蒸发。蒸发之后，在预混的第二阶段，气态燃料与空气进一步混合，最终形成完全均匀的混合气。然而，由于煤油自燃时间很短，这样循序的过程通常不可能发生。幸运的是，理想的均匀性并不是航空发动机追求的目标，因为我们已经看到，现实中具有多个分级点的发动机都有贫燃吹熄（LBO）要求，而理想的预混无法满足这些要求。

上文指出了预混中出现的液体燃料与壁面相互作用的问题，并得出了即使有预混通道也只能实现部分预混的结论，显然剩下的均匀化只能在燃烧室中到达火焰之前实现。在这方面，采用钝体并不理想，因为它到火焰的距离与钝体尺寸相关，天然地小于预混通道高度，这样便会使火焰距离受限于预混通道尺寸。

解决这一问题的一种方法是将管状预混通道改为环形预混通道，并通过旋流诱导回流实现火焰稳定，类似于航空发动机从管状燃烧室变成环形燃烧室。它有两个优点：一是燃料周向自由散布；二是产生的悬举火焰举升距与环空直径有关，而不是受限于环形流道高度。后者使预混通道的近壁面流体获得了额外的均匀性。因此，预混通道的混合过程可以在壁面开始明显湿润的位置结束，预混器可以缩短，从而获得额外的防自燃安全裕度。

这一解决方案应用于某些预混长度随应用需求变化的贫油燃烧室开发中。图 9.15 所示是其中一例（Bittlinger 和 Brehm，1999）。该 LPP 模块由带横向射流喷注的环形旋流通道和用于中心体冷却的内旋流组成。环形通道旋流在中心体后方产生回流，从而实现火焰稳定。旋流的另一个作用是燃料的周向混合。该 LPP 模块集成在一个轴向分级燃烧室中，配有一个较短的 RQL 引燃器。从图 9.15 可以看出，气流从喷射点到出口是加速的。该设计在29bar、916K 条件下气流的压力损失降至公称压降的55%，不会出现回火。

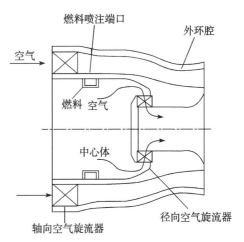

图 9.15　Bttlinger 和 Brehm（1999）的 LPP 模块示意图

另一种加速混合的方法是采用气体载流将燃料横向喷注（气体载流也可用于流向喷注的雾化），在不超过5bar的压力下进行的试验揭示了由载流喷射压降决定的不同工作模式，如图9.16所示。在较低的1%的压降下不能形成完全雾化，2%的压降可满足雾化要求，3%的压降则会导致喷雾撞击射流管壁，并在射流孔后缘再度雾化。因此，如果射流压降可以调节，系统就可以得到优化。

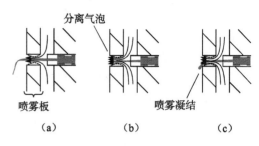

图9.16 横向喷气（Leong 等，2001）
(a) 离散喷注；(b) 雾化喷注；
(c) 带有液核的雾化喷注。

当载流喷注的气流速度显著大于燃料速度时，横向复合射流的动量通量比（类似于发动机循环中的AFR）几乎与燃料流量无关。已有研究表明，较高压力下横向射流的穿透度仅与动量通量比有关，载流喷注因此具备可观的优势，即在不同的运行工况下都能形成相同的固定燃料分布。然而，事实上穿透度也一定程度上取决于压力，压力越高雾化效果越好，液滴就越小，其惯性也小，穿透率就越低。Brandt 等（1994）认为，流向喷注雾化的最大液滴要大于横向射流雾化的最大液滴，这可能是由于二次雾化的效果较差。由于高压时压力对雾化的影响变小，在较高的工况点上穿透度差别也会变小，如果该系统只用于主级燃料喷射，便几乎可以不受工况变化的影响。

9.4 部分预混燃烧室、贫油预混或贫油直接喷射器

在航空发动机中很难实现完全的预蒸发和预混合，即使实现，其固有的风险也很高，难以向航空业推销。前述研究已表明，在大型发动机中无法仅通过预混通道实现令人满意的液体燃料预混。其解决方案的共同之处是全负荷时头部采用贫油AFR，避免预混通道结束在受截面限制的火焰稳定装置处，以及在火焰前再进行一定程度的预蒸发和预混。燃烧室内火焰前的预混是必要的。考虑到这一结论，只在燃烧室进行预混也是合乎逻辑的，这就是贫油直接喷射背后的理念。

这种方法首先是为工业燃气涡轮和气体燃料研发的，但很快就开始研究它对液体燃料的适用性。Andrews 及其同事（1990）提出了多种解决方案，其中应提到的一种是带通道喷射的径向旋流器，它是气体燃料贫油直接喷射器最简

单的演化，实际上是由工业透平衍生而来的。同样来自 Andrews 等（1990）的报道，GE 公司 HSCT 项目在较高压力下测试了某些 LDI 和部分预混装置（表 9.2）。其中旋风式旋流预混器被选为燃烧室试验的引燃器，其设计特点如图 9.17 所示（Kastl 等，2005）。燃料通过一个中心杆上的 8 个喷孔注入内体的空气流中。含液滴的气流通过径向孔向外进入旋流室，在那里与从径向旋流器流入的主空气混合。内体表面采用空气冷却，所产生的尾流与旋流一起发挥稳定火焰的作用。在后续的设计版本中，头部滞留时间约为 0.26ms。理论上，这种构型与图 9.15 类似，都采用横向旋流射流混合，但它采用了径向旋流器和较短的预混环。空气射流对燃料的径向输运简化了油路设计，因为它使用中心杆替代了喷

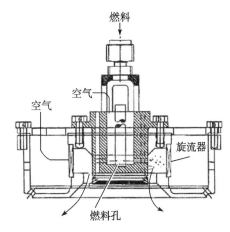

图 9.17　GE 公司 HSTC 项目旋风式旋流预混器原理（Kastl 等，2005）

油环，相对较大的杆径也简化了散热管理。从它的主要特点看，它是 GE-TAPS 模型中旋风旋流预混器的前身。虽然这个方案在中等工况条件下表现良好（表 9.2），但当预热温度从 727K 提高到 900K 时，相同火焰温度下的 NO_x 排放性能迅速下降。最好的版本在 10bar 压力、922K 预热温度和 1944K 火焰温度下 EI 值为 19（Greenfield 等，2005），这说明在预混器出口处燃料预混不完全。预热温度越高意味着点火越早，导致火焰稳定在预混器出口附近，预混气稀释不够，从而形成了更富燃的火焰和更高的局部火焰温度，最终导致更高的 NO_x 排放。正如前面提到的，在极端情况下，这可能导致火焰持续转换成扩散火焰。预混度对工况条件的依赖性是所有部分预混贫油头部的共同问题，也是后续案例讨论的重点。

9.4.1　NASA 的贫油直接喷射技术

解决这个问题的一种方法是使 LDI 头部尺寸小型化。燃料在油路中被分配到尽量多的点上，如图 9.18 所示，喷注后为达到足够的贫油预混所需的空间散布就小多了。如果能为每个喷注点设置一个独立的稳定装置，产生一个单独的火焰，那么在整个运行包线上，预混度的波动就会变小，因为混合时间以及到火焰稳定点的距离也和火焰稳定装置的大小成反比。NASA 实现了这种解决

方案，研制了由小型 LDI 头部组成的阵列燃烧室（Tacina 等，2002、2003、2005）。

Tacina 及其同事（2002）描述的多点集成模型共有 36 个燃油喷射器。燃油喷射器系统由燃油板和空气板组成，前者包含将燃油分配到各喷射器的燃油歧管，后者带有空气间隙，为燃料提供热防护。这些层板通过扩散焊接组成一个整体组件，即燃油喷射器组件；空气旋流器组件由扩散焊层板组成，并通过化学蚀刻形成径向空气旋流结构，安装在燃油喷射器下游。图 9.18 的示意图显示了燃料、空

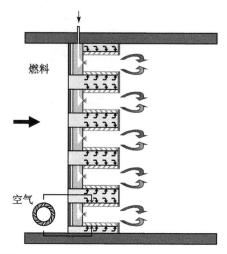

图 9.18 Tacina 及其同事（2002）的多点集成 LDI 模型燃料空气流动示意图

气流以及火焰的预定位置。再次注意到，喷油喷射器组件中仍有一个用于预混和预蒸发的空间，混合气在其中的滞留时间不为零。

在不带冷却的陶瓷火焰管中实现了高压力下的低排放。在 28bar 压力和 810K 预热温度下，火焰温度为 1900K 时，NO_x 排放的 EI 值为 6。在一个有 25 个喷射器的构型中，保持同样的火焰温度，令预热温度从 590K 升高到 810K，会导致 NO_xEI 值从 4 上升到 8。这仍然是一个明显的差距，但比旋风式旋流预混器中观察到的增幅要小得多，后者在较小的温度变化时 NO_x 的 EI 值增加了 5 倍。图 9.19 显示了不同构型的喷射器在基准条件下 NO_x 排放随火焰温度的变化，所有曲线的斜率都远低于 NASA 前期资助的完全预混火焰管装置的数据（Tacina，1990），图 9.3 表明该火焰管装置中预混程度更低。尽管图 9.19 中不同构型的排放绝对值差别很大，但在给定的滞留时间内，其完全预混排放数据的斜率对温度的依赖性非常一致，在 1800~2200K 火焰温度区间内 NO_x 增长均为约一个数量级。从图 9.19 中曲线斜率的差异可以看出，喷嘴数量越多，涡流越强，预混度越高。然而，排放降低的同时，压力损失从 3% 增加到了 5%，这说明即使采取可用的最佳方式来进行燃烧室截面混合，在允许的压力损失范围内，它仍然远非均匀的反应器。小型化头部方案不能完全解决的另一个问题是预蒸发。雾化质量并不取决于头部大小。相反，这种方案很难在雾化区实现较高的相对速度，从而使蒸发时间和蒸发距离最好能维持恒定，不随头部大小变化。随着头部变小，火焰前缘越来越靠近头部表面，未蒸发的燃料量将随之增加，从而可能如 9.2.2 小节所述发生部分扩散燃烧。

第9章 部分预混和预混航空发动机燃烧室

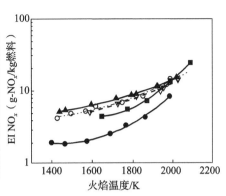

喷注器数量	构型	符号	旋流数	旋流方向
25	A	▽	0.5	全部同向
25	B	○	0.5和0.8组合	全部同向
25	C	■	0.8	全部同向
25	D	▲	0.5和0.8组合	可变方向
36	E	●	0.5和0.8组合	全部同向

图9.19 Tacina 及同事（2002）在 28bar 压力、810K 预热温度和 4% 压力损失下得到的不同 LDI 构型的 NO_x 排放

在压力最高达 48bar 的燃烧室组件中还测试了可操作性（Tacina 等，2004），测试中 21% 的空气用于火焰筒冷却。由于外侧头部离壁面很近，最高温度被限制在 1900K。为防止燃油堵塞，喷油器孔径由原来的 0.25mm 增大到 0.51mm。1800K 时，高功率下 NO_x 的 EI 值增加了 2.5 倍。测试部分负荷工况时，燃料分组供应并部分关闭（Tacina 等，2004），由于头部分布很密集，未喷油头部稀释了邻近喷油头部的混合气流，因而难以实现抑制 UHC 的目标或燃烧效率指标。

到目前为止的工作表明，小型化 LDI 燃烧室拥有不错的潜力。对于大型发动机，以表 9.1 中的 E 发动机为例，起飞工况下冷却空气量为 21%，在燃烧室试验中实现了 2024K 的火焰区温度，如果其可操作性问题能得到解决的话，就能获得显著的 NO_x 减排效果。由于小型化头部大大缩短了燃烧从起始阶段到 CO 浓度降低阶段的时间，从而也缩短了所需的距离，因而火焰筒长度可以相应地减小。与上述燃烧室试验相比，同样的冷却空气量或许可以支持更高的燃烧温度。这种方法很有吸引力，因为它开启了研制一个非常紧凑的低排放燃烧室的潜力，如果能为部分负荷工况找到一个完美解决方案的话。

9.4.2 悬举火焰与悬举火焰引燃

前几节已经证明，对于高压比发动机，完全预混是不可能的。但预混极少的纯贫油直接喷射也存在一些尚未解决的可操作性问题，所以需要更多部分预混。虽然这个解决方案是模糊的，但可以指出其中一些必要元素。由于额外的部分预混必须发生在燃烧室内，有必要采用悬举火焰。但是，在航空发动机中应用悬举火焰是一个宏伟的目标，因为没有锚定在特定点上的火焰更容易吹熄，特别是在转工况或遇到压力振荡时。因此有必要采用引燃。此外，悬挂火焰的举升距和部分预混程度也随工况条件不同而变化，需要对其施加影响。因此，在讨论最新的部分预混器之前，首先介绍影响悬挂火焰的因素和悬挂火焰的引燃。

9.4.2.1 带回流的旋流中影响火焰举升的因素

首先要了解射流悬挂火焰与燃烧室内旋流回流悬挂火焰之间的区别。对于射流火焰的举升，当射流出口速度大于燃烧速度时，由零流线附近某点的回流稳定的附着火焰往往在吹熄前不会表现出明显的悬挂特征（见Shanbhogue等（2009）对射流和钝体稳定火焰吹熄行为差异的讨论）。如果回流区附近的混合物在可燃极限内，则火焰速度的影响不大，因为回流边界附近的当地火焰速度仅由当地湍流控制。为了产生悬挂火焰，燃料分布必须远离回流区，使混合物在零流线更下游处才能满足可燃性。带产物的热气流从回流或火焰区夹带进入中心流，并在稍后的位置达到流动和燃烧速度的平衡。图9.20描述了这种情况的一个例子（Fokaides等，2008）。这里火焰稳定是通过外侧回流实现的，当量比伪彩色绘图给出了贫燃的明确证据。

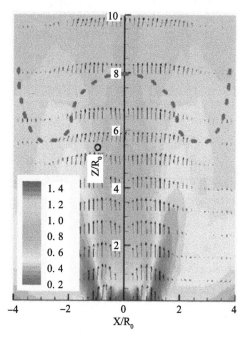

图9.20 悬挂火焰的稳定（伪彩色表示当量比，向量表示UV速度矢量，蓝色阴影线表示火焰前沿的位置）（Fokaides等，2008）

建立悬挂火焰后，已知的降低火焰稳定性的因素通常也会导致举升距变大。显然，在贫油全局当量比下就是这样。预热温度升高，层流燃烧速率增加（$S_l \sim T^2$），会产生稳定速度加快的直观效果（Lefebvre，1998）。由于前方混合物更富燃，燃烧速率会进一步增加。在极端情况下，这种效应可以导致火焰稳定在混合物化学计量比下，继而以扩散模式燃烧。在恒定压降下，喷嘴出口流速与预热温度的平方根成正比，上述效应会被抵消。压力对湍流燃烧速率和雾化也有影响，对于高级烃，层流燃烧速率随压力而减小的影响被热扩散率的降低过度补偿，因而举升距变短。

如果现在来看航空发动机的工作包线，会发现其参数不是独立的。随着功率的提高，全局当量比、压力、预热温度均会升高。我们已经看到，上述所有因素都会导致举升距下降。不幸的是，这恰恰与低排放和良好的可操作性要求相悖，因为在高功率工况下，较小的举升距会产生更高的温度和更高的 NO_x 排放，而部分负荷下较长的举升距又会更接近吹熄边界。因此，悬举火焰不适合航空发动机的需要，除非通过引燃来操控举升距。

9.4.2.2 悬举火焰的引燃

前面 9.2.3 小节和 9.3 节中的讨论回顾了带引燃区的分级燃烧室，很明显，引燃释放的热量必须达到主燃稳定区，但不能被过多稀释；否则稳定所需的热量将会导致不良的 NO_x 生成。因此，内部引燃成为一个选项，且在分级燃烧中与最终是否存在引燃区无关。对于使用旋流或环形气流的主级头部，解决方案之一是采用同轴引燃头部。采用内部还是外部引燃的问题似乎并不重要；几乎所有工业燃气涡轮的预混燃烧室都采用内部引燃器或引燃区；然而在点火方面需要折衷。目前航空发动机主流的点火方式是采用一个穿透火焰筒外筒壁的火花点火器。采用内引燃器意味着必须由火花塞点燃被主气流遮挡的引燃喷雾。因此，人们尝试过外部引燃（Brundish 等，2003）。然而，要用很少的引燃燃料实现良好的周向均匀性，并使主流在受到圆周引燃区极大限制的空间内达到良好的预混，这些困难似乎更加严重，因而仍然要选择内引燃方法。

实现内引燃的最简单方法是在头部中心增加一个燃油喷射器。采用平面光学技术的一些观测结果表明了引燃对燃烧流场的影响（Hassa 等，2005）。该研究采用径向双旋流喷嘴，主燃料通过预成膜器注入两个旋流器之间，引燃燃料采用中心压力旋流喷射器喷注。图 9.21 显示了慢车工况附近采用 10% 和 20% 引燃时的瞬时温度场。10% 的图片显示的是一个破碎的火焰锋面，有未燃燃料逸出；20% 的图片显示了一个更连续的高温区，但火焰锋面仍然有一些孔洞，研究中检测到了无法接受的 UHC 排放。引燃比例的影响如图 9.22 所示，图中通过 LIF 对液体和气体煤油进行成像，通过 OH 基辐射对反应区进行流场

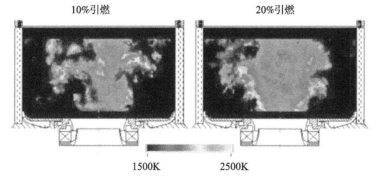

图 9.21　压力 6bar、温度 700K、$AFR = 0.92\,AFR_{设计}$ 时的 OH-LIF 单帧温度分布（Hassa 等，2005）

显示。20%的引燃比例会导致释热区的举升和拉长，直到距头部55mm的观察窗上边界还未结束。只要增加10%的引燃燃料，引燃放热区就会通过扩大燃料锥角和放热区显著地改变流场。主燃料仍在悬举燃烧，但火焰变短。与此同时，CO排放量迅速减少到一个较低的水平，且随引燃燃料比例进一步增大不再发生显著变化。引燃燃料和主燃料各占一半时，头部出口处即开始了急剧的热量释放，引燃燃料处于扩散燃烧模式。

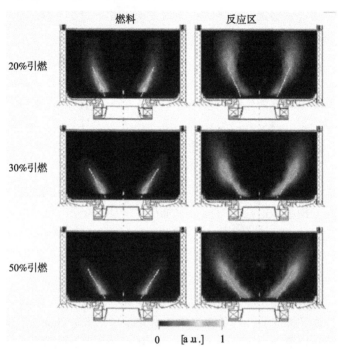

图9.22 压力6bar、温度700K、AFR=0.92AFR$_{设计}$时不同引燃燃料喷注下的平均煤油LIF和OH基分布（Hassa等，2005）

对不同引燃比例的比较表明，引燃燃料最佳添加量的带宽很小。直接的结论就是，引燃燃料量必须随工况条件不断变化，因而需要一套灵活的控制系统。然而，由于这一最佳频带的位置会随着工况显著变化，而且还会受其他因素的影响，如冷却和火焰筒形状等，因此即使掌握了图9.22所示的规律，也不足以预测最佳的引燃燃料比例。工业燃气涡轮头部设计时，可以采用小得多的引燃燃料分数，使其在扩散燃烧模式不至于破坏NO_x排放的大局，而设计实用的航空发动机头部时却不适用，因为纯引燃燃烧模式必须覆盖负荷谱上很大的一部分。因此，采用一套旋流器引燃虽然会增加额外的复杂性和成本，但更具有压倒性的潜在优势，即在整个引燃工况范围内更高的稳定性和主火焰更高的鲁棒性。在一定程度上，就可以针对不同的负荷状态分别进行空气动力学优化，降低主火焰举升对引燃燃料量的敏感度。因此，下面将介绍一些内引燃设计。

9.4.3 采用内引燃器的部分预混燃烧室

与超声速发动机相比，长期以来，研究亚音速发动机预混燃烧的驱动力和市场推广的理由是不同的，因为并没有平流层巡航排放的限制。在亚音速发动机中，与竞争对手 RQL 技术相比的低排放优势，必须与可能更高的复杂性相权衡。GE 公司开发出了双头部（双环腔）燃烧室并应用在发动机中，但 CFM 56 的经验表明，航空公司有选择权，两个以上头部的燃烧室并不被航空公司所接受，单头部的低排放结构无疑更有优势。此外，陶瓷材料似乎不太可能应用于燃烧室从而给冷却需求带来阶跃变化。然而，当压比增大时，节省冷却空气变得更加困难，因为出口温度与火焰筒允许温升之间的差距增大了，而火焰筒与燃烧室入口之间的驱动冷却换热的温差却变小了。GE 承认，GE 90 DAC 1 型贫油双头部燃烧室的排放高于 DAC 2 型富油燃烧室（Mongia，2003），因为起飞工况时，冷却需求使得主燃烧区当量比达到 0.9。在这里，单环腔结构（SAC）在近地面具有显著优势。无怪乎目前的预混燃烧方案都试图实现单环腔燃烧室的内部引燃。

由于所有内引燃分级预混燃烧室都还处于开发阶段，无法获得定量数据，公开信息也很少，因此下面的内容将比之前更定性。亚音速贫油燃烧室的边界条件使设计具有一定的收敛性。首先列举其中 3 个，然后再讨论内引燃头部单环腔燃烧室（SACs）的可操作性问题。

9.4.3.1 日本的 TechCLEAN 燃烧室

TechCLEAN 发动机适用于 50~100 座系列飞机，推力为 8000~12000lb（1lb≈0.45kg）（Futamura 等，2009）。该燃烧室不是首个贫油 SAC，然而它的空气动力学信息已经发布，因而可以用来介绍相关设计问题。在压比分别为 25 和 17 的条件下，分别测试了发动机的两种循环，即 TechCLEAN 和 ECO 循环（Yamamoto 等，2010）。它的贫油燃烧的特殊条件在于发动机小、燃烧室小、燃烧室入口温度低。在燃烧室部件测试中实现了单表面喷射冷却。

该发动机头部结构见图 9.23（Yamamoto 等，2010）。主燃油喷注是

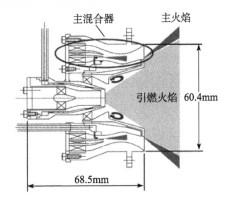

图 9.23　TechCLEAN 项目的头部 E（Yamamoto 等，2010）

由喷油环上的射流喷雾实现的,但引燃喷注器使用的是更为传统的预成膜器。该设计使用了至少5个空气旋流器和一个燃料旋流通道,设计参数有很多,包括旋流器作用面积、引燃喷油器回缩距离、引燃与主气流间距等。单环腔燃烧室的简单性带来了头部的复杂性,使其不可能在几何上区分功能来分别满足各个工况要求。复杂庞大的参数集合首先需要大量的工作来理解和优化,特别是我们还知道,燃烧室回流流动的椭圆特性会导致来流的变化,进而改变其他参数。

该头部还具有一些新的设计特点:引燃气流与主气流的径向分离,以及引燃区较大的回缩距离。引燃旋流方向始终与主流方向相反,产生比同向旋流弱的网状旋流。因此,引燃区回缩腔的后向台阶后面存在一定的流体再附长度,在原理图中用圆圈表示。引燃火焰通过引燃区回流来稳定。图9.24给出了喷管冷态流动计算结果。整体流动模式表明主燃烧区火焰稳定在内回流边界处,因此,引燃火焰和主火焰的放热是几何分离的,防止了图9.22所示的火

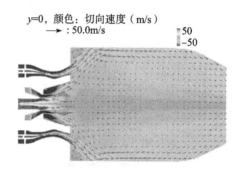

图9.24 单管燃烧室头部D的冷态流动
(Yamamoto等,2009)

焰融合和主火焰举升距减小的问题。这似乎是所有现代设计的共同特征,即保持几何结构分离,而这个例子是通过外引燃空气溢流实现的(图9.23)。本章前文说过,双头部燃烧室的两个头部距离太远,不能有效地引燃,而目前的认识是,在内引燃系统中必须努力实现燃烧分区。

主区的大旋流器是同向旋转的,这导致图9.24所示的大而稳定的回流区,以保证在部分负荷下良好的燃烧效率(Yamamoto等,2009)。由于空气需要在引燃与主燃区之间分配,在慢车和进近工况的纯引燃工作模式下,引燃喷油嘴工作在富燃状态,因此主区回流需要支持引燃燃油的燃尽。为实现与反向旋流预混通道一样好的混合效果,在大旋流器之间还增加了第3个反向旋流器。

对于压力为17bar的循环,由于小发动机爬升工况燃烧室出口温度很低,必须使用主喷射器周向分级来确保效率。对于高压循环,则不需要在爬升段进行分级,因而得到的ICAO NO_x 参数低于低压循环。

图9.25比较了在ICAO起降周期中各工况下RQL和预混燃烧室的排放,起飞和爬升时的排放显著减少;然而,在采用纯引燃模式的两种工况,即进近和慢车工况下,NO_x排放增加。慢车工况是累计排放量的最大贡献者。在这种富燃引燃情况下,燃烧室是一种径向分级富-贫燃燃烧室,没有设计明确的快

速淬火区。从这个例子可以看出，燃烧系统的改变也会影响两个不同环境问题的权重，即对机场当地空气质量和对大气的影响。

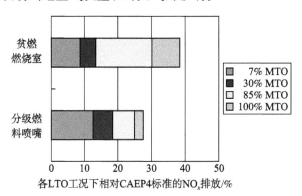

图 9.25　TechCLEAN RQL 和预混燃烧室的比较（Yamamoto 等，2009）

9.4.3.2　GE 公司的双环腔预混旋流（TAPS）燃烧室

TAPS 燃烧室的发展始于 1996 年（Dodds，2005）。该燃烧室是唯一达到技术成熟度（TRL）7 级的预混燃烧室，在 GenX 发动机中完成了飞行试验，并进入了目标飞机波音 747-8F 和波音 787 的飞行试验。到目前为止，除了用于 CFM 56 的 GenX 发动机和最近的用于庞巴迪全球 7000 商业飞机的 Tech X 发动机，它也是唯一宣布已发展出不同推力和压力比系列的预混燃烧室（Croft，2010）。由于目前尚处于研发竞争阶段，公开的信息很有限。

它的头部方案如图 9.26 所示。引燃室采用单个雾化器将燃料喷注到一个旋流杯中，并在两股轴向空气流之间通过空气喷射模式雾化。其主要设计特点与图 9.6 中的 ECCP 引燃喷射器相同。主燃区设计由图 9.17 所示的旋风式旋流器发展而来；插入的图片显示了喷油器在滞止空气中产生的喷雾。类似于 Leong 及其同事（2001）的研究，液体射流与空气同轴进入旋流通道。同样，这两股流体被一个唇板分开，该唇板由外引燃旋流器渗出的空气冷却。这些流场的相互作用和预期的火焰如图 9.27 所示。在同向旋流中，引燃器产生一个中心回流区，稳定引燃火焰。主火焰稳定在引燃气流和主流之间的剪切层。唇缘后的小回流区（称为 LRZ）对于主火焰的稳定非常重要，因为它储存了引燃燃烧产生的自由基。与图 9.24 中的 TechCLEAN 流场相比，LRZ 回流区很小。这与较大的 GenX 燃烧室出口温度较高有关，因为较小的回流区可以减少主流的滞留时间。图 9.28 所示为 TAPS 燃烧室温度场 CFD 计算结果，图中显示了一个举升的主放热区，表明该燃烧室在相应工况下有较长的预混时间。除了头部设计外，GE 还采用了燃烧室尺寸标准设计准则（Mongia，2007），包括头部和基准速度、冷热流滞留时间、燃油喷嘴间距、头部高度和长度以及燃烧室负荷。

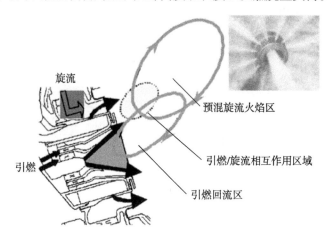

图 9.26 TAPS 头部原理图（Dodds，2005）

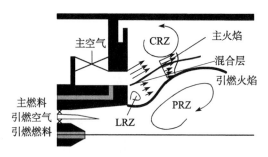

图 9.27 TAPS 及主流场特征原理图（Dhanuka 等，2009）

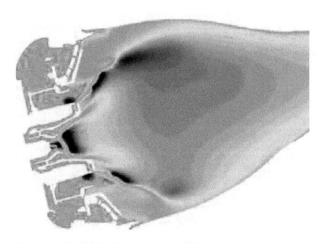

图 9.28 高功率下的 RANS CFD 等温线（Foust 等，2012）

从 GenX 燃烧室的网站信息看，它似乎采用了非常传统的冷却方式。图 9.29 是它的一个专利示意图（EP 1445 540 A1，2004），显示它采用了同样常规的唇环冷却。它还具有一层冲击冷却热防护。GEnx-1B64 的排放测量显示，在设计压比 42.7 时，ICAO NO_x 参数比 CAEP6 降低 50%（Maurice 等，2009）。而该压比下的最佳 RQL 燃烧室基准值比 CAEP 6 低 35%。到目前为止，NO_x 排放的减少总是伴随着更高的 CO 排放。然而，NO_x-CO 排放的权衡关系似乎与改进的 RQL 构型相同。作为例子，图 9.30 显示了 CFM56 SAC 和 TAPS 测试的比较。TAPS 优于 DAC，因为后者需承载更大的燃烧室表面积带来的负荷。引燃级的 AFR 决定了贫油燃烧室的烟尘排放，灵活的控制系统允许 RQL 燃烧室在产生烟尘最多的高工况条件下精确地减少引燃燃料。图 9.31 中 CFM56 SAC、DAC 和 TAPS 的 LTO 烟尘对比可以支持这一观点。第二代 TAPS 的目标是在 CAEP6 基础上实现 90% 的减排裕度。

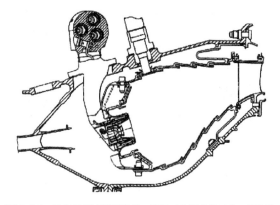

图 9.29 TAPS 燃烧室结构（EP.1445 540 A1，2004）

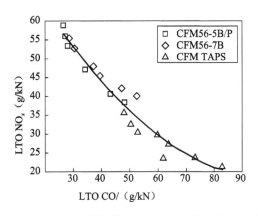

图 9.30 SAC-RQL 和 CFM 56 TAPS 燃烧室的 ICAO LTO NO_x 和 CO 对比（Mongia，2007）

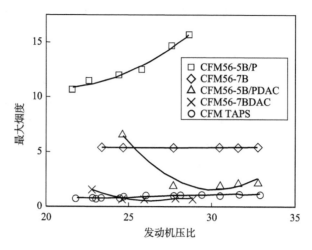

图9.31 CFM56 SAC、DAC 和 TAPS 燃烧室的 ICAO LTO 烟尘排放对比（Mongia，2007）

图 9.32 定性地展示了 GenX TAPS 的分级策略（Maurice 等，2009）。令人惊讶的是，该图实际上表明，尽管 TAPS 的 LTO NO_x 值很低，起飞阶段 NO_x 排放却高于 RQL 参考发动机。分区选择 AFR 的必要性显然导致了主区当量比相对较高。图中也显示了典型飞行任务中的巡航段排放。由于燃料的燃烧，飞机变得越来越轻，所需燃料减少，因而在某个工况点需要进行分级燃烧，以保证效率，这会使 NO_x 排放阶跃上升。在这里，作为起飞工况高燃烧温度的回报，

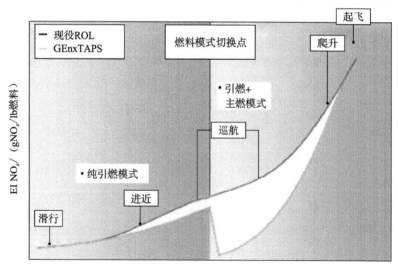

图 9.32 GenX TAPS 燃烧室分级图（Maurice 等，2009）

较低工况的稳定性和效率得到了提升,因而大部分巡航时间内主区都可以喷注燃料。况且图中仅此一个分级点。由于 ICAO 循环没有巡航阶段,相应的指标来自巡航排放与起飞工况排放成正比的假设。这个假设对 RQL 可能是正确的,而正如所看到的,这对预混燃烧室不一定正确。根据分级点的 AFR 分配,在最富燃的引燃条件附近很难抑制过量烟尘的形成。为了让中间区域的烟尘快速氧化,RQL 燃烧室的空气分布经过了精心设计,而一旦两股空气混合,平均温度可能会低,就很难做到这一点了。

9.4.3.3 罗尔斯-罗伊斯公司的贫油燃烧室

下面介绍罗尔斯-罗伊斯公司的贫油燃烧室。图 9.33 所示为其头部示意图和预期的流场,表明了该设计背后的基本思想(Nickolaus 等,2002)。它由 3 个轴向旋流器和单个引燃雾化器组成,同时也研究了三旋流空气射流引燃。图 9.33 中,与之前的引燃头部样机一样,它通过一个分流器将引燃和主流场分开。分流器下游表面产生一个尾流,隔开引燃和主流场,其结果被称为分叉流场,导致引燃火焰和主火焰的分离。它们的相互作用进一步受到外部主旋流的收缩和扩张通道的影响,称为火炬。它的出口角决定了喷口附近的主流方向,并防止气流附着在燃烧室头部。主气流中的燃料喷注通过一个预成膜空气喷射实现。预膜器的唇部和单喷雾器喷头都比燃烧室头部后缩一小段距离,导致喷注器内发生少量预混。然而,预膜器唇部几乎位于火炬直径最小处。

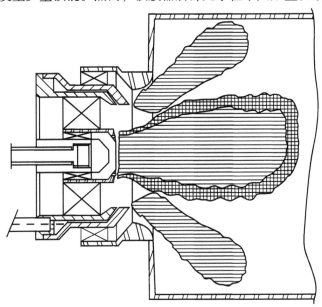

图 9.33 燃烧室 CFD 研究剖面图(美国专利号:6272840,2001)

此后的研究开发了具有不同流动特性的变体（Lazik 等，2008）。图 9.34 所示为其中 3 种的照片，C-A 采用压力雾化器，C-F 采用空气喷射和 V 形罩，C-G 采用单喷雾器和 V 形罩。V 形罩是 V 形槽火焰稳定器的衍生物，但两个表面的长度和角度不同，针对旋流燃烧进行了优化，能令两股气流产生更强的分离。图 9.35 显示了燃烧室内的冷态流动和压力分布，显示了引燃气流和主流的分岔。引燃流没有出现内部回流，主流形成了一个较大的锥角，导致喷雾迅速稀释。图 9.36 显示了类似结构下计算得到的反应流温度场。在这里，悬举火焰似乎稳定在外回流区，而引燃火焰被限制在中心区域。还可以看出，燃烧室火焰筒采用渗透冷却瓦。空气分配比例为：60%~70%用于燃烧，30%~40%用于冷却。

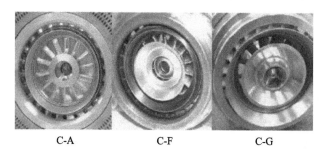

图 9.34　罗尔斯-罗伊斯公司贫油燃烧装置的燃料喷射器结构（Lazik 等，2008）

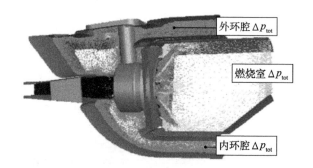

图 9.35　冷流 CFD 预测的速度和压力分布（Lazik 等，2008）

该燃烧室分级策略采用两个分级点，分级包括纯引燃、引燃和部分主燃（适用于进近）以及全主级，第 2 个分级点位于巡航前的中功率工况。分级转换是瞬间过程，因而潜在的烟尘和 CO 峰值对整个任务来说是微不足道的。与传统 RQL 燃烧技术相比，由于燃料分级供应和贫燃工况的特性，分级点仍然存在显著的效率下降。通过供应每个主喷油器和引燃喷油器的独立燃料歧管，以及一个燃油分配装置，可以完成喷油器组的燃料再分配。发动机电子控制软件可以保证喷油器燃油分配连续变化（Lazik 等，2008）。

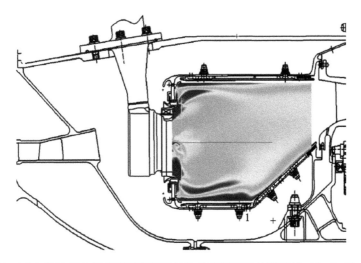

图 9.36　RRD E3E 核心机单环腔燃烧室结构及其温度场计算结果（Lazik 等，2008）

据报道，罗尔斯-罗伊斯燃烧室已在压比为 39 的发动机测试中验证了 LTO NO_x 排放，比 TRL6 级的 CAEP6 降低了 60%（Maurice 等，2009）。正如 Rhode（2002）所述，一旦达到 TRL9 级，这一降幅可能会缩小。

9.4.4　部分预混航空发动机燃烧室的可操作性问题

尽管可操作性比排放更加重要，但后者推动了预混燃烧室的发展，只有在保证排放优势的前提下，可操作性问题才值得解决。因此，可操作性被放在本章末尾讨论。此外，由于其他构型的研究不够深入，尚不足以解决所有可操作性问题，所以讨论仅限于内分级单环腔燃烧室。在第 1 章中已经讨论过更一般的情况，本节的描述只限于预混燃烧室与已解决所有这些可操作性问题的现役燃烧室的区别。这里也将从部分负荷下的排放说起，然后遍及燃烧室的各个方面。

9.4.4.1　部分负荷下的排放

地面排放直接影响着机场内外的人类健康和安全，未燃烃和 CO 排放受到法规管制，因此需要保证良好的燃烧效率。采用 RQL 发动机的新型大发动机的未燃烃慢车排放接近于零，CO 排放也足够低，可以保证接近 100% 的燃烧效率。内引燃贫油头部显然需要借助 RQL 头部，将它放到预混燃烧室中作为引燃室，并以相同的部分负荷 AFR 工作。但这一设想只能在一定程度上实现，因为燃烧室中没有专门的淬灭喷孔，淬灭必须通过非工作主级喷注的过量空气来实现。然而，这里存在需求矛盾。早些时候曾指出，大部分高功率下的 NO_x 排放是由引燃导致的，因而引燃火焰不能太大。但根据当前分级方案，进近是纯引燃工况范围的一部分，如果这个范围太小，也就是说引燃级太富燃，烟尘就会成为一个问题。为保证效率而牺牲太多 NO_x 排放，又会导致 LTO NO_x 排放达标的问题，因为循环中有长时间的慢车运行。由于全球和当地的排放影响必须同时减少，未来的低排放燃烧技术必须将整个 ICAO 循环内的排放和巡航排放都考虑到。

Lazik 及其同事们（2008）给出了一个采用空气动力学解来平衡进近过程这一矛盾的例子。图 9.37 所示为纯引燃进近工况下采用内、外回流区时的温度场对比。外回流具有分叉流场，能实现较低的高功率 NO_x 排放，但不能将燃料超出化学计量比的部分很好地混合到主空气中。因此，混合物仍然富燃，形成一个非常热的核心，并伴随高 NO_x 排放。

图 9.37　具有非中央（左）和中央（右）引燃回流区的纯
引燃进近工况温度预测（Lazik 等，2008）

9.4.4.2　稳定性及贫油吹熄

由于主气流对引燃气流的稀释作用，预混喷嘴的 LBO（贫油熄火）边界比 RQL 燃烧室低。如图 9.23 和图 9.26 所示的引燃区回缩结构具有限制稳定区附近稀释作用的优势，但需要对回缩结构进行冷却。这种方案主要是为驻涡燃烧室开发的（Sturgess 等，2005）。据称，对于同样的 LBO，驻涡燃烧室所需回流区更小，因而可以实现更低的部分负荷 NO_x 排放。内引燃被主流环绕，与内回流区火焰稳定相比，似乎具有一定的优势，即火焰稳定在较低的旋流下，且稳定在和分叉模式类似的引燃火焰外侧回流区中（Lazik 等，2008）；其流场对比见图 9.37。同样的论点也可用于解释部分负荷下更高的 NO_x 排放：与主空气较少的混合最大限度地减少了稀释，因而燃烧区具有更富燃的当量比。另外，如果采用多个分级点，利用周向分级，便可使引燃作用区小于相应的 RQL 喷嘴，以一定的控制复杂度为代价，便可同时实现高功率下的 NO_x 减排和更高的 LBO。

慢车稳定不是唯一的要求，同时还须满足急减速时的瞬态稳定性。对于预混燃烧室，这显然意味着燃料分级。此外，飞行过程中存在冰雹和降雨，需要良好的稳定裕度以防止熄火。对于 RQL 系统，高功率运行时会有一个化学计量比区间，下降和进近过程中也会有一定余量。对于采用贫油燃烧主级的预混燃烧室，该条件也可以为主燃和引燃级的化学当量比设定一个边界。一般来说，它的主区稳定性总是比 RQL 燃烧室差，因此在爬升过程中，不能通过使引燃比主区更贫油来达到所需的稳定裕度。

9.4.4.3 点火

已经注意到，中心引燃系统采用传统火花塞点火时有一个缺点，因为点火器必须穿过无燃料主气流。然而，可靠的 30000ft 以上高空再点火装置已经实现（Lazik 等，2007）。为了更好地理解其与 RQL 系统的差异，通过下列点火过程的不同阶段来讨论它们是很有用的（Lefebvre，1998）。

① 火焰核的形成。
② 火焰在主区传播。
③ 头部建立稳定火焰。
④ 周向点火，即点燃邻近扇区。
⑤ 分离，即建立稳定的慢车运转。

为成功形成火焰核，等离子体形成的瞬间周围必须有足够的燃料喷雾，燃料必须到达火花点火器区域。与传统燃烧室一样，点火器轴向位置与影响喷雾锥的喷油器流场需要匹配。此时，喷雾必须穿过主流场，如图 9.27 所示。图中引燃流与直角回流区之间有混合层，可以将燃料输送到火花塞区域（图 9.29）。显然，外侧喷雾的快速径向输运是必要的。Lazik 及其同事（2008）报告说，图 9.37 右边所示的高旋涡宽锥角引燃器点火效果更好，这毫不奇怪。穿过混合层的一种可能方式是大液滴的弹道输运。但是，如图 9.27 所示，混合层并不薄，因此，几乎所有回流旋流中都能观察到的大尺度结构（Midgley 等，2007）可能对喷雾穿过混合层的径向输送起着决定性的作用。由于这一过程是间歇性的，火花放电产生的等离子体只存续很短的时间，重复放电将大大提高火焰核形成的成功率。也有报道称（Marchione 等，2007）湍流可将火花延长，最高可达 20mm，这使得能量可以穿透正向流动的气流，进入中央回流区。

火焰核被点燃后，火焰需要传播到喷注器，因此回流很有必要（Marchione 等，2007）。火焰速度比气流速度小得多，布满回流区后，在图 9.27 所示的流动情况下，需要足够的能量穿透混合层，点燃引燃器的燃油喷雾。同样，大尺度的混合有利于此。从这里开始，点火过程就与无分级燃烧室相同了；要在引燃区建立自持燃烧，必须有足够的回流。在贫油熄火（LBO）方面，很明显，由于回流区尺寸和速率的巨大差异，燃烧室的点火循环也会与 RQL 燃烧室不同。

周向点火同样有一些不利条件，能量需要穿透低温主流到达邻近的引燃头部。显然，这可能给头部距离的设计带来限制。不过，根据 Mongia（2007）的研究，保持已有的头部间距设计规则就足以满足要求。

在内分级预混燃烧室空气动力学的发展过程中,很多因素都存在相互矛盾的倾向,要求对流动特性进行非常细致的平衡。为了满足这些相互矛盾的需求,现代预混器的复杂程度比以 ECCP 项目为例的分级燃烧室高得多(Roberts 等,1975)。因此,可以理解所有早期的开发都试图将关键的分级功能划分给不同的区域实现。内分级预混器能逐渐成熟并向适航发展,预示着新一代设计方法和更合理的燃烧室设计过程即将到来。

9.4.4.4 热管理

高工况下燃烧室入口温度明显高于煤油蒸发温度,且火焰辐射的热量也会进入喷嘴。燃料温度达到 200℃ 时会发生裂解,形成沉积物,最终堵塞喷油管道,导致燃料分布不均,然后会产生热点,并最终破坏火焰筒。不分级燃烧室中也存在这个问题,已经采取以下策略来防止结焦(Lefebvre,1998)。

①减少燃料流道面积以减少热区滞留时间。

②空气隙阻隔。

③使用陶瓷等阻隔材料。

④避免燃料流道中发生流动分离。

对于分级头部,这些措施是不够的,主要有两个原因:一个是分级头部中停留在已经关闭的输油管路中的燃油必须被吹除,然而,压缩机出口空气温度高于理想的吹除温度,会导致积炭;另一个是由于失去了高热负荷与高燃料流量之间的相关性,运行过程中防止燃料过热的问题将更加严峻,因为我们知道,引燃流量和主区流量一定程度的灵活分配是实现分级方案的先决条件之一。人们提出了许多巧妙的解决方案,这里仅举一个例子来说明满足冷却要求的复杂性。EP 1445 540 A1(2004)中描述了一种用于 TAPS 燃烧室的方法。引燃和主流燃料的输运在一个带状区域内完成,它由两个带凹槽的部件采用扩散焊焊接起来(图 9.38)。这些凹槽形成引燃燃料、主流燃料和吹除所需空气

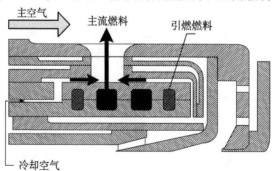

图 9.38 燃油喷嘴组件细节(包括引燃燃油和主流燃油管路、清吹空气以及通向旋流通道的燃油井)(EP 1445 540 A1,2004)

的通道。由于引燃燃料持续流动，可以冷却其他通道。主流燃料从喷注孔喷出，被引导穿过一个圆柱形的由冷空气冲刷冷却的插入式热屏蔽管。很明显，孔板内形成的两相流也会受到周围热环境的很大影响，需要进行热管理。

9.4.4.5 燃烧室压力损失，扩压器和环形流道的影响

压力损失和燃烧效率直接影响发动机效率。然而，由于火焰筒内的压力损失是驱动燃料和空气快速均匀混合的能量来源，正如已经看到的，这是航空发动机预混燃烧背后的主要思想，因此，没有必要试图实现非常低的火焰筒压力损失。已报道的预混燃烧室压力损失超过4%。

对于60%~70%空气流经头部的预混燃烧室，从扩压器流到头部和火焰筒周围的气流与RQL燃烧室有很大的不同。压气机出来的空气通过头部入口环形散布的喷孔周向均匀地进入火焰筒，这要求空气从扇区边界到头部的周向运动比以前更大。此外，头部的燃料供给臂或头部柱体本身也会使流入火焰筒的气流扭曲。如我们所见，均匀性的微小变化都会对排放，尤其是NO_x排放产生非线性的影响。某双环形燃烧室（Oda等，2003）的经验可说明该效应的数量级，其引燃级的供给臂位于内侧，角度位置与主级头部中心线相同，与引燃供给臂不阻碍主流的版本相比，排放测量结果增加了80%。这一数量表明，与未受阻碍的流动相比，安装结构引起的NO_x增长是不可避免的，除非燃料系统能够对进气扰动进行补偿。但由于喷注器有多个旋流，这一提议很难实现。

9.4.4.6 燃烧室出口气流

预混燃烧室必须满足温度分布和温度场系数要求。特别重要的是引燃流体和主流流体混合后必须达到所需的温度分布（图9.28和图9.36）。然而，预混燃烧室不可能重现RQL燃烧室的温度分布。为了调整中心和尖端附近的温度，需要在燃烧室出口附近使用一定量的膜冷却空气（Mongia，2007）。由于没有更多的射流混入二次或稀释空气中，主燃区最终温度分布的不均匀特性将持续较长时间。然而，相较于RQL燃烧室中的淬灭区温度分布，预混燃烧室应具有能实现较低温度场系数的优势。事实上，人们一直预期，通过较低的PF，可以在降低SFC的同时使更高的涡轮入口温度成为可能（Maurice等，2009）。

另一个与RQL燃烧室不可避免的区别是喷油器旋流主导的环形燃烧室中的网状旋流激励。

9.4.4.7 燃烧振荡

燃烧振荡不仅发生在贫油燃烧室中，发动机加速到慢车的喘振是传统燃烧室的常见现象。然而，显而易见，空旷地面上的干式低NO_x工业燃气涡轮的高功率振荡现象不能出现在航空发动机中。由于工业燃气涡轮行业拥有15年预混燃烧室使用经验的优势，因此总结出更多关于燃烧振荡的信息。这里只列

举一些与工业发动机相比的燃烧动力学方面的区别。由于多种原因,航空发动机燃烧室较短、体积较小,因此,纵向和周向声场分布在较高的频段内。如前所述,它们的全功率出口温度更高,因而采用气膜冷却,比对流冷却的预混燃气涡轮发动机增加了更多阻尼。液体燃料蒸发给头部与火焰区之间的总对流延迟又增加了一项,使延迟时间分布增加了额外的弥散,导致热释放不那么集中。此外,引燃对热释放的贡献比例也更高。到目前为止,所有这些因素都倾向于使振荡变小。另外,湍流相干结构虽然对混合有积极作用,但也可能引发燃烧振荡(Dhanuka 等,2009)。

总地来说,工业燃气涡轮行业的经验表明,贫燃预混燃烧中较高的引燃燃料流量具有降低振荡的倾向。Kokanovic 及其同事们(2006)已经利用这种相关性实现了一种燃烧室控制方法,但导致了更高的 NO_x 排放。Umeh 等(2007)研究了预混航空发动机燃烧室的主动控制,但是没有披露应用信息。通常采用 Helmholtz 共振器增加额外的阻尼,但除了阻尼带宽较窄,它们的重量和体积要求也使其难以应用于航空发动机燃烧室。宽带阻尼可以通过多孔火焰筒实现(Maquisten 等,2006),但会消耗一些额外的冷却空气。

9.4.4.8 替代燃料

考虑到最近的媒体报道和航空利益相关者仅对生物燃料的大力提倡,需要考虑生物燃料或其他替代燃料的可操作性。然而,目前的讨论仅局限于所谓的"drop-in"(添加)型燃料,它能满足为煤油制定的所有标准。所有其他替代品离航空发动机的实际应用都还太远,无法与所述的预混燃烧室结合进行验证。国际上正在进行的大量研究工作主要针对 RQL 燃烧室,以确定这些燃料燃烧特性的差异。

然而,从现有的资料可以得出一些关于预混燃烧室的初步结论。大多数讨论的添加型燃料都是费托合成(Fischer-Tropsch)产物,它们的一个优点是芳香烃含量非常低,与最近测量的 CFM56 相比,烟尘排放可以减少 75%(Bulzan 等,2010)。这似乎也适用于预混头部,只是预混方案本身已经大大减少了烟尘排放,燃料的相对影响就减少了。大多数合成煤油的蒸馏曲线较小,具有蒸发速度快的优点,但也可能存在降低贫油熄火和低温点火性能的缺点,燃料可能在较高的温度才开始蒸发。燃料的其他物理特性,如表面张力和黏性等会影响雾化,从而也会影响蒸发(Mondragon 等,2011),而且,在发生液滴滑移的情况下还会影响燃料分布。正如所看到的,当前的内分级预混燃烧室的性能源于对流动特性的谨慎平衡,而这种平衡可能会被火焰位置的变化所干扰。相反,RQL 燃烧室的性能很大程度上由淬灭区以及混合射流与主流的相互作用决定,对主燃区状态的敏感性较低。

9.4.4.9 展望

在满足所有可操作性要求后,未来预混燃烧室在市场上将会有很好的表现。除了排放优势外,当然还有未来的可靠性记录,它的市场表现还将取决于成本、重量和效率。后两者也会影响拥有成本,以及将燃烧室缩比应用到较小发动机的易用性。

由于更复杂的燃料处理和控制系统、更大更复杂的头部以及可能更复杂的冷却方案,预混头部面临着成本上的劣势。控制系统的附加部件、更大的头部和可能带来的双层衬壁火焰筒也会增加额外的重量。巡航时的效率似乎仍然是一个难题。与未分级燃烧室的一些小差异似乎是可以容忍的,但据估计(Maurice 等,2009),超过 0.5% 的额外效率下降便会使航空公司担忧。另外,由于燃烧室出口温度分布更加均匀,可以在涡轮中实现效率提升。

技术成熟度(TRL)发展最快的两个燃烧室都是为远程运输需要的大型发动机设计的,这有几个原因。虽然从数量上看,远程运输市场份额较小,但在大气内 CO_2 排放中占主导地位。燃料和控制系统的重量和尺寸相对较小,不随发动机增大而成比例地增长,而且预混燃烧的 NO_x 排放优势在高压比时最明显(图 9.2)。最后一点也可能是将预混技术引入较小发动机的最重要驱动因素,因为未来提高效率的目标会导致中型发动机也采用更高的压比。将预混燃烧室缩比成更小的体积和更低的总增加比(OPR)并非易事;然而,CFM TAPS(尽管其技术成熟度较低)在更大的 GenX 发动机上演示验证了总增压比(OPR)为 29 时的 NO_x 减排效果,结果与 CAEP 6 余量相同。缩比到更小尺寸时,为了保持两相流的物理特性、燃料分布、蒸发时间和最终放热不变,则头部的纯几何尺度缩放将会失效。缩比到较小的压比,则分级会因稳定预混燃烧的温度极限不变而发生变化。从表 9.1 可以看出,通用发动机巡航时燃烧室出口温度恰好高于煤油稳定完全预混燃烧的最低温度,出口温度降低时这一条件则不成立。虽然实际燃烧温度更高,但效率和 NO_x 排放的取舍也不相同。总之,燃烧室的比例缩放通常对设计方法是一种考验,对预混燃烧室更是如此。

9.5 小 结

本章回顾了部分预混和预混航空发动机燃烧室。除了描述其最新技术发展水平外,还试图解释航空燃烧室设计约束如何催生了即将投入使用的预混燃烧室,以及为何飞机 NO_x 排放水平与工业燃气涡轮如此不同。目前可用的适航材料无法通过纯对流冷却来承受远程飞机发动机效率需求带来的较高的出口温度，用于燃烧的空气量因用于气膜冷却的空气增加而减少，导致燃烧温度高于热力型 NO_x 生成的起始温度，这种情况下必须把滞留时间控制得很短。由于预混合过程会导致稳定性较差，采用引燃燃烧时，全功率下的 NO_x 减排和巡航状态下的燃烧效率之间的权衡决定了燃烧室尺寸和预混燃烧温度，这对单环腔燃烧室的应用非常有利。煤油在高功率条件下的自燃时间导致其不能在燃烧室前的预混通道内完成充分预混，从而避免回火。灵活的内引燃必须确保火焰的稳定性和适当的举升。在达到适航要求前，还必须满足多种可操作性要求，包括点火、燃烧振荡抑制和热管理等。所有这些问题的解决方案都可能对 NO_x 减排产生不利的影响。再加上发动机压力和燃烧室出口温度指标也在不断变化，这就解释了为什么这项技术需要这么长时间才能成熟到足以取代优化过的 RQL 燃烧室，给 NO_x 排放带来阶跃变化。完成向服役的转变后，借助先进的设计工具进行优化，预期未来的排放还有可能进一步降低，可以期待开发出较低推力的预混燃烧发动机系列。

参考文献

Altemark, D., and Knauber, R. (1987). "Ergebnisse von Untersuchungen an einem Vormischbrenner unter Druck mit extrem niedriger NO_x Emission." *VDI-Berichte* **645**: 299–311.

Anderson, D. (1975). "Effects of Equivalence Ratio and Dwell Time on Exhaust Emissions from an Experimental Premixing Prevaporizing Burner." ASME-75-GT-69.

Andrews, G. E., Abdul Aziz, M. M., Al Dabbagh, N. A., Ahmad, N. A., Al Shaikhly, A. F., Al Kabie, H. S., and Kowkabi, M. (1990). "Low NO_x Combustor Designs without Premixing for Aeroengine Applications." Proc. European Propulsion Forum: Future Civil Engines and the protection of the Atmosphere, DGLR, AAAF, RAeS, Paper 90–020, 161–74.

Bahr, D. W., and Gleason, C. C. (1975). "Experimental Clean Combustor Program, Phase I Final Report – GE." NASA-CR-134737.

Beck, C. H., Koch, R., and Bauer, H.-J. (2007). "Investigation of the Effect of Incomplete Droplet Prevaporization on NO_x Emissions in LDI Combustion Systems." ASME-GT-27654.

Becker, J., and Hassa, C. (2002). "Breakup and Atomization of a Kerosene Jet in a Crossflow at Elevated Pressure." *Atomization and Sprays* **12**: 49–67.

Bittlinger, G., and Brehm, N. (1999). "High Pressure Combustion Test of Lean Premixed Prevaporized (LPP) Modules in an Axially Staged Combustor using a Multisector Rig." ISABE 99–7008.

Brandt, M., Gugel, K. O., and Hassa, C. (1997). "Experimental Investigation of the Liquid Fuel Evaporation in a Premix Duct for Lean Premixed and Prevaporized Combustion." *J. of Eng. For Gas Turbines and Power* **119**: 815–21.

Brandt, M., Hassa, C., Kallergis, K., and Eickhoff, H. (1994). "An Experimental Study of Fuel Injectors for Premixing Ducts." ICLASS-94, Paper VII-9, 750–7.

Brundish, K. D., Miller, M. N., Morgan, L. C., and Wheatley, A. J. (2003). "Variable Fuel Placement Injector Development." ASME GT-2003–38417.

Bulzan, D., Anderson, B., Wey, Ch., Howard, R., Winstead, E., Beyersdorf, A., Corporan, E. et al. (2010). "Gaseous and Particulate Emissions Results of the NASA Alternative Aviation Fuel Experiment (AFEX)." ASME GT2010–23524.

Chen, J., McDonnell, V., and Samuelsen, S. (2004). "Effects of Ethane and Propane Additives on the Autoignition Behaviour of Natural Gas Fuels." Spring Meeting of the Western States Section of the Combustion Institute, 04s-24.

Cooper, L. P. (1979). "Effect of Degree of Fuel Vaporization upon Emissions for a Premixed Prevaporized Combustion System." *AIAA-79–1320*.

Correa, S. M. (1992). "A Review of NO Formation under Gas Turbine Conditions." *Combust. Sci. and Tech.* **87**: 329–62.

Croft, J. (2010). "Engine Buzz: Blisks, Sabers and Safran." *Flight International* (October 26–November 1): 22.

Dhanuka, S. K., Temme, J. E., Discroll, J. F., and Mongia, H. (2009). "Vortex Shedding and Mixing Layer Effects on Periodic Flashback in a Lean Premixed Prevaporized Gas Turbine Combustor." *Proceedings of the Combustion Institute* **32**: 2901–8.

Dodds, W. J. (2005). "Twin Annular Premixing Swirler (TAPS) Combustor." The Roaring 20th Aviation Noise & Air Quality Symposium.

Dodds, W. J., and Ekstedt, E. E. (1985). "Evaluation of Fuel Preparation Systems for Lean Premixing – Prevaporizing Combustors." ASME 85-GT-137.

Eichler, C., and Sattelmayer, T. "Experiments on Flame Flashback in a Quasi-2D Turbulent Wall Boundary Layer for Premixed Methane-hydrogen-air Mixtures." *Journal of Engineering for Gas Turbines and Power* **133**: 011503.

Ekstedt, E. E., and Fear, J. S. (1987). "Advanced Low Emissions Combustor Program." AIAA-87–2035.

Environmental Protection Agency, Title 40, Protection of environment; Part 871-Aircraft and aircraft engines – Proposed standards for control of air pollution. Fed. Regist. **37**, 26488–26503, 1972.

European Patent (2004). 1445 540 A1

Fiorentino, A. J., Greene, W., Kim, J. C., and Mularz, E. J. (1980). "Variable Geometry, Lean, Premixed, Prevaporized Fuel Combustor Conceptual Design Study." ASME 80-GT-16.

Fokaides, P. A., Kasabov, P., and Zarzalis, N. (2008). "Experimental Investigation of the Stability Mechanism and Emissions of a Lifted Swirl Nonpremixed Flame." *J. Eng. for Gas Turbines and Power* **130**.

Foust, M. J., Thomsen, D., Stickles, R., Cooper, C., and Dodds, W. (2012). "Development of the GE Aviation Low Emissions TAPS Combustor for Next Generation Aircraft Engines." *AIAA* 2012–0936.

Freitag, S., Meier, U., Heinze, J., Behrendt, T., and Hassa, C. (2010). Measurement of Initial Conditions of a Kerosene Spray from a Generic Aeroengine Injector at Elevated Pressure." ILASS-Europe.

Fritz, J., Kröner, M., and Sattelmayer, T. (2004). "Flashback in a Swirl Burner with Cylindrical Premixing Zone." *Journal of Engineering for Gas Turbines and Power* **126**(2): 276–83.

Futamura, H., Fukuyama, Y., Nozaki, O., and Hayashi, S. (2009). "TechCLEAN Project: A Technology Development Program for Environmental Aspects of Small Passenger Aircraft." ISABE-2009–1196.

Greenfield, S. C., Herberling, P. V., Kastl, J., Matulaitis, J., and Huff, C. (2004). "HSCT Sector Combustor Evaluations for Demonstration Engine." NASA/CR-2004-213132.

Greenfield, S. C., Heberling, P. V., and Moertle, G. E. (2005). "HSCT Sector Combustor Hardware Modifications for Improved Combustor Design." NASA/CR – 2005-213322.

Guin, C. (1999). "Characterisation of Autoignition and Flashback in Premixed Injection

Systems in Gas Turbine Engine Combustion, Emissions and Alternative Fuels." RTO-MP 14, AVT Symp On Gas Turbine Engine Combustion, Emission and Alternative Fuels, paper 30.

Hassa, C., Heinze, J., Rackwitz, L., and Dörr, Th. (2005). "Validation Methodology for the Development of Low Emission Fuel Injectors for Aero-engines." ISABE-2005–1143.

Hassa, C., and Wiesmath, P.-F. (2012). "The Effect of Initial Fuel Temperature on Vaporization in Aeroengine Combustors with Prevaporization." Twelfth Triennial International Conference on Liquid Atomization and Spray Systems, Heidelberg, Germany, September 2–6.

Heeger, C., Gordon, R. L., Tummers, M. J., Sattelmayer, T., and Dreizler, A. (2010). "Experimental Analysis of Flashback in Lean Premixed Swirling Flames: Upstream Flame Propagation." *Exp Fluids* **49**: 853–63, Springer-Verlag.

Jones, R. E. (1978). "Gas Turbine Engine Emissions – Problems, Progress and Future." *Prog. Energy Combust. Sci.* **4**: 73–113.

Kastl, J. A., Herberling, P. V., and Matulaitis, J. M. (2005). "Low NO_x Combustor Development." NASA/CR-2005–213326.

Kokanovic, S., Guidati, G., Torchella, S., and Schuermans, B. (2006). "Active Combustion Control of NO_x and Pulsation Levels in Gas Turbines." ASME GT2006–90895.

Lazik, W., Doerr, Th., and Bake, S. (2007). "Low NO_x Combustor Development for the Engine 3E Core Engine Demonstrator." ISABE-2007–1190.

Lazik, W., Doerr, Th., Bake, S., v.d. Bank, R., and Rackwitz, L. (2008). "Development of Lean-burn Low NO_x Combustion Technology at Rolls Royce-Deutschland." ASME GT2008-51115.

Lefebvre, A. H. (1998). *Gas Turbine Combustion*, second edition, Taylor and Francis, Philadelphia.

Leonard, G., and Stegmaier, J. (1994). "Development of an Aeroderivative Gas Turbine Dry Low NO_x Emissions Combustion System." *J. Eng. Gas Turbines and Power* **116**: 542–6.

Leong, M., McDonnell, V., and Samuelsen, S. (2001). "Effect of Ambient Pressure on an Airblast Spray Injected into a Crossflow." *J. of Prop and Power* **17**" 1076–84.

Lyons, V. J. (1982). "Fuel/air Nonuniformity – Effect on Nitric Oxide Emissions." *J. AIAA* **20**: 660–5.

Maquisten, M. A., Holt, A., Whiteman, M., Moran, A. J., and Rupp, J. (2006). "Passive Damper LP Tests for Controlling Combustion Instability." ASME GT2006-90874.

Marchione, E., Ahmed, S. F., and Mastorakos E. (2007). "Ignition Behavior of Recirculating Spray Flames using Multiple Sparks." Mediterranean Combustion Symposium, MCS 5, Monastir, Tunisia.

Maurice, L., Ralph, M., Tilston, J., and Kuentzmann, P. (2009). "Report of the Independent Experts to CAEP/8 on the Second NO_x Review & Long Term Technology Goals." London, March.

McVey, J. B., and Kennedy, J. B. (1979). "Lean Stability Augmentation Study." NASA-CR-159536.

Midgley, K., Spencer, A., and McGuirk, J. (2007). "Vortex Breakdown in Swirling Fuel Injector Flows." ASME GT2007–27924.

Mondragon, U. M., Brown, C. T., and McDonnell, V. G. (2011). "Evaluation of Atomization Characteristics of Alternative Fuels for JP 8." ILASS-Americas, Ventura, CA, May.

Mongia, H. (2003). "TAPS – A 4th Generation Propulsion Combustor Technology for Low Emissions." AIAA 2003–2657.

Mongia, H. (2007). "GE Aviation Low Emission Combustion Technology Evolution." *SAE* 2007-01-3924.

Nickolaus, D. A., Crocker, D. S., and Smith, C. E. (2002). "Development of a Lean Direct Fuel Injector for Low Emission Aero Gas Turbines." ASME GT-2002–30409.

Oda, T., Kinoshita, Y., Kobayashi, M., Nimomiya, H., Kimura, H., Hayashi, A., Yamada, H., and Shimodaira, K. (2003). "The Development of LPP Combustor for ESPR." IGTC2003Tokyo TS-150.

Plee, S. L., and Mellor, A. M. (1978). "Review of Flashback Reported in Prevaporizing/Premixing Combustors." *Comb. and Flame* **32**: 193–203.

Rhode, J. (2002). Overview of the NASA AST and UEET Emissions Reduction Projects, http://adg.stanford.edu/aa241/emissions/NASAUEETemissions.pdf.

Roberts, R., Peduzzi, A., and Vitti, G. E. (1975). "Experimental Clean Combustor Program, Phase I Final Report – P&W." NASA-CR-134736.

Roberts, R., Peduzzi, A., and Vitti, G. E. (1976). "Experimental Clean Combustor Program, Phase II, Final Report – P&W." NASA CR-134969.

Roffe, G., and Venkatarami, K. S. (1978). "Experimental Study of the Effects of Flameholder Geometry on Emissions Performance of Lean Premixed Combustors." NASA CR-135424.

Shanbhogue, S. J., Husain, S., and Lieuwen, T. C. (2009). "Lean Blowoff of Bluff Body Stabilized Flames, Scaling and Dynamics." *Progress in Energy and Combustion Science* **35**: 98–120.

Sokolowski, D. E., and Rohde, J. E. (1981). "The E^3 Combustors: Status and Challenges." AIAA-1981–1353.

Sturgess, G. J., Zelina, J., Shouse D., and Roquemore, W. M. (2005). "Emissions Reduction Technologies for Military Gas Turbine Engines." *J. of Propulsion and Power* **21**: 193–217.

Tacina, R. (1990). "Low NO_x Potential of Gas Turbine Engines." AIAA-90–0550.

Tacina, R., Lee, Ph., Wey, Ch. (2005). "A Lean-direct-injection Combustor Using a 9 Point Swirl-venturi Fuel Injector." ISABE-2005–1106.

Tacina, R., Mansour, A., Partelow, L., and Wey, Ch. (2004). "Experimental Sector and Flame Tube Evaluations of a Multipoint Integrated Module Concept for Low Emission Combustors." ASME ITGI-2004–53263.

Tacina, R., Mao, Ch-P., and Wey, Ch. (2003). "Experimental Investigation of a Multiplex Fuel Injector Module for Low Emission Combustors." AIAA 2003–0827.

Tacina, R., Wey, Ch., Laing, P., and Mansour, A. (2002). "A Low NO_x Lean-Direct Injection, Multipoint Integrated Module Combustor Concept for Advanced Aircraft Gas Turbines." NASA/TM – 2002–211347.

Umeh, Ch., Kammer, L., and Barbu, C. (2007). "Active Combustion Control by Fuel Forcing at Non-coherent Frequencies." ASME GT2007–27637.

U.S. Patent No. 6,272,840, 2001.

Wedlock, M. I., Tilston, J. R., and Seoud, R. E. (1999). "The Design of a Piloted, Lean Burn, Premixed, Prevaporized Combustor." RTO-MP 14, AVT Symp On Gas Turbine Engine Combustion, Emission and Alternative Fuels, Paper **23**, 1–11.

Yamamoto, T., Shimodaira, K., Kurosawa, Y., Matsuura, K., Iino, J., and Yoshida, S. (2009). "Research and Development of a Staging Fuel Nozzle for Aeroengine." ASME GT2009–59852.

Yamamoto, T., Shimodaira, K., Kuosawa, Y., Yoshida, S., and Matsuura, K. (2010). "Investigations of a Staged Fuel Nozzle for Aeroengines by Multi-sector Combustor Test." ASME GT2010–23206.

Zeisser, M. H., Greene, W., and Dubiel, D. J. (1982). "Energy Efficient Engine Combustor Test Hardware Detailed Design Report." NASA CR-167945, PWA-5594–197.

第10章
工业燃烧室：传统非预混干低排放燃烧室

Thomas Sattelmayer, Adnan Eroglu, Michael Koenig, Werner Krebs, Geoff Myers

10.1 引 言

现代工业燃气涡轮燃烧室需要满足多方面技术要求，包括热力循环、低环境影响、与其他部件的兼容性以及安全性和可靠性方面的需求。尽管燃烧室技术的革新产生了各种迥异的硬件解决方案，但是不同燃烧室中发生的燃烧子过程以及它们之间的相互作用都存在着很大的相似性。本章首先讨论工业燃气涡轮燃烧室中共有的与排放相关的基本设计，为理解本章下面的内容提供良好的基础。然后介绍几种特定的设计方案，它们按燃料类型和所用污染物减排技术分类。现有的技术水平是与燃烧室性能相关的多个子过程并行优化的结果。本书第1章也扩展讨论过多种基本燃烧室技术驱动因素及其与电网、电厂和燃气涡轮之间的相互作用。

1. 能量转换之外

考虑燃气涡轮的热力循环，燃烧室的主要功能是为驱动后面的涡轮提供高温气流。对于1980年以前的早期燃气涡轮，对燃气涡轮燃烧系统的要求还比较低，因此研发比较迟缓。只要烟尘和来自NO_2生成过程的棕烟难以被肉眼察觉，污染排放就只是次要问题。这样的要求只需比较简单的燃烧室就能满足，这种燃烧室无需复杂的控制系统和外围设备就能轻松运行。由于高效率燃气涡轮要求涡轮入口温度大幅提高，以及更加严格的排放法规，燃气涡轮燃烧室的设计已经成为一项关键技术。自1980年以来，污染物减排已经完全主导了工业燃气涡轮燃烧室的研发，并带来了更加复杂精妙的多头部系统，这正是目前技术发展的最新水平。

2. 燃料灵活性

低排放燃烧室的燃料规格通常很有限，增强燃料灵活性是目前研发的重要方向。除了天然气外，含有大量高级烃或含氢和 CO 的燃料正日益受到关注。

很多情况下工业燃气涡轮都需要兼容多种燃料，使发动机至少能使用两种燃料来额定运行，或者使用一种标准燃料外加一种备份燃料。通常还需要具备在运行期间切换主/备燃料的能力。在使用一种燃料连续工作期间或完成燃料切换之后，对非工作的燃料供应系统的清吹在技术上应该简单、经济，甚至应该避免。

3. 工作特性与燃烧效率

固定式燃气涡轮的宽工作范围和起动时的瞬态过程是燃烧技术面临的重要挑战，事实上这也造成了当前方案的复杂性。在起动和低负荷工况下，燃烧室温度水平不足以使燃料完全氧化，燃烧中间产物排放浓度高，燃烧效率也低于 100%。正常运转的工业燃气涡轮通常不在这样的负荷范围内工作。

传统燃烧室技术开发着眼于降低高负荷高燃烧温度下的 NO_x 排放。然而，近来出现一些附加需求，正日益决定着新一代燃气涡轮的发展方向。这是因为预见到了燃气涡轮联合循环电厂运行模式的改变。由于可再生能源（主要是风力发电）在电力生产中所占的份额越来越大，联合循环电厂越来越多地以中等负荷和日常负荷循环运行。在提高单循环和联合循环燃气涡轮机组负荷跟随能力的框架下，开发低负荷下更高燃烧效率、更低中间产物排放的燃烧室已成为未来燃烧系统的重要发展目标。

4. 环境兼容性

现代燃气涡轮燃烧技术的主要目标是在日益增大的运行功率范围内，保持较低的 NO_x、CO 和 VOC 排放。这些排放在第 6、7 章中已有详述。相比于对高燃烧效率的需求，对 VOC（未燃燃料和烃类中间产物），特别是 CO 排放的限制，是对现代燃气涡轮燃烧技术更大的挑战，对低负荷运行的燃气涡轮尤其如此。过去法规中对 NO_x 排放的限制提升百万分之几就给燃烧室带来了快速的革新和频繁的设计更改。相比于其他热机，如航空发动机和往复式发动机产生的典型排放，预计工业燃气涡轮的这一趋势持续下去将会推动燃烧技术进一步向燃烧产物零污染。在极低的 NO_x 和 CO 排放下扩大工作范围正是当前研究的一个重要驱动力。

5. 稳定性

在稳定负荷、快速变化负荷、突加负荷以及机器起动时，燃烧室必须提供足够的余量以免火焰淬灭。保证足够的静态稳定性对预混低排放燃烧室及其控制系统是一项很大的挑战，因为它们的运行工况都非常接近贫燃极限。

同时，燃烧室还需要在整个工作循环中提供足够的"动态稳定性"，也就是要有足够的裕度来防止热声学振荡。与低排放燃烧室相关的技术变革出现以来，便一直伴随着严重的不稳定问题，多年来对热声振荡的研究已成为低排放燃烧室研发最突出的话题。

6. 安全性与可靠性

燃烧室的综合热管理是其正常工作的重要安全因素。为了节约冷却空气以达到理想的 CO 氧化，火焰筒的设计温度接近正常工况下的材料最大许用温度（1100~1200K）。这是通过根据局部热负荷精确地调整冷却气流来实现的。

对于有预混头部的低排放燃烧系统，必须不计代价地避免预混区发生回火和自燃。在提高循环压比和火焰温度，使用更高活性燃料的条件下，要实现预混系统安全可靠地运行，仍然是燃气涡轮燃烧工程技术面临的一大挑战。

7. 燃烧室集成

发动机的整体设计受到大量几何约束，因而限制了燃烧室的形状和尺寸，也会影响其热声学系统特性。

①燃烧室气动设计须保持很低的压力损失，不超过绝对压力的 3%~4%。这是燃气涡轮燃烧室演化历史中为数不多的一个不变量。

②必须通过适当调整燃烧室空气动力学来保证燃烧室出口温度分布的方位均匀性。

③在预混燃烧工业燃气涡轮中，径向温度分布的高度不均匀性对涡轮冷却是一项挑战，因为它不允许以更高温的中心流为代价，来降低叶片、叶根和叶尖的热负荷。

④在瞬态运行模式下（如频率响应或保护性卸载），所有受到热冲击的燃烧室部件必须能支持高达 50MW/min 的负荷梯度下的燃气涡轮循环。

⑤尽管设计师们一直试图保持老一代发动机燃料分配和控制系统的简单性，但由于排放限制要求越来越高，低排放燃气涡轮燃料供给系统已经变得越来越复杂、昂贵。

⑥对于气体燃料，所需的燃料供应压力应尽可能低。这就限制了燃烧室头部喷注到空气中的燃料动量，也限制了低排放燃烧室头部中燃料与空气的充分预混。

⑦采用燃油运行期间，通常需要注入低流量的水以减少 NO_x 的生成。

8. 经济因素

燃烧系统的维护保养便利性通常是消费者非常关心的问题。延长部件寿命、允许较长的保养时间间隔以及缩短高温部件更换时间等都非常关键。

最后，为满足燃气涡轮燃烧系统的成本目标，需要不断努力改进设计，以降低当前解决方案的复杂性,并使用经济性更好的部件。

10.2 火焰类型

燃气涡轮燃烧室最先进的燃烧技术很大程度上是由所使用的燃料类型和所能达到的排放标准决定的。基本上,所有燃烧技术都是基于预混、非预混或部分预混火焰。后者是前两种极限情况的融合。

早期的燃气涡轮中通常使用非预混燃烧,这是由于其固有的可靠性、宽工作范围和较低的系统复杂度所决定的。但是,由于系统特有的高过剩空气比,温度低于 2000K 的预混燃烧特别适用于低排放燃气涡轮。非预混燃烧只适用于少数允许 NO_x 排放的场合,或者燃料热值很低以至于最大火焰温度下都无法产生大量 NO_x 的情况。更高级的非预混燃烧技术是在火焰点火区注入额外的惰性物质,如氮气或水(液相或气相),在涡轮中增加膨胀做功,使输出功率增大。由于这些物质的注入主要导致释热的延迟,并分散到较低燃料浓度的混合较好的区域,因而观察到其 NO_x 生成与部分预混火焰有相似性。这意味着,主燃区峰值温度降低产生的热效应超过了燃料在低氧富水区内发生的气化化学效应。

10.2.1 燃料特性对燃烧技术的影响

特别地,考虑到日益严苛的热机对环境影响的要求,需要持续开发新的更优化的燃烧技术。由于燃气涡轮燃料特性差异很大,扩展未来系统的燃料灵活性是一个挑战。过去针对单一燃料的燃烧技术已经成功改进,并有多种技术组合应用于多燃料发动机。然而,最近的研究试图大幅拓宽气体燃料的燃料规范,使燃烧气体燃料的头部具有更高的燃料化学成分灵活性。

10.2.1.1 气体燃料

大多数工业燃气涡轮和发电用燃气涡轮在常规运行中都使用气态燃料。尽管天然气一直是燃气涡轮的主要燃料,其他气体燃料也逐渐引起人们的兴趣。过去 10 年中出现的一个对燃烧系统的新要求就是要燃烧各种类型的气体燃料,从不同的天然气混合物到合成气,甚至 H_2。现代燃气涡轮中使用的不同气体燃料分类如图 10.1 所示。

燃料的特性用它们的低沃泊指数描述,即

$$Wo_i = \text{LHV}_{\text{vol}} \sqrt{\frac{\rho_{\text{Air}}}{\rho_{\text{Fule}}}} \tag{10.1}$$

沃泊指数与燃料的低热值（LHV）有关，具有相同沃泊指数的燃料，若它们在燃烧室中释放相同的热量，则其在燃料供应系统中的压力损失也相同。沃泊指数越低，就需要越大的燃料供应系统横截面积。那些可以使用天然气、合成气甚至高炉煤气的燃烧系统，需要覆盖非常广的沃泊指数范围，这就需要为头部提供两套独立的燃料供应系统。有趣的是，天然气和 H_2 的沃泊指数属于同一个量级，尽管它们的热值相差很大。

气体燃料的第 2 个重要特性是它们的活性，在图 10.1 中采用特征时间尺度 τ_{chem} 描述其反应时间特性，即

$$\tau_{chem} \propto \frac{a}{s_1^2} \tag{10.2}$$

化学反应时间尺度定义为热扩散系数 a 与层流燃烧速度 s_1 平方的比值。化学反应时间尺度降低意味着气体燃料混合物活性上升。图 10.1 显示了将燃料谱从天然气扩展到合成气甚至氢气时，需要可靠的针对高活性燃料的低排放燃烧技术。

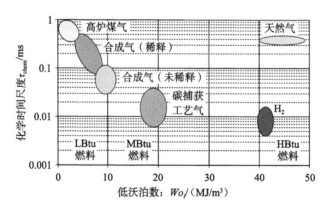

图 10.1　燃气涡轮燃料的化学反应特征时间尺度与沃泊指数

由于天然气具有高化学稳定性和低层流火焰速度 s 非常适合低火焰温度的预混燃烧。即使在有二次再热燃烧的机器中（见 10.5.3.2 小节），也能在二级入口与约 1300K 的高温燃气完成预混，而不出现过早的自燃。对峰值负荷下工作的机器，即使假设允许不注水（产生过量的 NO_x）或者不需要注水，注水的非预混燃烧能在降低 NO_x 的同时还增大功率，也是一个很具吸引力的备选方案。

燃气涡轮预混头部主要是以天然气为燃料设计的。相对的，高级烃和 H_2 由于具有较短的自燃时间、较低的点火能量与较高的层流火焰速度，会大幅增加回火和自燃的倾向。因此，高活性的 HBtu 燃料通常采用非预混燃烧，如有需要还会注水。

大部分典型燃料（如吹氧煤气或残油气化燃料）的热值主要束缚在 H_2 和 CO 中。它们的惰性组分（主要是 N_2 和 CO_2）降低了燃料热值（MBtu 燃料）和沃泊指数（图 10.1）。这种燃料通常被稀释为 LBtu 燃料，采用非预混燃烧。通过足够的稀释，NO 生成几乎被完全抑制，因为火焰的峰值温度已经被天然地限制住了。只有优化和增强了快速混合的头部才能允许 MBtu 燃料部分预混燃烧，且产生较低的 NO_x 排放（见 10.5.1 小节）。

由于 LBtu 燃料热值较低，使头部工作范围急剧收窄到燃料-空气化学计量比附近。这一效应是由惰性组分高度富集造成的。尽管空气余量较低，但火焰温度仍然较低，适合非预混燃烧，但必须采用特殊的技术，在头部出口实现大流量燃料与燃烧空气的大尺度混合，从而防止燃烧室中因混合不完全而造成的燃尽问题。由于燃料-空气的混合在燃烧室中进行，不需要考虑回火和自燃问题。至于含有燃料结合氮和 NO_x 的燃料（如来自空气鼓风气化的燃料），非预混燃烧会更有利，因为这些组分在燃烧室中低当量比的区域会部分再燃形成分子态 N_2。但在天然气预混燃烧中并没有出现类似的利于 NO_x 减排的现象。

10.2.1.2 液态燃料

在燃气涡轮中使用原油、石脑油和重燃料油都只是小众市场。尽管液态燃料很少用于燃气涡轮的常规运行，但轻质燃油通常被用作备份燃料，于是，燃气涡轮以备份燃料运行时就有排放要求了。

大多数情况下，液体燃料如轻质燃油和石脑油以非预混方式燃烧，并注水以减少 NO 排放。这类液体燃料的预混燃烧在 NO_x 减排方面与天然气具有同样高的潜力，但前提是它们不含燃料结合氮。然而，由于此类燃料自燃温度低、自燃时间短，因此同时优化雾化、蒸发和预混尤其具有挑战性。使用传统雾化技术时，由于头部可用的混合时间降至约 1ms 以下，要在最高约 2MPa 的室压下实现可靠运行将非常困难。

尽管燃气涡轮燃烧重油已有很长的历史，但没有发展出可用的低 NO_x 燃烧过程。基本上，重油中通常存在大量的燃料结合氮，需要采用空气分级燃烧方法，通过非预混火焰可以在一定程度上实现减排目标。然而，众所周知，重油中通常富含高浓度 S、V 和 Na，在 1100~1300K 的高温气体通道中会造成高温气体腐蚀和炉渣沉积等一系列问题。

10.2.2 火焰特性

预混和非预混火焰锋面的反应过程都受到湍流的能量（温度）和组分输运控制，但它们在两种火焰中是完全不同的。

在非预混燃烧中，化学反应发生在燃料与空气之间的界面上。可燃混合物的形成受燃料与空气相互扩散的影响，两者都向化学计量比反应区扩散。尽管在湍流火焰中，湍流扩散混合过程在大尺度上占主导，但是分子级的扩散才能达到反应所需的精细尺度的混合。这在火焰锋面上体现为伪层流特征（火焰面）在很大程度上得以保留。在空气侧，空气与高温燃气的反向扩散导致燃烧产物平均浓度增加，从而增加了从非预混头部出口到燃料完全消耗所需的距离。

温度从化学反应层向燃料扩散是污染物产生的一个重要方式，导致富燃区中的燃料受热发生反应，从而在火焰中产生烟尘，这在第 5 章中已有详述。在典型燃气涡轮燃烧室压力下，即使是全局贫燃的气体火焰，也表现出宽频带的烟尘粒子发射谱。在主燃区下游的烟尘氧化区，该发射谱逐渐演变成气态燃烧产物（CO_2 和水蒸气）的辐射光谱。

非预混火焰还有一个特有的优点，即燃气涡轮工作在不同的燃料-空气混合比时，主反应区当量比与头部的全局燃料-空气比基本解耦。通过合理设计燃料喷注系统，在极低的全局当量比下仍然能保持燃烧过程。随着燃料流量的减少，反应区会相应地向燃料喷注口移动，并停留在当量比更合适的位置。

在预混情况下，温度（传热）和活性燃烧中间产物向燃料-空气混合物扩散，分别导致对燃料分子的加热和基团轰击，最终导致燃料-空气混合物的反应。混合物的燃烧速率是火焰锋面等容放热、扩散过程和反应物加热到点火温度所需热量综合作用的结果。层流燃烧速度 s_l 随着燃料-空气混合物温度的升高而升高，基本遵循阿伦尼乌斯（Arrhenius）公式。对于典型的燃气涡轮燃料，层流燃烧速率随着压力的升高而降低，这是因为单位容积内反应物所需的加热量与压力成正比，而局部温度和组分的扩散输运几乎与压力无关。

在燃气涡轮工况下，更高的湍流火焰速度 s_t 是必不可少的。它主要由燃烧室主区的湍流结构决定。在所关注的空气过量（贫燃状态）的燃气涡轮燃烧中，燃烧速率随着空气比例的增加而下降，直到火焰突然淬灭。燃烧天然气或其他低活性燃料时，预混燃气涡轮火焰的当量比在正常工作范围内应尽可能贫燃，因为只有在接近贫燃熄火极限的狭窄当量比范围内才能获得较低的 NO_x 生成率。这一主要缺点使预混燃烧难以满足燃气涡轮宽负荷范围所要求的燃烧室宽当量比。在任何情况下，都需要进行燃油和/或空气分级，这大大增加了预混燃烧室的复杂性，使它们比高 NO_x 排放的非预混燃烧室展示品复杂得多。预混燃气涡轮燃烧室设计一直在排放和复杂性之间平衡，这是一个无法回避的限制。

10.2.3 火焰稳定

火焰稳定的优化是一项重要任务，尤其是在燃烧速率较低的贫燃预混燃烧室中。通过回流区可以实现较高的功率密度，因为向上游额外的对流输运可以使高温燃烧产物和未燃混合物在头部出口处直接接触。这一接触区提供了一个持久、自发的点火源，火焰能够通过它传播到未燃混合物中。这一原理可以实现顺流区内更高的流动速度和燃烧室中更高的功率密度。因此，燃气涡轮燃烧室的一个主要任务就是产生一个与主流方向相反的高速大尺度回流。旋流尤其适合这一目的，因为在足够高的旋流速度下旋涡会破裂，表现为燃烧室核心区内强烈的反向流动。这种流场的一个典型例子如图10.2所示。

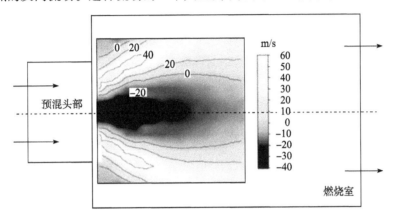

图10.2　旋流稳定燃烧室流场：方形燃烧室中心平面上的轴向速度分量分布

图10.3是一幅火焰稳定的图像。灰阶表示采用平面激光诱导荧光（PLIF）方法测量得到的方形燃烧室中预混头部下游中心平面内的OH自由基浓度。未燃混合物不含OH自由基（图中暗区），因为这些自由基仅在反应区（图中亮区）中呈现高浓度分布。完全反应后，OH自由基从反应区的高浓度降低到热力学平衡值（图中中等灰度区）。

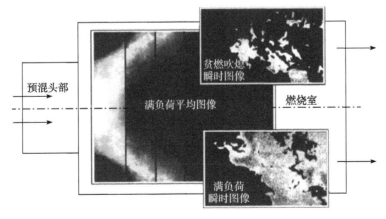

图10.3　方形燃烧室中心平面上旋流预混CH_4火焰燃烧的OH基LIF图像

图 10.3 中大图显示了 OH 自由基平均浓度。这是由大量单次拍摄的图像平均后得到的。图片左侧覆盖头部出口区域的明亮区域是点火区；在旋流的中心，高温燃烧产物被输送到头部出口处。

工业燃气涡轮燃烧室使用旋流头部的一个主要原因是，那些没有旋流、仅靠面积突扩的火焰稳定器无法形成将燃烧产物向上游输送的充分对流和低燃烧速度带来的高功率密度。对于高活性燃料，这一规则并不适用，因为防止回火成了另一个必须考虑的准则。

燃气涡轮燃烧室在贫燃熄火极限下所能达到的最低预混燃烧温度是非常重要的技术参数，因为它与降低 NO_x 排放紧密相关。该极限仅在一定程度上取决于头部旋流强度，即只需燃烧室中存在回流区。在头部尺寸的合理技术限制范围内，这一温度也几乎是恒定的，尽管在非常小的头部中熄火极限温度要稍高一些。通用的概念模型假设这种效应是由于主区的平均滞留时间与所需的化学反应时间之比较小造成的。在贫燃熄火极限，想大幅减小头部尺寸，只需适当提高绝热火焰温度，即可补偿不利的时间比，从而保证火焰稳定。在允许的头部压降范围内（燃烧室压力的 2%~4%），流动速度对贫燃熄火温度的影响也很小。

图 10.3 中插入的两幅单次拍摄图像的对比显示，预混燃气涡轮火焰锋面出现皱褶和波纹。在当量比接近贫燃熄火极限时，火焰结构趋向于多个独立反应区的集合。这一效应恶化了高温产物回流自持点火机制，循环被打断，导致火焰淬灭。

旋流诱导火焰稳定在非预混燃气涡轮头部中占主导地位。对于标准燃气涡轮燃料，点火区通常位于当地当量比与化学计量比相差不太远的区域。如果需要火焰具备高静态稳定性，燃料以传统方式从中心喷枪喷注到来流空气与回流高温产物形成的剪切层中，可以提供最高的点火稳定性。增大燃料喷注半径，牺牲一定的静态稳定性，有时也牺牲一些动态稳定性，就可以降低一定的 NO_x 排放和烟尘的产生，但前提是能将主反应区转移到下游混合更好的区域。

10.2.4 释热与燃尽

在旋流稳定火焰中，燃烧室中的热释放分别从靠近燃料喷注器的燃料射流和反应物与燃烧产物之间的剪切层开始。火焰从那里相对流动速度以当地湍流燃烧速度传播，通常在 50~100m/s 之间。为低活性燃料设计燃气涡轮头部和燃烧室的一个基本目标就是加快这一过程，从而缩短燃烧室长度。相对于层流燃烧速度 s_l，大幅度提高的湍流燃烧速度 s_t 可以帮助达到这一目标。典型的燃气涡轮工况下层流燃烧速度不超过数米每秒，接近贫燃极限时，天然气和预混柴油这类燃料的层流火焰速度几乎达不到 1m/s。

湍流燃烧速度 s_t（Bradley，1992）是衡量湍流对热释放影响的一个重要宏观度量。在低湍流强度下，湍流燃烧速度几乎随湍流度的增加呈线性增长，湍流度以速度波动的特征均方根表示。在高湍流强度下，在淬火变得重要之前可以达到湍流燃烧速度的最大值，然后最终会因高度的湍流搅拌和拉伸导致火焰突然熄火。根据经验，通过适当水平的湍流，可以使湍流燃烧速度比层流燃烧速度高一个数量级。

预混和非预混燃气涡轮头部的另一个重要作用是在头部出口处产生湍流，分别通过增强湍流混合和增大湍流火焰速度来增强燃烧室内的反应。头部空气或空气燃料混合物来流产生的湍流几乎只出现在湍流射流剪切层中。头部旋流发生器通常会产生湍流，提高来流湍流度。采用旋流的燃气涡轮头部典型湍流水平能达到 10%~20%。在这个湍流度下，对于层流燃烧速度较低的燃料，湍流燃烧速度通常能达到 10m/s 量级。

图 10.3 中的两幅单次拍摄图像显示，首先湍流搅拌导致的预混火焰速度增加，是通过增大火焰面积来实现的。湍流旋涡在火焰表面产生了皱褶和波纹，特别是在接近贫燃极限的较低火焰温度下。其次这些区域的反应与主火焰锋面发生了分离。

在中等湍流度和距离火焰熄火极限足够远的情况下，忽略局部火焰曲率和火焰拉伸等影响，湍流火焰锋面的局部过程可以用层流火焰来近似。这一点特别重要，因为它允许在一定程度上使用简单的理论模型（如一维层流火焰）来研究 NO_x 的生成等问题。粗略估计，火焰速度的增加与湍流导致的火焰表面积增长成正比。湍流导致的火焰表面增长实际上也依赖于层流火焰速度，因此火焰表面积的增加与湍流扰动速度不是简单的比例关系。由于与湍流火焰速度的耦合性，使得层流火焰速度对湍流燃烧速率的影响很不一样，因此没有一个简单普遍的规律可以精确预测燃气涡轮燃烧室的预混火焰。

即使在燃烧室入口湍流强度很高的情况下，烃类混合物的湍流燃烧速度也远小于平均来流速度，这意味着反应锋面相对于来流只能以一个很小的夹角传播。在旋流射流的剪切层中，随着与头部距离的增加，混合气不断被消耗。图 10.4 是方形燃烧室中心平面温度分布的一个典型示例。

这个例子是一个典型的燃气涡轮燃烧室预混火焰，热释放主要发生在一个燃烧室直径的长度内。然而，对于燃烧室设计来说，距离 CO 被完全氧化还需要一段时间。对于碳氢预混火焰，它可以通过详细动力学模拟得到。在典型燃气涡轮压力和温度下，从伪层流当地火焰锋面发生反应开始，到达到热力学平衡浓度大约只需 1ms。从这个结果可以得出结论，燃尽长度主要受限于湍流燃

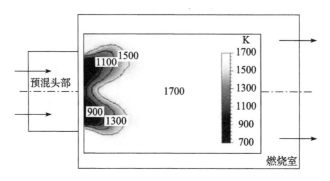

图 10.4　方形燃烧室中心平面上旋流稳定预混火焰的时均温度分布

烧速率，因此很大程度上取决于头部尺寸。简单地假设湍流燃烧速率与头部尺寸无关，结果发现火焰长度与头部直径存在比例关系。事实上，头部直径影响着湍流的尺度和湍流能量谱，因而会偏离严格的比例关系。由于均匀预混火焰在贫燃熄火边界附近能够快速燃尽，它们的 CO 排放量通常很低。只有当燃烧过程中接触到额外裹挟进来的空气时，会形成过度贫燃的混合气袋，导致火焰局部淬灭，从而导致 CO 排放量的增加。燃料分级预混燃烧室在低负荷或接近空转工况时无法避免这种情况（见 10.4 节）。

到目前为止都假设流向燃烧室的预混燃料空气混合物温度低于其自燃极限。然而，在部分负荷的再热燃烧室和传统燃烧室中，自燃对反应过程尤为重要。如 10.4 节所述，温度超过 1200~1300K 时，燃料空气混合物和燃烧产物的混合将会导致快速点火。因此，只有当燃烧温度低于此值时，才能观察到大量燃烧中间产物（如 CO）排放。如果燃烧室下游存在较冷的温度带，则会发生下述情况：由于局部温度由局部废气浓度和废气温度决定，因此只有在主区下游因混合不足而出现低废气浓度的区域，或燃烧室平均排气温度过低，无法达到 1200~1300K 温度阈值时，才会排放燃烧中间产物。在高负荷运行的预混料燃烧室中，只有在燃烧室内湍流混合和火焰传播不充分的情况下才会出现这一问题。

在燃料分级的部分负荷下（见 10.4 节），来自无燃料喷注头部的空气与来自有燃料头部的燃烧混合物之间的相互作用导致燃烧室下游平均温度水平较低，促进了燃烧中间产物的排放，这与燃烧室内的混合水平无关。过早的混合并不一定有利，因为这会导致有燃料头部提供的混合物中发生反应淬灭。然而，选择较低的混合强度或延迟各个头部气流之间的接触也不能完全解决部分负荷下的排放问题，因为剪切层中很难避免因空气稀释作用而形成的部分反应混合物。

原则上，火焰筒冷却空气也可以用来燃烧废气中的中间产物，但预混系统通常使用非常低的冷却质量流量，节省冷却所需空气，从而使充足或过量的空气流经头部。燃烧区热损失与燃气涡轮燃烧不太相关，因为相比预混燃烧室中的放热量，通过燃烧室壁的对流换热是非常低的。

在非预混火焰中，反应过程主要由湍流扩散混合过程的强度和反应速率决定。为了把这两个效应关联起来，可以定义一个达姆科勒数 Da 为燃料空气湍流混合时间与化学反应特征时间之比，即

$$Da = \frac{t_{\text{mix}}}{t_{\text{cham}}} \tag{10.3}$$

假设达姆科勒数极小的情况下，即使燃料和空气分别进入燃烧室，反应仍会在部分预混区内进行。然而，典型燃气涡轮在燃料压力喷注下的非预混燃烧达姆科勒数通常大于1。这表明混合强度决定了燃烧室的平均反应过程，而不是反应动力学。这对于非预混燃烧是非常重要的，因为通过同时设计空气流量和燃料喷注策略，可以在很大范围内控制燃烧室内的纵向反应过程。

非预混式燃气涡轮燃烧室的重要设计准则包括：在头部出口下游很短的距离内实现完全的化学反应、燃烧室的高容积比以及低烟尘排放。由于这些要求只能通过能产生紧凑型火焰的强混合头部来实现，燃气涡轮头部设计通常会追求达到较小的达姆科勒数。

由于 VOC 和有害空气污染物（HAP）的形成与氧化已在第 6 章中进行了详细讨论，第 7 章提供了 CO 基本的化学动力学，后文关于燃料氧化和排放限制的讨论将集中于与工业燃气涡轮特别相关的方面。

对于新装的燃气涡轮，排放法规通常限制发动机正常运行的负荷范围内 CO 排放达到几个 10^{-6}。这需要燃料空气混合物在燃烧室内几乎全部转化，达到热力学平衡。燃气涡轮燃烧室中只有空气余量较高的区域 CO 浓度才能达到个位数 10^{-6} 的范围。典型燃烧室压力下 CO 的平衡计算表明，低于 10×10^{-6}（1×10^{-6}）的平衡浓度要求当量比低于 0.51（0.43），且火焰温度低于 1800K（1650K）。作为参考，化学计量比绝热燃烧中 CO 的平衡浓度大约高出 3 个数量级。对于典型碳氢燃料，1800~1650K 的绝热火焰温度处于预混火焰可燃极限内，贫燃熄火极限附近也属于预混头部主区最低 NO_x 生成范围。这一范围为预混火焰低 NO_x 和 CO 排放提供了最有利的条件。在这个范围内，预混火焰不会排放 VOC 和烟尘。

根据热力学平衡计算可以进一步推断，在高温、近化学计量比的非预混火焰反应区中，刚完成反应时 CO 浓度总是远高于允许的排气限制。要使它下降到可接受的水平，需要向燃烧产物引入空气，使空气余量逐渐增加。因此，燃气涡轮非预混火焰主区下游需要一个温度较低的稀释区，使 CO 平衡浓度降低。这一下降的轴向梯度由湍流混合决定。

除热力学平衡外，还必须考虑 CO 燃尽的化学动力学。燃料分解过程中产生的高浓度 OH 自由基对 CO 转化为 CO_2 至关重要（见第 7 章）。对于燃气涡轮的典型温度和压力，可以证明，化学动力导致的燃尽大约只需要 1ms。这通常比设计良好的工业燃气涡轮燃烧室中的平均滞留时间快一个数量级。

低功率时情况有所不同：随着燃烧室温度的下降，CO 平衡浓度降低，但同时，由于温度对反应速率和所需自由基（如 OH）浓度的影响，导致 CO 转化成 CO_2 的反应显著变慢。最终，CO 燃尽的动力学成为低温模式下燃烧效率和排放水平的决定因素。有趣的是，由于涡轮膨胀中也会发生类似的影响，因此膨胀后的废气中未观察到有效的 CO 氧化过程。

10.3 NO 生成

第 4 章列出了各国对 NO_x 排放的要求。在电力生产中，排放量以占干燥废气的百万分之几来衡量，然后用空气稀释，使其最终 O_2 的体积分数为 15%。美国部分地区的排放要求最为严格，有些地方 NO_x 排放要求低于 2×10^{-6}。到目前为止，只有通过在排气烟囱内的催化剂中采用氨选择性催化还原 NO_x，才能达到如此低的指标。

典型燃气涡轮压力下的 NO 平衡浓度比第 4 章所述的限制要求高几个数量级。适当的燃烧室设计可以满足如此低的指标要求，其原因是与更快的燃料氧化反应相比，NO 的生成速率非常低。在工业燃气涡轮中，通过控制和降低燃烧过程中的温度，以及将燃烧室内高温下的滞留时间限制到燃料完全燃尽所需的最小值，可以将 NO 的生成降低到可接受的水平。

第 7 章详细介绍了导致 NO_x 排放的氮化学反应。定义了 5 种机理，并对其性质进行了解释。其中 4 种以及 NO_2 的形成，与燃气涡轮排放特别相关。它们各自对 NO_x 总排放的贡献主要取决于燃料和火焰类型，以及压力和温度（Dean 和 Bozzelli，2000）。这些机制对 NO_x 局部生成速率的影响在反应区（表现为火焰面的集合）与火焰后方区域是不同的。从工业燃气涡轮燃烧的角度来看，以下几个方面具有特殊的设计意义。

(1) **热力型 NO 生成途径**。随着温度的升高，氧自由基对空气中氮气分子的分解越来越有效。这些自由基与氮气相互作用产生 NO_x 和氮自由基，它们第二步与分子氧或羟基反应生成 NO_x，并产生新的氧自由基，从而形成闭环。氧自由基与分子氮起始反应的活化能较高，且火焰中氧自由基的浓度随温度的升高显著增加，这是热力型生成途径对温度依赖性高的原因。由于火焰锋面氧自由基的浓度远高于热力学平衡值，所以 NO 在火焰锋面的生成速率也远高于氧自由基接近平衡值的火焰下游区域。这种差异对于理解燃烧室中火焰后滞留时间的影响至关重要。只有当火焰后的滞留时间相对于化学反应动力学时间而言比较长时，火焰后才会产生大量额外的 NO，即使燃烧产物中的氧自由基浓度相对较低。

(2) **NO 快速生成途径**。利用含烃燃料的燃气涡轮中，NO 快速生成机制会促使 NO 形成。在碳氢化合物火焰中，不仅氧自由基，甚至这些燃料的活性碎片都能分解空气中的氮气分子。由于这些组分主要存在于非常薄的火焰面中，因此形成过程是几乎瞬时的或"快速"的。在燃气涡轮工作条件下，NO 快速生成途径对预混火焰的 NO 排放贡献很小。

(3) **N_2O 途径**。由于最终导致 NO 生成的 N_2O 是氮气分子和氧自由基在第三体碰撞下反应得到的，因此高压对该反应有利。它比热力型途径激活温度更低。该途径在非常贫燃的条件下有助于 NO 的生成，甚至可以在预混火焰的贫燃吹熄边界附近占主导地位。

(4) **NO_2 生成途径**。尽管燃烧过程中排放的 NO 会自然氧化为 NO_2，但由于含有较高浓度 NO_2 的废气颜色偏黄（棕烟），容易引起公众关注，因此特别不希望从燃气涡轮燃烧室排放 NO_2。对于掺混强烈、没有过度冷却区，且运行在较高火焰温度下的燃烧室，NO_2 则会转化为 NO，无法残存在燃烧室中。然而，在低负荷下，包含 NO 的贫燃区内若温度低至约 1200K，则会发生 NO 向 NO_2 的不良转化。随着这些区域 NO 浓度的增加（另见 10.3.2 小节），产生高浓度 NO_2 导致棕烟的风险增加，尤其是在主区空气过量的非预混火焰中。原则上，该问题也存在于预混合火焰的分级工况中，但通过适当的分级策略（见 10.4 节）可以轻松解决，在低负荷下有效减少 NO 产生，从而避免可见的 NO_2 排放。

10.3.1 非预混火焰中的 NO 生成

非预混火焰允许通过控制燃料空气的混合来调整热释放的空间分布，但只能在有限程度上影响反应区的当量比。非预混火焰的缺点主要是最高温度不能得到充分限制，且由于此类火焰高温区滞留时间较长，NO 生成比通常允许值高 1~2 个数量级。即使随着燃气涡轮负荷的降低空气余量急剧增加，NO_x 排放也只会缓慢下降，并且在一定的低极限处，CO 排放开始上升。图 10.5 定性地显示了未分级非预混燃烧室的这一情况。图中将 CO 和 NO_x 排放量除以其允许值，并以燃烧温度和负荷为横坐标。此处给出的燃烧温度是根据给定的空气和燃料质量流量计算火焰绝热温度得到的大概值。

在较高的温度下，NO_x 排放随着燃烧温度和负荷的增加呈指数增长。但是，即使在非常低的负荷和接近空转的工况下，排放仍远远超过通常允许的值（见第4章）。与CO排放曲线的对比表明，只要高于一个最低的火焰温度和负荷，向CO_2的转化就是充分的。但是如果不采用其他NO_x减排技术（如在主燃烧区注入液相或气相的水），则无法同时达到两个排放限制，这使得非预混燃烧对工业燃气涡轮很没有吸引力。注水的效果如图10.5所示。

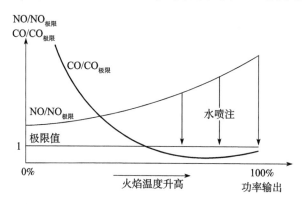

图10.5 非预混火焰NO_x和CO排放随火焰温度和燃气涡轮负荷的变化

通过调整燃料与空气的混合，可以适当地控制非预混火焰的纵向放热，从而实现固有的空气分级。为此，在燃料喷注器附近建立了富燃区和化学还原区。这种富燃区中的再燃机制限制了化学结合氮向NO的转化。但是这种限制作用很弱，其NO_x减排潜力达不到第4章所列的低排放限制。

如果通过注入水或其他惰性物质，或通过稀释燃料，来抑制高温和未混合区域中的反应，则空气与燃料的混合可以在反应开始之前得到改善。另外，喷注器附近的燃料转化也受到反应的影响（如烃的蒸汽重整）。但是，从根本上说，反应区混合的改善会导致NO_x排放量下降到已知的预混燃烧的水平（图10.5）。同时，NO生成的路径也与预混情况下观察到的更加相似。如何有效地注水以减少NO_x的生成，取决于具体的配置。然而，根据经验，水与燃料的质量流量比为1时会导致NO的生成量下降约一个数量级。由于较高的水-燃料质量流量比通常会导致高热值标准燃气涡轮燃料的动态火焰不稳定性，最后导致静态火焰不稳定性，因此注水的NO_x减排潜力低于预混燃烧的潜力，第4章中列出的最低NO_x目标仍然无法实现。

10.3.2 预混火焰中的NO生成

使用预混燃烧室的现代天然气发动机在1800℃以下的燃烧温度下工作，排放水平低于10×10^{-6}。根据经验，将燃烧温度提高70K会使实际系统NO_x排放量增加 1 倍。

图 10.5 中描述的非预混火焰中 NO_x 和 CO 排放之间的权衡在预混火焰中并不存在（见 10.2.4 节），因为它既不涉及与冷空气的混合，也没有部分负荷分级工况下的极端贫燃现象。随着过量空气的增加，未分级预混火焰的 NO_x 和 CO 排放量同时下降，直到接近贫燃吹熄边界。高 CO 排放仅在预混火焰贫燃熄火极限附近观测到。

与非常强的温度效应相比，在给定火焰温度下，预混碳氢化合物火焰的 NO 生成对燃料成分的敏感性弱得多，只要没有燃料结合氮。这也适用于完全预蒸发和预混的液体燃料。

10.3.2.1 完全预混火焰的渐近和最小 NO 排放极限

预混火焰中 NO_x 的排放可能受到火焰锋面湍流和化学过程相互作用的影响。在燃气涡轮燃烧室头部，会产生大的涡流，它们相互影响并产生一系列越来越小的旋涡。最小旋涡的大小与代表火焰锋面的火焰面厚度处于相同的数量级。因此，局部速度梯度带来的火焰拉伸有可能导致淬灭和再燃现象，而且局部搅拌也会影响化学反应，因而影响 NO 的生成。

迄今为止，高压力下的燃气涡轮湍流火焰中的 NO 生成无论在试验上还是理论上都还没有得到详尽的研究。但将简单的火焰模型与详细反应动力学相结合，就可以用来估计特定湍流效应对 NO 形成的潜在影响。它们还被用于验证使用完全预混燃料-空气混合物进行的燃气涡轮大型试验中获得的 NO_x 排放数据。这种方法背后的基本原理是基于这样一个事实，即预混燃气涡轮火焰锋面可以用一组薄的火焰面来表示，这些火焰面会受到前文提到的湍流效应的影响。用一维层流火焰作为参考的反应动力学比较研究表明，NO 的形成对高湍流扩散、火焰拉伸、淬灭区再燃以及火焰锋面搅拌等敏感性极低。就燃气涡轮燃烧技术而言，NO_x 氧化物生成对温度极强的依赖性，与湍流和化学反应相互作用的潜在影响相比，前者显然占主导地位（Sattelmayer 等，1998）。图 10.3 中两张单次拍摄的 OH 瞬时浓度图像表明，在燃气涡轮头部的预混湍流火焰中，未燃混合物和废气之间存在明显的转变。由于观察到 NO 生成对局部湍流结构的敏感性较低，因此可以假定一维层流火焰是一个可接受的模型，足以代表燃气涡轮燃烧室中湍流预混火焰 NO 生成的当地条件。

图 10.6 显示了沿一维火焰锋面的 NO 生成，图中用局部温度取代了火焰轴向坐标。这里只显示 O 自由基的浓度，因为同样重要的 H 和 OH 基浓度对 NO 生成的影响趋势与观察到的 O 自由基一致。在高压下，自由基的重组增加，O 自由基的摩尔分数大大降低。从图 10.6 可以看出，NO 生成因火焰锋面的高浓度自由基而急剧上升，然后又随着燃烧产物中自由基浓度降低而下降。

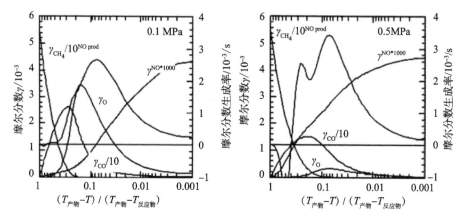

图 10.6 层流火焰中的 NO 生成（$T_{产物}=1840K$）（化学反应从左向右进行；反应物和平衡产物中（$T_{产物}-T$）/（$T_{产物}-T_{反应物}$）分别等于 1 和 0）

NO_x 的不同 NO 生成途径对压力的依赖以及反应浓度的不同压力标度、热扩散和反应物预加热负荷等导致燃气涡轮在较低温度下产生更高的 NO_x 浓度。通过比较 NO_x 浓度和生成率可以推断出，在火焰温度较低的区域，产物的扩散影响了 NO 浓度。在高压下，温度升高 40%时 NO 生成率为负，因为在这个温度范围内发生了 NO 向 NO_2 的高温转化。

图 10.6 所示两个例子的分析中有一个特别有趣的发现，在所定的绝热火焰温度下，通过标准化温度（如图中所用的横坐标）进行比较，NO 浓度几乎与压力无关。然而，图 10.6 还表明，NO 生成速率与压力相关，因此，在发动机压力下，NO 生成速度要快得多。

图 10.7 所示为用温升与时间的关系表示的反应过程。在高压下，反应时间约为 1ms 量级。随后，产物接近其最终温度，但 NO 在火焰后的气体中继续生成。这清楚地表明，将燃烧产物在燃烧室中的滞留时间限制在化学反应（燃尽）所需时间内是有益的。不幸的是，这样短的滞留时间无法实现，因为湍流火焰通过混合传播所需的时间（见 10.2.4 小节）

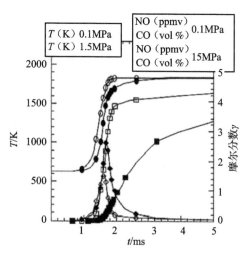

图 10.7 层流火焰放热所需时间的比较（$T_{产物}=1840K$）

通常比化学反应时间大一个数量级以上，且燃烧室的长度还须考虑更不利的部分负荷条件。

图 10.8 总结了燃烧室火焰后产物滞留时间对 NO 排放的影响。最低的曲线表示在 CO 氧化所需的最短时间间隔 $t_{最小}$ 内火焰区的 NO 生成（极限设置为平衡值的 150%）。其上的曲线代表不同产物滞留时间 $t-t_{最小}$。可以清楚地看到，在低火焰温度下，即使燃烧室中滞留时间较长，也可以实现非常低的 NO_x 排放，因为火焰后的 NO 生成很低。然而，随着未来预期的火焰温度进一步上升，通过减小火焰尺寸或进一步增加混合来减少滞留时间将变得越来越重要。如果能开发出更接近最小化学时间的技术解决方案，即使在非常高的火焰温度下，也有可能达到非常低的 NO_x 排放。

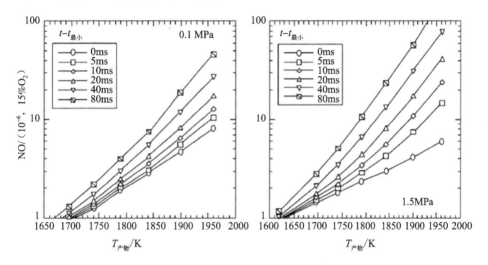

图 10.8 绝热火焰温度和滞留时间对于完全预混火焰 NO 生成的影响

湍流完全预混系统试验研究了各种火焰稳定器，发现使 NO_x 排放不受特定的火焰稳定器设计的影响，在典型的压力为 1~2MPa 的发动机中（Lovett 和 Abuaf，1992）都得到了低于 20ms 的曲线，如图 10.8 所示。而更早的预混头部设计因混合不完全而产生了更多的 NO_x。由此得出结论，改善预混燃烧室头部燃料与空气的混合，将燃烧室内滞留时间降低到 CO 转化为 CO_2 所需的最小值，这两者是实现燃烧室内最小 NO_x 排放的关键。其他参数如火焰结构、湍流度等影响较小，与实际系统的设计不太相关。

原则上，贫燃预混燃烧也可以采用燃料分级。在这种情况下，预混第一级工作在约 1700K 的理想火焰温度下，能大量减少 NO_x 的生成。随后，必须通过空气混合或部分膨胀来充分降低温度，以便二级燃料能够在自燃引起二次反应前与废气充分混合。动力学研究预测，这种理想化过程中 NO 的排放量与二级燃料注入的份额近似成正比。这意味着随着二级燃料喷注口上游废气温度的升高，分级运行与未分级参照相比其优势更加明显。然而，如果混合温度超过 1200~1300K，则很难在反应开始前实现二次燃料与一次燃烧产物的完全混合。这个温度限制仅适用于天然气和燃油的湿式燃烧，对于活性更强的燃料，防止过早自燃所需的温度更低。因此，通过分级燃烧将 NO 生成降低到未分级值以下的技术潜力是有限的。

一般来说，预混燃烧的高 NO 减排潜力仅限于不含燃料结合氮的燃料，因为在贫燃预混火焰中，含氮燃料分子分解后氮元素几乎全部会转化为 NO。

10.3.2.2　混合质量对 NO 生成的影响

再次假设正常工况范围内的燃气涡轮预混火焰是很多有褶皱和波纹的火焰面的集合（见 10.2.4 小节），考虑到火焰面放热区内燃烧中间产物浓度很高，NO 生成率也很高，可以得出结论，预混火焰中 NO_x 的总体排放主要取决于火焰中混合气在时间上和空间上的均匀性。在非常贫燃的工况范围内，假设反应发生在不同当量比的层流火焰面集合中，并假设在大部分生成 NO_x 的反应中混合是冻结的，可以建立一个不完全预混火焰中 NO 生成的简化模型。这个模型足以描述混合和 NO_x 生成过程，尽管它忽略了火焰后的混合，从而高估了高温废气中 NO_x 的生成，因为现实中湍流混合将会持续地降低温度峰值。

图 10.8 所示为 NO_x 排放的模型计算结果，显示空气和燃料达到分子水平的完全混合时燃气涡轮所能达到的排放下限。图 10.8 对数图进一步表明，NO 排放量一般随火焰温度呈指数增长，这种非线性对燃气涡轮燃烧技术有着深远的影响，使得改善混合成为与 NO_x 减排相关的一项主要任务。

在这种情况下，必须解决以下两个子任务：首先，燃料必须被均匀地分布到来流空气截面上；其次，要尽量减少头部出口燃料浓度随时间的波动。保持时间一致性是主要的技术挑战。

通过最大尺度涡的湍流运动（搅拌混合物）来实现燃烧空气与单个（或少量）喷孔喷注的气体燃料的大尺度混合，会导致预混通道很长，不适合燃气涡轮燃烧室，因为它们会使燃烧室长度和与之相关的滞留时间过长，导致预混段产生自燃风险。因此，燃气涡轮必须始终提供一种输运机制，使燃料和流入的空气在整个流动截面上能快速、大规模地掺混。总地来说可以采用以下两种方法。

（1）燃料喷射动量提供预混能量。对于标准气态燃气涡轮燃料，遇到的主要问题是燃料空气质量比较小，且燃料有压力限制，两者限制了空气流的动能和喷射燃料的穿透度。因此，燃气涡轮头部空气通常需要分多股注入（多个进气槽或多个头部旋流器,见图10.39),且通常表现出很小的高宽比。为了保证沿空气进气道出口喷射的燃料射流具有良好的相对穿透度,每个通道的高度不应超过可能的燃料穿透深度的2倍。液体燃料预混也应采用类似的喷注策略。然而,由于液体燃料通常允许的压力比气体燃料高得多,所以液体燃料只需要少量喷注点,尤其是液体燃料还能利用燃料动量来更好地增加穿透度。早在10多年前,就出现了采用少量小型液体燃料喷注器的预混系统(图10.46)。设计这类系统的挑战是在整个流场截面上实现足够分散的液体燃料喷注,优化液体射流破碎成液滴、液滴运动和蒸发的过程,所以最终在头部出口得到均匀的气态燃料空气混合物。这里有一个特殊问题,即混合物的形成对燃烧室压力、空气温度以及燃料和空气质量流量具有很高的敏感性。

(2) 空气流提供预混能量。标准燃气涡轮中,由于空气质量流量比燃料高出一个数量级以上,利用空气来促进大尺度混合是仅利用燃料动量之外的另一种替代方法。这通常是通过在空气来流入口产生二次旋流来实现的(见10.5.3.2小节)。当燃料被喷射到旋涡的中心时,可以达到非常有效的混合,随后被旋涡运动输运到整个来流截面,并在大尺度上实现燃料在空气中的分布。

燃料在大尺度空间上均匀分布是低NO_x排放的前提,但微尺度的湍流混合同样重要,从而在接近火焰锋面的混合物中提供时间上均匀的燃料。对于经过优化设计的燃气涡轮燃烧室头部,获得燃料空间均匀分布所需的长度远远小于微观尺度上减少局部混合物波动所需的距离。燃气涡轮头部燃料空气湍流混合的基本问题定性说明如图10.9所示,图中给出了一排燃料喷注器将燃料喷射到伴流空气中的简单例子,但这种配置在预混燃气涡轮中并不常见。燃料-空气混合气中燃料分数的当地概率密度函数代表了混合物随时间的波动,用β函数解析描述,有两个自由参数,即燃料质量分数f的当地平均值$\bar{f}$及当地方差g,标准差$\sqrt{g}$表征局部分布带宽。

在接近喷注口的下游截面上,会出现纯燃料(位置1:$\bar{f}=1$,$g=0$)或纯空气(位置2:$\bar{f}=0$,$g=0$)的现象。在空气与燃料之间的薄剪切层中,存在燃料与空气强烈掺混的湍流涡结构(位置3:$0<\bar{f}<1$)。然而,这个区域分子水平的混合非常少。当剪切层在更下游的位置合并后,平均浓度梯度逐渐减小到垂直于流动截面上(位置4)几乎恒定的一个平均值。然而,此处微观尺度上的混合还没有结束。即使是中等程度的燃料质量分数方差g,也会导致接近化学计量比的燃料袋,甚至富燃混合气,这些都会显著增加NO_x排放。因此,

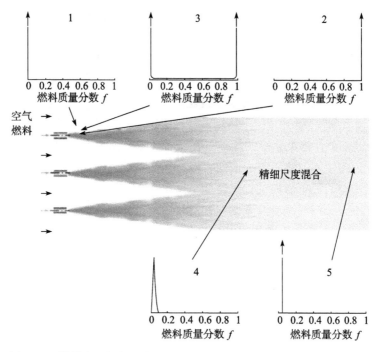

图 10.9 燃料在空气中的分布及通过燃料空气伴流减少混合物的波动

为了将波动降低到临界值以下，需要额外的混合长度（位置 5）。

从有限的混合质量对燃气涡轮 NO_x 排放的影响来看，位置 4 到位置 5 的混合是非常必要的。预混头部所能达到的小尺度混合程度以混合物质量分数为标准做归一化处理，得到一个简单的量度 s，即

$$s = \frac{\sqrt{g}}{\bar{f}} \tag{10.4}$$

图 10.8 中 1.5MPa 压力下的分析结果表明，所有局部当量比超过平均值约 5%的区域都将使火焰的整体 NO_x 排放显著增加，因为相应的贫燃区不能完全补偿高当量比区域的高 NO_x 生成。假设小尺度混合区内的混合程度为正态分布，这意味着湍流火焰锋面上游的当量比分布标准差必须大致降低到混合物的平均分数的 2%（$s=\sqrt{g}/\bar{f}$），从而将形成燃料袋的概率减少 5%以上，使之趋于零。

混合程度常常用未混合度参数 U 表征，将混合物质量分数方差 g 与完全未混合时的值 $g_{未混}=\bar{f}(1-\bar{f})$ 联系起来，有

$$U = \frac{g}{\bar{f}(1-\bar{f})} \tag{10.5}$$

其中，理想混合状态下 $U=0$，完全未混合状态下 $U=1$。$g=s^2\bar{f}^2=4\times10^{-4}\bar{f}^2$（归一化标准差的 2%）、$\bar{f}=0.03$ 时，例如，贫燃天然气-空气混合气，从式（10.5）可以得到 $U\approx10^{-5}$，这是接近 NO_x 最低排放的燃烧室头部混合程度上限。对于给定的归一化标准差 $s=\sqrt{g}/\bar{f}$，预混燃烧燃气涡轮的这一极限几乎与 $\bar{f}$ 成线性（$\bar{f}\ll0.5$）。

使 U 值非常小的需求强调了混合在预混燃烧室设计中的重要作用。通过加强湍流混合来优化混合区是燃气涡轮燃烧室头部设计的重要目标。增加旋流器燃料喷注孔与火焰之间的混合长度是增大预混头部燃料空气混合度的最有效措施。旋流产生的高湍流度比其他无旋流类型具有明显优势。

头部出口的湍流自由射流中会发生额外的掺混，进一步增加火焰锋面上游的混合度（图10.4）。燃烧天然气时，这种影响对中等 NO 排放的传统燃烧室头部设计至关重要，因为它们头部出口截面的未预混度很高。然而，目前已观察到，当高活性燃料较高的火焰速度导致释放的热量向头部出口截面反向传递时，这种有益的影响就消失了。在恒定的火焰温度下，如果向燃料中添加活性成分，燃烧室的 NO 排放量会大幅增加。

图10.10 是1990年和现今技术下预混燃烧室头部燃料浓度分布的对比。为了在不进行裁剪的情况下覆盖瞬时图像的最大局部浓度，选择了不同的标尺。图10.10 中上半部分所示头部接近良好混合状态，而下半部分的混合情况则差得多。

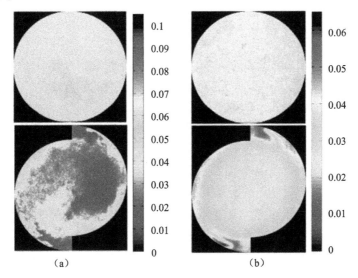

图10.10　两个预混头部出口截面的混合质量（激光诱导荧光，水流试验）
（a）瞬时浓度；（b）时间平均燃料浓度。

还有一种改善燃料-空气混合的特殊方法，即在头部上游较远处将燃料注入到空气中。由于混合距离长，通常可以达到优良的混合效果，但必须非常小心，不能在燃烧室上游形成因长时间滞留而发生自燃的可燃混合物区。在实际应用中，出于安全考虑，以这种方式注入的燃料被限制在整体燃料流量的几个百分点以内。使用这种方法的另一个重要原因是它为抑制热声不稳定提供了额外的便利。

10.4 部分负荷和慢车下的分级运转

由于工业燃气涡轮性能受限于燃料流量，且使用可变导流叶片控制空气流量时只能在很窄的范围内变化，因此采用预混头部的燃气涡轮燃烧室必须提供合适的燃料或空气分级方法，以允许其以不同的燃料-空气比运行，并具有良好的减排性能。由于基于压缩机排气的分级策略在部分负荷下会产生很大的效率损失，因此与燃烧室中的燃料和空气分级相比，不具有竞争力。

只有没有空气和燃料预混的传统燃气涡轮燃烧室设计，才具有固有的宽工况范围运行能力，只需控制燃料或空气供应，无需分级运行。随着整体当量比的降低，非预混火焰的反应区会动态地朝燃料喷注器移动，适应当前的燃空比（见10.2.4节）。同时，燃尽区的温度下降，CO的氧化速度变慢。在温度降至一个最低值后，废气中的CO排放开始上升。此外，火焰温度降低还会导致碳氢化合物氧化的部分淬灭，并排放出燃烧中间产物（VOC）。最后，在慢车工况附近有过量空气时，燃烧室内最贫燃区域的燃料将无法点燃，废气中的燃料（UHC）浓度升高。如果用水来降低NO_x排放，则即使在高负荷下也必须经常在燃料燃尽和NO_x减排之间妥协。

从非预混燃烧向预混燃烧的过渡需要一定的控制措施来调节燃烧室燃料或空气分布，使燃烧过程适应部分负荷降至慢车运行时的热力过程。由于预混碳氢化合物火焰仅在一个很小的燃空比窗口内能达到所需的低排放，其固有特性在很大程度上与燃气涡轮工作过程是矛盾的，如果不大幅增加燃料或空气供应系统的复杂度，就无法克服这个困难。

联合循环中使用燃气涡轮的一个优点源自在整个负荷范围内都能获得高排气温度，以便向蒸汽过程传递足够多的热量。只要使用带可调导流叶片的压缩机减少空气流量，就可以使排气温度保持恒定，也会使火焰温度相对恒定，预混燃烧室无需分级即可在此范围内运行。基本上，选择远高于燃烧室贫燃吹熄温度的满负荷火焰温度是有利的，可以不经分级地覆盖更大的负荷范围。然而，随着NO_x减排需求的增加，满负荷火焰温度逐渐接近预混火焰的贫燃熄火极限，这便使燃烧室设计失去了这一自由度。这就要求除了充分利用可调压缩机降低空气质量流量，燃烧室还须在负荷较高时就已运行在分级模式下。

为了强调动力学效应对预混燃烧室燃料分级运行中燃料燃尽的影响，现考虑绝热情况下的燃料-空气混合物在其"自身"的再循环燃烧产物中的自燃现象。自燃通常被认为是对预混燃烧室可靠性的威胁，但它也有益处，能促进分级运行中的燃尽。实际上，自燃是用低复杂度燃料供应系统简洁地实现燃料分级的基础。

由于能量和组分的湍流输运存在类比关系，因而混合物中燃烧产物的局部浓度与混合物局部温度存在直接联系，局部温度随着混合物中燃烧产物比例增大而升高。图10.11显示了混合物温度和混合物中燃烧产物的比例对点火延迟时间的影响，这是采用推流式反应器模型和CH_4详细化学反应在不同火焰温度下得到的计算结果。有趣的是，以混合物温度为横坐标绘制曲线时，这些结果几乎完全独立于火焰温度（Kalb 和 Sattelmayer，2006）。达到相同点火延迟时间所需的燃烧产物比例随着绝热火焰温度的升高而降低。用热空气代替热燃烧产物进行对照计算时，也得到了非常相似的点火延迟时间与混合物温度的关系。可以得出结论，热气体的组成对自燃并不重要，且对于燃气涡轮典型工作

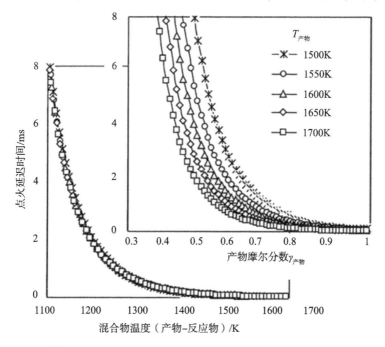

图10.11　燃料-空气混合物与其燃烧产物（$p=2MPa$时）混合后的点火延迟时间

范围内的其他空气燃料混合气,其点火延迟与混合气温度之间的关系也非常相似。对于所有温度在1200~1300K以上的混合气,甚至纯CH_4,点火延迟时间也都在1ms内。由于燃烧室内平均滞留时间比这个值大一个数量级,因此可以假定该混合物在涡轮上游已完全氧化,而不受湍流火焰传播的影响。在现实中,热气体温度必须比化学动力学推导出来的混合温度阈值高约200K。唯一可能导致未燃碳氢化合物或燃烧中间产物排放是燃烧室气流中温度不足的带状区域。负荷较高时,可以通过燃烧室中充分的湍流混合来避免这种区域。随着燃烧室内平均温度的下降,会达到贫燃混合物的自燃下限。与其他受自燃控制的现象一样,燃尽的下限取决于压力。

针对预混燃烧室部分负荷有多种技术解决方案。它们将在后面的案例研究中详细描述。但是,所有这些方案都有共同的基本原理,如图10.12所示。

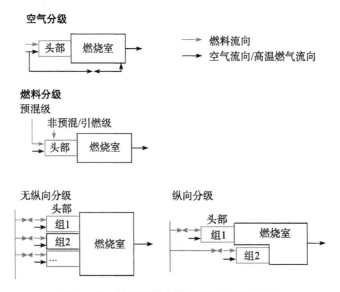

图10.12 采用预混头部的燃烧室分级方法

原则上,可以根据控制的是空气分配还是燃料分配将它们分为两类本质不同的方法。

使用空气旁路系统,头部的燃空比可以保持在所需的范围内。理想情况下,旁路空气被注入到CO燃尽区下游。如果能做到这一点,空气分级可以在大负荷范围内提供低排放运行的理想条件。然而,空气分级会导致流速下降,如果流速下降到远低于满负荷值,燃烧室头部火焰回火和自燃的趋势就会增加。这就限制了燃气涡轮燃烧室空气分级的负荷范围,需要辅以燃料分级。纯燃料分级通常是首选,这很大程度上是因为空气分级时活动部件暴露在高温气流中，带来了高度的复杂性。常常采用以下 3 种基本分级原则。

（1）切换到非预混燃烧或由引燃火焰稳定的预混火焰。这种方法需要预混头部具有额外的燃料供应，以便在头部下游出口处产生更热的燃烧区。这样能在全局当量比低于预混火焰贫燃吹熄边界的情况下稳住火焰。

当预混级接近贫燃吹熄边界时（图 10.13 中的竖线），最简单的方法是所有燃料切换为直接喷射，不经过头部预混区。然而这会导致 NO_x 排放量上升一个数量级，因此只有当切换点低于燃气涡轮正常运行范围时，才采用这种分级策略。全局当量比降低时，如果燃料不完全切换为直接喷射，而是在两个喷注器之间进行分配，一开始只有小部分燃料注入第二级，然后精细地调整燃料

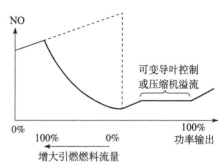

图 10.13　预混头部燃料分级实现的排放（虚线：预混和非预混工况切换；实线：预混和非预混燃料逐渐变化）

分配与负荷的关系，则可以避免 NO_x 生成量突然激增。这种混合工况通常称为预混火焰的引燃（值班）。有趣的是，尽管由于部分燃料直接喷入燃烧室，预混火焰的当量比降低，预混级混合物的燃料浓度甚至降低到贫燃熄火极限以下，但在中等火焰温度范围内也可以实现完全燃尽。贫燃混合物燃烧在再燃模式下时，由非预混引燃火焰产生的高温气体稳定火焰，通常火焰长度会增加。然而，如果燃烧室提供足够的滞留时间，则不会影响燃尽。贫燃混合物的点火动力学是再燃点火的主要原因，即使在高压下、温度远低于贫燃熄火极限温度时（图 10.11）也能发生点火。该效应对燃气涡轮燃烧技术至关重要。当预混级当量比进一步降低，使再燃过程无法维持，不能完全燃尽时，就达到了切换成完全直接喷射的边界。此时燃烧室主燃区下游温度普遍降至约 1400K 以下。

在高负荷和满负荷工况下，也可以向引燃级注入很小比例的燃料来引燃，在某些情况下，这一措施有益于燃烧室的动态稳定性。

部分负荷时，非预混引燃分级不能充分发挥引燃方法的内在潜力，因为即使在非常贫燃的条件下，非预混级也会产生大量的 NO_x 排放。这一问题促进了预混引燃分级头部的发展，这种头部采用两种不同当量比的预混火焰相互作用，从而稳定火焰。引燃级工作在贫燃吹熄边界，以控制来自引燃燃料的 NO_x 排放，其余燃料流向主级，在那里贫燃混合气在低于贫燃吹熄边界的温度下反应，由于它利用引燃级的燃烧产物参与再燃，几乎不产生 NO_x。

不论引燃级采用哪种火焰类型，都会带来一个关键的不良影响，即燃料与

进入头部的全部空气强烈混合，这使得空气无法绕过反应区。而空气绕过反应区是非常有益的，可以提高有效火焰温度，改善燃尽效果，且不会对部分负荷下的 NO_x 排放产生不利影响。同时还观察到，单一头部燃料分级的浓度无法充分发挥引燃方法的潜力。幸运的是，如果能利用头部之间的相互作用进行分级，就能更好地发挥这种引燃分级的优势，它本质上也是一种无运动部件的空气分级。

(2) **燃料切换输送到特定的头部组**。另一种策略是利用低排放燃烧室配备的很多个预混头部。这里的各个头部都不需要二次燃料供应。头部燃料供给被分成几个组，可以在燃料控制总阀下游采用独立的截止阀分别控制其开闭。更复杂的构型中每个头部都有单独的截止阀。在经典模式下，随着负荷的增加，几组头部的燃料供应依次打开，也就是说，燃料逐步分配给越来越多的头部喷注器。这导致头部当量比在最低值（接近火焰贫燃熄火极限）和一个较高值（保证完成切换过程而不发生贫燃吹熄）之间振荡。不幸的是，NO_x 的排放因而也随负荷变化周期性地增加或减少，同时伴随着燃烧效率的振荡和低负荷下的 NO_x 排放。中低负荷时，CO 最高排放出现在 NO_x 排放量最低的工作点；反之亦然（图 10.14）。这与 10.3.1 节中提到的经典的 NO_x 和 CO 权衡相一致。由于排放限制已经变得非常严格，通常没有 CO 和 NO_x 排放指标的综合权衡条款，这种振荡显然是一种固有缺点，因为 NO_x 和 CO 排放最高的工作点都需要考虑。

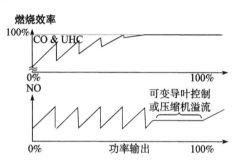

图 10.14 通过随负荷变化切换预混头部组合来实现减排和燃尽

(3) **预混头部引燃邻近头部组**。这种分级方法与上一种方法采用同样的燃油系统拓扑结构，主要区别在于所有阀门都能控制各自头部组的燃料流量，从而克服了前述分级方法的缺点。

如果下一组头部的燃料流量随负荷逐渐增加，而不影响其他已喷注燃料的头部，则在正常负荷范围内几乎可以获得恒定的 NO_x 排放。在这种情况下，后一组作为预混器工作，不产生单独的火焰，而是产生均匀的贫燃混合物，使之与引燃头部产生的燃烧产物混合后，在再燃模式下进行反应。在低功率下，如果贫燃混合气的二次燃烧不充分，会使燃烧效率相比之前的分级方法有所降低；一旦被引燃的头部当量比超过了贫燃熄火极限，它们就可以稳定自己的火焰，随即可以开始下一组头部的燃料供应。通过这种引燃思想，可以使主区大部分燃气温度高于 1400K，从而在整个负荷范围内实现完全燃烧和低

CO 排放，而 NO 排放也没有显著增加（图 10.15）。这个温度下限通常出现在中等负荷范围内。低于此临界温度时，燃尽情况的恶化强烈依赖于燃烧室中的混合强度。一方面，被引燃头部的燃料空气混合物与大量稳定运行头部的燃烧产物之间强烈的混合有利于燃尽和 CO 减排；另一方面，必须尽量避免与来自无燃料头部的空气强烈混合。为了在部分负荷和空载时满足

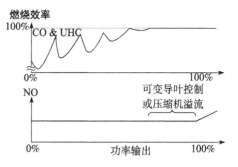

图 10.15　通过预混头部分组引燃实现不同负荷下的减排和燃尽

这些相互冲突的目标，放热通常集中在燃烧室的特定区域，在部分负荷时，通过使部分过量空气远离燃烧区，可在一定程度上实现实际的空气分级。

（4）**纵向燃料分级**。上述后两种方法中，通常所有头部喷注器都布置在同一平面内。因此，头部引燃时，稳定运行头部的高温燃气和被引燃头部的未燃混合气会在头部出口处的主燃区直接开始相互作用，同时也无法完全避免与来自无燃料头部的空气过早混合，这都是不希望出现的。燃烧室纵向燃料分级有利于改善部分负荷排放特性，但需要向两个纵向级供气，会使燃烧室更加复杂，况且每级还需要自己的燃油喷射系统和预混通道。由于在低负荷运行时，只有上游级运行，二级空气不与火焰接触，因而可以实现改进排放特性。然而，纵向分段过程也要求部分负荷时在二级喷射的非常贫燃的混合物能与一级主流高温燃气强烈掺混，从而有效地完成二次燃烧。纵向分级燃烧室比所有头部都布置在同一平面上的燃烧室更长。

（5）**二次燃烧**。任何使贫燃混合物与由稳定火焰产生的高温产物混合，并在混合期间或混合之后发生化学反应（再燃）的方法，都可以视为二次燃烧。此外，采用分体式涡轮机（见 10.5.3.2 节）和两个串联燃烧室的燃气涡轮也归为此类，不同之处在于它的第一个燃烧室排气的焓会因部分膨胀而降低，因而大部分燃料被喷注到第二燃烧室。

10.5　案例研究

10.5.1　非预混燃烧室

从 20 世纪 40 年代第一个实用燃气涡轮开始，非预混燃烧一直在燃气涡轮燃烧室中占主导地位，直到 80 年代中期。此后，NO_x 减排逐渐成为燃气涡轮

燃烧室发展的主要标准。

10.5.1.1 天然气和液体燃料

环管燃烧室是 GE 公司（GE）、三菱重工（MHI）、西门子/西屋发动机（Siemens）等重型燃气涡轮中应用最广泛的燃烧室。这种燃烧室的一个重要优点是，可以通过大型测试平台在发动机条件下对单个燃烧室单元进行测试。

环管燃烧系统由一定数量的名义上的圆柱形燃烧室组成，这些燃烧室安装在一个环形压力容器或机壳内，呈环形分布。每个燃烧室都包含由燃料喷嘴和空气进气道（通常带有旋流器）组成的头端（或称"头部"）、圆柱形火焰筒以及将已燃的燃料空气混合物输送到涡轮入口的过渡段。

这里首先介绍 GE 公司的系统。第一个 GE 公司发电用燃气涡轮采用轴流压缩机、环管燃烧系统和轴流涡轮，它由 20 世纪 40 年代的 TG-100 涡桨发动机发展而来，同样的环管结构至今仍被应用于所有的发电用大型发动机。用于 Frame 3、5、6、7、9 燃气涡轮的 GE Energy 扩散火焰系统，可以燃烧多种燃料，从液态残油（如原油）到较轻的液体燃料（如柴油和石油气）、常规天然气以及各种工艺气体。

图 10.16 显示了"标准"设计的环管布局和相对简单的结构，可以从中看到喷嘴、帽罩、导流套、火焰筒和过渡段等组件。

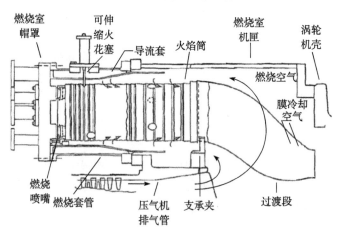

图 10.16 GE 公司标准非预混燃烧室示意图

燃料通过位于火焰筒前端的单个喷嘴供应。燃料喷射器组件包括一个大的轴向空气旋流器（可能包含几个气体和/或液体燃料回路），以及为了控制排放或增大功率而配备的稀释剂（包括液态水或蒸汽）喷注设备。气体通常通过轴向旋流器毂盘侧的一系列通道注入，流经轴向旋流器通道时与压缩机排出的空气混合。燃料喷嘴中心还可以提供额外的气体燃料，或点火和部分负荷工况所需的少量引燃燃料。

图 10.17 是一个典型的双燃料标准喷嘴组件,其轴向旋流器中有多个气体燃料喷嘴和一个中心单路液体燃油喷注器。与几乎所有的 GEEnergy 液体燃料喷注器一样,该设计是一个空气辅助压力雾化器,拥有相对较大的燃油通道,雾化空气由一个独立的雾化空气压缩机提供,压力比压缩机出口高 40%。雾化空气主要是为了在较大的燃油通量和最小的喷嘴压降下产生一个在相应喷注速度下可点燃的喷雾。液体燃料喷射器依靠压力雾化负载运行。图示燃料喷注组件还有一组更小的压力雾化器,位于轴向空气旋流入口上游,用来为排放控制和功率增强提供精细雾化的水。水雾随着压气机排出的空气被带到反应区。燃烧室入口法兰位于燃料喷嘴组件前方,用于连接气体燃料、雾化空气以及液体燃料和水的供应组件。

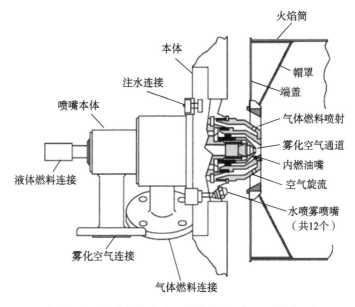

图 10.17 GE 公司标准非预混燃烧室双燃料喷嘴截面

燃烧室帽罩和火焰筒组件如图 10.18 所示。燃烧室反应区长度约为 1m,直径为 250~350mm。负载运行时,火焰筒内的滞留时间至少为 30ms。除了轴向旋流器产生的回流区外,还提供了一排或多排主空气射流来帮助稳定火焰。算上来自轴向旋流器、锥形帽罩散热孔和主空气射流的所有气体,主燃区燃料空气比接近化学计量比。火焰筒出口附近的大稀释孔将额外的空气掺混进来,以满足燃烧室出口温度及其径向分布要求。如果为系统提供额外的"包裹"蒸汽来增强功率,则蒸汽将随空气分布到整个燃烧室中。火花点火系统在其中两个燃烧室中点火后,联焰管将通过提供高温燃烧产物点燃邻近的燃烧室。虽然燃烧室的周长可以超过30m,但联焰点火过程不超过600ms,已点火和未点火燃烧室之间的压力差将导致联焰点火过程很快完成。

图10.18　GE公司标准非预混燃烧室的帽罩和火焰筒组件

火焰筒采用具有良好高温强度和抗蠕变、抗氧化能力的合金材料(如Hast-X),由金属薄板加工而成。通过薄膜冷却来保护火焰筒不受高温燃烧产物的影响,老式燃烧室中采用布满整个火焰筒的冷却孔,后来的设计中采用一系列薄膜冷却裙。陶瓷热障涂层能提供额外的热防护,通常该涂层由钇稳定氧化锆外涂层和应变顺应性金属结合涂层组成。

20世纪70年代,更严格的空气污染标准要求将发电用燃烧轮机 NO_x 排放水平从 $42×10^{-6}$ 降至 $25×10^{-6}$。单喷嘴头部在增加蒸汽或喷水的情况下, NO_x 可以达到 $25×10^{-6}$,但由此产生的燃烧不稳定性缩短了检修时间间隔,降低了可靠性。低负荷或在较冷环境下运行时,CO排放也会超限。

为了改善燃尽和燃烧稳定性,研制了多喷嘴低噪声燃烧室(MNQC)系统。通过在更大的燃烧室可用容积内更好地分配燃料、空气和稀释剂来提高燃烧效率,并产生一个更紧凑的反应区。将每个燃烧室的单一燃料喷注器替换成围绕燃烧室周向排列的6个较小的喷嘴阵列,燃料、空气和稀释剂平均供应。正如所预期的,这种喷嘴布置能够更有效地利用注入的稀释蒸汽或水,将 NO_x 水平降低至 $25×10^{-6}$,同时不会产生过多的CO或燃烧噪声。

得到的帽罩和火焰筒如图10.19所示,图10.20所示为6个气体喷嘴之一。

MNQC气体喷嘴设计借鉴了之前单喷嘴结构的轴向旋流器、气体燃料喷注结构和中心喷油嘴设计,并缩比到多喷嘴构型所需要的尺寸。较小的Frame 3、5、6(直径约250mm)燃烧室使用了5个相似的气体燃料喷嘴,除了直径缩小外,

第10章 工业燃烧室：传统非预混干低排放燃烧室

图 10.19 GE 公司 MNQC 燃烧室的火焰筒和帽罩组件

图 10.20 GE 公司 MNQC 燃烧室气体燃料喷注器

其他方面与原始的 MNQC 部件非常相似。得到的燃烧室工作在符合排放规定（水-燃料比大于 1 时，NO_x 排放不超过 25×10^{-6}）的工况下时，确实很安静，动态压力振幅下降了 10 倍，从几个 psi 的峰值降至 1/10 个 psi。使用气体和液体燃料时的 CO 排放裕度和符合排放标准的可用负荷、环境范围均有所扩大。

早期的 F 级燃气涡轮运行在较高的燃烧温度和压比下时，必须改进过渡段（TP）的冷却，以防止检修时间间隔缩短。使用冲击射流增强对流是最早的 F 级燃烧系统设计中的一个重大创新，且在 DLN 2.6+ 和所有其他 GE DLN 系统中沿用至今（见 10.5.4 小节）。压缩机排出的空气通过环绕过渡段的冲击冷却套筒导入，压降为燃烧室排气压力的 1%~2%（图 10.21）。一旦空气被导向 TP 壳体冷侧，其热导率会显著增加，就会在套筒下向前流动，进入包围着火焰筒的流动套筒。压气机排出用于冲击冷却 TP 的空气，在 TP 段温度达到 25~80℃，然后会在进入燃烧室反应区之前对火焰筒作进一步的对流冷却。这种冷却方案能使 TP 段的气膜冷却或发汗冷却空气用量减至最少，使得在后来研发的贫燃预混干低排放燃烧室中，绝大部分空气可以用于预混。

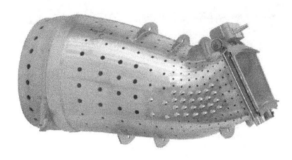

图 10.21　GE 公司 MNQC 燃烧室冲击冷却过渡段

接下来讨论阿尔斯通的设计。1939 年，BBC Brown Boveri 公司（现在的阿尔斯通公司）投入运营第一台工业燃气涡轮，它在涡轮机组顶部水平安装了一个筒仓燃烧室（图 10.22）。

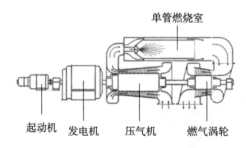

图 10.22　第一台用于发电的工业燃气涡轮（BBC Brown Boveri 公司）

后来，筒仓燃烧室的设计演变成直立在燃气涡轮顶部的垂直几何结构。图 10.23 所示为这种架构的一个示例（阿尔斯通 GT13E 燃气涡轮）。

非预混筒仓燃烧室由一个具有单个大旋流器的大型头部和一个位于头部中心线上的燃料喷枪组成（Kenyon 和 Fluck，2005）。这个头部-喷枪组件安装在高温气体套筒（火焰管）的前面板上。压气机空气首先流过外部圆柱形压力容器和内部高温气体燃气机匣之间的环形空间，在那里冷却高温燃气机匣，然后进入旋流器，冷却主燃区或混合喷嘴。

在燃烧室中热负荷最高的主燃区，火焰管由背面有鳍片的金属冷却单元（瓦片）组成。冷却空气在沿壁面进入燃烧室之前，首先对各段壁面进行对流冷却，并为下游各段壁面提供气膜冷却。合理选取旋流空气和混合空气的比

第 10 章 工业燃烧室：传统非预混干低排放燃烧室

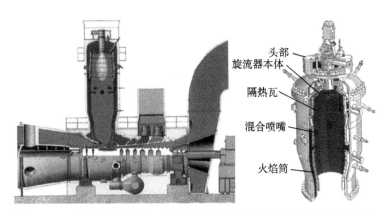

图 10.23　来自阿尔斯通的 GT13E 燃气涡轮（配置传统的筒仓燃烧室）

例，以达到最佳的烟尘燃尽效果，并使部分负荷下的 NO_2 生成最小化（见 10.3 节）。

从图 10.24 中可以看出，气态或液态燃料通过旋流器尾端中心喷枪直接喷射到旋流形成的回流区中。中心另一个小旋流器能为调节燃烧室流场提供额外的灵活性。为了达到足够的燃料穿透，气体燃料通过燃料枪外弧上多个喷孔朝外侧径向喷射。液体燃料通过中心的空心锥压力雾化器轴向喷射。紧贴旋流器下游会形成一个大火焰，通过高温气体回流稳定。火焰被锚定并稳定在回流区，旋流器起着火焰稳定器的作用。燃料与空气和反应产物混合时，会以典型的非预混方式燃烧。这种扩散火焰通常燃烧在空气-燃料化学计量比（$\phi=1$）附近，火焰温度较高，导致较高的热力型 NO_x 生成。为满足排放要求，通过旋流叶片之间的多个喷嘴喷射蒸汽或水来减少 NO_x。这些喷嘴也可以用于增大功率。

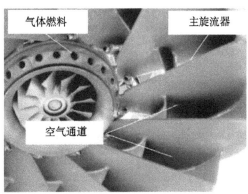

图 10.24　阿尔斯通筒仓燃烧室（GT11N2）中典型的非预混头部

313

这种非预混头部可以燃烧多种燃料，如天然气、液化天然气、重油、原油、馏分油和石脑油。如有需要，还可以喷注蒸汽或水来控制NO_x。该头部已被证明是燃烧原油和残油的一种可靠解决方案，即使这些燃料灰分很高。由于头部所有组件尺寸都很大，还能避免喷注孔的堵塞和结焦。

早期（约在1985年）有一种有趣的减少非预混火焰NO生成的方法，采用非常紧凑的燃烧室，如图10.25所示。其基本原理等价于贫燃直接喷射法，后者正逐渐成为低NO_x航空发动机的一项重要技术。

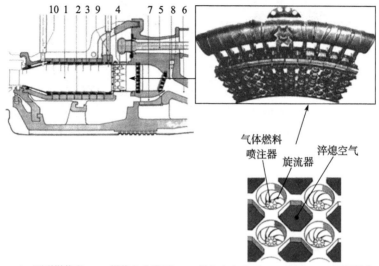

1—环形燃烧室；2—燃烧室内壁面；3—燃烧室内壁面；4—头部；5—燃料供应；
6—压气机扩压器；7—内抽气扩压器；8—外抽气扩压器；9—点火火炬；10—观察镜。

图10.25 紧凑型非预混低NO_x燃烧室

在引入排放限制前，燃气涡轮运营者习惯于燃料系统和运行方法简单的燃气涡轮。图10.25所示的燃烧室保持了早期无NO_x控制的发动机的简单性。这是通过在整个负荷范围内无分级操作实现的。NO_x控制的基本原理是减小火焰尺寸，使放热分布到大量非常小的火焰中（60MW发动机有384个），从而使滞留时间最小化。燃烧室入口的空气通过多个旋流器中的一个，或通过它们之间的通道流入燃烧室。旋流器中心有燃料喷注器，产生小的伴有过量燃料的回流区，以实现火焰稳定。随后高温燃烧产物与流经轴向通道的空气混合，以实现完全燃尽。过量的空气会使燃烧室温度降低，NO_x生成减少。

尽管与非预混筒仓燃烧室相比，这种类型的燃烧室（图10.23）显示出约5倍的NO_x减排潜力，这种简洁的解决方案取得的商业成功却很有限，因为NO_x排放限制标准已迅速降至低于非预混系统的NO_x减排潜力。这种无分级解决方案的一个缺点是，在涡轮入口温度较低的部分负荷工况下，火焰区存在很大的空气余量，会导致燃烬反应的强烈淬灭。但通过压气机进口导气叶片控制，也能在负荷范围内达到完全燃尽（见10.4节）。

10.5.1.2　MBtu 燃料

阿尔斯通 MBtu 头部是 EV 头部的改进版本（见 10.5.2 节）。它适用于高活性、快速燃烧的气体，如 MBtu 合成气或其他含氢量高的气体（Reiss 等，2002）。沿空气进气槽喷注这些燃料是不可取的，因为其火焰速度高，可能导致向头部锥体回火。此外，由于合成气热值较低，因而燃料体积流量较高，如果燃料通过空气槽进入，会导致空气剖面畸变。将标准 EV 头部的空气动力学与适用于活性燃料的燃料喷注方法相结合，可以克服这些限制。为了应对更低的热值和更快的燃烧速度，MBtu 头部在靠近锥形旋流器出口处设有更大的燃料孔（图 10.26）。它们在头部出口周向布置，且沿径向向内侧喷注燃料。MBtu 燃料虽然没有经典的预混区，但得益于锥形旋流器产生的高湍流度环形旋流射流，头部出口与火焰锋面之间实现了很大程度的预混。这一原理与目前用于低排放航空发动机燃烧室的贫燃直接喷射法类似，即使使用高活性燃料也可以安全运行。相对于使用预混天然气的标准 EV 头部，MBtu 缩短了头部以降低旋流数，并增加了头部出口处环形旋流射流的流速。这两种改进都增大了火焰与头部出口的距离，降低了头部出口的热负荷。高空气流速和彻底的预混最大限度地减少了 NO_x 排放，并改善了头部的长期热完整性，因而是一个非常稳健可靠的解决方案。对于热值小于 7~8MJ/kg 的合成气，几乎可以达到完全预混的条件。高热值合成气则需要稀释到这个临界值。如果能避免过度稀释甚至取消稀释，则不用从压缩机抽取稀释空气，避免由此带来的燃气涡轮和电站结构复杂化。

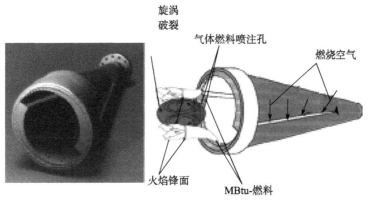

图 10.26　为 GT13E2 环形燃烧室设计的阿尔斯通 MBtu 头部

由于标准 EV 头部的空气动力学在 MBtu 头部设计中得到了保留,因此也允许使用备用燃料(如石油或天然气)运行。

西门子的合成气燃烧技术基于西门子"混合式头部"(见 10.5.2 节),该头部经过改进,可以燃烧低热值和高活性燃料,如图 10.27 所示。由于合成气不与空气预混,因此必须用 N_2 和/或蒸汽稀释,以实现低 NO_x 运行。

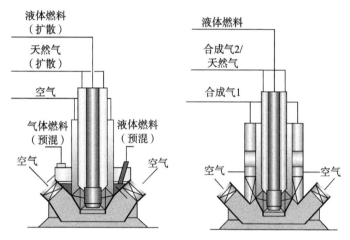

图 10.27 使用天然气和合成气工作的西门子混合式头部设计比较

正如 10.2.1 小节所讨论的,未稀释的吹氧合成气沃泊指数比天然气小得多。燃料的低沃泊指数和额外的稀释流量导致燃料管路容量要求大幅增加。为了提供所需的额外容量,在引燃空气通道外包围一个额外的合成气通道,它处于主空气和引燃空气通道之间,合成气通过这个燃料通道注入(图 10.28)。此外,合成气也可以通过扩散气体燃料管路输送。

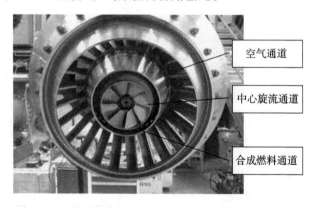

图 10.28 用于合成气、天然气和燃油运行的混合式头部

Hall 及其同事（2011）和 Payrhuber 及其同事（2008）对 GE 公司合成气和高炉煤气解决方案有详细介绍。该合成气燃烧室是 10.5.1.1 节提到的首现于 20 世纪 70 年代末的 MNQC 燃烧室的扩散火焰衍生版。和涡轮喷管一样，燃料喷注器也必须重新设计，以应对体积流量大得多的合成气燃料和用于抑制 NO_x 的氮气稀释剂。在初始起动和关闭时，系统还必须依靠天然气可靠地运行。上述合成气燃料喷注器将燃料和氧化剂分配到独立的离散喷射阵列，并在燃料喷注器出口汇合，从而提供快速大尺度混合，实现快速燃尽。每个气体燃料喷嘴的中心还提供燃料直接喷射。该系统经改型后还可以使用柴油作为备用燃料。

10.5.1.3　LBtu 燃料

使用 LBtu 气体燃料，如铁生产的副产品高炉煤气，就需要对使用天然气的燃气涡轮进行改造。由于 LBtu 燃料的热值显著降低，为了适应燃料质量流量的增加，除了对压气机进行改造外，燃烧室也必须进行重大改造。典型的 LBtu 燃烧室（阿尔斯通 GT11N2 燃气涡轮）如图 10.29 所示。

与天然气发动机相比，该燃烧室几何结构的主要变化是增大了燃烧室容积以弥补燃料活性的下降，其头部可以容纳比天然气头部约大 10 倍的燃料流量。LBtu 头部详情见图 10.30 以及 Kenyon 和 Fluck（2005）的描述。这种头部包含一个空气和 LBtu 燃料通道交替布置的旋流器。此外，LBtu 燃料通道又被分为内、外通道，从而提供了分级的可能。这种结构为火焰稳定提供了一个大回流区，并为燃烧空气与大流量 LBtu 燃料的混合提供了最佳初始条件。后者限制了富燃区的轴向延伸，尽管空气与燃料的混合很缓慢。这种缓慢混合是由旋流器中燃料和空气的平行流动结构特征造成的，如图 10.30 所示的旋流器。由于 LBtu 燃料非预混燃烧的最高火焰温度天然地比较低，NO_x 排放甚至可以达到个位数，通常不需要采用任何稀释或其他 NO_x 减排措施，就可以满足排放要求。

此外，这种设计允许使用天然气或石油混合运行，两者都通过中央喷注器注入。通常，在混合燃料运行中火焰温度较高，导致 NO_x 值较高，需要一定的 NO_x 减排措施。

Hall 等（2011）介绍了 GE 公司合成气燃烧系统在燃烧高炉煤气（BFG）方面的应用。BFG 燃料来自炼钢过程，Btu 极低。图 10.31 显示了这个独特的燃烧室中燃料和氧化剂浓度的预测结果。高体积流量的燃料通过燃烧室帽罩上的气体燃料喷嘴注入燃烧室中。该图显示空气通过火焰筒进入燃烧室参与燃烧，且通过向燃料中掺混足够多的空气，使整个火焰筒横截面都达到当地贫油条件，就可以控制火焰长度。GE 公司开发的 Frame E 高炉煤气燃气涡轮动力总成已使燃料流量降至约 4MJ/kg。

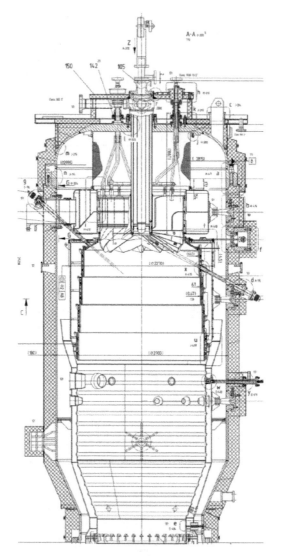

图 10.29 采用 LBtu 单头部的阿尔斯通筒仓燃烧室

10.5.2 天然气和液体燃料注水预混筒仓燃烧室

筒仓燃烧室主要适用于燃烧温度适中的燃气涡轮,可以为燃烧室与涡轮入口之间形状复杂的过渡段分配足够的冷却空气。这种筒仓燃烧室的优点之一是其高鲁棒性带来的非常高的可靠性。它的热反应区远离燃烧室壁。为了实现低NO_x运行,要么在预混模式下保持适当的燃烧温度,要么在扩散燃烧模式下注水。

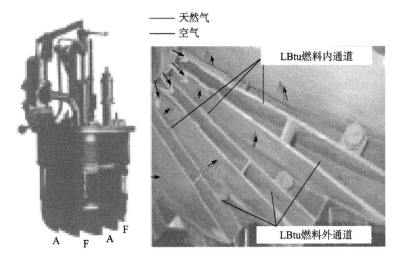

图 10.30 阿尔斯通 LBtu 头部

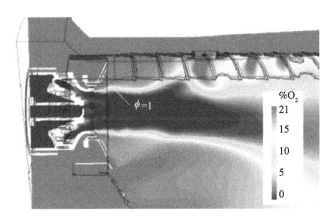

图 10.31 GE 公司 LBtu 燃烧室中的氧分布

第一代阿尔斯通预混筒仓燃烧室由大量小型预混头部喷注器组成,取代了非预混燃烧室的单个旋流器,如图 10.32 所示。这些第一代预混头部有很长的混合通道,每个头部都有一个中心燃料喷枪和一个位于出口处的旋流器。在预混模式下,燃料在上游距离旋流器数倍头部直径的位置从燃料喷枪向外放射状地喷射到燃烧空气中,从而显著提升燃料-空气混合质量。液体燃料在通道中预蒸发,也可以在旋流器下游进行非预混燃料直接喷射。

只有高负荷和满负荷工作时,才会为所有喷注器提供预混燃料。低负荷运行时,流向各组头部的燃料会按照图 10.14 所示的燃料分级原则依次关闭。

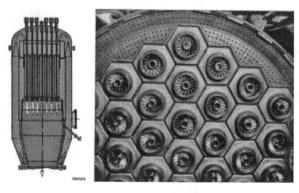

图 10.32　第一代阿尔斯通预混筒仓燃烧室
(a) 基本结构；(b) 头部单元。

这些预混头部出口平面的特写图（从下游向上游看）显示了带有旋流器的六边形头部矩阵。该技术使非预混筒仓燃烧室的 NO_x 排放量从数百降至 75×10^{-6}（体积）以下。同样的头部可以适用于气体和液体燃料，包括用于减排或增加功率的水或蒸汽喷注。在压气机出口温度中等的低压力比系统中未能实现使用长管道进行液体燃料预蒸发的原始想法，主要原因是在混合通道和旋流器中发现了沉积现象。

第二代阿尔斯通预混头部（satelmayer 等，1992）包含一个由两个偏置半锥体组成的旋流器，形成两个进气槽，如图 10.33 所示。这种头部最初用于 GT11 N1 发动机的筒仓燃烧室。气体燃料沿这两个喷射槽通过多个喷孔喷射。该头部的双燃料版本有一个简单的小喷射角压力雾化器，以及一个用于减少 NO_x 的注水喷嘴。在锥形腔内，燃料和空气在旋流中混合。这种旋流在头部出口处因突然膨胀进入燃烧室而破裂，并产生一个环形射流，在射流中心线上形成回流，因而能在自由空间中稳定火焰。

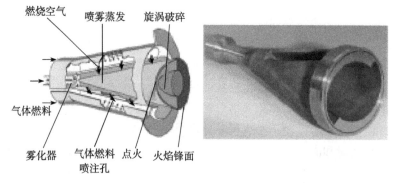

图 10.33　第二代阿尔斯通预混燃烧室头部（称为 EV 头部）的示意图和实物照片

GT11 燃气涡轮第二代预混筒仓燃烧室如图 10.34 所示。这种类型的燃烧室要么为每个头部配备单独的燃料阀，要么通过头部分组配备较少的燃料阀。通用的分级原理是在部分负荷时关闭一部分头部（见 10.4 节和图 10.15）。图 10.35 是在缩比的试验燃烧室中从下游向头部出口平面拍摄的火焰图像，显示了其在慢

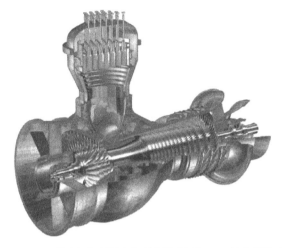

图 10.34　采用多个预混头部的阿尔斯通 GT11 筒仓燃烧室

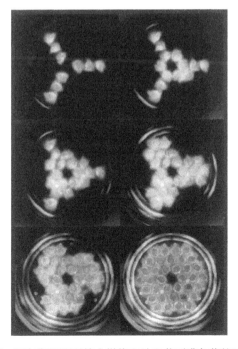

图 10.35　阿尔斯通预混筒仓燃烧室从空载到满负荷的运行工况

车、部分负荷和基载等特定工况下的模式切换。在全工况范围内采用完全预混燃烧是可行的。阿尔斯通筒仓燃烧室不使用内部扩散引燃。相反,通过独立头部的切换和外部引燃,以及两个预混组的帮助,可以覆盖从点火到基载的整个工况范围。通常将6个头部连接到一个单独的燃料供应管道,作为一个二次预混组。使用液体燃料工作时,头部切换和分组方法与气体燃料相同。

西门子SGT5-2000E系列发动机采用两个筒仓燃烧室,其缩放版本SGT6-2000E适用于60Hz市场。SGT5-2000E和SGT6-2000E在涡轮机组的每侧装备一个大型垂直筒仓燃烧室。这些筒仓燃烧室配备了西门子混合式头部,如图10.36所示。

混合式头部得名于它在预混和非预混(扩散)模式下燃烧燃料的能力。在需要时,扩散燃烧模式可以扩展到筒仓燃烧室的满负荷运行。混合式头部由3个同心安装的主要组件组成。中央部分由中心燃油喷枪和周围环绕的引燃空气流道组成,约10%的头部空气从这里进

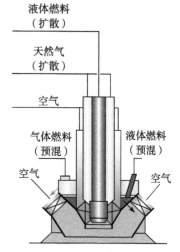

图10.36 用于筒仓燃烧室的西门子混合式头部

入燃烧室。扩散气体燃料管道供应的气体燃料垂直于空气通道注入引燃空气流中。引燃空气通道受到主空气通道倾斜旋流器的限制。天然气通过中空的旋流器叶片注入主空气通道中。旋流叶片和喷注器的气动设计可以防止预混模式下空气-燃料预混通道中发生回火。

虽然这种混合式头部最初是为筒仓燃烧室开发的,但它也广泛应用于环形燃烧室(见10.5.3.1节),并持续发展了近20年。

采用混合式头部的发动机在扩散燃烧模式下起动。使用天然气工作时,达到中间负荷水平后,扩散燃料管路关闭,燃料通过预混燃料管路供应。液体燃料也可以采用预混工作模式。若有需要,头部可以持续工作在扩散模式下直至达到基载,使燃烧系统能适应各种燃料。

燃料灵活性高是筒仓燃烧室最具吸引力的特点之一。在这种框架下,除了头部的灵活性外,较长的滞留时间也是一个额外的重要因素。从沃泊指数极低的焦炉气(图10.1)到沃泊指数很高(约$50MJ/m^3$)的LNG燃料,以及包括重馏分油在内的各种不同类型的液体燃料,都可以在筒仓燃烧室中燃烧。

10.5.3 天然气和注水或不注水运行的液体燃料预混环形燃烧室

从筒仓式燃烧室向环形燃烧室过渡的主要推动力是涡轮入口温度的升高,以及需要更多的主空气来进一步降低预混燃烧室的 NO_x 排放。筒仓燃烧室滞留时间较长,且由于涡轮上游的流动曲率,使得涡轮入口附近的流形和温度场都不完全均匀。如图 10.8 所示,火焰后的长滞留时间会增加 NO_x 生成,特别是在火焰温度升高时。典型的环形燃烧室平均滞留时间约为 25ms。如 10.5.4 节所述,环管系统也可以实现这样短的滞留时间。

10.5.3.1 单级燃烧室

图 10.37 所示为使用西门子混合式头部(见 10.5.2 节)的环形燃烧室。在压气机扩压器的下游,空气被导向沿圆周安装的 24 个头部。环形燃烧室内的流形用箭头表示:通过同向旋流头部气流在头部出口下游产生 24 个大型回流区,在较宽的工况范围内提供整个圆周的火焰稳定。

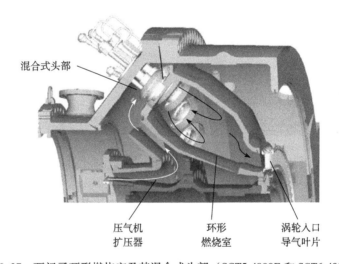

图 10.37 西门子环形燃烧室及其混合式头部(SGT5-4000F 和 SGT6-4000F)

环形燃烧室中使用的混合式头部由筒仓燃烧室中使用的旧版本(见 10.5.2 节)衍生而来。Strebe 和 Prade (2001) 描述了该头部设计的进一步发展。为了进一步减少 NO_x 排放,头部燃料与空气的混合效果比之前的筒仓设计有了很大的改进。图 10.38 显示了带来更好预混效果的最主要发展步骤,即采用预混引燃级。图中左侧是用来比较的采用扩散引燃的混合式头部。

改进后的头部由相同的 3 个主要部件组成(见 10.5.2 节)。非预混引燃中局部集中喷射的引燃燃料会导致头部通道出口出现富燃的燃料浓度峰值。通过导流叶片将燃料同时导向主级和引燃头部，可以实现更好的燃料分布，如图10.38（b）所示。通过从不同径向位置的几个孔同时喷注，燃料在头部引燃通道中的分布比之前的扩散型设计好得多。

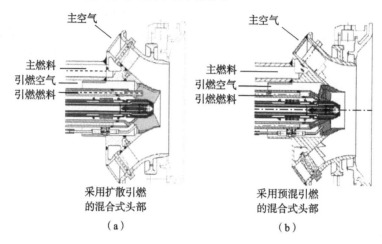

图 10.38　SGTx-4000F 发动机环形燃烧室头部的发展

此外，还进一步优化了头部主级通道的燃料浓度分布。燃料-空气混合的计算机模拟结果如图 10.39 所示。图中显示了通过头部主通道旋流叶片喷注的燃料轨迹和混合情况。此外，还显示了头部通道出口的燃料浓度分布。计算结果表明，在环空中心附近混合良好，在罩筒附近未混合度较高。这是由有限的混合长度造成的，且随着向下游火焰锋面的进一步运动，未混合度会进一步减小。燃料空气混合的改善可以降低给定燃烧温度下的 NO_x 排放，或者说，也可以在不影响排放的情况下提高燃烧温度。

图 10.40 所示为西门子混合式头部采用的液体燃料喷注方法。该头部有两个单独的液体燃料级。在扩散级，燃油通过一个环隙进入喷枪，进入压力雾化器的旋流室，然后被分为两股，一股由喷嘴喷出，另一股回流。反向流动控制确保了低负荷下流过旋流室的最小流量，因为旋流室需要一个最小流量来为雾化器提供稳定的涡流，从而在所有工况条件下保证足够的雾化质量。为了提供更好的燃料分布，在预混通道的毂盘上安装额外的射流喷嘴。在较高负荷下起动预混级时，就可以通过更好的燃料空气分布实现更低的 NO_x 排放。然而，由于燃油无法完全蒸发，因而无法在气流中完全散布，为进一步减少 NO_x 排放，需要向液体燃料中注水，并通过喷嘴喷出乳化液。含水量为80%的乳化液通常能将 NO_x 排放量减少至不加水系统的 1/5。

第 10 章　工业燃烧室：传统非预混干低排放燃烧室

 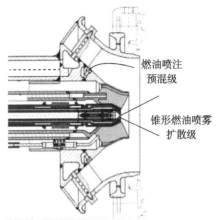

图 10.39　混合式头部工作在预混模式时的燃料浓度分布　　图 10.40　西门子混合式头部的喷油器

根据主旋流室圆柱形外壁的长度不同，环形燃烧室的混合式头部有多种选择。这种扩展（圆柱形头部出口，CBO）便于选取预混气体从喷注器到火焰区之间的对流时滞。该参数是优化燃烧室热声稳定性的最重要手段。在头部采用 CBO 可以使放热区进一步向下游移动，放热分布范围更广。适当的调协平均时滞，以达到更宽的不稳定边界和时滞分布，能够扩大稳定运行的范围。

通过对压气机空气的优化利用，最大限度地增大通过头部进入燃烧室的空气比例，可以在整个工况范围内降低 NO_x 排放。相应地，绝热火焰温度会下降，并尽可能接近涡轮入口温度。为此，人们作出了大量努力，将壁面冷却或清吹间隙的空气消耗降至最低。现代燃烧室中，冷却空气消耗量已降至压气机入口流量的 3%～8%。SGT5-4000F 采用陶瓷隔热瓦保护金属结构不受高温燃气的影响。陶瓷隔热瓦由 Al_2O_3 制成，可以承受至少 1500℃ 的高温，因而不需要冷却。然而，每个瓦片都是通过金属夹具（"瓦片夹"）连接到金属支撑结构上的，如图 10.41 所示，这些部件需要一定的清吹空气冷却。

图 10.41　环形燃烧室的壁面结构

整个壁面结构的设计经过了细致的优化，考虑了夹具的最低冷却空气要求，并须防止燃烧产物进入陶瓷隔热瓦和支撑结构之间的间隙（Krebs 等，1999）。环形燃烧室外壳如图 10.42 所示，图中显示了带有混合式头部安装孔的燃烧室前面板的一段。燃烧室外壁上安装

325

了4排陶瓷隔热瓦，其后是一排弯曲的金属热盾，引导气流流向涡轮。在未安装陶瓷隔热瓦的地方还可以看见金属支撑结构。

图10.42　带有陶瓷隔热罩的环形燃烧室外壳

10.5.2节中介绍的阿尔斯通EV头部也被用于环形燃烧室。GT13E2燃气涡轮是第一台采用这种组合的发动机（Senior等，1993）。环形燃烧室为采用预混头部的低排放燃烧提供了最佳条件。与筒仓式燃烧室相比，环形燃烧室非常紧凑的设计减少了需冷却的火焰管表面积，降低了燃烧室成本。GT13E2环形燃烧室有72个EV预混头部，呈两排交错排列。

GT13E2燃烧室的头部分为两组，即"主"头部组和"贫燃"头部组，如图10.43所示（Döbbeling等，2007）。这两组头部分布如图10.44所示。在高负荷和满负荷工况下，调整两组之间的燃料分配，可以优化燃烧以确保排放性能和动态稳定性。在部分负荷下，流向较小组的燃料流量逐渐减少，使较大组的火焰温度保持在贫燃熄火极限以上。

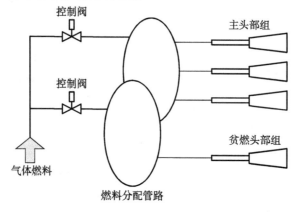

图10.43　GT13E2预混头部组

除了通过两个预混组进行外部分级，GT13E2 的 EV 头部还采用了内部扩散引燃，以覆盖从点火到约 50% 负荷的工况范围。此外，燃油供应系统被分为 6 个单元，也可以在点火后关闭某些单元，以更好地应对起动和加速过程中的瞬态变化。

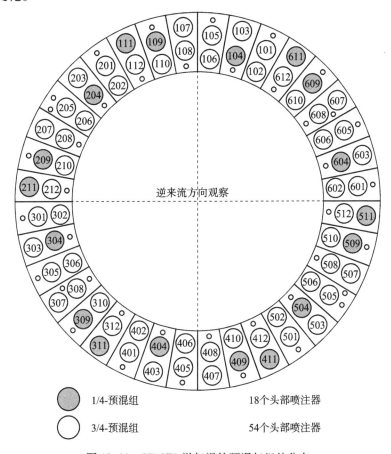

图 10.44　GT13E2 燃气涡轮预混气组的分布

使用液体燃料工作时与气体燃料的操作方法类似，所不同的是不需要内部引燃，因为燃油的贫燃吹熄边界低很多。

GT13E2 燃烧室的更多细节见图 10.45。来自压气机的空气被送到两个独立的流动通道，一路通过燃烧室罩冷却燃烧室外壁，另一路冷却内壁和第一排叶片。燃烧室壁主要通过对流冷却。冷却空气流入头部上游的集气室，然后通过 EV 头部进入燃烧室。

在 20 世纪 90 年代，使用轻质油的干式低 NO_x 排放运行对小型燃气涡轮（30~50MW 级）越来越有吸引力。因而基于阿尔斯通 EV 头部的气动原理，开发了带有圆柱形预混管的 AEV 头部（图 10.46）。

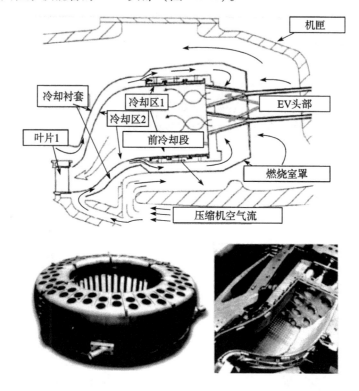

图 10.45 阿尔斯通 GT13E2 燃气涡轮的环形燃烧室

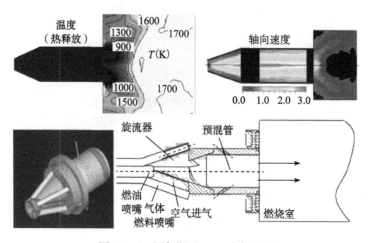

图 10.46 阿尔斯通 AEV 头部原型

四槽旋流器产生一个在中心轴上有强峰值的旋流，以防止回火。旋流向下游运动，在燃烧室中破裂，形成稳定火焰所需的回流区。它最重要的成果是，尽管液体燃料只通过锥形旋流器顶端的单个喷嘴喷射，但在燃烧室压力接近20bar且没有注水的发动机中，实现了真正的低 NO_x 运行。通过适当调节喷管出口的燃油动量，在头部出口上游的混合管内可以实现燃油的充分蒸发和燃油蒸汽几乎完美的径向散布。另一个有益的方面是，喷注气体燃料时由于旋流器与火焰之间的距离较远，也会使混合物的波动降到非常低的水平。西门子SGT-700型和SGT-800型燃气涡轮均采用了AEV头部，且都采用了燃烧室单排头部周向均匀布置。

10.5.3.2 两级燃烧室

阿尔斯通GT24和GT26燃气涡轮采用两级环形燃烧室系统（Joos等，1996），它由一个高压预混燃烧室（EV燃烧室）和一个中压再热燃烧室（SEV燃烧室）组成。这两种燃气涡轮的主要部件包括22级轴流压气机、配置EV头部的一级燃烧室、单级高压涡轮、配置SEV头部的二级燃烧室和一个四级低压涡轮。

GT24和GT26燃气涡轮再热燃烧系统剖面如图10.47所示。二级燃烧室中燃料在一级燃烧室产生的高温气体中燃烧，使 NO_x 排放非常低（Eroglu等，2009）。此外，由于再热燃烧系统的天然属性，采用再热循环的燃气涡轮拥有独特的低负荷工况下的优良排放性能。

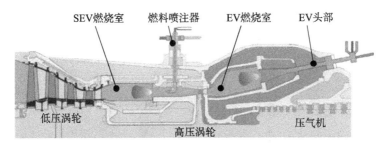

图10.47　GT24和GT26燃气涡轮的二次燃烧系统

GT24和GT26燃气涡轮的EV燃烧室采用了内部分级（分级预混），即每个头部都连接到两个单独的燃料供应管道。这样，它们就可以在宽的工况窗口内采用全预混模式运行，而不需要依赖扩散型的内部引燃。从点火到满负荷工况，两个预混级都是连续工作的。此外，通过头部分组工作还可以实现外部引燃。

SEV燃烧室不需要任何内部分级或引燃功能，但也可以通过固定或可变分组实现外部分级。

无论是 EV 还是 SEV 燃烧室，使用液体燃料时都不需要内部引燃，同样也可以通过固定或可变分组实现外部分级。

EV 燃烧室采用穿过前面板安装的单排可伸缩 EV 头部，如图 10.48 所示。由于燃烧压力较高，头部的数量大大低于非再热发动机。EV 燃烧室的内、外壁均由安装在支撑结构上的对流冷却段组成。这种带有冷却载体部件的分段结构能实现空气用量最小的完全对流冷却。空气从火焰筒内、外冷却通道进入头部集气室，然后流向头部。

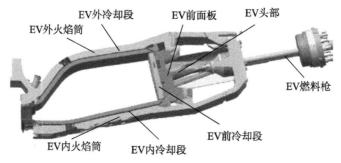

图 10.48　阿尔斯通 GT24 和 GT26 高压头部

SEV 燃烧室与 EV 燃烧室结构相似，如图 10.49 所示。SEV 头部包含 4 个四面体涡流发生器，类似于航空应用中常见的三角翼（Eroglu 等，2001）。在每个头部中，涡流发生器在来自高压涡轮的高温气流中产生 4 对流向涡。气体或液体燃料与载流空气通过一个可伸缩的喷枪喷注到 4 对流向涡的中心。这使得燃料能够在整个气流截面上实现有效的大尺度分布。

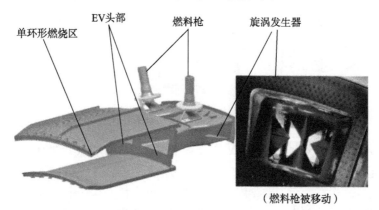

图 10.49　阿尔斯通 SEV 状况和 GT24、GT26 燃烧室

SEV 燃烧室冷却方案与 EV 燃烧室相似，都采用安装在支撑结构上的对流冷却段，形成环形冷却通道。内、外冷却通道的空气进入 SEV 头部周围的集

气室。它们都由集气室的冷却空气渗出冷却。

10.5.4 预混环管燃烧室

10.5.4.1 GE 公司 DLN 1 型燃烧室

GE 公司的 DLN 1 系统由 10.5.1.1 节介绍的"多喷嘴低噪声燃烧室"发展而来。DLN 1 型燃烧室已被应用于各种 E 级燃烧室,包括 7E、EA、9E、6B、52D、51P 和 32J 等燃气涡轮。如图 10.50 所示,DLN 1 系统是一种多模式、轴向分级、贫燃预混、干式低 NO_x 环管燃烧室,典型工况下出口峰值温度小于1300℃,最新版本的 NO_x 排放量低于 $5×10^{-6}$。

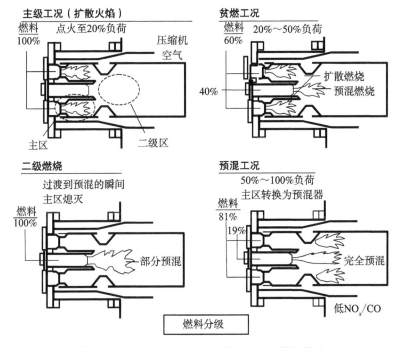

图 10.50　GE 公司的 DLN 1 燃料分级和燃烧模式

DLN 1 燃烧室主要部件包括燃烧室帽盖和火焰筒以及它们内部的 6 个（6B 中为 5 个）主燃料喷嘴和一个中心体组件,后者包含一个二级燃料喷嘴,可以通过二级引燃将火焰稳定在其末端（图 10.51）。火焰筒还包括一个充当火焰稳定器的文丘里管组件。文丘里管的喉部位于中心体下游,紧邻中心体末端。火焰筒在文丘里管下游有稀释孔。稀释孔是一个固定的空气旁路,其大小以达到目标所需的燃烧区温度为宜。

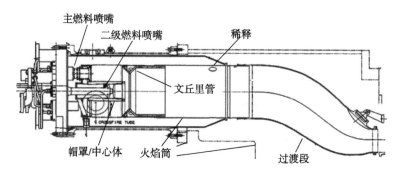

图 10.51　GE 公司的 DLN 1 燃烧室结构

从燃烧的角度看，火焰筒可以分为两个区。文丘里管上游是主区，这个区域的火焰筒上有许多孔——与扩散燃烧室类似。在低工况模式下运行时，该区内部有一个火焰；但在预混低排放模式下，该区为预混区，来自燃料喷嘴的燃料-空气混合物与火焰筒上掺混孔的空气射流混合。这种主燃料-空气混合物与主空气射流之间的相互作用导致了主区内的预混。

再往下游是主燃烧区。在预混模式下，燃烧区由两个独立的火焰组成。一个火焰稳定在文丘里管后方，燃烧来自主区的燃料，而另一个火焰则锚定在中心体的二级燃料喷嘴处。典型的基载工况中，大约 80% 的燃料供应给主区，其余 20% 流经二级喷管。

在负载工况下，前端主区工作在不反应的气体预混器模式，大量燃料-空气混合物通过文丘里管内缘和邻近的中心体外缘之间形成的狭窄喉道时，其流速高于湍流火焰速度，可以防止预混火焰向上游传播。

中心体中央的二级喷管顶端也有一个"二级引燃"燃料环，用于稳定火焰。在典型的 DLN 1 结构中，二级引燃燃料流量占二级喷管燃料流量的固定百分比。二级引燃火焰是扩散火焰，单位燃料流量会产生大量的 NO_x。但二级引燃也为二次火焰稳定和动态振幅抑制提供了一个稳定特征。并不是所有的工况下都需要相同比例的二级引燃燃料来保证燃烧稳定性。因此，将二级引燃燃料控制到燃烧稳定所需的水平，可以在 NO_x 增长最小的前提下提供低燃烧振荡的好处。DLN 1+构型（Thomas 等，2011）就通过独立控制二级引燃气体燃料流量实现了这种平衡。

根据图 10.50 中列举的工况模式，从发火转速（点火）到 20% 负荷的区间内，环形 DLN 1 主级运行在扩散火焰燃烧室模式下，此时气体燃料注入二级预混器，即火焰筒前端的中心体内形成的二级环形空腔。二级气体燃料从二级套管注入，并在不超过总负荷 20% 的范围内变化，在由二次燃料喷嘴外表面和中心体内表面形成的环形空腔中与压气机排出的空气混合。二级喷嘴的尖端比安装在帽罩中心体上的大轴向旋流器更突出（图10.52）。预混燃料-空气通过轴向旋流器排出到中心体下游的空腔内。图10.52所示的空腔和两个旋流器为二级喷管产生的火焰提供了一个稳定锚点。在20%~50%燃气涡轮发动机负荷下，DLN 1燃烧室运行在"贫燃-贫燃"模式下，主区内为扩散火焰，还有一个部分预混火焰锚定在中心体预混器上。

图10.52 通过文丘里管看向上游的DLN 1燃烧室主燃区（中心是二级喷射器）

DLN 1主区预混方法的优点是能够容忍回火或主级重新点火。由于主级段设计了气膜冷却和热防护，可以承受初始纯主级模式和贫燃-贫燃模式的火焰温度，结果只是在短期内排放有所升高。随后，通过暂时关闭通往主燃料喷嘴的燃料供应，燃烧系统回到预混模式，仅在中心二级燃烧区进行部分预混燃烧。随后恢复向主级和预混级同时供应燃料，系统恢复合规的排放。

10.5.4.2 GE公司 GE DLN 2 燃烧室

随着燃气涡轮提高循环压比和燃烧温度以达到更高的热效率，且发电机尺寸也随着全球天然气供应和电力需求的增加而增大，而污染物排放限制却保持不变，甚至有所降低。GE 7F燃气涡轮是首批在极高的压力和温度下运行的新机型之一，且能达到最近投入使用的GE公司DLN 1系统和其他DLN贫燃预混系统所建立的排放预期。然而，在最初的DLN 1方案中，为了保证足够的耐久性，需要冷却的火焰筒表面积和气膜冷却量限制了可与燃料预混的空气流量，也限制了NO_x减排能力。气膜冷却和二次流动在部分负荷下也对CO排放不利。虽然为7F燃气涡轮开发和配置DLN 1燃烧系统只是一种临时措施，但DLN已发展到第二步，可以在可接受的耐久性条件下平衡排放和效率期望。应用于7F和9F燃气涡轮的DLN 2系统采用了减少冷却表面积、减少气膜冷却、改进材料和喷涂等措施以及新的气体燃料预混和分级技术（Lovett和Mick，1995；Davis，1996；Vandervort，2000；Bailey等，2002）。

DLN 2燃烧系统架构中只有一个反应区，它采用一个简化的火焰筒，减小了单位体积冷却表面积（图10.53）。为了在更高的F级燃烧温度下达到NO_x排放目标，具有最小的气膜冷却量和密封泄漏量的高效冷却系统至关重要，可以使90%甚至更多燃烧室气体流经预混器。气膜冷却仅少量地应用在过渡段出口与一级涡轮喷嘴的交界处、火焰筒出口与过渡段入口连接处、帽罩和火焰筒交界处以及穿过帽罩高温表面的射流冷却孔阵列等关键位置。F级DLN的火焰筒在帽罩尾端面的直径约为450mm，明显大于DLN 1系统的火焰筒直径，但长度小于DLN系统，仅为800mm，在更高的F级循环工况下能提供与DLN 1系统相似的反应区容积和滞留时间。

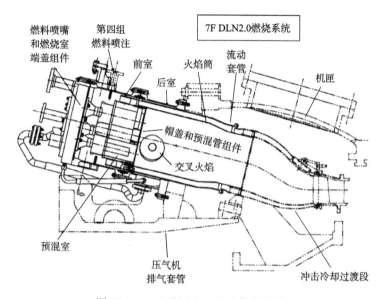

图10.53　GE公司DLN 2.0燃烧系统

与DLN 1预混模式的主级不同，DLN 2.0预混器的设计不能容忍预混环腔内存在火焰。这需要仔细调节旋流器和燃料喷射器的空气动力学参数。通过大量建模和试验研究得到了图10.54所示的气体预混器几何结构，其中包含一个大轴向空气旋流器，紧随其后的是一个燃料喷注枪阵列。每个预混器有10个涡流叶片和10个喷注枪，预混环腔的大小足以使产生的混合物速度远高于最坏情况下的湍流火焰速度。每个预混器都有两个气体回路：一个是扩散回路，燃料从尾部的"扩散尖端"通过一系列的倾斜喷嘴直接注入反应区；另一个是预混回路，通过上游

图10.54　GE公司DLN 2.0燃烧系统的预混器

的喷注枪供给燃料。扩散回路用于不要求达到 NO_x 排放要求的点火至部分负荷工况，在完全预混模式下，则关闭扩散回路燃料，并用冷却的压缩空气持续清吹。

系统采用 5 个独立的气体燃料预混器阵列向一个燃烧室供应反应物。50Hz 机器有 14 个 5 预混器与燃烧室单元，9F 则有 18 个，匹配的 F 级燃气涡轮压比为 16：1，单个燃烧室流量为 24kg/s，涡轮转子入口温度约 1300℃，燃烧室出口温度超过 1400℃。随着从点火到满负荷工作过程中火焰温度的升高，为了将峰值温度保持在 NO_x 生成阈值以下，需要通过控制每个预混器内的独立燃料回路或不同预混器组的燃料供应来进行燃料分级。主级、二级和三级气体燃料环形歧管分别向每个端盖处供应燃料。

在使用 DLN 2 燃烧系统的第一批发动机调试期间，增加了第四级燃料，并对燃烧室进行了其他更改，以控制燃烧室压力振荡。增加的 4 级外部燃料回路同样采用一组沿燃烧室壳体圆周布置的短空心杆阵列，仅喷注少量的燃料。4 级燃料杆阵列的燃料供应歧管内置在前套管中，由一个环形歧管提供燃料。这些燃料杆位于紧邻燃烧室前端的上游轴向平面上，在这里压气机排出的空气从火焰筒与流动套管之间的环隙流出，经过 180°转弯，进入各个气体燃料预混器入口。虽然 4 级燃料流量通常远低于总燃料的 10%，但其燃料喷注点与火焰锋面之间的对流延迟已被证明非常有利于跨负荷、跨环境时的动力学管理。

对于双燃料版本的 DLN 2 系统，每个预混器还提供了一个燃油喷注器。燃油和用于抑制 NO_x 的水从每个扩散尖端的中心直接喷射到反应区。它采用的单个燃油回路本质上是一个大压力雾化器，由外部压气机系统提供冷却、干燥且压力较高的雾化空气，提高一定喷射速度下的雾化质量。水是通过燃油回路外侧一个类似的环形压力雾化器注入的。

在 20 世纪 90 年代早期，由于监管压力，需要为 Frame 7FA 开发一个 9×10^{-6} 的燃烧系统，研发成果为 DLN 2.6（Davis，1996；Vandervort，2000）。其结果表明，将 DLN 2 的 NO_x 水平从 25×10^{-6} 降低到 9×10^{-6} 需要流经燃烧室预混器的空气增加约 6%，才能达到个位数 NO_x 指标所能允许的最大反应区温度（约为 1600℃）。这种空气分配的变化是通过减少帽罩和火焰筒冷却空气流量来实现的，因而需要提高冷却效率。然而，如果不改变 DLN 2.0 系统的运行工况，要达到 9×10^{-6} 的基载性能就会带来一定的弊端。DLN 2 燃烧室达到 $9\times10^{-6}NO_x$ 和 $9\times10^{-6}CO$ 时负荷约能调低至 70%，而 25×10^{-6} 的 NO_x 和 15×10^{-6} 的 CO 系统可调低负荷至约 40%。

因此，在 DLN 2 燃烧室的基础上设计了一种新的燃烧室结构，来克服这些困难。新结构的主要特点是在现有的 5 个 DLN 2.0 预混器的中心增加了第 6 个较小的气体预混器。5个外部喷嘴与DLN 2.0中使用的相同,中心喷嘴与DLN 2.0相似,但简化了几何形状,以适应有限的可用空间。中心喷嘴的存在使得DLN 2.6能扩展其功率调低范围,远超过5喷嘴DLN 2.0。通过将中心喷嘴与外部喷嘴的燃料分开供应,可以调节中心喷嘴燃料空气比,使之与外部喷嘴不同,从而使温度比9×10^{-6} NO_x排放下的基载工况下降约100℃。调低中心预混器的燃料分配比例不会导致产生任何额外的CO生成。

DLN 2.6燃烧室除了增加中心喷管外,与DLN 2.0相比没有任何其他变化,因而DLN 2.6需要5个燃料歧管,比DLN 2.0多一个。人们提出了另一种起动和低负荷运行的替代方案,取消了扩散模式,所得的燃烧室有4个燃料歧管:3个预混燃料歧管(PM)将燃料分级供应到5个外围、一个中心预混器,第四个预混燃料歧管用于注入额外的第四组燃料以减少燃烧室内的动力学问题。第一个歧管为中心喷管供油,第二个歧管为联焰管处的两个外部喷管供油,第三个歧管为其余3个外部喷管供油。由于取消了扩散回路,DLN 2.6的加载和卸载与DLN 2.0不同。为了使预混火焰保持在可燃区域内,防止燃烧室发生吹熄,需要对工作模式进行额外的更改(图10.55)。

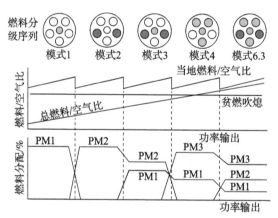

图10.55　GE公司DLN 2.6燃烧室的燃料分级序列

DLN 2.6燃烧室的火焰筒是全锥形的,而不是在圆柱段后接一个短锥(图10.53)。气体燃料预混器也进行了更新,用更多气动叶片式燃料喷枪取代了最初在DLN 2.0上使用的圆柱形燃料喷枪。DLN 2.6系统燃烧天然气燃料时能在50%及以上的负荷范围内达到$9\times10^{-6}NO_x$和$9\times10^{-6}CO$值。

1996年底,推出了Frame 9FA的更高功率版本,被称为9FA+e。这台机器中进入燃烧系统的空气和燃料增加了约10%,燃烧室出口温度达到1470℃以上。为了满足这台发动机的排放要求,开发了DLN 2.0的更新版本,称为

DLN 2+。DLN 2+保留了 DLN 2.0 的基本体系结构，并针对新要求进行了调整，以提高系统的可操作性和鲁棒性。与 DLN 2.0 相比，主要的变化集中在燃料喷嘴和端盖布置上。端盖和燃料喷嘴都配有更大的燃料通道，以增大燃料体积流量，从而容纳热值较低的气体燃料。DLN 2+系统引入了"旋流喷嘴"（swozzle）气体燃料预混器，这个词是的旋流器（swirler）和喷嘴（nozzle）的组合。为进一步提高火焰稳定裕度、降低喷注压降和提高扩散火焰稳定性，对 DLN 2+气体燃料预混器以及随后应用于 2.6 和 2.5H 系统的旋流喷嘴的空气动力学进行了重新设计（Lewis 等，2011）。预混器更整洁的气动特性带来了额外的火焰稳定速度裕度增益。这是通过一个新的旋流器设计实现的，该设计将燃料直接从旋流器表面喷射。每个旋流器叶片包括一个旋转段和一个上游直筒段。直筒段是中空的，内含燃料歧管和离散喷注孔。这与早期的 DLN 2.0 设计形成对照，后者在流道中设有两个元件，即一个旋流器和多个喷注气体燃料的喷注枪（后来改为叶片）。在旋流器上游用一个入口流量调节器改善预混器的流量特性，而位于下游的整体式外罩消除了燃料喷注点后任何潜在的流动干扰。喷嘴尖端几何形状和扩散火焰稳定性的改进使得所有喷嘴都可以采用扩散火焰。

这就省去了 DLN 2.0 的贫燃-贫燃模式，并简化了分级方法。为了应对热值较低的燃料，在 DLN 2+和 2.5H 中又重新引入了 DLN 2.6 已经取消的扩散气体燃料回路。

10.5.4.3 西门子 DLN 燃烧室

西门子 SGT6-5000F 发动机采用环管燃烧系统。西门子在 E 级和 F 级环管燃烧室中采用的贫燃预混技术源自三菱重工和西屋电气公司（现在是西门子能源公司的一部分）的联合发动机开发项目。最早的贫燃预混系统称为干式低 NO_x（DLN）燃烧室，主要由三菱公司在 20 世纪 80 年代（Aoyama 等，1991）和 90 年代初（Matsuzaki 等，1984）开发。随后，西屋公司和西门子公司将该技术扩展到 SGT6-5000F、SGT6-3000E 和 W501D5 发动机的超低 NO_x（ULN）设计。稍后进一步扩展应用到 SGT5/6-8000H 发动机。

DLN 燃烧室由一个中央非预混引燃区和一些围绕着它的部分预混主喷管组成，中央引燃区由一个引燃锥来保证火焰稳定。引燃喷嘴具有中、高旋流数（0.8 到>1.2），形成一个回流区，而主喷嘴具有较低的旋流数（大于 0.4）。因此，引燃火焰紧凑且反应剧烈，而主火焰区则由一组"长而松弛的火焰"组成。因此，引燃火焰用不到 10%的空气和燃料，将部分预混主火焰稳定在更低的旋流数下（比其他可能的方法都低），使主火焰更长，且时滞分布更宽。这种时滞分布导致火焰不太容易与声波发生相干相互作用，因此不太可能表现出较高的热声振幅。图 10.56 是 DLN 系统的原理图。

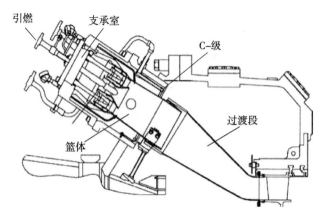

图 10.56　用于环管燃烧室的西门子 DLN 系统

该系统中，主喷嘴连接在支撑壳体上，分为"A"级和"B"级两组，其他喷嘴属于同一级。该分级设计与引燃喷嘴结合，用于起动和加载过程。DLN 燃烧室的典型加载顺序见表 10.1。

表 10.1　随发动机负荷变化的 DLN 分级

负荷范围	运行分级
点火至 30% 负荷	引燃，A 级
30%~50% 负荷	引燃，A+B 级
50%~100% 负荷	引燃，A+B+C 级

燃料通过每个主旋流器下游的主喷管（称为火箭）侧面的 4 个喷孔、引燃喷嘴末端的 8 个孔以及 C 级环上的约 30 个孔进行喷射。C 级燃料喷射对燃烧系统有多方面的影响，它的一个主要作用是能与来流空气充分预混。因此，可以通过在主喷管和 C 级之间切换燃料来调整燃烧室的动态响应，而不带来任何 NO_x 损失。

火焰筒和过渡段最初分别使用板翼式和"MT 翅片"空气冷却。这些冷却系统由两层金属组成，其中内层较厚，有很多平行的冷却通道。对于火焰筒，冷却空气在通道的末端直接排出，内层和外层仅在通道开始处相互连接。这一系列的冷却面板共有 4 组，直径越来越大，这样从第一组冷却通道流出的冷却空气在第二组冷却板开始处形成一层薄薄的屏蔽空气，以此类推。DLN 支撑壳体和引燃喷嘴的照片如图 10.57 所示。

对于过渡段，内外层被黏合在一起，每个通道的冷却空气都通过一个进气孔独立供应，并从排气孔流出。进气孔和排气孔的组合可以用来调节流向通道的冷却气体流量。

图 10.57　用于环管燃烧室的西门子 DLN 燃料喷嘴

随着系统的发展，火焰筒经过改进，在后侧采用一个对流冷却面板，并涂有厚厚的热障涂层。此外，现在的火焰筒尾部还安装了一组谐振器阵列，用于抑制 kHz 范围内的高频燃烧室声模。图 10.58 分别显示了采用板翅冷却和采用后侧面板冷却与谐振器的 DLN 火焰筒篮体图片。

图 10.58　用于环管燃烧室的西门子 DLN 火焰筒

过渡段冷却布置的改进更加精巧，包括冷却通道安排和过渡段形状的优化，最大限度地减少热传导系数，最大限度地提高设计的机械鲁棒性。对火焰筒、过渡段和密封件部件进行上述设计修改和优化后，与原始设计相比，冷却和泄漏空气减少了 50% 以上，从而实现了降低 NO_x 和/或在相同的 NO_x 水平下提高涡轮进口温度的目标。

10.5.4.4　西门子 ULN 燃烧室

ULN 燃烧室的开发旨在满足 F 级发动机的个位数 NO_x 排放要求。它也被用来在提高火焰温度的情况下将排放保持在 25×10^{-6} 以下。ULN 系统的基本结构与 DLN 系统相同，有一个引燃喷嘴、两个主级和一个 C 级。然而，在 ULN 系统中燃料是通过旋流叶片而不是喷管侧壁喷射的。此外，ULN 系统有一个两级引燃喷嘴，包括一个预混引燃和一个扩散引燃级。预混引燃燃料也通过旋涡叶片喷射。

ULN 燃烧系统的燃料分级策略见表 10.2。扩散引燃级主要用于发动机的点火和加载，而预混引燃级主要用于较高负荷时将 NO_x 排放控制在个位数水平。图10.59所示为预混引燃喷嘴及其支撑件的照片。

表10.2 作为发动机负荷函数的ULN燃料分级

负荷范围	运行分级
点火至同步转速	引燃，A级
同步转速至25%负荷	引燃，A+D级（预混引燃）
25%~45%负荷	引燃，A，B+D级
45%至基载	引燃，A，B，C+D级

图10.59 西门子用于环管燃烧室的ULN喷嘴及其支撑件

ULN系统相对于DLN系统的关键优势在于，它允许燃料精细地分布到预混通道内，从而在周向混合和径向分布方面实现最佳的燃料分布。其径向分布经过调整，可以确保不仅在 NO_x 水平方面，而且在燃烧动力学、回火和贫油稳定性等方面都能达到最佳模式。由于ULN系统中喷射孔的位置对混合模式的决定作用远大于喷射燃料的动量，因此该系统还有一个额外的优势，即它对燃料温度和沃泊指数变化的敏感性小于DLN系统。

此外，主级以AA-BB模式排列，这意味着相邻的两个喷嘴属于同一级。这种设计变化使得仅A级工作时（低于30%负荷）CO排放水平能够降低，从而减少了发动机的起动排放，如图10.60所示。

ULN燃烧系统于2004年首次在密歇根州Renaissance电厂的试运行中进行了演示验证（Bland等，2004），随后于2008年在爱达荷电力公司的Evander Andrews项目中投入市场（Johnson等，2008）。

10.5.4.5 西门子PCS燃烧室

ULN技术比例放大1.2倍，就是西门子H级发动机。这一发展阶段的燃烧系统称为平台燃烧系统（PCS），因为它的尺寸适用于西门子的多种发动机。PCS系统背后的基本技术与ULN系统相似，许多参数都经过了优化，以适应H级发动机更高的燃烧温度，并进一步提高系统的可制造性、起动可靠性和系统鲁棒性。西门子在气动设计方面主要关注PCS系统的旋流个数优化、旋流剖面和

第 10 章 工业燃烧室：传统非预混干低排放燃烧室

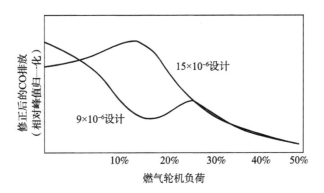

图 10.60 ULN 的 CO 排放与负荷的关系

混合剖面，以期达到所需的燃烧火焰温度和 NO_x 排放水平，同时避免整个发动机运行过程中的燃烧动力学问题。基于 ULN 燃烧室的经验，热设计从一开始就进行了优化，燃烧室和级间密封也是如此。该系统于 2007 年在德国因戈尔施塔特附近的 E.ON Irsching 电厂首次演示验证（Gruschka 等，2008）。

10.6 术　语

a	m^2/s	热扩散率
Da		Damköhler 数（达姆科勒数）
f		混合物分数
$\bar{f}$		混合物平均分数
g		燃料混合分数 pdf（概率分布函数）方差
$\sqrt{g}$		混合物分数 pdf（概率分布函数）标准差
LHV_{vol}	MJ/m^3	等容低热值
s		归一化标准差
s_l	m/s	层流火焰速度
s_t	m/s	湍流火焰速度
T	K	温度
U		未混合度
Wo_i	MJ/m^3	沃泊指数

希腊字符

$\varPhi$		当量比
γ		摩尔分数
ρ	kg/m^3	密度

| τ | s | 特征时间 |

下标

air		空气
chem		化学
fuel		燃料
mix		燃料空气的湍流混合
products		燃烧产物
reactants		反应物，燃料空气混合物
unmixed		燃料空气完全未混合状态

缩略语

HAP		危险空气污染物
pdf		概率密度函数
UHC		未燃碳氢化合物（未燃烃）
VOC		挥发性有机化合物

参考文献

Aoyama, K. et al. (1991). "Development of a Dry Low NO_x Combustor for a 120MW Gas Turbine." *Proceedings of the ASME/IGTI TurboExpo*, Paper ASME 91-GT-297.

Bailey, J. C., Intile, J., Fric, T. F., Tolpadi, A. K., Nirmalan, N. V., and Bunker, R. S. (2002). "Experimental and Numerical Study of Heat Transfer in a Gas Turbine Combustor Liner." *Proceedings of the ASME/IGTI TurboExpo*, Paper 2002-GT-3018.

Bland, R., Ryan, W., Abou-Jaoude, K., Bandatu, R., Haris, A., and Rising, B. (2004). "Siemens W501F Gas Turbine: Ultra Low NO_x Combustion System Development." *Proceedings of the Power-Gen International*.

Bradley, D. (1992). "How Fast Can We Burn?" Twenty-fourth Symposium (International) on *Combustion*, 247–62.

Davis, B. (1996). "Dry Low-NO_x Combustion Systems for GE Heavy-Duty Gas Turbines." *Proceedings of the ASME/IGTI TurboExpo*, Paper 96-GT-27.

Dean, A. M., and Bozzelli, J. W. (2000). "Combustion Chemistry of Nitrogen," in *Gas-Phase Combustion Chemistry*, Gardiner W. C. ed., Springer-Verlag.

Döbbeling, K., Pacholleck, J., and Hoffs, A. (2007). "Combining Operational Flexibility with Clean, Reliable Power Generation in the Alstom Gas Turbine GT13E2." *Proceedings of the Power-Gen Asia Conference*.

Eroglu, A., Döbbeling, K., Joos, F., and Brunner, P. (2001). "Vortex Generators in Lean-Premix Combustion." *Transactions of the ASME, Journal of Engineering for Gas Turbines and Power* **123**: 41–9.

Eroglu, A., Flohr, P., Brunner, P., and Hellat, J. (2009). "Combustor Design for Low Emissions and Long Lifetime Requirements." *Proceedings of the ASME/IGTI TurboExpo*, Paper GT2009-59540.

Gruschka, U. et al. (2008). "ULN System for the New SGT5–8000H Gas Turbine: Design and High Pressure Rig Test Results." *Proceedings of the ASME/IGTI TurboExpo*, Paper No. GT2008–51208.

Hall, J. M., Thatcher, R. T., Koshevets, S., Thomas, L. L., and Jones R. M. (2011). "Development and Field Validation of a Large-Frame Gas Turbine Power Train for Steel Mill Gases." *Proceedings of the ASME/IGTI TurboExpo*, Paper GT2011–45923.

Johnson, C. et al. (2008). "Ultra Low NO_x Combustion Technology." *Proceedings of the Power-Gen International*.

Joos, F., Brunner, P., Schulte-Werning, B., Syed, K., and Eroglu, A. (1996). "Development of the Sequential Combustion System for the ABB GT24/GT26 Gas Turbine Family." *Proceedings of the ASME/IGTI TurboExpo*, Paper 1996-GT-315.

Kalb, J. R., and Sattelmayer, T. (2006). "Lean Blowout Limit and NO_x Production of a Premixed Sub-ppm NO_x Burner with Periodic Recirculation of Combustion Products." *Journal of Engineering for Gas Turbines and Power* **128**: 247–54.

Kenyon, M., and Fluck, M. (2005). "Using Non Standard Fuels in the ALSTOM GT11N2 Gas Turbine." *Proceedings of the Power-Gen International*.

Krebs, W., Walz, G., Judith, H., and Hoffmann, S. (1999). "Detailed Analysis of the Thermal Wall Heat Transfer in Annular Combustors." *Proceedings of the ASME/IGTI TurboExpo*, Paper 99-GT-134.

Lewis, S., Thomas, S. R., Joseph Citeno, J., and Natarajan, J. (2011). "F-Class DLN Technology Advancements: DLN2.6+." *Proceedings of the ASME/IGTI TurboExpo*, Paper GT2011–45373.

Lovett, J. A., and Abuaf, N. (1992). "Emissions and Stability Characteristics of Flameholders for Lean-Premixed Combustion." *Proceedings of the ASME/IGTI TurboExpo*, Paper 92-GT-120.

Lovett, J. A., and Mick, W. (1995). "Development of a Swirl and Bluff-Body Stabilized Burner for Low-NO_x, Lean-Premixed Combustion." *Proceedings of the ASME/IGTI TurboExpo*, Paper 95-GT-168.

Matsuzaki, H. et al. (1984). "Investigation of Combustion Structure Inside Low NO_x Combustors for a 1500C-class Gas Turbine." *Transactions of the ASME, Journal of Engineering for Gas Turbine and Power* **106**: 795–800.

Payrhuber, K., Jones, R. M., Scholz, M. H. (2008). "Gas Turbine Flexibility with Carbon Constrained Fuels." Proceedings of the ASME/IGTI TurboExpo, Paper GT2008–50556.

Reiss, F., Griffin, T., and Reyser K. (2002). "The ALSTOM GT13E2 Medium Btu Gas Turbine." *Proceedings of the ASME/IGTI TurboExpo*, Paper GT 2002 30108.

Sattelmayer, T., Felchlin, M. P., Haumann, J., Hellat, J., Styner, D. (1992). "Second Generation Low-Emission Combustors for ABB Gas Turbines: Burner Development and Tests at Atmospheric Pressure." *Transactions of the ASME, Journal of Engineering for Gas Turbine and Power* **114**(1): 118–25.

Sattelmayer, T., Polifke, W., Winkler, D., and Döbbeling, K. (1998). "NO_x-Abatement Potential of Lean-Premixed GT-Combustors." *Transactions of the ASME, Journal of Engineering for Gas Turbine and Power* **120**: 48–59.

Senior, P., Lutum, E., Polifke, W., and Sattelmayer, T. (1993). "Combustion Technology of the ABB GT13E2 Annular Combustor." *Proceedings of the Twentieth CIMAC Conference*, Paper G22.

Streb, H., and Prade, B. (2001). "Advanced Burner Development for the Vx4.3A Gas Turbines." *Proceedings of ASME IGTI TurboExpo*, Paper 2001-GT-0077.

Thomas, L. L., Simons, D. W., Popovic, P., Romoser, C. E., Vandale, D. D., and Citeno, J. V. (2011). "E-Class DLN Technology Advancements, DLN1+." *Proceedings of the ASME/IGTI TurboExpo*, Paper GT2011–45944.

Vandervort, C. L. (2000). "9 ppm NO_x / CO Combustion System for 'F' Class Industrial Gas Turbines." *Proceedings of the ASME/IGTI TurboExpo*, Paper 2000-GT-0086.